“十四五”高等院校规划教材

大学计算机应用教程——Windows 10 + Office 2016

陈荣旺　蔡闯华　卢荣辉◎主编

中国铁道出版社有限公司
CHINA RAILWAY PUBLISHING HOUSE CO., LTD.

内 容 简 介

本书由福建武夷学院大学计算机教研室老师根据实际教学需求编写而成，采用了“理论知识体系+项目案例实现”的编写方式，在介绍理论知识体系以方便学生的自我学习和整体了解的同时，精选了众多面向实际应用需求的典型项目案例，在任务的实现过程中掌握知识点的应用，并突出项目的实用性、完整性和趣味性，从而激发学生学习的主动性和积极性。

本书主要包括计算机系统、数制和信息编码、Windows 10 操作系统、Word 2016 文字处理软件、Excel 2016 表格处理软件、PowerPoint 2016 演示文稿软件、计算机网络与安全技术 7 部分内容。本书可作为应用型本科和高职院校非计算机专业计算机公共课程教材或教学参考书，也可作为计算机应用培训教材或参考书。

图书在版编目（CIP）数据

大学计算机应用教程：Windows 10+Office 2016/陈荣旺，蔡闯华，卢荣辉主编. —北京：中国铁道出版社有限公司，2021.8（2023.6 重印）
“十四五”高等院校规划教材
ISBN 978-7-113-28208-0

Ⅰ. ①大… Ⅱ. ①陈… ②蔡… ③卢… Ⅲ. ①Windows 操作系统-高等学校-教材 ②办公自动化-应用软件-高等学校-教材 Ⅳ. ①TP316.7 ②TP317.1

中国版本图书馆 CIP 数据核字（2021）第 150442 号

书　　名：大学计算机应用教程——Windows 10 + Office 2016
作　　者：陈荣旺　蔡闯华　卢荣辉

策　　划：张围伟　　编辑部电话：（010）63549458
责任编辑：祁　云　许　璐
封面设计：刘　颖
责任校对：孙　玫
责任印制：樊启鹏

出版发行：中国铁道出版社有限公司（100054，北京市西城区右安门西街 8 号）
网　　址：http://www.tdpress.com/51eds/
印　　刷：三河市兴博印务有限公司
版　　次：2021 年 8 月第 1 版　2023 年 6 月第 5 次印刷
开　　本：787 mm×1 092 mm　1/16　印张：20　字数：500 千
书　　号：ISBN 978-7-113-28208-0
定　　价：50.00 元

前 言

计算机技术和互联网技术的不断发展正推动着人类社会不断发展向前，计算机应用已经渗透到人类社会的方方面面，信息技术深刻改变着人们的思维、生产、生活和学习方式。党的二十大报告指出：“推动战略性新兴产业融合集群发展，构建新一代信息技术、人工智能、生物技术、新能源、新材料、高端装备、绿色环保等一批新的增长引擎。”大学计算机作为高等院校非计算机专业的基础课程，一直起着普及和引导的作用。随着中小学信息技术教学改革的不断深化，计算机技术与其他学科融合逐步加深，岗位工作对毕业生计算机应用能力的要求有增无减，而大学计算机课程学时有限，这些都对高校计算机基础教育提出了新的要求和挑战。贯彻党的二十大精神，结合应用型高校人才培养定位，我们构建基于能力要求知识结构的分类分层次计算机公共课程体系，积极开展“基于模块化教学和个性化需求”，以“自主研学、网络助学，平台开放、科学测评”为指导的课程教学探索与改革，推进高素质应用型人才培养。

本书以“Windows 10+Office 2016”为平台进行编写，全书共分为 7 章。第 1 章综述计算机的发展、分类和应用，解析现代计算机系统组成和工作原理，实践微型计算机系统的安装，以探索基于现代计算机的计算思维所依赖的硬、软件平台。第 2 章介绍了数制和信息编码，从计算思维的角度揭示计算机科学，了解计算机的基础理论，理解计算机系统构建依据以及计算原理。第 3 章阐述操作系统的概念、功能及 Windows 10 基本功能和操作。第 4 章围绕求职信、学院周报、班级成绩表、毕业论文排版和成绩单制作等项目，介绍 Word 2016 字体段落设置，图文混排、表格处理，自选图形绘制编辑，样式、目录、页眉页脚和邮件合并等功能应用。第 5 章围绕应聘情况表的制作、应聘情况表的统计分析和玩具店销售数据分析 3 个项目，介绍 Excel 2016 数据输入、格式设置、公式函数及数据分析等功能应用。第 6 章依托“毕业论文答辩稿制作”项目，介绍了演示文稿的设计原则和技巧、演示文稿的设计与美化、动画效果和放映设置等功能应用。第 7 章介绍计算机网络基础知识、Internet 应用和网络安全技术等。

本书由福建武夷学院大学计算机教研室陈荣旺、蔡闯华、卢荣辉主编。本书的编写采用“理论知识体系+项目案例实现”方式，在介绍理论知识体系以方便学生的自我学习和整体了解的同时，精选了众多面向实际应用需求的典型项目案例，通过任务的完成掌握相关知识点和操作技能，并突出项目的实用性、完整性和趣味性，从而激发学生学习的主动性和积极性。本书可作为应用型本科和高职院校非计算机专业计算机公共课程的教材或教学参考书，也可作为计算机应用培训教材或参考书。

由于大学计算机涉及知识面较广，加之编者水平有限，不足和疏漏之处在所难免，恳请广大读者批评指正。

编　者

2023 年 6 月

目 录

第1章

计算机概论

世界上第一台计算机 ENIAC 于 1946 年诞生至今，已有 70 多年的历史。计算机及其应用已渗透到人类社会生活的各个领域，有力推动了整个信息社会的发展。本章将综述计算机的发展、分类和应用，解析现代计算机系统组成和工作原理，实践微型计算机系统的安装，以探索基于现代计算机的计算思维所依赖的硬、软件平台。

1.1 计算机概况

计算是人类进化、社会生产、经济、文化发展过程中的必然需求，它推动了计算科学的发展。人人拥有计算能力，人人离不开计算，然而人的计算速度又是有限的。例如，公元 5 世纪祖冲之将圆周率 π 推算至小数点后 7 位花了整整 15 年。为了追求“超算”的能力，人类在其漫长的文明进化过程中，发明和改进了许多的计算工具，如算筹、算盘、计算尺、加法器、计算器、差分机和分析机等。这些计算工具都是手动式或机械式的，不能满足人类对“超算”的渴望，直到电子计算机发明以后，人类才从奴隶般的计算中解脱出来。

1.1.1 计算机的诞生

随着电子技术的突飞猛进，计算机开始了真正意义上的由机械向电子的“进化”。20 世纪上半叶，图灵机、ENIAC 和冯·诺依曼体系结构的出现在理论、工作原理和体系结构上奠定了现代电子计算机的基础，具有划时代的意义。

1. 图灵机

阿兰·图灵（Alan Mathison Turing，1912—1954）是英国数学家。1936 年，图灵发表了“论数字计算在决断难题中的应用”论文，文中给“可计算性”下了一个严格的数学定义，并提出了一个对于计算可采用的通用机器的概念，这就是著名的图灵机（Turing Machine）的设想，为现代计算机奠定了理论基础。1950 年，图灵又发表了《机器能思考吗》的论文，他将这个数学模型建立在人们进行计算过程的行为上，并将这些行为抽象到实际机器模型中。图灵也因此项成功获得了“人工智能之父”的美誉。

美国计算机协会（ACM）为了纪念图灵在计算机领域的卓越贡献，1966 年专门设立了“图灵奖”，作为计算机科学领域的最高奖项。“图灵奖”有“计算机界诺贝尔奖”之称，持续奖励那些为推动计算机技术发展做出重要贡献的人。

图灵机模型如图 1-1 所示，它是一个采用了符号处理方式（程序）的通用计算机模型。这个模型要解决的问题是：对于任何一种计算，使用图灵机实现，输出的数据仅取决于输入的数据和程序这两个因素。

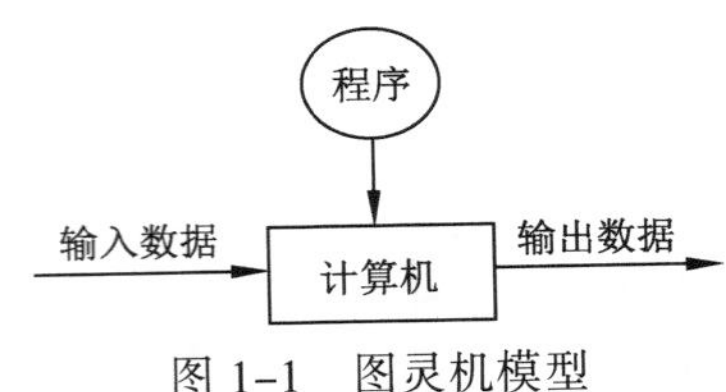

图 1-1 图灵机模型

如何实现这个计算过程呢？图灵机的核心就是用机器来模拟人进行数学运算的过程，并且把这种过程分解成两个简单的动作：①在纸上写上或擦除某个符号；②把注意力从纸的一个位置移动到另一个位置。

当然，这个运算过程中的每个阶段，由人来决定每个"下一步"的动作是两个简单动作中的哪一个。人如何决定将取决于两个方面因素：①人当前所关注的位置和符号；②人当前的思维状态。

所以，图灵机包括以下 4 个部分。

（1）一条无限长的纸带，用于使用二进制符号来表达计算所用数据和控制规则。

（2）一个读写头，用于获取或者改写纸带当前位置的符号。

（3）一个状态寄存器，用于保存图灵机当前所处的状态（包括停机状态）。

（4）一套控制规则，它根据当前机器所处的状态以及当前读写头所获取的符号，来确定读写头下一步的动作，并改写状态寄存器的值，令机器进入一个新的状态。

图灵认为这台机器只用保留一些最简单的指令，对于复杂的计算只要把它分解为这几个简单的操作，就可以模拟人类所能进行的任何计算过程。

2. ENIAC

目前，大家公认的世界上第一台计算机是在 1946 年 2 月由美国宾夕法尼亚大学研制成功的 ENIAC（Electronic Numerical Integrator and Calculator，电子数字积分计算机），如图 1-2 所示。这台计算机使用了 1 500 个继电器，18 800 个电子管，占地 170 m^2，重量达 30 多吨。

图 1-2 ENIAC

ENIAC 从 1946 年 2 月开始投入使用，到 1955 年 10 月最后切断电源，服役 9 年多。虽然它每秒只能进行 5 000 次加、减运算，400 次乘法运算，但它预示了科学家们将从奴隶般的计算中解脱出来。ENIAC 的问世，表明了电子计算机时代的到来，具有划时代意义。

ENIAC 本身存在两大缺点：一是没有存储器，二是用布线接板进行控制，计算速度也就被这一工作抵消了。所以，ENIAC 的发明仅仅表明计算机的问世，对以后研制的计算机没有什么影响。EDVAC 的发明才为现代计算机的体系结构和工作原理奠定了基础。

3. 冯·诺依曼体系结构计算机

EDVAC（Electronic Discrete Variable Automatic Computer，离散变量自动电子计算机）是人类制造的第二台电子计算机。

1944 年夏天，美籍匈牙利数学家冯·诺伊曼以技术顾问身份加入 ENIAC 研制小组，1945 年 6 月发表了著名的《关于 EDVAC 的报告草案》，1949 年 8 月交付给弹道研究实验室，直到 1951 年 EDVAC 才开始运行。报告总结和详细说明了 EDVAC 的逻辑设计，其主要思想有以下 3 点。

① 采用二进制表示数据。

②“存储程序”，即程序和数据一起存储在内存中，计算机按照程序顺序执行。

③ 计算机由运算器、控制器、存储器、输入设备和输出设备5个部分组成。

冯·诺依曼所提出的体系结构称为冯·诺依曼体系结构。几十年来，虽然计算机系统从性能指标、运算速度、工作方式、应用领域等方面与当时的计算机有了很大差别，但其基本结构仍没有变，都采用冯·诺依曼体系结构，统称为冯·诺依曼计算机。但是，冯·诺依曼自己承认，他的关于计算机“存储程序”的想法都来自图灵。

1.1.2 计算机的发展

从1946年第一台计算机诞生以来，电子计算机已经走过了70多年的历程，计算机体积不断变小，但性能、速度却在不断提高。根据计算机采用的物理器件，一般将计算机的发展分成4个阶段。

1. 第一代计算机（1946—1958年）

第一代电子计算机是电子管计算机，其基本特征是采用电子管作为计算机的逻辑元件，数据表示主要是定点数，采用机器语言或汇编语言编写程序。由于当时电子技术的限制，每秒运算速度一般仅为几千次，内存容量仅为几KB。因此，第一代电子计算机体积庞大，造价很高，主要用于军事和科学研究工作，其代表机型有IBM 650（小型机）、IBM 709（大型机）。

2. 第二代计算机（1958—1964年）

第二代电子计算机是晶体管电子计算机，其基本特征是逻辑元件逐步由电子管转为晶体管，内存大都使用铁淦氧磁性材料制成的磁芯存储器，外存储器有了磁带、磁盘；运算速度达每秒几十万次，内在容量扩大到了几十KB。与此同时，计算机软件也有了较大发展，出现了FORTRAN、COBOL、ALGOL等高级语言。与第一代计算机相比，其体积小、成本低、功能强，可靠性也大大提高；除了科学计算应用外，还用于数据处理和事务处理。其代表机型有IBM 7090、CDC 7600。

3. 第三代计算机（1964—1970年）

第三代电子计算机是集成电路计算机，其基本特征是逻辑元件采用小规模集成电路（Small Scale Integration，SSI）和中规模集成电路（Middle Scale Integration，MSI）；运算速度达每秒几十万次到几百万次；存储器进一步发展，体积越来越小，价格越来越低，软件也越来越完善。高级程序设计语言在这个时期有了很大发展，并出现了操作系统和会话式语言，计算机开始广泛应用在各个领域。其代表机型有IBM 360。

4. 第四代计算机（1971年至今）

第四代电子计算机是大规模集成电路电子计算机，其基本特征是逻辑元件采用大规模集成电路（Large Scale Integration，LSI）和超大规模集成电路（Very Large Scale Integration，VLSI）技术，在硅半导体芯片上集成了大量的电子元器件，集成度很高的半导体存储器取代了磁芯存储器；运算速度可高达每秒亿亿次浮点运算，性能价格比大幅度跃升，产品更新的速度加快，软件配置空前丰富。

目前，从采用的物理元器件来看，计算机发展仍处于第四代水平，计算机的基本结构没有根本性的变化，依然采用冯·诺依曼体系结构。然而人类的追求是无止境的，一直都在研究更好、更快、更强的计算机。从目前的研究来看，未来新型计算机将可能在下列几个方面取得革命性的突破。

1）光子计算机

光子计算机是一种利用光信号进行数字运算、逻辑操作、信息存储和处理的新型计算机。它由激光器、光学反射镜、透镜、滤波器等光学元件和设备构成，靠激光束进入反射镜和透镜组成的阵列进行信息处理，以光子代替电子，光运算代替电运算。光的并行、高速决定了光子计算机的并行处理能力很强，具有超高运算速度。光子计算机还具有与人脑相似的容错性，系统中某一元件损坏或出错时，并不影响最终的计算结果。光子在光介质中传输所造成的信息畸变和失真极小，光传输、转换时能量消耗和散发热量极低，对环境条件的要求比电子计算机低得多。随着现代光学与计算机技术、微电子技术相结合，在不久的将来，光子计算机将成为人类普遍的工具。

2）生物计算机

生物计算机也称仿生计算机，利用生物工程技术产生的蛋白质分子作为生物芯片来替代半导体硅片，利用有机化合物存储数据。信息以波的形式传播，其运算速度要比当今最新一代计算机快 10 万倍，具有很强的抗电磁干扰能力，能量消耗仅相当于普通计算机的十亿分之一，且具有巨大的存储能力。

3）量子计算机

量子计算机是一种可以实现量子计算的机器，是一种通过量子力学规律以实现数学和逻辑运算，处理和储存信息能力的系统。

2020 年 12 月 4 日，中国科学技术大学宣布该校潘建伟等人成功构建 76 个光子的量子计算原型机“九章”，求解数学算法高斯玻色取样只需 200 s，而目前世界最快的超级计算机要用 6 亿年。这一突破使中国成为全球第二个实现“量子优越性”的国家。国际学术期刊《科学》发表了该成果，审稿人评价这是“一个最先进的实验”“一个重大成就”。

2021 年 2 月 8 日，中科院量子信息重点实验室的科技成果转化平台合肥本源量子科技公司，发布具有自主知识产权的量子计算机操作系统“本源司南”。

1.1.3 计算机的分类

计算机及相关技术的迅速发展带动计算机类型也不断分化，形成了各种不向种类的计算机。按照计算机的结构原理可分为模拟计算机、数字计算机和混合式计算机三类；按计算机的用途可分为专用计算机和通用计算机两类；按照计算机的运算速度、字长、存储容量等综合性能指标可分为巨型机、大型机、中型机、小型机、微型机。

但是，随着科技的进步，各种型号的计算机性能指标都在不断地改进和提高，以至于过去一台大型机的性能可能还比不上当下一台微型计算机。按照巨、大、中、小、微的标准来划分计算机的类型也有其时间的局限性，因此计算机的类别划分很难有一个精确的标准。在此根据计算机的综合性能指标，结合计算机应用领域的分布将其分为如下五大类。

1. 高性能计算机

高性能计算机俗称超级计算机，也称巨型机或大型机，是指目前运算速度和处理能力一流的计算机。目前，国际上对高性能计算机的最为权威的评测是世界计算机排名（即 TOP500）。高性能计算机数量不多，但却有重要和特殊的用途。在军事上，可用于战略防御系统、大型预警系统、航天测控系统等；在民用方面，可用于大区域中长期天气预报、大面积物探信息处理系统、大型科学计算和模拟系统等。

中国的巨型机之父是 2002 年国家最高科学技术奖获得者金怡濂院士。他在 20 世纪 90 年代初提出了一个我国超大规模巨型计算机研制的全新的跨越式方案，这一方案把巨型机的峰值运算速度从每秒 10 亿次提高到每秒 3 000 亿次以上，闯出了一条中国巨型机赶超世界先进水平的发展道路。

近年来，我国高性能计算机的研发取得了很大成绩，并在国民经济的关键领域得到应用。由中国国家并行计算机工程技术研究中心研制的“神威·太湖之光”（见图 1-3）实现了包括处理器在内的所有核心部件国产化，浮点运算速度达每秒 9.3 亿亿次。2020 年 7 月，中国科学技术大学在“神威·太湖之光”上首次实现千万核心并行第一性原理计算模拟。

图 1-3　神威·太湖之光

2．微型计算机（个人计算机）

大规模集成电路及超大规模集成电路的发展是微型计算机得以产生的前提。通过集成电路技术将计算机的核心部件——运算器和控制器，集成在一块大规模或超大规模集成电路芯片上，统称为中央处理器（Central Processing Unit，CPU）。中央处理器是微型计算机的核心部件，是微型计算机的心脏。

1971 年 Intel 公司的工程师马西安·霍夫成功地在一个芯片上实现了中央处理器 CPU 的功能，制成了世界上第一片 4 位微处理器 Intel 4004，组成世界上第一台 4 位微型计算机（MCS-4），从此拉开了世界微型计算机大发展的帷幕。随后许多公司争相研制微处理器，推出了 8 位、16 位、32 位、64 位的微处理器。摩尔定律提示，微处理器的集成度和处理速度每 18 个月提升一倍，微型计算机已广泛应用于办公、学习、娱乐等社会生活的方方面面，是发展最快、应用最为普及的一类计算机。

3．工作站

工作站是一种高档的微型计算机，通常配有高分辨率的大屏幕显示器和大容量的内存储器和外存储器，主要面向专业应用领域，具备强大的数据运算与图形、图像处理能力。工作站主要是为满足工程设计、动画制作、科学研究、软件开发、金融管理、信息服务、模拟仿真等专业领域而设计开发的高性能微型计算机。

需要指出的是，这里所说的工作站不同于计算机网络系统中的工作站概念，计算机网络系统中的工作站仅是网络中的任何一台普通微型机或终端，只是网络中的任一用户节点。

4．服务器

服务器是指在网络环境下为网上多个用户提供共享信息资源和各种服务的一种高性能计算机，在服务器上需要安装网络操作系统、网络协议和各种网络服务软件，主要为网络用户提供文件、数据库、应用及通信方面的服务。与微型计算机相比，服务器在稳定性、安全性、性能等方面要求更高，因此对硬件系统的要求也更高。

5．嵌入式计算机

嵌入式计算机是指作为一个信息处理部件，嵌入到对象体系中，实现对象体系智能化控制的专用计算机系统。嵌入式计算机系统是以应用为中心，以计算机技术为基础，并且软、硬件可裁剪，适用于应用系统对功能、可靠性、成本、体积、功耗有严格要求的专用计算机系统。它一般由嵌入式微处理器、外围硬件设备、嵌入式操作系统以及用户的应用程序 4 个部分组成，用于实现对其他设备的控制、监视或管理等功能。例如，我们日常生活中使用的电冰箱、全自动洗衣机、空调、电饭煲、数码产品等都采用了嵌入式计算机技术。

1.1.4 计算机的应用

计算机及其应用已经渗透到人类社会的各个方面，正改变着人们传统的工作、学习和生活方式，推动着社会的发展。

1. 科学计算

科学计算也称数值计算，是指应用计算机处理科学研究和工程技术中所遇到的数学计算。它是计算机最早的应用领域，ENIAC 就是为科学计算而研制的。随着科学技术的发展，各种领域中的计算模型日趋复杂，人工计算已无法解决这些复杂的计算问题。如在天文学、量子化学、空气动力学、核物理学等领域中，都需要依靠计算机完成复杂的计算。科学计算的特点是计算工作量大、数值变化范围大。

2. 数据处理

数据处理也称非数值计算或事务处理，是指对大量的数据进行加工处理，如统计分析、合并、分类等。与科学计算不同，数据处理涉及的数据量大，但计算方法较简单。

数据处理是现代化的基础，它不仅应用于处理日常的事务，且能支持科学的管理与决策。以一个企业为例，从市场预测、经营决策、生产管理到财务管理，无不与数据处理有关。

3. 电子商务

电子商务（Electronic Commerce，EC）是指利用计算机和网络进行的新型商务活动。它作为一种新型的商务方式，将生产企业、流通企业、消费者和政府带入了一个网络经济、数字化生存的新天地，它可让人们不再受时空限制，以一种非常简捷的方式完成过去较为复杂的商务活动。

电子商务有多种分类方式，根据交易对象的不同，可以分为以下 3 种。

（1）B2B（Business to Business），交易双方是企业与企业，如阿里巴巴。

（2）B2C（Business to Customer），交易双方是企业与消费者，如天猫商城、京东商城。

（3）C2C（Customer to Customer），交易双方是消费者与消费者，如淘宝网。

电子商务的发展对于一个公司而言，不仅仅意味着一个商业机会，还意味着一个全新的全球性的网络驱动经济的诞生。据《中国电子商务发展报告 2019—2020》数据显示，2019 年中国电子商务交易总额达 34.81 万亿元。

4. 过程控制

过程控制又称实时控制，是指用计算机实时采集检测数据，按最佳值迅速地对控制对象进行自动控制或自动调节。如控制一个房间保持恒温，以及石油、化学品或塑胶的制造过程都是过程控制的应用。在现代工业中，过程控制是实现生产过程自动化的基础，在冶金、石油、化工、纺织、水电、机械、航天等部门得到广泛的应用。

5. CAD/CAM/CIMS

计算机辅助设计（Computer Aided Design，CAD）就是用计算机帮助设计人员进行设计。由于计算机具有快速的数值计算、较强的数据处理和模拟能力，使得 CAD 技术得到广泛应用，如建筑设计、机械设计、大规模集成电路设计等。采用计算机辅助设计后，不但降低了设计人员的工作量，提高了设计速度，更重要的是提升了设计质量。

计算机辅助制造（Computer Aided Manufacturing，CAM）就是用计算机进行生产设备的管理、控制和操作的过程。如在产品的制造过程中，用计算机控制机器的运行，处理生产过程中所需的数据，控制和处理材料的流动以及对产品进行检验等。使用 CAM 技术可以提高产品的质量、降低成本、缩短生产周期、改善劳动强度。

计算机集成制造系统（Computer Integrated Manufacture System，CIMS）是指以计算机为中心的现代化信息技术应用于企业管理和产品开发制造的新一代制造系统，是 CAD、CAM、CAPP（计算机辅助工艺规划）、CAE（计算机辅助）、CAQ（计算机辅助质量管理）、PDMS（产品数据管理系统）、管理与决策、网络与数据库及质量保证系统等子系统的集成。它将企业生产、经营各个环节，从市场分析、经营决策、产品开发、加工制造到管理、销售、服务都视为一个整体，即以充分的信息共享，促进制造系统和企业组织的优化运行，其目的在于提高企业的竞争能力及生存能力。CIMS 通过将管理、设计、生产、经营等各个环节的信息集成、优化分析，从而确保企业的信息流、资金流、物流能够高效、稳定的运行，最终使企业实现整体最优效益。

6. 多媒体技术

多媒体技术是以计算机为核心，将现代声像技术和通信技术融为一体，以追求更自然、更丰富的接口界面，因而其应用领域十分广泛。它不仅覆盖计算机的绝大部分应用领域，同时还拓宽了新的应用领域，如可视电话、视频会议系统等。实际上，多媒体系统的应用以极强的渗透力进入了人类工作和生活的各个领域，正改变着人类的生活和工作方式，成功地塑造了一个绚丽多彩的划时代的多媒体世界。

7. 人工智能

人工智能（Artificial Intelligence，AI）是指用计算机来模拟人类的智能，它是研究、开发用于模拟、延伸和扩展人的智能理论、方法、技术及应用的一门新的技术科学，该领域的研究包括机器人、语言识别、图像识别、自然语言处理和专家系统等。

阿尔法围棋（AlphaGo）是一款围棋人工智能程序，由谷歌（Google）旗下 DeepMind 公司的戴密斯·哈萨比斯、大卫·席尔瓦、黄士杰与他们的团队开发，其主要工作原理是“深度学习”。2016 年 3 月，该程序与围棋世界冠军、职业九段选手李世石进行人机大战（见图 1-4），并以 4 : 1 的总比分获胜；2016 年末 2017 年初，该程序在中国棋类网站上以“大师”（Master）为注册账号与中日韩数十位围棋高手进行快棋对决，连续 60 局无一败绩；2017 年 5 月，阿尔法围棋以总比分 3 : 0 战胜世界排名第一的柯洁。

图 1-4　李世石与阿尔法围棋人机大战

在围棋人机大战中，阿尔法围棋最大的胜利是为人工智能打造了一场全球性的科普，也代表了高科技企业对人工智能技术充满“野心”的宣告。过去的人工智能只是存在于实验室的智慧探索；而未来的科学技术，人工智能将是基础，是推动商业与社会发展的强大动力。

1.2 计算机系统

1.2.1 计算机系统的组成

一个完整的计算机系统由硬件系统和软件系统两部分组成，如图 1–5 所示。

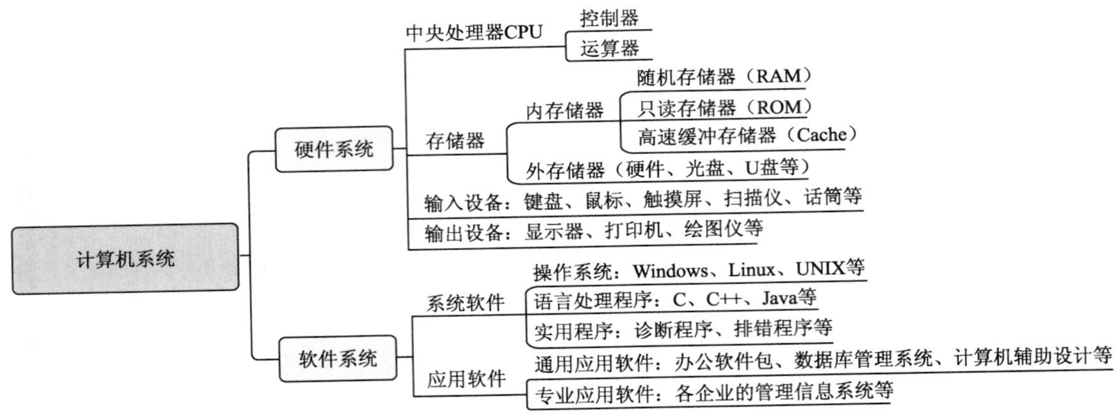

图 1–5 计算机系统的组成

硬件是指计算机装置，即物理设备。硬件系统是组成计算机系统的各种物理设备的总称，是计算机完成各项工作的物质基础。软件是指用某种计算机语言编写的程序、数据和相关文档的集合，软件系统是在计算机上运行的所有软件的总称。硬件是软件建立和依托的基础，软件指示计算机完成特定的工作任务，是计算机系统的灵魂。仅有硬件，没有软件的计算机称为“裸机”，“裸机”只能识别由 0 和 1 组成的机器代码，没有软件系统的计算机几乎是没有用的。实际上，用户所面对的是经过若干层软件“包装”的计算机，计算机的功能不仅仅取决于硬件系统，更大程度上是由所安装的软件系统所决定的。

当然，在计算机系统中，软件和硬件的功能没有一个明确的分界线。软件实现的功能可以用硬件来实现，称为硬化或固化，例如，微机的 ROM 芯片中就固化了系统的引导程序；同样，硬件实现的功能也可以用软件来实现，称为硬件软化，例如，在多媒体计算机中，视频卡用于对视频信息的处理（包括获取、编码、压缩、存储、解压缩和回放等），现在的计算机一般通过软件（如播放软件）来实现。

对某些功能，是用硬件还是用软件来实现，与系统价格、速度、所需存储容量及可靠性等诸多因素有关。一般来说，同一功能用硬件实现，速度快，可减少所需存储容量，但灵活性和适应性差，且成本较高；用软件实现，可提高灵活性和适应性，但通常是以降低速度来换取的。

1. 硬件系统

几十年来，尽管计算机制造技术发生了极大变化，计算机系统在性能指标、运算速度、工作方式、应用领域和价格等方面与当时的计算机有了很大差别，但在基本的体系结构方面，一直沿袭着冯·诺依曼的体系结构。它的主要特点可以归纳为：①计算机硬件由运算器、控制器、存储器、输入设备和输出设备 5 个基本部分组成，其结构如图 1–6 所示。②程序和数据以二进制的形式存放在存储器中。③控制器根据存放在存储器中的指令序列（程序）进行工作。

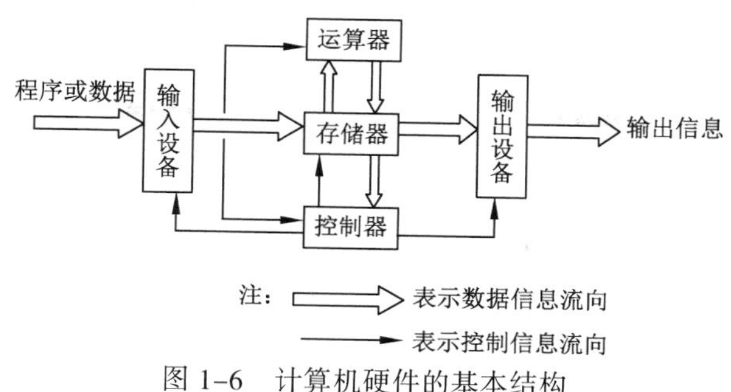

图 1-6　计算机硬件的基本结构

1）运算器

运算器又称算术逻辑单元（Arithmetic and Logic Unit，ALU），其主要功能是进行算术运算和逻辑运算。运算器不断地从存储器中得到要加工的数据，对其进行加、减、乘、除及各种逻辑运算，并将处理后的结果送回存储器或暂存在运算器中。整个过程在控制器的统一指挥下进行，它与控制器共同组成了中央处理器（Central Processing Unit，CPU）的核心部分。

2）控制器

控制器（Control Unit，CU）是指挥计算机的各个部件按照指令的功能要求协调工作的部件，是计算机的神经中枢和指挥中心，在它的控制之下整个计算机有条不紊地工作，自动执行程序。控制器的工作特点是采用程序控制方式，即在利用计算机解决某问题时，首先编写解决问题的程序，通过编译程序自动生成由计算机指令组成的可执行程序并存入内存储器，由控制器依次从内存储器取出指令、向其他部件发出控制信号，指挥计算机各部件协同工作。

3）存储器

存储器是计算机用来存放程序和数据的记忆装置，是计算机中各种信息交流的中心。它的基本功能是按照指定位置存入或取出二进制信息。通常分为内存储器和外存储器。

（1）内存储器。内存储器（简称内存或主存）用来存放欲执行的程序和数据，计算机可以直接从内存中存取信息。按存储器的读写功能，内存可分为随机存取存储器（RAM）和只读存储器（ROM）。通常所说的计算机内存主要是指 RAM，CPU 对 RAM 既可读出数据又可写入数据。但是，一旦关机断电，RAM 中的信息将全部消失；CPU 对 ROM 只能从中读取数据不能写入数据，其中存放的信息一般由计算机制造厂写入并经过固化处理，用户一般无法修改。即使断电，ROM 中的信息也不会丢失。

（2）外存储器。外存储器（简称外存或辅存），主要用来长期存放“暂时不用”的程序和数据。通常外存不和计算机的其他部件直接交换数据，只和内存交换数据，而且不是按单个数据进行存取，而是成批地进行数据交换。常用的外存有硬盘、光盘、U 盘等。

相对而言，内存的存取速度快、容量小价格高，外存的存取速度慢、容量大价格低。

为了解决对存储器要求容量大、速度快、成本低三者间的矛盾，通常采用多级存储器体系结构，即使用高速缓冲存储器、主存储器和外存储器，这时内存包括主存和高速缓存两部分，高速缓存存放当前使用频繁的指令和数据，并实现高速存取。

4）输入设备

输入设备用来接收用户输入的原始数据和程序，并将它们转变为计算机可以识别的形式（二进制）存放在内存中。常用的输入设备有键盘、鼠标、触摸屏、扫描仪、麦克风、摄像头等。

5）输出设备

输出设备用于将存放在内存中由计算机处理的结果转变为人们所能接受的形式。常用的输出设备有显示器、打印机、音箱、绘图仪等。输入设备和输出设备简称为I/O（Input/Output）设备。

2. 软件系统

软件是指程序、程序运行所需的数据以及相关文档的集合。计算机软件极为丰富，要对软件进行恰当的分类是相当困难的，一种通常的分类方法是将软件分为系统软件和应用软件两大类。实际上，系统软件和应用软件的界限也并不十分明显，有些软件既是系统软件，也是应用软件，如数据库管理系统。

1）系统软件

系统软件是指面向计算机管理、支持应用软件开发和运行的软件。它的通用性强，能最大限度发挥计算机的作用，充分利用计算机资源，便于用户使用和维护。它主要包括操作系统、语言处理程序和其他一些实用程序。

（1）操作系统。为了使计算机系统中的所有软硬件资源协调一致、有条不紊地工作，就必须有一个软件来进行统一的管理和调度，这种软件就是操作系统。操作系统的出现是计算机系统的一个重大转折。一般而言，引入操作系统有两个目的：首先，从用户的角度来看，操作系统将裸机改造成一台功能更强、服务质量更高、用户使用起来更加灵活方便、更加安全可靠的虚拟机，使用户无须了解许多有关硬件和软件的细节就能使用计算机，从而提高了用户的工作效率；其次，是为了合理地使用系统内包含的各种软硬件资源，提高整个系统的使用效率。

操作系统是最基本的系统软件，是现代计算机必备的软件。目前典型的操作系统有Windows、UNIX、Linux等，详细介绍参考第3章。

（2）程序设计语言。自然语言是人们交流的工具，不同的语言（如汉语、英语等）的表达形式各不相同，而程序设计语言是人与计算机交流的工具，是用来编写计算机程序的工具。按照程序设计语言发展的过程，大致可分为机器语言、汇编语言和高级语言3类，其中只有用机器语言编写的程序才能被计算机直接执行，用其他任何语言编写的程序都需要通过中间的翻译过程。

（3）语言处理程序。在所有的程序设计语言中，除了用机器语言编写的程序能够被计算机直接理解和执行外，其他程序设计语言编写的程序计算机都不能直接执行，这种程序称为源程序。源程序必须经过一个翻译过程才能转换为计算机所能识别的机器语言程序，实现这个翻译过程的工具就是语言处理程序。针对不同的程序设计语言编写出的程序，语言处理程序也有不同的形式。

① 汇编程序：是将汇编语言编写的程序（称为源程序）翻译成机器语言程序（也称为目标程序）的工具。

② 高级语言翻译程序：是将用高级语言编写的源程序翻译成机器语言程序（即目标程序）的工具。翻译程序有编译方式和解释方式两种工作方式，相应的翻译工具也分别称为编译程序和解释程序。

（4）实用程序。

实用程序完成一些与管理计算机系统资源及文件有关的任务，如系统设置和优化软件、诊断程序、备份程序、反病毒程序和文件压缩程序等。

2）应用软件

应用软件是用户为解决各种实际问题而编制的计算机应用程序及其相关文档。如Office办公软件、Photoshop图像处理软件、SQL Server数据管理系统、学生成绩管理系统、各种娱乐软件、CAI软件等。

1.2.2　计算机的工作原理

按照冯·诺依曼计算机的概念，计算机的基本原理是存储程序和程序控制，计算机的工作过程就是执行程序的过程，按照程序的顺序一步步取出指令，自动地完成指令规定的操作。

1. 指令、指令系统和程序

指令又称机器指令，是能被计算机识别并执行的二进制代码，它规定了计算机能完成的某一种基本操作，如取数、存数、加、减、移位等。一条指令通常由操作码和操作数两部分组成。

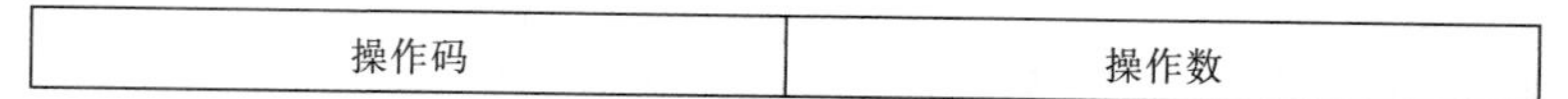

（1）操作码：指明该指令要完成的操作类型或性质，如取数、做加法、输出数据等。操作码的位数一般取决于计算机指令系统的规模，即计算机指令的条数，当使用定长操作码格式时，若操作码位数为 n，则计算机指令条数最多可以有 2^n 条。

（2）操作数：指明操作对象的内容或所在的单元地址，操作数在大多数情况下是地址码。从地址码得到的仅是数据所在的地址，可以是源操作数的存放地址，也可以是操作结果的存放地址。

每种计算机都规定了确定数量的指令，计算机所有指令的集合就称为该计算机的指令系统，它描述了计算机内全部的控制信息和“逻辑判断”能力。不同计算机的指令系统所包含的指令种类和数目是不相同的，一般都包含数据传送类、算术运算和逻辑运算类、程序控制类、输入输出类、控制和管理机器类（如停机、启动、复位、清除）等指令。指令系统是表征一台计算机性能的重要因素，它的格式与功能不仅影响到机器的硬件结构，也影响到系统软件和机器的适用范围。

程序是指完成一定功能的指令序列，即程序是计算机指令的有序集合。计算机按照程序设定的顺序依次执行指令，并完成对应的一系列操作，这就是程序执行的过程。

2. 计算机的工作原理

计算机的工作过程是程序执行的过程，如图 1-7 所示。计算机在运行时，先从内存中取出第一条指令，通过控制器的译码分析，并按指令要求从存储器中取出数据进行指定的运算或逻辑操作，然后按照程序的逻辑结构有序地取出第二条指令，在控制器的控制下完成规定操作。依次执行，直到遇到结束指令。

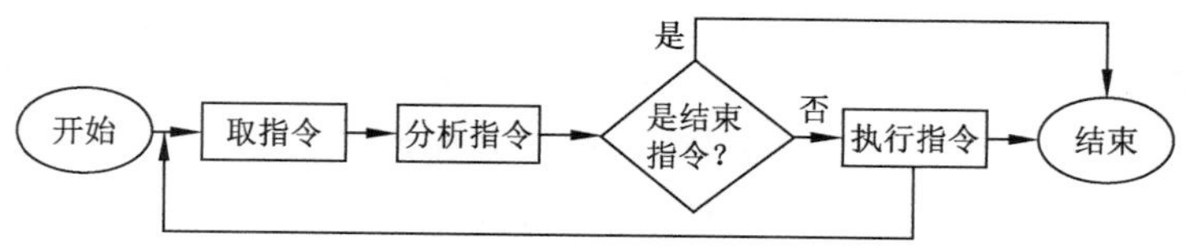

图 1-7　程序的执行过程

下面以图 1-8 所示的指令执行过程为例详细介绍指令的执行过程。

（1）取指令：按照程序计数器中的地址（0100H），从内存储器中取出指令（070270H），并送往指令寄存器。

（2）分析指令：对指令寄存器中存放的指令（070270H）进行分析，由指令译码器对操作码（07H）进行译码，将指令的操作码转换成相应的控制电位信号；由地址码（0270H）确定操作数地址。

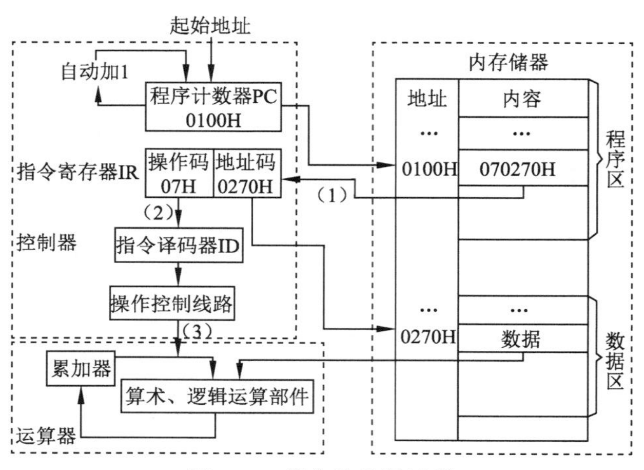

图 1-8 指令的执行过程

（3）执行指令：由操作控制线路发出完成该操作所需要的一系列控制信息，去完成该指令所要求的操作。例如做加法指令，取内存单元（0270H）的值和累加器的值相加，结果还是放在累加器中。

指令执行完成，程序计数器加 1 或将转移地址码送入程序计数器，继续重复执行下一条指令。

一般把计算机完成一条指令所花费的时间称为 1 个指令周期。指令周期越短，指令执行越快。通常所说的 CPU 主频或工作频率，就反映了指令执行周期的长短。

3. 流水线技术及多核技术

要提高程序的执行速度，可以通过流水线技术实现指令级并行，也可以通过多核技术提高线程级并行性，使得机器在特定的时间内执行更多的任务。

1）流水线技术

早期的计算机串行地执行指令，即执行完一条指令的各个步骤后才能执行下一条指令。流水线技术将不同指令的各个步骤通过多个硬件处理单元进行重叠操作，从而实现多条指令的并行处理，加速程序运行过程，提高 CPU 资源的利用率。

按照上面的介绍，每条指令由 3 个步骤依次串行完成。采用流水线技术设计后，如图 1-9 所示，在 CPU 中将取指令单元、分析指令单元和执行指令单元分开。从 CPU 整体来看，在执行指令 1 的同时，又在并行地分析指令 2 和取指令 3，这样使得指令可以连续不断地进行处理。在同一个较长的时间段内，显然拥有流水线设计的 CPU 能够处理更多的指令，当某程序生成的指令很多时，流水线技术并行执行的平均理论速度约是串行执行的 3 倍。当然，流水线方式的控制相对复杂，硬件成本较高，目前几乎所有的高性能计算机都采用了指令流水线技术。

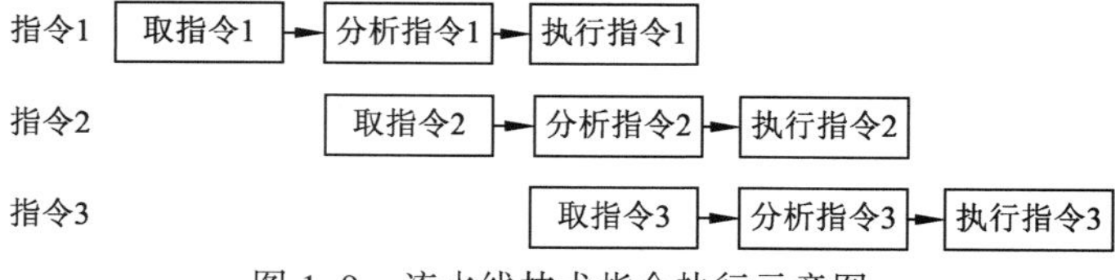

图 1-9 流水线技术指令执行示意图

2）多核技术

单核处理器只有一个逻辑核心，而多核处理器（Multicore Chips）在一个处理器中集成了多个微处理器核心（内核），于是多个微处理器核心就可以并行地执行程序代码。现代操作系统中，程序运行时的最小调度单位是线程，即每个线程是 CPU 的分配单位。多核技术可以在多个执行内核之间划分任务，使得线程能够充分利用多个执行内核，那么使用多核处理器将具有较高的线程级并行性，在特定时间内执行更多任务。目前多核技术已经成为处理器体系结构发展的一种必然趋势。

1.3　微型计算机硬件系统

微型计算机简称微机，主要面向个人用户，其普及程度和应用领域非常广泛。微型计算机系统一样包括硬件系统和软件系统两大部分，本节从应用的角度，以台式微机为例，介绍微型计算机硬件系统。

1.3.1　主机系统

从用户的角度来说，台式机由机箱和一系列外围设备组成。重要的部件如主板、CPU、内存、硬盘及各种接口等都在机箱内，因此机箱也常被称为主机系统。

1. 主板

主板（Mainboard）也称母板（Motherboard）或系统版（Systemboard），是微型计算机中最大的一块集成电路板，也是其他部件和各种外围设备的连接载体。CPU、内存条、显卡等部件通过相应的插槽安装在主板上，硬盘、光驱等外围设备在主板上也有各自的接口，有些主板（板载功能）还集成声卡、显卡、网卡等部件。在微型计算机中，所有其他部件和各种外围设备通过主板有机地结合在一起，组成一套完整的系统。主板的性能和稳定性直接影响微机的性能和稳定性，其重要性不言而喻。目前常见的主板品牌有华硕、技嘉、微星、精英、昂达等。图 1-10 所示是一款典型的华硕主板。

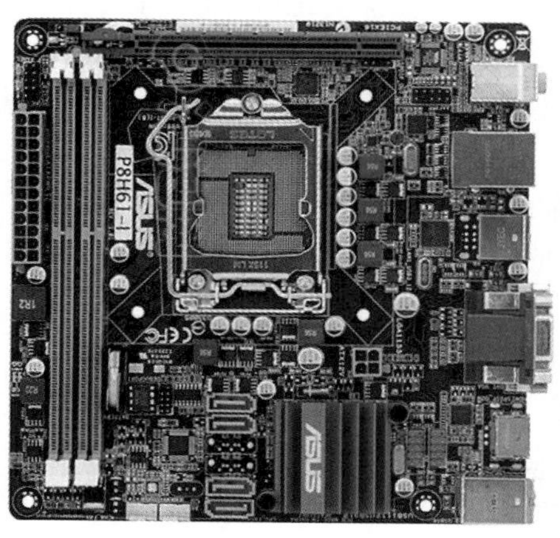

图 1-10　华硕主板

主板主要由下列两部分组成：

（1）芯片：主要有芯片组（北桥芯片和南桥芯片）、BIOS 芯片、集成芯片（如声卡、显卡和网卡）等。

北桥芯片是主板芯片组中起主导作用、最重要的组成部分，负责与 CPU 的联系，并控制内存、AGP、PCI 数据在北桥内部传输，南桥芯片主要负责 I/O 接口控制、IDE 设备控制以及高级电源管理等。

（2）插槽/接口：主要有 CPU 插座、内存条插槽、PCI 插槽、AGP 插槽、PCI-E 插槽、IDE 接口、SATA 接口、键盘/鼠标接口、USB 接口等。

2. 中央处理器（CPU）

CPU 是计算机的核心，由运算器和控制器组成，负责处理、运算计算机内部的所有数据。计算机选用什么样的 CPU 决定了计算机的性能，甚至决定了能够运行什么样的操作系统和应用软件；不同的主板所搭载的 CPU 类型也不尽相同，在购买配件时一定要注意。

目前市场主流的 CPU 主要有 Intel、AMD 两大厂商。图 1-11 所示为英特尔和 AMD 两款 CPU 的外观。

图 1-11 Intel 和 AMD CPU 外观

影响 CPU 性能的主要指标有：

1）主频、睿频和 QPI 带宽

主频是指 CPU 的时钟频率，或 CPU 的工作频率，以赫兹（Hz）为单位。一般来说，主频越高，运算速度越快。实际上，CPU 的运算速度还和其他性能指标（如高速缓冲存储器、CPU 位数等）有关，为此不能绝对地认为主频高则 CPU 运算速度快。

睿频也称睿频加速，是一种使 CPU 能自动超频的技术。当开启睿频加速后，CPU 会根据当前的任务量自动调整 CPU 主频，从而重任务时发挥最大的性能、轻任务时发挥最大节能优势。

睿频是 CPU 通过分析当前的任务情况，智能地进行提升主频。例如，某 CPU 主频为 3.6 GHz，睿频为 3.9 GHz，当某个核心的任务较重，而其他核心空闲时，CPU 关闭其他核心，并将正在工作的核心主频提高到 3.9 GHz，以提高效率。

QPI（Quick Path Interconnect）总线是用于 CPU 内核与内核之间、内核与内存之间的总线，是 CPU 的内部总线。QPI 带宽越高意味着 CPU 数据处理能力越强，QPI 总线可实现多核处理器内部的直接互联，而无须像以前一样必须经过芯片组。

QPI 总线的特点是数据传输延时短、传输速率高。QPI 总线每次传输 2 B 有效数据，而且是双向的，即发送的同时也可以接收。因此 QPI 总线带宽的计算公式如下：

QPI 总线带宽=每秒传输次数（即 QPI 频率）× 每次传输的有效数据 × 2

例如，QPI 频率为 6.4 GT/s 的总带宽=6.4 GT/s × 2 B × 2=25.6 Gbit/s

2）字长和位数

在计算机中，作为一个整体参与运算、处理和传送的一串二进制数称为一个字，组成“字”的二进制位数称为字长。字长等于通用寄存器的位数，字长好比人走路时每一步的步长。通常所说的 CPU 位数就是 CPU 的字长，即 CPU 中通用寄存器的位数，例如，64 位 CPU 是指 CPU 的字长为 64，也就是 CPU 中通用寄存器为 64 位。

3）高速缓冲存储器

随着 CPU 主频的不断提高，CPU 的速度越来越快，内存存取数据的速度无法与 CPU 主频速度相匹配，使得 CPU 与内存之间交换数据时不得不等待，从而影响系统整体的性能与数据处理吞吐量。为了解决内存速度与 CPU 速度不匹配的这一矛盾，现代计算机在 CPU 与内存之间设计了高速缓冲存储器。

高速缓冲存储器简称高速缓存（Cache），是位于 CPU 与内存之间的高速存储器，运行频率极高（一般和 CPU 同频运作）。计算机在运行时将内存的部分内容复制到 Cache 中，当 CPU 读、写数据时，首先访问 Cache，如果 CPU 所要读取的目标内容在 Cache 中（这种情况称为命中），CPU 则直接从 Cache 中读取；当 Cache 中没有所需的数据时，CPU 才去访问内存。在同等条件下增加 Cache 容量，可大幅度提升 CPU 内部读取数据的命中率，而不用再到内存上读取，减少 CPU 等待时间，从而提高系统性能。

由于 CPU 芯片面积和成本因素，一般 Cache 容量都较小。目前，Cache 一般分成三级：L1 Cache（一级缓存）、L2 Cache（二级缓存）和 L3 Cache（三级缓存），缓存级别越多并不代表 CPU 的性能越好，命中率越高才越好。实际上二级缓存以后，增加缓存的级数带来的命中率提高越来越少。

4）多核和多线程

自从 1971 年 Intel 公司推出 Intel 4004 以来，CPU 一直是通过不断提高主频这一途径来提高性能的。然而如今主频之路已经走到拐点，单一提高 CPU 的主频无法带来相应性能的提高，反而会使 CPU 快速地产生更多的热量，从而导致各种问题的出现。为此，工程师们开发了多核芯片，即在单一芯片上集成多个功能相同的处理器核心，通过提高程序的并发性从而提高系统的性能。

多线程是利用超线程技术，将一个物理内核模拟成两个逻辑内核，像两个内核一样同时执行两个线程。超线程技术是在一个物理内核里增加一个逻辑处理单元，共享其余部件，如 ALU（算术逻辑单元）、FPU（浮点运算单元）、Cache（高速缓存）等。

超线程技术减少了 CPU 的闲置时间，提高了 CPU 的运行效率。但是，要发挥这种效能除了操作系统支持之外，还必须要应用软件的支持。

5）制造工艺

制造工艺是指 CPU 内晶体管门电路的尺寸或集成电路与电路之间的距离，单位是微米（μm）和纳米（nm），制作工艺技术的不断改进，CPU 的集成度不断提高，从而使 CPU 的功能与性能得到大幅提高。

3. 内存储器

内存储器是 CPU 能够直接访问的存储器，用于存放正在运行的程序和数据。内存储器可分为 3 种类型：随机存取存储器（Random Access Memory，RAM）、只读存储器（Read Only Memory，ROM）和高速缓冲存储器（Cache），人们通常所说的内存是指 RAM。

对于 RAM，任何一个字节的内容均可按地址随机地进行存取，而且存取的速度与存储单元的位置无关，通常作为操作系统或其他正在运行中程序的临时数据存储媒介。RAM 的主要特点是数据存取速度较快，存入的内容可以随时读出或写入，但断电后数据将会丢失。按照存储单元的工作原理，随机存储器又分为静态随机存储器（Static RAM，SRAM）和动态随机存储器（Dynamic RAM，DRAM）。

只读存储器 ROM 中的信息一般由计算机制造厂商写入并经过固化处理，主要用于存放计算机系统管理程序，如监控程序、基本输入/输出系统模块 BIOS 等。与 RAM 相比，ROM 的数据只能读取不能写入，如果要更改，就需要紫外线来擦除；即使断电，ROM 中的信息也不会丢失。

高速缓冲存储器（Cache）是一种高速小容量的临时存储器，集成在 CPU 内部，存储 CPU 即将访问的指令或数据，主要是为解决 CPU 和内存 RAM 速度不匹配、提高存储速度而设计的。

说明

存储器容量是指存储器中最多可存放二进制数据的总和，其基本单位是字节（byte，缩写为 B），每个字节包含 8 个二进制位（bit，缩写为 b）。为方便描述，存储器容量通常用千字节（KB）、兆字节（MB）、吉字节（GB）、太字节（TB）、拍字节（PB）、艾字节（EB）等单位表示。它们之间的关系是：

1 B=8 bit

1 KB=1 024 B=2^{10} B

1 MB=1 024 KB=2^{10} KB

1 GB=1 024 MB=2^{10} MB

1 TB=1 024 GB=2^{10} GB

1 PB=1 024 TB=2^{10} TB

1 EB=1 024 PB=2^{10} PB

4. 外存储器

随着信息技术的发展，信息处理的数据量越来越大，外存储器作为主存储器的辅助和必要补充，在计算机部件中也是必不可少的，它一般具有容量大、能长期保存数据的特点。

需要注意的是，任何一种存储技术都包括两个部分：存储设备和存储介质。存储设备是在存储介质上记录和读取数据的装置，例如硬盘驱动器、DVD 驱动器等。有些技术的存储介质和存储设备是封装在一起的，如硬盘和硬盘驱动器。有些技术的存储介质和存储设备是分开的，如 DVD 光盘和 DVD 驱动器。

1）硬盘

硬盘是计算机的主要外部存储设备，绝大部分微型计算机以及许多数字设备都配置硬盘，主要原因是存储容量大、存储速度快、经济实惠。硬盘有固态硬盘（SSD）、机械硬盘（HDD）和混合硬盘（HHD，基于传统机械硬盘诞生的新硬盘），SSD 采用闪存颗粒来存储，HDD 采用磁性碟片来存储，混合硬盘是把磁性硬盘和闪存集成到一起的一种硬盘。硬盘外观如图 1-12 所示。

硬盘可以认为是由许多个软盘片叠加组成的，每个面上有许多磁道，每个磁道上有很多扇区，硬盘结构示意图如图 1-13 所示。

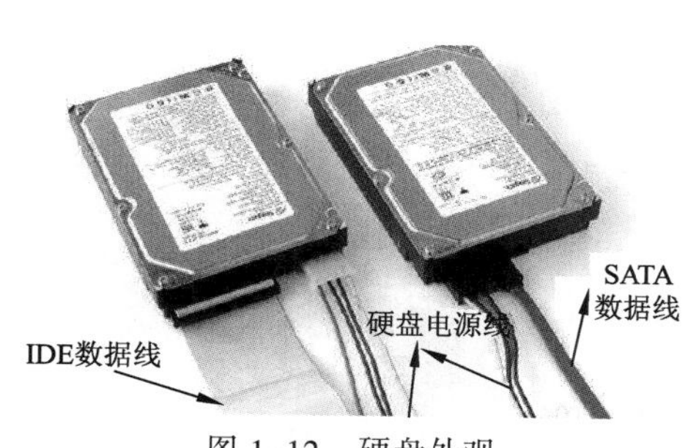

图 1-12　硬盘外观

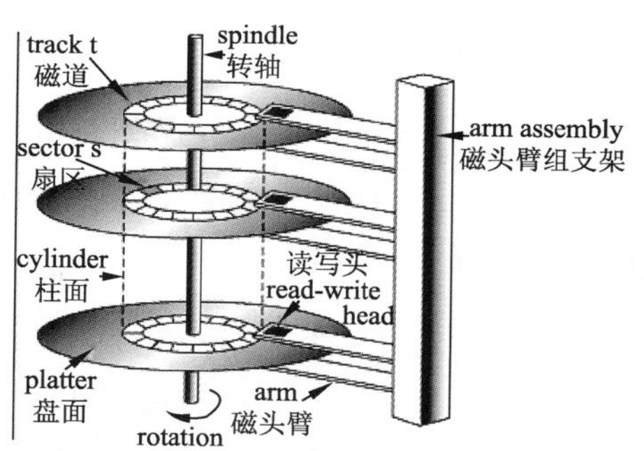

图 1-13　硬盘结构示意图

硬盘的主要技术指标有两个：

（1）存储容量。存储容量是硬盘最主要的参数。硬盘的容量现通常以千兆字节（GB）或太兆字节（TB）为单位。

（2）转速。转速是硬盘内电机主轴的旋转速度，也就是硬盘盘片在一分钟内所能完成的最大转数。硬盘的转速越快，意味着数据存取速度越快，硬盘的整体性能越好。硬盘转速以每分钟多少转来表示，单位为 r/min，即转/每分钟。硬盘的转速一般有 5 400 r/min、7 200 r/min 和 10 000 r/min 三种。

硬盘接口的作用是在硬盘和主机内存之间传输数据，微机的硬盘接口主要有 IDE（并口）和 SATA（串口）两种。SATA 接口的硬盘是目前通用的接口，数据传输速度比 IDE 接口的硬盘的传输速度更快，可靠性高，结构简单并且支持热插拔。

2）光盘

光盘盘片是在有机塑料基底上加各种镀膜制作而成的，数据通过激光刻在盘片上。光盘存储器具易于长期保存，其种类繁多，常见的光盘如图 1-14 所示。

CD-R

DVD-R

BD

图 1-14　常见的光盘

读取光盘的内容需要光盘驱动器，简称光驱。光驱有 CD（Compact Disk）驱动器和 DVD（Digital Versatile Disk）驱动器两种。CD 光盘的容量一般为 650 MB，DVD 采用更有效的数据压缩编码，具有更高的磁道密度，其容量更大，一张 DVD 光盘的容量为 4.7~50 GB，相当于 7~73 张普通 CD 光盘。

衡量一个光驱性能的主要指标是读取数据的速率，光驱的数据读取速率是用倍速来表示的。CD-ROM 光驱的 1 倍速是 150 KB，DVD 光驱的 1 倍速是 1 350 KB。如某一个 CD-ROM 光驱是 8 倍速的，就是指这个光驱的数据传输速率为 150 KB × 8=1 200 KB。

蓝光光盘 BD（Blu-ray Disc）是 DVD 之后的下一代光盘格式之一，用以存储高品质的影音以及高容量的数据。一个单层的蓝光光盘存储容量可以达到 25 GB，多层的蓝光光盘可以达到 200 GB。

3）移动存储

目前常用的移动存储设备主要有移动硬盘、U 盘、Flash 卡等，如图 1-15 所示为常见的移动硬盘、U 盘和 SD 卡。

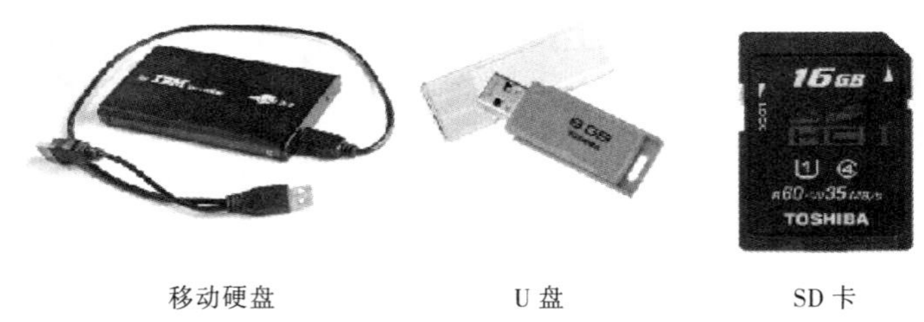

图 1-15 常用的移动存储设备

移动硬盘通常由笔记本计算机硬盘和带有数据接口电路的外壳组成，数据接口有 USB 接口和 IEEE 1394 接口两种。笔记本计算机硬盘尺寸比普通台式机硬盘尺寸要小，直径为 1.8 英寸，而台式机硬盘是 2.5 英寸。

U 盘（USB flash disk，USB 闪存驱动器）是一种使用 USB 接口的无须物理驱动器的微型高容量移动存储产品，通过 USB 接口与计算机连接，实现即插即用。相对于移动硬盘，U 盘体积更小，携带方便，使用灵活，容量相对硬盘要小。目前常用 U 盘的容量主要有 128 GB、256 GB 和 512 GB 等，USB 接口有 USB2.0 和 USB3.0 两种，计算机上的 USB 接口版本必须与 U 盘的接口类型一致才可达到最高的传输速率。

Flash 卡是 Flash 存储器的一种，一般用作数码照相机和手机的存储器，如 SD 卡（Secure Digital Memory Card，安全数码卡）。Flash 卡的种类繁多，每种 Flash 卡存储原理相同，而接口不同。Flash 卡需要相同接口的读卡器与计算机相连，计算机才能进行读写。

1.3.2 总线与接口

1. 总线

在计算机系统中，总线（Bus）是各部件（设备）之间传输数据的公用通道。计算机各部件通过总线连接并通过总线传递数据和控制信号。

按照数据传输方式，总线可分为串行总线和并行总线。在串行总线中，二进制数据逐位通过一根数据线发送到目的部件（或设备），如图 1-16 所示，常见的串行总线有 RS-232、PS/2、USB 等；在并行总线中，数据线有许多根，故一次能发送多个二进制位，如图 1-17 所示，如 PCI 总线等。

从表面上看，并行总线似乎比串行总线快，其实在高频率的情况下串行总线比并行总线更好，因此将来串行总线肯定会逐渐取代并行总线。因为在高频率的条件下，并行总线中传输数据的各个位必须处于一个时钟周期内的相同位置，对器件的性能和电路结构要求严格，系统设计难度大，致使系统成本高、可靠性低。相比之下，串行总线中传输数据的各个位是串行传输的，比较容易处理，从而降低了设计难度和系统成本。一般来说，并行总线适用于短距离、低总线频率的数据传输，而串行总线在低速数据传输和高速数据传输方面都有应用。

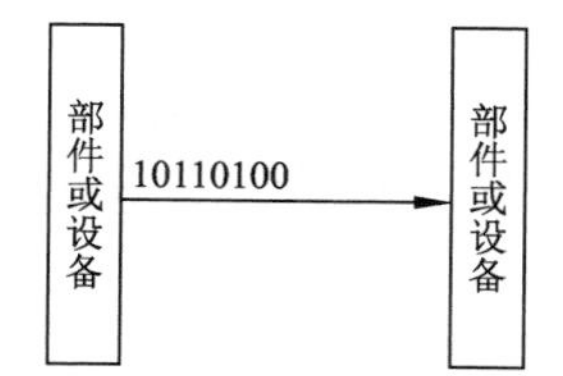

图 1-16　串行总线工作方式

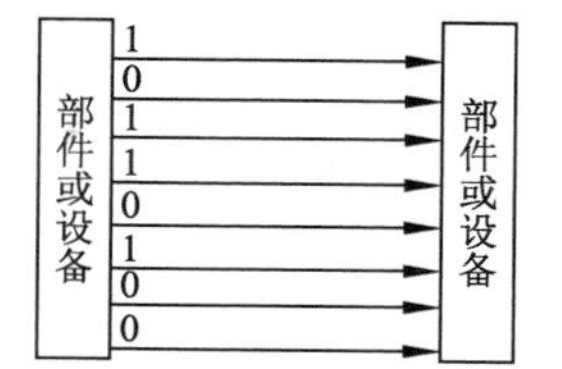

图 1-17　并行总线工作方式

总线的主要技术指标有：总线带宽、总线位宽和工作频率。

（1）总线带宽。总线带宽是指单位时间内总线上传送的数据量，反映了总线数据传输速率。总线带宽与位宽和工作频率之间有如下关系：

总线带宽=总线工作频率×总线位宽×传输次数/8

式中，传输次数是指每个时钟周期内的数据传输次数，一般为 1。

（2）总线位宽。总线位宽是指总线能够同时传送的二进制数据的位数。例如，32 位总线、64 位总线等。总线位宽越宽，总线带宽越大。

（3）工作频率。总线的工作频率以 Hz 为单位，工作频率越高，总线工作速度越快，总线带宽越大。

系统总线是微型计算机系统中最重要的总线，人们平常所说的微机总线指系统总线。系统总线用于 CPU 与接口卡的连接，为了使各种接口卡能够在各种系统中实现“即插即用”，系统总线的设计要求有统一的标准，以便按照这种标准设计各类适配卡，与具体的 CPU 型号无关。常见的系统总线有 PCI 总线，PCI-E 总线等。

（1）PCI（Peripheral Component Interconnect，外设组件互连标准）是 Intel 公司 1991 年推出的局部总线标准。它是一种 32 位的并行总线（可扩展为 64 位），总线频率为 33 MHz（可提高到 66 MHz），最大传输速率可达 66 MHz×64 位/8=528 Mbit/s。

PCI 总线最大优点是结构简单、成本低、设计容易，缺点是总线带宽有限，同时多个设备共享带宽。

（2）PCI-E（PCI Express，PCI 扩展标准）是一种新型总线标准。它是一种多通道的串行总线，主要优势是数据传输速率高，且总线带宽是各个设备独享的。因为每个 PCI-E 设备与控制器是点对点的连接，因此数据带宽是独享的。

PCI-E 采用多通道传输机制。多个通道相互独立，共同组成一条总线。根据通道数的不同，PCI-E 可分为 PCI-EX1、X2、X4、X8、X12、X16 甚至 X32 等。通道数的多少与 PCI 插槽有关，但是 PCI-E 向下兼容，即 PCI-EX4 的卡可以插在 PCI-EX8 以上的插槽中。

PCI-E 总线有 1.0、2.0 和 3.0 三个版本，每个版本的单通道单向数据传输带宽分别为 250 Mbit/s、500 Mbit/s 和 1 Gbit/s。PCI-E 3.0X16 常用于显卡的连接，其双向数据传输带宽达 32 Gbit/s。

2．接口

各种外围设备通过接口与计算机主机相连。通过接口可以将打印机、扫描仪、U 盘、数码照相机、数码摄像机、移动硬盘、手机等外围设备连接到计算机上。

主板上常见的接口有 USB 接口、IEEE 1394 接口、HDMI 接口、音频接口和显示接口等。

（1）USB（Universal Serial Bus，通用串行总线）接口是一种串行总线接口。因其支持热插拔、传输速率较高等优点，成为目前外围设备的主流接口方式。

（2）IEEE1394 接口是为了连接多媒体设备而设计的一种高速串行接口标准。其支持热插拔，可为外围设备提供电源，能连接多个不同设备，如数码摄像机、移动硬盘、音响设备等。

（3）HDMI 接口（High Definition Multimedia Interface，高清晰度多媒体接口）是一种数字化视频/音频接口技术，是适合视频传输的专用接口，可同时传送视频和音频信号，最高数据传输速度为 5 Gbit/s。

1.3.3 输入/输出设备

输入和输出设备（又称外围设备）是计算机系统的重要组成部分。各种类型的信息通过输入设备输入到计算机，计算机处理的结果又由输出设备输出。微型计算机常见的输入/输出设备有鼠标、键盘、触摸屏、手写笔、麦克风、显示器、打印机、数码照相机、数码摄像机、投影仪、条形码扫描器、指纹识别器等。下面仅简要地介绍微型计算机的一些基本输入/输出设备。

1. 键盘

键盘是最常见的计算机输入设备，它广泛应用于微型计算机和各种终端设备上，如图 1-18 所示，通常连接在 PS/2 口（紫色）或 USB 口上。通过键盘，可以将英文字母、数字和标点符号等输入到计算机中，从而向计算机发出指令、输入数据等。

图 1-18　PS/2 键鼠、USB 键鼠

2. 鼠标

鼠标是微型计算机的基本输入设备，如图 1-18 所示，通常连接在 PS/2 口（绿色）或 USB 口上。常见的鼠标有机械式和光电式两种，在笔记本计算机中，一般还配备了轨迹球、触摸板，它们都是用来控制鼠标的。

近年来，无线键盘和无线鼠标也越来越多，利用无线技术与计算机通信，从而省去了电线的束缚。其通常采用的无线通信方式包括蓝牙、Wi-Fi（IEEE 802.11）、Infrared（IrDA）、ZigBee（IEEE 802.15.4）等多个无线技术标准。如图 1-19 所示，无线键鼠由电池负责供电，使用 USB 接口的接收器插到计算机主机接收无线信号。

图 1-19 无线键鼠

3．显示器

显示器是计算机必备的输出设备，是用户与计算机交流的桥梁。显示器按其工作原理可分为 CRT（阴极射线管显示器）、LCD（液晶显示器）两种。LCD 显示器具有体积小、重量轻、能耗低等特点，逐渐取代了 CRT 显示器。

显示器的主要技术指标有分辨率、颜色质量以及液晶显示器的响应时间。

（1）分辨率：指显示器上像素的数量。分辨率越高，显示器可显示的像素就越多，画面就越精细，同样的屏幕区域能显示的信息就越多。常见的分辨率有 800×600 像素、1 024×768 像素、1 280×1 024 像素、1 600×800 像素、1 920×1 200 像素等。

（2）颜色质量：显示一个像素所占用的位数，单位是位（bit）。颜色位数决定了颜色数量，颜色位数越多，颜色数量越多。例如，将颜色质量设置为 24 位（真彩色），则颜色数量为 2^{24} 种。

（3）响应时间：液晶显示器各像素点对输入信号反应的速度越小越好。响应时间太长会使得液晶显示器在显示动态图像时有尾影拖曳的感觉。目前，一般液晶显示器的响应时间为 16 ms 和 22 ms。

4．打印机

打印机是微型计算机最基本的输出设备之一。打印机主要的性能指标有打印速度和分辨率。打印速度是指每分钟可以打印的页数，单位是 ppm。分辨率是指每英寸的点数，分辨率越高，打印质量越好，其单位是 dpi。

目前使用的打印机主要有：

（1）针式打印机：通过打印针对色带的撞击在打印纸上留下小点，由小点组成打印图像，其打印速度慢、噪声大、打印质量差，现在一般用于票据打印。

（2）喷墨打印机：将墨水通过精制的喷头喷到纸面上形成文字与图像，其打印速度较慢，墨盒喷头容易堵塞。

（3）激光打印机：利用激光扫描主机送来的信息，将要输出的信息在磁鼓上形成静电潜像，并转换成磁信号，使碳粉吸附在纸上，经加热定影后输出。目前激光打印机以其打印速度快、打印质量高得到了广泛的应用。

（4）多功能一体机：是一种集打印、复印、扫描多种功能于一体的机器，拥有较高的性价比。

1.4　微型计算机的安装

尽管在购买计算机时通常都由商家负责组装与调试，不过对于用户而言，掌握一定的微机硬件组装和软件安装能力，不仅有助于更好地识别和了解微型计算机各功能部件，更方便日后计算机的使用和维护，解决使用过程中出现的一些问题。

本小节在了解微机硬件系统各功能部件和软件系统基础上，重点围绕微机及配件的选购，硬件系统组装和软件系统安装做简要说明。

1．微机的选配

1）微机的选购原则

（1）明确用户需求。如对办公类计算机，性能往往不需要太高，主要用途是处理文档、上网等，能满足日常应用即可，可考虑选择集成显卡、声卡、网卡的主板，以降低成本，而不必考虑如 3D 性能。

（2）确定购买品牌机还是组装机。品牌机指由具有一定规模和技术的计算机厂商生产，有注册商标、独立品牌的计算机，如联想、DELL 等。品牌机出厂前经过了严格的性能测试，相对组装机而言，其稳定性、可靠性较高，但价格也相对要高。

组装机是将计算机配件（包括 CPU、主板、内存、硬盘、显卡等）组装到一起的计算机。与品牌机不同的是，组装机可以自己买硬件组装，也可以到配件市场组装，可根据用户自己的需求，随意搭配，价格便优。

2）微机配件的选购原则

（1）CPU 的选购。主要考虑搭配要合理，如果用高端 CPU 配低端主板，由于主板先天不足，CPU 就不能发挥应有的功能。

（2）主板选购。主要考虑与 CPU 接口的匹配，可提供哪种内存插槽，显卡插槽是否满足需要和是否集成声卡、显卡和网卡等。

说明

独立显卡的显存是独立使用的，而集成显卡的显存要占用物理内存。如果物理内存较小，又要分一部分给集成显卡，势必对系统性能和运行速度产生影响。

（3）显卡选购。考虑按需选择、合理搭配及性价比。

（4）内存选购。主要考虑是否符合主板的内在插槽要求。

（5）硬盘选购。主要考虑是否符合主板上的接口类型、容量等。

3）组装选购练习

大家可通过市场商家咨询或在线模拟装机网进行练习。

2. 微机硬件的组装

首先要把组装微机所需的配件和工具（尖嘴钳、十字螺丝刀、一字螺丝刀、散热膏）备齐，然后再开始组装。组装过程一定要注意断电、防静电、避免用力过猛等。

1）组装流程（见图 1-20）

一般来讲，微机的装配过程并无明确规定，但步骤不合理会影响安装速度和装配质量，造成故障隐患。因此，我们将微机的组装按照基础安装、内部设备安装及外围设备安装的顺序进行，整体效果如图 1-20 所示。组装可分为以下步骤：

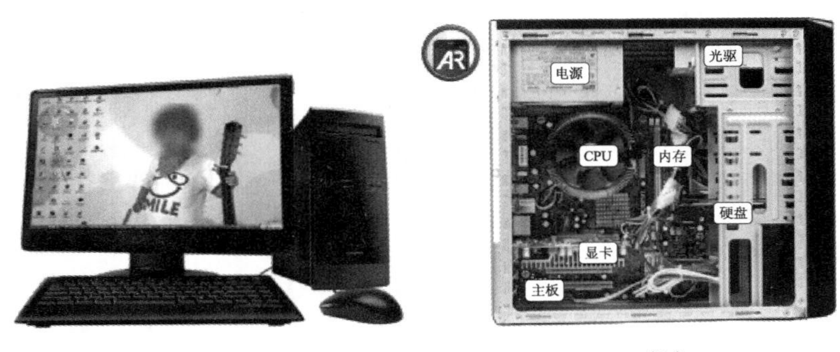

（a）　（b）

图 1-20　计算机组装效果

① 在主板上安装 CPU 处理器。

② 在主板上安装内存条。

③ 将插好 CPU 和内存条的主板固定在机箱上。

④ 在机箱上安装电源。

⑤ 安装硬盘。

⑥ 安装光驱。

⑦ 安装显卡。

⑧ 连接各部件的电源和数据线。

⑨ 连接机箱面板上的连线（开关、指示灯）。

⑩ 连接键盘和鼠标。

⑪ 连接显示器。

⑫ 连接音箱、耳麦、网线。

⑬ 连接主机电源和显示器电源到插座。

2）组装实践

在主板装进机箱前，最好先将 CPU 和内存安装好，以免将主板安装好后机箱内狭窄的空间影响 CPU 的顺利安装。

（1）在主板上安装 CPU 处理器。

目前，Intel 系列 CPU 基本上都采用无针脚设计，而主板上的插槽设计就变成了针式的接脚，将 Intel CPU 安装到主板上后，底座上每一个凸起的金属针脚会与 CPU 下面平平的金属触点相接触。针式的接脚十分脆弱，所以组装时务必要小心。CPU 插槽如图 1-21 所示。

图 1-21　CPU 插槽

装入 CPU 时必须把保护盖移除。在保护盖上可以看到“REMOVE”字样，从“REMOVE”处小心翻开，取下保护盖。插槽旁有一 U 型拨杆，将其向下再往外扳开，即可顺势往另一方向拨开，如图 1-22 所示。

图 1-22　CPU 保护盖和拨杆

U 型拨杆拨开后，即可翻开防护铁盖，准备装入 CPU（防护铁盖的主要功能是牢牢固定 CPU）。

确认 CPU 的防错凹槽和插槽的防错凸点，如图 1-23 所示。此步骤相当重要，务必要确认，否则防护铁盖盖上后，会导致 CPU 或插槽损坏。

轻轻放入 CPU，盖上防护铁盖，扳回 U 型拨杆且固定，并检查是否牢靠，如图 1-24 所示。

取出风扇后，先确认风扇是否有散热膏，只要翻过来看中间部分是否有一小块胶质的贴片即可，如图 1-25 所示。

图 1-23　CPU 的防错凹槽和插槽

图 1-24　CPU 防护铁盖

图 1-25　CPU 风扇

查看 CPU 插槽四周，找到 4 个 CPU 风扇专用孔座，将风扇 4 个脚座对应到插槽四周的孔座，先对准轻放即可。然后利用四只手指，用力按下风扇 4 个脚座，使其插入主板的孔座里，确认 4 个脚座是否牢靠地扣上，如图 1-26 和图 1-27 所示。

图 1-26　安装 CPU 风扇-1

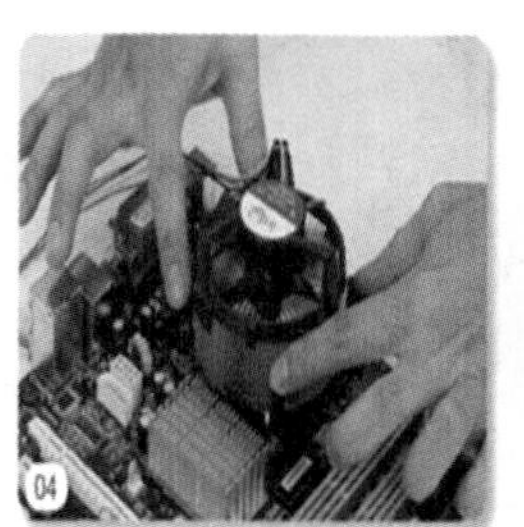

图 1-27　安装 CPU 风扇-2

寻找 CPU 风扇专用电源插座，一般都设计在 CPU 插槽附近。找到后插入风扇电源插头，即可完成整个风扇安装，如图 1-28 所示。

（2）在主板上安装内存条。首先确认内存插槽的位置，将插槽的两侧“固定扣”向外扳开到底轻轻将内存放于插槽中，如图 1-29 所示。

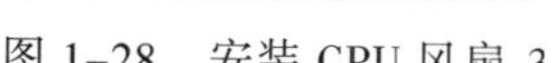

图 1–28 安装 CPU 风扇-3

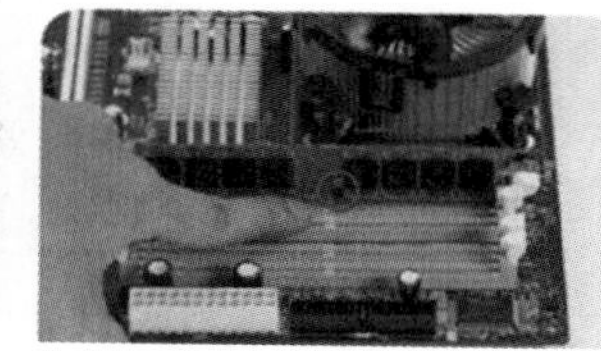

1–29 内存插槽

利用两手的手指略微施力按压内存的两侧，此时“固定扣”会自动向内扣住内存的两侧固定凹槽，如图 1–30 所示。

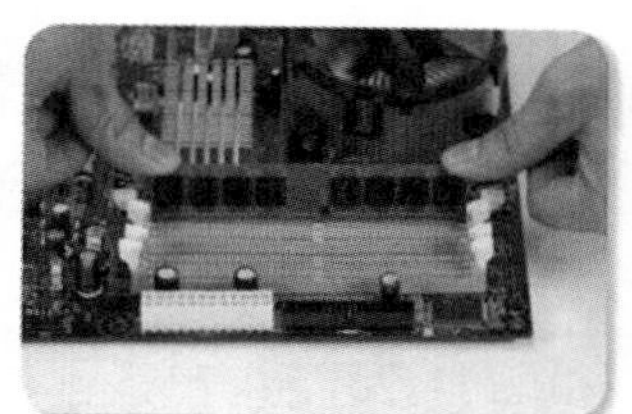

图 1–30 安装内存条

（3）安装主板。首先将主板挡板固定到机箱上，如图 1–31 所示。

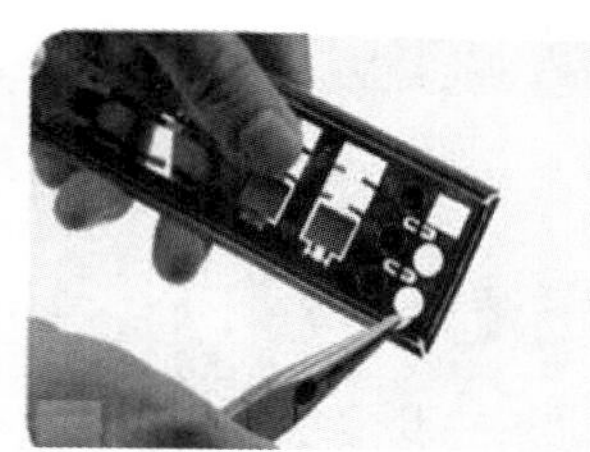

图 1–31 安装主板挡板

将主板放入机箱，对好各个螺丝口，将插口一一对好挡板，然后拧紧螺钉，固定好主板，如图 1–32 所示。

（4）安装电源。将电源平整放入预留的电源位置，如图 1–33 所示，到机箱后方察看电源的螺丝孔是否对应到机箱的螺丝洞。若没有，需要取出转换角度后再放入，使用 4 个粗牙螺钉栓紧电源即可。

图 1–32 安装主板

图 1–33 安装电源

（5）安装硬盘。寻找一个合适的 3.5 英寸硬盘装置槽。因为硬盘产热量很大，尽可能装在有较大气流（风扇、机箱散热孔）旁。将硬盘放入硬盘装置槽，注意数据线连接端口部分朝向主板，再用 4 个粗牙螺钉固定，如图 1–34 所示。

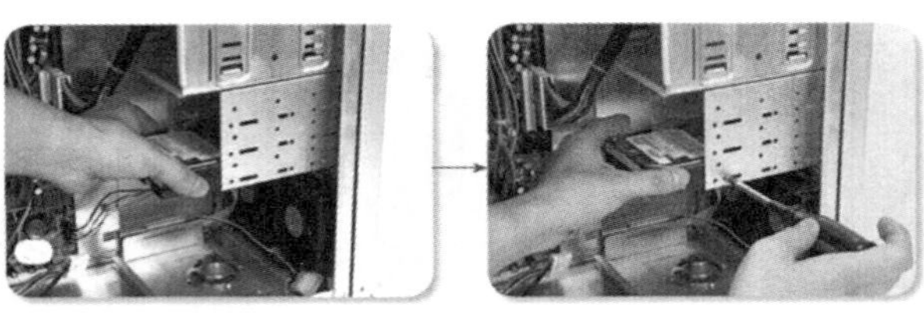

图 1-34 安装硬盘

（6）安装光驱。安装光驱的方法与安装硬盘的方法大致相同，区别在于光驱一般是从机箱前面装进去的。对于普通的机箱，我们只需要将机箱 5.25 英寸托架前的面板拆除，并将光驱装入对应的位置，拧紧螺钉即可，如图 1-35 所示。

（7）安装显卡。首先找到 PCI-E 的插槽位置，将显卡轻轻比对挡板的位置，找出该卸下的挡板，如图 1-36 所示。卸下挡板后，大拇指置于显卡的前后两端，慢慢施力将显卡往下压入插槽，拴上螺钉，固定显卡，如图 1-37 所示。

图 1-35 安装光驱

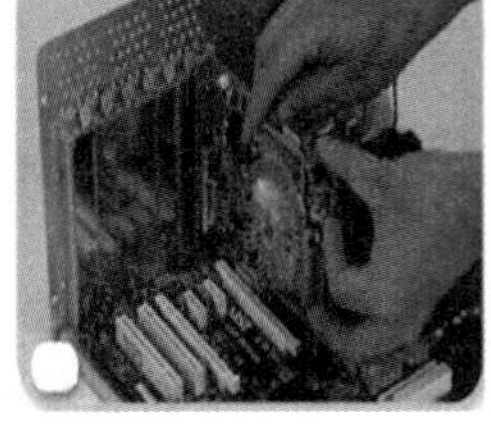

图 1-36 PCI-E 插槽

图 1-37 安装显卡

（8）连接各部件的电源和数据线。安装硬盘和光驱的数据线和电源线。目前，硬盘和光驱主要使用 SATA 接口传输数据。连接时将 SATA 信号线任一端插入 SATA 硬盘的信号连接口。SATA 信号线的另一端则插入主板上的 SATA 插座（任一插座即可，但建议从 SATA 0 开始连接）。最后再插入 SATA 电源插头，即完成整个 SATA 硬盘的安装工作。安装光驱电源的方法与硬盘相同，如图 1-38 所示。

图 1-38 连接硬盘数据线和电源线

连接主板和 CPU 电源及 CPU 风扇电源（见图 1-39 和图 1-40）。插入 20 pin 或 24 pin ATX 主电源，再插入 4 pin 的 CPU 风扇电源插头，此插座均具有防错设计，可以轻松插入。

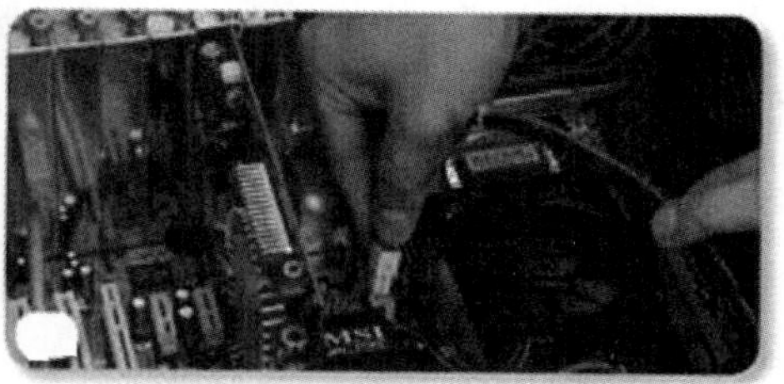

图 1-39　连接主板和 CPU 电源

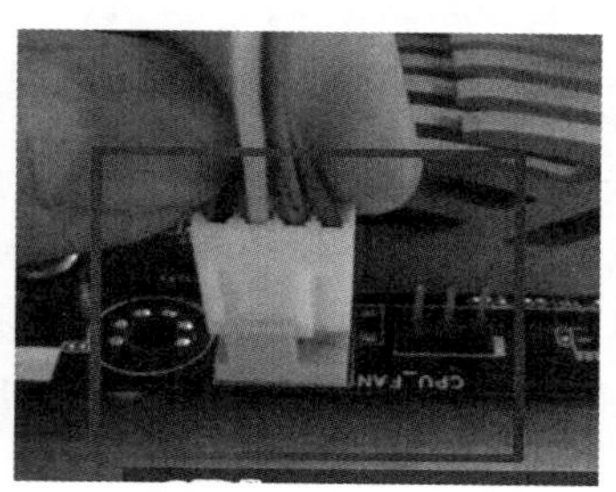

图 1-40　连接 CPU 风扇电源

连接机箱面板上的连线。找到机箱内的黑色小插头，每个插头上都标示着各自的用途，如电源开关（Power SW）、重启键（Reset SW）、电源灯（Power LED）、硬盘指示灯（HDD LED）等。找到主板上的机箱面板针座，通常位于主板的左下方，如图 1-41 所示。

图 1-41　机箱面板连线、主板面板针座

配合颜色与位置图，依次插上小接头，如图 1-42 所示。此时需注意，连接线有色彩的部分为“+”极，黑色或白色线为“-”极。要确认是否接错，需要组装完成后进行开机测试。如果发现灯不亮，说明插头插反了，将其拔出来，反向再插入即可。

图 1-42　主板面板针座接线

（9）连接键盘和鼠标。键盘的连接插头大都为紫色、圆口，并且有小键盘图样。连接方式：将插头直接插入即可，具有防错设计。如果不能顺利插入，可稍微轻轻转一下插头，如图 1–43 所示。鼠标的连接插头大都为绿色、圆口，机箱背板接口处有鼠标图样，对应插入即可。USB 键盘和鼠标直接连接计算机的 USB 接口即可。

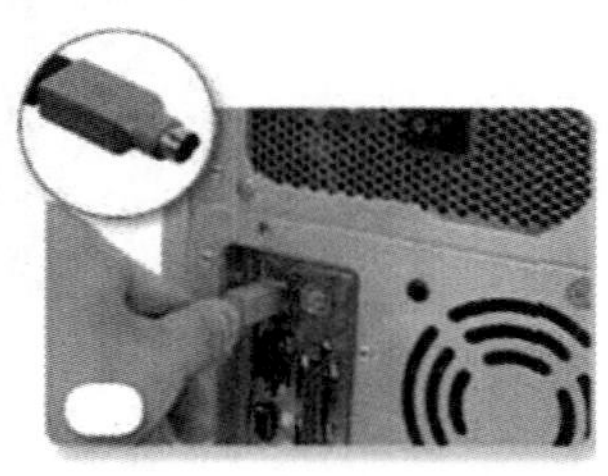

图 1–43　连接键盘和鼠标

（10）连接显示器。将显示器固定在要放置的地方，并找出电源插座和信号插座，连接电源线到显示器，如图 1–44 所示。连接信号线到显示器，将插头旁的塑料固定螺丝拴紧，防止脱落，图 1–45 所示。将信号线另一端连接显卡。信号线有防错设计，如果插不进去，可以转一个面再试一次。如果显卡与显示器都提供 DVI 插头，最好使用 DVI 接口，这样能提供更好的画质，如图 1–46 所示。

图 1–44　连接显示器电源

图 1–45　连接显示器信号线

图 1–46　连接显卡信号线

（11）接音箱、耳麦、网线。耳机（或者音箱）线连接机箱背板音频端口，插在绿色的接口，麦克风使用红色插孔，如图 1–47 所示。网线一头的 RJ-45 水晶头插入网卡相应的接口中即可，如图 1–48 所示。

图 1–47　连接耳机或者耳麦

图 1–48　连接网线

（12）接电源线。电源线的安装也很方便，它具有类似 D 型的防错设计，将电线的母头插入电源上的插座即可，如图 1–49 所示。

图 1-49　电源线连接方法

3. 微机软件的安装

只有硬件系统的计算机只能识别由 0 和 1 组成的机器代码，因此没有软件系统的计算机几乎是没有用处的。为使计算机能够正常地运转起来并为用户提供服务，我们还需要在微机硬件系统的基础上完成操作系统及所需软件的安装。

针对刚组装好的微机，首先应根据微机系统的硬盘情况及应用需求，做好硬盘的分区规划（如系统区 C 盘、数据区 D 盘等），然后在主分区上安装操作系统和应用软件，也可根据需要将操作系统和应用软件分别安装在不同分区。

下面是 Windows 10 操作系统的简要安装过程。

（1）进入安装程序（见图 1-50）。

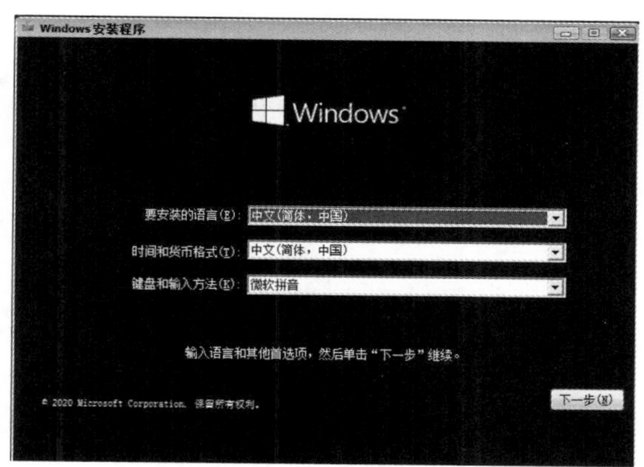

图 1-50　Windows 10 安装

（2）输入产品密钥，激活 Windows（见图 1-51）。

Windows 安装程序

激活 Windows

如果这是你第一次在这台电脑上安装 Windows（或其他版本），则需要输入有效的 Windows 产品密钥。产品密钥会在你购买数字版 Windows 后收到的确认电子邮件中提供，或者在 Windows 包装盒中的标签上提供。

产品密钥像这样：XXXXX-XXXXX-XXXXX-XXXXX-XXXXX

如果你正在重新安装 Windows，请选择“我没有产品密钥”。稍后将自动激活你的 Windows 副本。

隐私声明(P)　我没有产品密钥(I)　下一步(N)

图 1-51　Windows 10 安装激活

（3）选择安装类型（见图 1–52）。

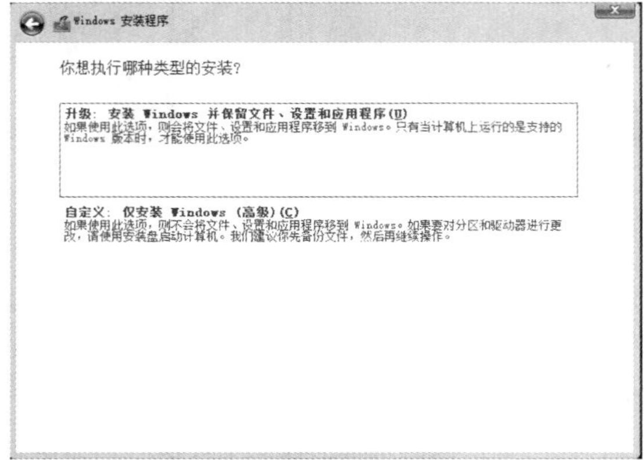

图 1–52　选择安装类型

（4）选择安装位置（见图 1–53）。

图 1–53　选择安装位置

（5）安装过程（见图 1–54）。

图 1–54　Windows 10 安装过程

（6）完成安装。

Windows 10 整个安装过程大约需要 20 min（取决于计算机配置），再经重启计算机，进行区域、键盘布局和账号等设置，即可成功完成 Windows 10 操作系统的安装，进入 Windows 10 初始桌面（见图 1-55）。

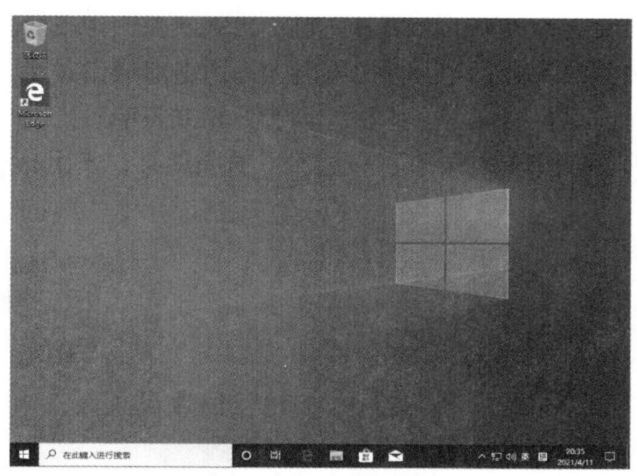

图 1-55　Windows 10 初始桌面

课 后 练 习

一、选择题

1. 第四代计算机的基本逻辑元件是（　　）。

A. 电子管

B. 晶体管

C. 中、小规模集成电路

D. 大规模集成电路或超大规模集成电路计算机

2. 在标准 ASCII 码表中，已知英文字母 K 的十六进制码值是 4B，则二进制 ASCII 码 1001000 对应的字符是（　　）。

A. G　　B. H　　C. I　　D. J

3. 十进制数 100 转换成无符号二进制整数是（　　）。

A. 0110101　　B. 01101000　　C. 01100100　　D. 01100110

4. 计算机软件系统包括（　　）。

A. 程序、数据和相应的文档　　B. 系统软件和应用软件

C. 数据库管理系统和数据库　　D. 编译系统和办公软件

5. 下列全部是高级语言的一组是（　　）。

A. 汇编语言、C 语言、PASCAL　　B. 汇编语言、C 语言、BASIC

C. 机器语言、C 语言、BASIC　　D. BASIC、C 语言、PASCAL

6. 计算机中，负责指挥计算机各部分协调一致地进行工作的部件是（　　）。

A. 运算器　　B. 控制器　　C. 存储器　　D. 总线

7. 构成 CPU 的主要部件是（　　）。

A. 内存和控制器　　B. 内存、控制器和运算器

C. 高速缓存和运算器　　D. 控制器和运算器

8. CPU 的主要性能指标是（　　）。

A. 字长和时钟主频　　B. 可靠性

C. 耗电量和效率　　D. 发热量和冷却效率

9. 硬盘属于（　　）。

A. 外部存储器　　B. 内部存储器

C. 只读存储器　　D. 输出设备

10. 下列不能用作存储容量单位的是（　　）。

A. Byte　　B. GB　　C. MIPS　　D. KB

11. 在冯·诺依曼型体系结构的计算机中引进两个重要的概念，它们是（　　）。

A. 引入 CPU 和内存储器的概念　　B. 采用二进制和存储程序的概念

C. 机器语言和十六进制　　D. ASCII 编码和指令系统

12. 国际通用的 ASCII 码的码长是（　　）。

A. 7　　B. 8　　C. 12　　D. 16

13. 汉字在计算机内部的传输、处理和存储都使用汉字的（　　）。

A. 字形码　　B. 输入码　　C. 机内码　　D. 国标码

14. 办公自动化（OA）是计算机的一项应用，按计算机应用的分类，它属于（　　）。

A. 科学计算　　B. 辅助设计　　C. 实时控制　　D. 数据处理

15. 计算机能够直接识别和执行的语言是（　　）。

A. 汇编语言　　B. 自然语言　　C. 机器语言　　D. 高级语言

16. 假设某台计算机的硬盘容量是 1 TB，内存容量是 4 GB，那么硬盘容量是内存容量的（　　）倍。

A. 256　　B. 128　　C. 64　　D. 160

17. CPU 主要性能指标之一的（　　）是用来表示 CPU 内核工作时的时钟频率。

A. 外频　　B. 主频　　C. 位　　D. 字长

18. 在计算机系统中，I/O 设备的作用是（　　）。

A. 只输出信息　　B. 只输入信息

C. 保存各种输入/输出信息　　D. 负责计算机与用户和其他设备之间的沟通

19. 不能随机修改其存储内容的是（　　）。

A. RAM　　B. DRAM　　C. ROM　　D. SRAM

20. 光盘是一种广泛使用的存储器，CD-ROM 指的是（　　）。

A. 只读型光盘　　B. 一次写入光盘

C. 追记型读写光盘　　D. 可擦写光盘

二、思考题

1. 简述计算机系统的组成。
2. 简述系统软件和应用软件的区别。
3. CPU 有哪些性能指标？
4. 什么是主板？它主要有哪些部件？各部件是如何连接的？

5. 简述内存和外存、ROM 和 RAM 的特点。
6. 简述 Cache 的作用及其原理。
7. 什么是接口？常见的接口有哪些？
8. 输入、输出设备有什么作用？常见的输入、输出设备有哪些？

第 2 章

数制和信息编码

五彩缤纷的现实世界要在计算机中表达，各种各样的信息需要计算机处理，都要首先完成“0”和“1”的数字化转换，这就是计算思维的符号化规则、形式化方法。对于我们而言，无论是把信息送入计算机还是计算机把结果呈现给我们，基本上是以自然方式或者接近自然的方式进行。那么计算机使用的二进制与我们习惯的自然方式之间的转换工作由谁做？何时做？怎么做？本章就讨论这些问题，从计算思维的角度揭示计算机科学，了解计算机的基础理论，理解计算机系统构建依据以及计算原理。

2.1 基于“实现计算”的数制及其转换

大家在使用计算思维进行思考、交流和沟通的过程中，遇到的第一个问题就是“表达”和“规则”，这是构建计算机及以此为基础实现计算所展开的一切活动的基础。

2.1.1 计算机中的“0”和“1”

如果能够将人们习惯的十进制数直接表达在计算机中，作为一种实现计算的工具，则其思维方式就会和人非常接近。但是这里说的是“如果”，因为至少到目前为止是不可能的，为什么呢？因为人们在发明制造电子计算机的过程中，要找到具有 10 种稳定状态的电子元件来对应十进制的 10 个数是很困难的，而具有两种稳定状态的电子元件却非常容易找到，如继电器的接通和断开、电脉冲的高和低、晶体管的导通和截止等。所以，电子计算机在发明之初就确定了依赖具有两种稳定状态的电子材料，也就确定了适合使用二进制。

由于二进制的表示规则只需要两个不同的符号，这正好表达了两种电路状态：高或低、通或不通等。所以在计算机内部，用“0”和“1”来表示。比如“1”表示“高电平”，“0”表示低电平；“1”表示接通状态，“0”表示断开状态。

“实现计算”不仅要表达计算所需要的数据，还要表达计算思维规则。也就是说，在计算机中，“0”和“1”不仅要表达所有要计算的数据，而且要表达计算以及控制规则。这实际上是一个非常有趣、值得讨论的话题，限于篇幅，本章仅讨论与实现计算紧密相关的问题。

计算机所能表示和使用的数据可分为数值数据和字符数据。数值数据用来表示量的大小、正负，如整数、小数等。字符数据也称为非数值数据，用以表示一些符号、标记，如英文字母、各种专用字符及标点符号等。汉字、图形、声音数据也属于非数值数据。所有的数据信息必须转换成二进制数编码形式，才能存入计算机中。既然计算机中的基础元件只具有 0 和 1 两种状态，那么现实中如此丰富的数值数据和非数值数据是如何只通过 0 和 1 这两个数码表示的呢？答案很简单，通过组合多个 0 和 1 产生 0、1 的序列表示信息。

二进制数计算规则简单，符合数字控制逻辑，与其他数制相比计算速度是最快的，与计算机追求的高速度不谋而合。同时两个状态代表的两个数码在数字传输和处理中不容易出错，因而存储的状态更加稳定可靠，也使得计算机中用于实现计算的运算器的硬件结构大为简化。

2.1.2　进位计数制

在日常生活中，人们经常遇到不同的进制数，如十进制数、六十进制数（用于时间计算）。平时人们用得最多的是十进制数，而在计算机中采用的是二进制数。之所以如此，是因为二进制只有“0”和“1”两个数，具有运算规则简单、符合电子元器件特性从而易于物理实现、通用性强、可用于逻辑运算和机器可靠性高等优点。然而二进制数也存在书写冗长的明显缺点，为了便于书写和表示方便，还引入了八进制数和十六进制数。无论哪种数制，其共同之处都是进位计数制，表 2–1 列出了计算机中常用的几种进位计数制。

表 2–1　计算机中常用的各种进制数的表示

进 位 制	二 进 制	八 进 制	十 进 制	十 六 进 制
规则	逢二进一	逢八进一	逢十进一	逢十六进一
基数	r=2	r=8	r=10	r=16
基本符号	0,1	0,1,2,…,7	0,1,2,…,9	0,1,…,9,A,B,…,F
位权	2^i	8^i	10^i	16^i
角标	B（Binary）	O（Octal）	D（Decimal）	H（Hexadecimal）

在采用进位计数的数字系统中，如果只用 r 个基本符号（0,1,2...,r–1）表示数值，则称其为 r 进制数，进位规则为逢 r 进一，r 称为该进制数的基数，这些基本符号即 0,1,2...,r–1 称为该进制数的数码。例如十进制数中，只用 0，1，2，...，9 这 10 个基本符号（即数码），其基数为 10。

在 r 进制数中，同一数码在不同数位时所代表的数值是不同的，每个数码所表示的值等于该数码本身乘以一个与所在数位有关的常数，这个常数就称为位权，简称“权”。在 r 进制数中，小数点左边第一位位权为 r^0，左边第二位位权为 r^1，左边第三位位权为 r^2，……小数点右边第一位位权为 r^{-1}，小数点右边第二位位权为 r^{-2}，……任意一个 r 进制数 N 都可以写成按其位权展开的多项式之和，如式 2–1 所示。

$$(N)_r=a_{n-1}a_{n-2}\ldots a_1a_0.a_{-1}\ldots a_{-m}$$
$$=a_{n-1}\times r^{n-1}+a_{n-2}\times r^{n-2}+\ldots+a_1\times r^1+a_0\times r^0+a_{-1}\times r^{-1}+\ldots+a_{-m}\times r^{-m} \qquad 式（2–1）$$

图 2–1 是二进制数的位权示意图，熟悉此位权关系，对数制之间的转换很有帮助。

例如，（110111.01）$_B$=32+16+4+2+1+0.25=（55.25）$_D$

2^7	2^6	2^5	2^4	2^3	2^2	2^1	2^0		2^{-1}	2^{-2}
1	1	1	1	1	1	1	1	.	1	1
128	64	32	16	8	4	2	1		0.5	0.25

图 2–1　二进制数的位权示意图

2.1.3　不同进位计数制间的转换

1. r 进制数转换成十进制数

把任意 r 进制数按照式（2–1）写成按位权展开式后，各位数码乘以各自的权值累加，就可得到该 r 进制数对应的十进制数。

例如：$(110111.01)_B=1\times2^5+1\times2^4+1\times2^2+1\times2^1+1\times2^0+1\times2^{-2}=(55.25)_D$

$(456.4)_O=4\times8^2+5\times8^1+6\times8^0+4\times8^{-1}=(302.5)_D$

$(A12)_H=10\times16^2+1\times16^1+2\times16^0=(2578)_D$

2. 十进制数转换成 r 进制数

将十进制数转换成 r 进制数时，可将此数分成整数与小数两部分并分别转换，然后再拼接起来即可。

整数部分采用“除以 r 取余”法，即将十进制整数不断除以 r 取余数，直到商为 0。每次相除所得余数便是对应的 r 进制数各位的数字，第一个余数为最低有效位，最后一个余数为最高有效位。

小数部分采用“乘 r 取整”法，即将十进制小数不断乘以 r 取积的整数部分，再对积的小数部分乘 r；重复此步骤，直到小数部分为 0 或达到要求的精度为止（小数部分可能永远不会得到 0）。首次得到的整数为最高位，最后一次得到的整数为最低位。

例如：将 $(100.345)_D$ 转换成二进制数，其转换过程如图 2-2 所示，转换结果为：$(100.345)_D \approx (1100100.01011)_B$

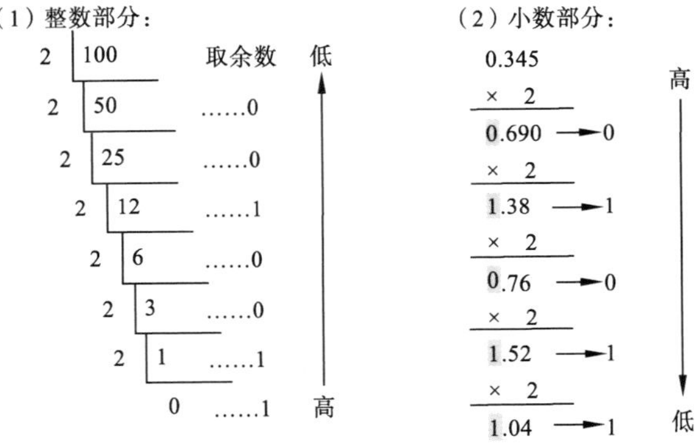

图 2-2 十进制数转二进制数过程举例

> **注意**
>
> 小数部分转换时可能是不精确的，要保留多少位小数，主要取决于用户对数据精确的要求。

3. 二、八、十六进制数间的相互转换

实现这几种数制间的转换，让大家自然想到的是引入十进制数作为中介，即先将某 r 进制数转换成十进制数，再将此十进制数转换成另一种 r 进制数。然而此法虽然可行但是非常烦琐，不可取。

用二进制数编码，存在这样一个规律：n 位二进制数最多能够表示 2^n 种状态，$8^1=2^3$、$16^1=2^4$，即 1 位八进制数相当于 3 位二进制数，1 位十六进制数相当于 4 位二进制数，如表 2-2 所示。

表 2-2　八进制数与二进制数、十六进制数与二进制数间的对应关系

八进制	二进制
0	000
1	001
2	010
3	011
4	100
5	101
6	110
7	111

十六进制	二进制	十六进制	二进制
0	0000	8	1000
1	0001	9	1001
2	0010	A	1010
3	0011	B	1011
4	0100	C	1100
5	0101	D	1101
6	0110	E	1110
7	0111	F	1111

根据这种对应关系，将一个二进制数转换为八进制数时，只要以小数点为中心分别向左、向右每三位划分为一组，两头不足 3 位以 0 补足，而后每组三位二进制数代之以一位等值的八进制数即可。同样二进制数转换十六进制数时，只要按每 4 位为一组进行划分。

例如：将二进制数（1101101110.110101）$_B$转换为八进制数和十六进制数。

$$(\underline{001}\ \underline{101}\ \underline{101}\ \underline{110}.\underline{110}\ \underline{101})_B=(1556.65)_O$$

1　5　5　6　6　5

$$(\underline{0011}\ \underline{0110}\ \underline{1110}.\ \underline{1101}\ \underline{0100})_B=(36E.D4)_H$$

3　6　E　D　4

同样，将八（或十六）进制数转换成二进制数，只要将 1 位八（或十六）进制数代之以 3（或 4）位等值的二进制数即可。

例如：将（2C1D.A1）$_H$和（7123.14）$_O$分别转换为二进制数。

$$(2C1D.A1)_H=(\underline{0010}\ \underline{1100}\ \underline{0001}\ \underline{1101}.\underline{1010}\ \underline{0001})_B$$

2　C　1　D　A　1

$$=(10110000011101.10100001)_B$$

$$(7123.14)_O=(\underline{111}\ \underline{001}\ \underline{010}\ \underline{011}.\underline{001}\ \underline{100})_B$$

7　1　2　3　1　4

$$=(111001010011.0011)_B$$

提示

整数前的高位 0 和小数后的低位 0 可删除，八进制与十六进制数间的转换可以以二进制为桥梁。

2.2　二进制数值表示与计算

前面讨论了十进制转换成二进制的方法。在实际应用过程中，还存在如下问题：数值的正负如何区分？如何确定实数中小数点的位置？如何对正、负符号进行编码？如何进行二进制数的算术运算？

1. 整数的计算机表示

如果二进制数的全部有效位都用以表示数的绝对值，即没有符号位，这种方法表示的数称为无符号数。大多数时候，一个数既包括数的绝对值部分，又包括表示数的符号部分，这种方法表示的数称为符号数。在计算机中，通常把一个数的最高位定义为符号位，用“0”表示正，“1”表示负，称为数符；其余位表示数值。

例如：一个 8 位二进制数-0101100，它在计算机中可表示为 10101100，如图 2-3 所示。

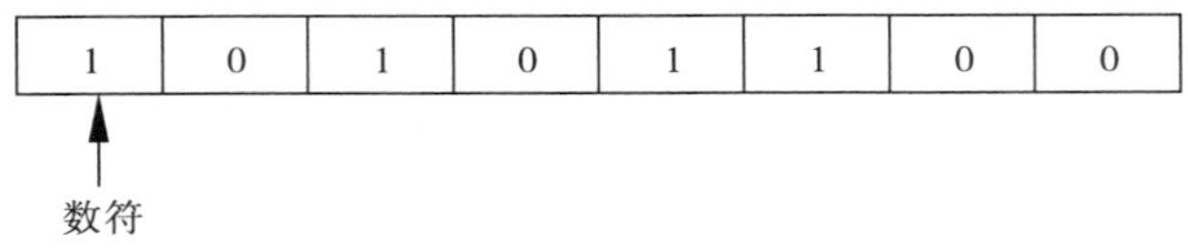

图 2-3 机器数

这种把符号数值化了的数称为“机器数”，而它代表的数值称为此机器数的“真值”。在上例中，10101100 为机器数，-0101100 为此机器数的真值。

数值在计算机内采用符号数字化表示后，计算机就可识别和表示数符了。但如果符号位和数值同时参加运算，有时会产生错误的结果。

例：（-5）+4 的结果应为-1，但在计算机中若按照上述符号位和数值同时参加运算，则运算结果如下：

	10000101	……-5 的机器数
+	00000100	……4 的机器数
	10001001	……运算结果为-9

若要考虑对符号位的处理，则运算变得复杂。为了解决此类问题，在机器数中，符号数有多种编码方式表示，常用的是原码、反码和补码，其实质是对负数表示的不同编码。

为了简单起见，下面以 8 位字长的二进制数为例说明。

1）原码

整数 X 的原码指其数符位以 0 表示正、1 表示负；其数值部分用 X 绝对值的二进制表示。通常用$[X]_{原}$表示 X 的原码。例如：

$[+1]_{原}$=00000001　　　　$[+127]_{原}$=01111111

$[-1]_{原}$=10000001　　　　$[-127]_{原}$=11111111

由此可知，8 位原码表示的最大值为 127，最小值为-127，表示数的范围为-127 ~ 127。

当采用原码表示时，编码简单，与其真值的转换方便。但原码也存在一些问题：

（1）0 的原码表示不唯一，给机器判 0 带来了麻烦，即

$[+0]_{原}$=00000000　　　　$[-0]_{原}$=1000000

（2）用原码做四则运算时，符号位需要单独处理，增加了运算规则的复杂性。如当两个数做加法运算时，若两个数的符号相同，则数值相加，符号不变；若两个数的符号不同，数值部分实际上是相减，这时必须比较两个数中哪个数的绝对值大，才能决定运算结果的符号位及值。所以不便于运算。

原码的这些不足之处，促使人们去寻找更好的编码方法。

2）反码

整数 X 的反码是：对于正数，反码与原码相同；对于负数，数符位为 1，其数值位 X 的绝对

值取反。通常用$[X]_{反}$表示 X 的反码。例如：

$[+1]_{反}$=00000001　　$[+127]_{反}$=01111111

$[-1]_{反}$=11111110　　$[-127]_{反}$=10000000

在反码表示中，0 也有两种表示形式，即

$[+0]_{反}$=00000000　　$[-0]_{反}$=11111111

由此可知，8 位反码表示的最大值、最小值和表示数的范围与原码相同。

反码运算也不方便，很少使用，一般用作求补码的中间码。

3）补码

整数 X 的补码是：对于正数，补码与原码、反码相同；对于负数，数符位为 1，其数值位 X 的绝对值取反最右加 1，即为反码加 1。通常用$[X]_{补}$表示 X 的补码。例如：

$[+1]_{补}$=00000001　　$[+127]_{补}$=01111111

$[-1]_{补}$=11111111　　$[-127]_{补}$=10000001

在补码表示中，0 有唯一的编码，即

$[+0]_{补}$=$[-0]_{补}$=00000000

因而可以用多出来的一个编码 10000000 来扩展补码所能表示的数值范围，即将最小值–127 扩大到–128。这里的最高位 1 既可看作符号位，又可看作数值位，其值为–128。这就是补码与原码、反码最小值不同的原因。

利用补码可以方便地进行运算。

例：计算（–5）+4 的值。

```
    11111011        ……–5 的补码
+   00000100        ……4 的补码
--------------------------------
    11111111
```

运算结果为 11111111，符号位为 1，即为负数。已知负数的补码，要求其真值，只要将数值位再求补就可得出其原码 10000001，再转换为十进制数，即为–1，运算结果正确。

例：计算（–9）+（–5）的值。

```
    11110111        ……–9 的补码
+   11111011        ……–5 的补码
--------------------------------
1   11110010
```

丢弃高位 1，运算结果机器数为 11110010，与上例求法相同，得到–14 的运算结果。

由此可见，利用补码可方便地实现正、负的加法运算，规则简单，在数的有效表示范围内，符号如同数值一样参加运算，也允许产生最高位的进位（被丢弃），所以使用较广泛。

当然，当运算结果超出其表示范围时，会产生不正确的结果，实质是“溢出”。

例：计算 60+70 的值。

```
    00111100        ……60 的补码
+   01000110        ……70 的补码
--------------------------------
    10000010
```

两个正整数相加，从结果的符号位可知运算结果是一个负数，原因是结果超出了该数的有效表示范围（一个 8 位符号整数，其最大值为 127，产生“溢出”）。当要表示很大或很小的数时，要采用浮点数形式存放。

2．实数的计算机表示

在自然描述中，人们把小数问题用一个“.”表示，但是对于计算机而言，除了“1”和“0”没有别的形式，而且计算机“位”非常珍贵，所以小数点位置的标识采取“隐含”策略。这个隐含的小数点位置可以是固定的或者是可变的，前者称为定点数，后者称为浮点数。

1）定点数表示法

定点小数表示法：将小数点的位置固定在最高数值位的左边，如图 2-4 所示。定点小数是纯小数，即所有数的绝对值均小于 1。

定点整数表示法：将小数点的位置固定在最低数值位的右边，如图 2-5 所示。定点整数是纯整数。

图 2-4　定点小数表示法　　图 2-5　定点整数表示法

可见，定点数表示法具有直观、简单、节省硬件等优点，但表示数的范围较小，缺乏灵活性，一般很少使用这种定点数表示方法。

2）浮点数表示法

实数通常可有多种表示方法，例如 3.1415926 可表示为 0.31415926×10、0.031415926×102 等，即一个数的小数点位置可以通过乘以 10 的幂次来调整。二进制也可采用类似方法，例如 $0.01001=0.1001\times2^{-1}=0.001001\times2^{1}$，即在二进制中，一个数的小数点位置可以通过乘以 2 的幂次来调整，这就是浮点数表示的基本原理。

假设有任意一个二进制数 N 可以写成：$M\times2^{E}$。式中，M 称为数 N 的尾数，E 称为数 N 的阶码。由于浮点数中是用阶表示小数点实际位置的，同一个数可以有多种浮点表示形式。为了使浮点数有一种标准表示形式，也为了使数的有效数字尽可能多地占据尾数部分，以便提高表示数的精度，规定非零浮点数的尾数最高位必须为 1，这种形式称为浮点数的规格化形式。

计算机中尾数 M 通常采用定点小数形式表示，阶码 E 采用整数表示，其中都有一位（数符和阶符）用来表示其正负。浮点数的一般格式如图 2-6 所示。

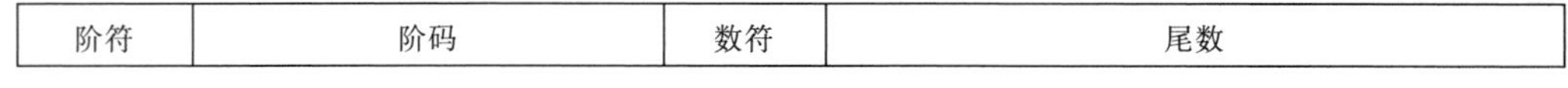

图 2-6　浮点数表示法

阶码和尾数可以采用原码、补码或其他编码方式表示。在程序设计语言中，最常见的有单精度浮点数和双精度浮点数两种类型，单精度浮点数占 4 个字节、32 位（其中阶码占 7 位，尾数占 23 位，阶符和数符各占 1 位），双精度浮点数占 8 个字节、64 位（其中阶码占 10 位，尾数占 52 位，阶符和数符各占 1 位）。

在计算机中按规格化形式存放浮点数时，阶码的存储位数决定了可表示数值的范围，尾数的存储位数决定了可表达数值的精度。对于相同的位数，用浮点法表示的数值范围要比定点法大得多，为此目前的计算机都采用浮点数表示方法，也因此被称为浮点机。

例：26.5 作为单精度浮点数在计算机的表示（阶码和尾数均用原码表示）。

格式化表示为　　　$26.5=(11010.1)_2=0.110101\times2^{5}$

其中阶码 $5_{10}=(101)_2$

为此，26.5 在计算机中的存储方式如图 2-7 所示。

阶符	阶码	数符	尾数
0	0000101	0	11010100000000000000000

图 2-7 26.5 作为单精度浮点数的存储方式

2.3 字符编码

计算机要处理的信息除了能进行算术运算的数值型数据，还包括各类字符、图形、声音、图像、视频、音频等非数值型数据。为了交流上的方便，通常将非数值型数据简单地称为字符型数据。字符型数据是如何在计算机中表示的呢？当然非二进制莫属，只是因为不需要数值计算，没有符号问题，就不需要原码、补码等表示方法，而是根据各种字符型数据的特点建立起相应的编码规则和方法。这些规则和方法就称为字符信息的数字化方法。

字符信息的数字化方法很简单，可以为每一个字符规定一个唯一的数字编码，对应每一个编码建立相应的图形，这样只需要保存每一个字符的编码就相当于保存了这个字符。当需要显示该字符时，取出保存的编码，通过查找编码表就可以查到该字符对应的图形。用来规定每一个字符对应的编码的集合即称为编码表。常用的字符编码包括西文字符编码、汉字字符编码、其他非数值型数据编码等。

1. 西文字符编码

对西文字符编码最常用的是 ASCII 字符编码（American Standard Code for Information Interchang，美国信息交换标准代码）。ASCII 是用 7 位二进制编码，它可以表示 2^7 即 128 个字符，如表 2-3 所示。每个字符用 7 位基 2 码表示，其排列次序为 d6d5d4d3d2d1d0，d6 为高位，d0 为低位。

在 ASCII 码表中，十进制码制 0～32 和 127（即 NUL～SP 和 DEL）共 34 个字符称为非图形字符（又称为控制字符）；其余 94 个字符称为图形字符（又称为普通字符）。在这些字符中，从“0”～“9”“A”～“Z”“a”～“z”都是顺序排列的，且小写字母比对应的大写字母码值大 32，即 d5 位 0 或 1，这有利于大、小写字母之间的编码转换。

需要记住下列特殊字符的编码及其相互关系。

字符“a”的编码为 1100001，对应的十、十六进制数分别是 97 和 61H。

字符“A”的编码为 1000001，对应的十、十六进制数分别是 65 和 41H。

数字字符“0”的编码为 0110000，对应的十、十六进制数分别是 48 和 30H。

空格字符“ ”的编码为 0100000，对应的十、十六进制数分别是 32 和 20H。

计算机的内部存储与操作通常以字节为单位，即以 8 个二进制位为单位，因此一个字符在计算机内实际是用 8 位表示的。正常情况下，最高位 d_7 为“0”，在需要奇偶校验时，这一位可用于存放奇偶校验的值，此时称这一位为校验位。

表 2-3 7 位 ASCII 代码表

$d_3\,d_2\,d_1\,d_0$ 位	$d_6\,d_5\,d_4$ 位							
	000	001	010	011	100	101	110	111
0000	NUL	DLE	SP	0	@	P	`	p
0001	SOH	DC1	!	1	A	Q	a	q
0010	STX	DC2	”	2	B	R	b	r
0011	ETX	DC3	#	3	C	S	c	s
0100	EOT	DC4	$	4	D	T	d	t
0101	ENQ	NAK	%	5	E	U	e	u
0110	ACK	SYN	&	6	F	V	f	v
0111	BEL	ETB	’	7	G	W	g	w
1000	BS	CAN	(	8	H	X	h	x
1001	HT	EM	)	9	I	Y	i	y
1010	LF	SUB	*	:	J	Z	j	z
1011	VT	ESC	+	;	K	[	k	{
1100	FF	FS	,	<	L	\	l	|
1101	CR	GS	–	=	M	]	m	}
1110	SO	RS	·	>	N	↑	n	~
1111	SI	HS	/	?	O	←	o	DEL

2. 汉字字符编码

汉字个数繁多，字形复杂，其信息处理与字母、数字类信息有很大差异，需要解决汉字的输入输出及汉字处理等如下问题。

（1）键盘上无汉字，不能直接利用键盘输入，需要输入码来对应。

（2）汉字在计算机内的存储需要机内码来表示，以便存储、处理和传输。

（3）汉字量大、字形变化复杂，需要用相应的字库来存储。

由于汉字具有特殊性，计算机在处理汉字时，汉字的输入、存储、处理和输出过程中所使用的汉字编码不同，之间要进行相互转换，以“中”字为例的汉字处理过程如图 2-8 所示。

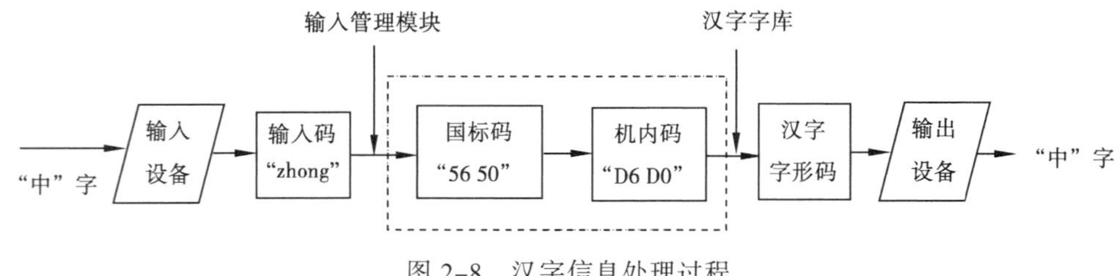

图 2-8 汉字信息处理过程

1）汉字输入码

汉字输入码就是利用键盘输入汉字时所用的编码。目前常用的输入码主要分为以下两类。

（1）音码类：主要是以汉语拼音为基础的编码方案，如智能 ABC、全拼码等。优点是不需要专门学习，与人们习惯一致；但由于汉字同音字太多，输入重码率很高，影响了输入速度。

（2）形码类：根据汉字的字形或字义进行编码，如五笔字型输入法、表形码等。五笔字型输入法使用广泛，适合专业录入员，基本可实现盲打；但必须记住字根，学会拆字和形成编码。

当然还有根据音形结合的编码，如自然码、基于模式识别的语音识别输入、手写输入或扫描输入等。不管哪种输入法，都是操作者向计算机输入汉字的手段，而在计算机内部都是以汉字机内码表示。

2）汉字国标码

汉字国标码是指我国1980年发布的《中华人民共和国国家标准信息交换汉字编码》，代号为GB 2312—1980，简称国标码。根据统计，把最常用的6 763个汉字和682个非汉字图形符号分成两级：一级汉字有3 755个，按汉语拼音顺序排列；二级汉字有3 008个，按偏旁部首排列。每个汉字的编码占两个字符，使用每个字节的低7位，总共14位，最多可编码2^{14}个汉字及符号。

根据汉字国标码编码规定，所有的国标汉字和符号组成一个94×94的矩阵，即94个区和94个位，由区号和位号共同构成区位码。例如，“中”位于第54区48位，区位码为5448，十六进制为3630H。

汉字国标码与区位码的关系是：汉字的区号和位号加32（20H）就构成了国标码，这是为了与ASCII码兼容，每个字节值大于32（0～32为非图形字符码值）。所以，“中”的国标码为5650H。

3）汉字机内码

一个国标码占两个字节，每个字节的最高位为0；英文字符的机内码是7位ASCII码，最高位也为0。为了在计算机内部区分汉字编码和ASSCII码，将国标码的每个字节的最高由0变为1，变换后的国标码称为汉字机内码。由此可知汉字机内码每个字节的值都大于128，而每个西文字符的ASCII码值均小于128。因此，它们之间的关系是：

汉字机内码=汉字国标码+8080H=区位码+A0A0H

汉字国标码=区位码+2020H

实践

要查看汉字（如“中”字）的机内码，可以在“记事本”中输入汉字“中”并保存文件，然后再切换到DOS模式，使用Debug程序的“D（dump）”命令来查看。

4）汉字字形码

汉字字形码又称汉字字模，用于汉字的显示输出或打印机输出。汉字字形码通常有两种表示方式：点阵和矢量表示方式。

用点阵表示字形时，汉字字形码指的就是这个汉字字形点阵的代码。根据输出汉字的要求不同，点阵的多少也不同。简易型汉字为16×16点阵，提高型汉字为24×24点阵、32×32点阵、48×48点阵等。图2-9显示了以“英”字为例的16×16字形点阵及代码。

点阵规模越大，字形越清晰美观，所占存储空间也越大。以16×16点阵为例，每个汉字就要占用32 B，两级汉字大约占用256 KB。因此，字模点阵只能用来构成“字库”，而不能用于机内存储。字库中存储了每个汉字的点阵代码，当显示输出时才检索字库，输出字模点阵得到字形。

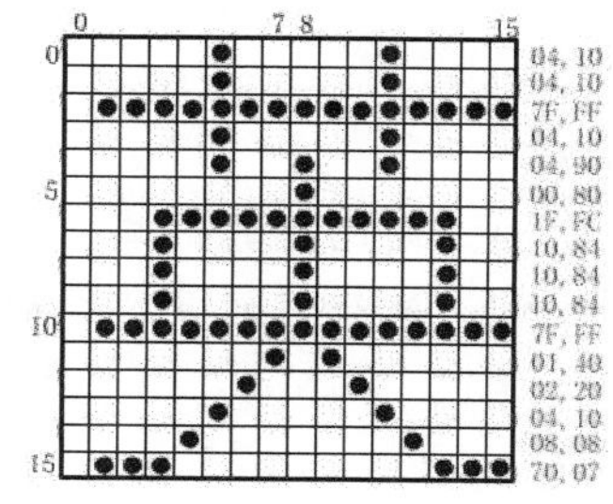

图2-9　字形点阵及代码

矢量表示方式存储的是描述汉字字形的轮廓特征，当要输出汉字时，通过计算机的计算，由汉字字形描述生成所需大小和形状的汉字。矢量化字形描述与最终文字显示的大小、分辨率无关，因此可产生高质量的汉字输出。

点阵和矢量方式的区别是：前者编码、存储方式简单，无需转换直接输出，但字形放大后产生的效果差；矢量方式的特点正好与前者相反。

5）其他汉字内码

（1）UCS 码（通用多八位编码字符集）是国际标准化组织（ISO）为各种语言字符制定的编码标准。ISO/IEC 10646 字符集中的每个字符用 4 个字节（组号、平面号、行号和字位号）唯一地表示，第一个平面（00 组中的 00 平面）称为基本多文种平面（BMP），包含字母文字、音节文字以及中、日、韩（CJK）的表意文字等。

（2）Unicode 码是另一个国际编码标准，为每种语言中的每个字符（包括西文字符）设定了唯一的二进制编码，便于统一地表示世界上的主要文字，以满足跨语言、跨平台进行文本转换和处理的要求，其字符集内容与 UCS 码的 BMP 相同。Windows 的内核支持 Unicode 字符集，这表明内核可以支持全世界所有的语言文字。

（3）GBK 码（扩充汉字内码规范）由我国制定，是 GB 2312 编码的扩充，对 21 003 个简繁汉字进行了编码。该编码标准向下与 GB 2312 编码兼容，向上支持国际标准，起到承上启下过度的作用，Windows95/98/2000 简体中文操作系统使用的就是 GBK 内码。这种内码仍以 2 字节表示一个汉字，第一字节从 81H ~ FEH，第二字节从 40H ~ FEH。第一个字节最左位为 1，而第二字节的最左位不一定是 1，这样就增加了汉字编码数，但因为汉字内码总是 2 字节连续出现的，所以即使与 ASCII 码混合在一起，计算机也能够加以正确区别。

（4）GB 18030—2005 是取代 GBK 1.0 的正式国家标准。该标准收录了 27 484 个汉字，同时还收录藏文、蒙文、维吾尔文等主要少数民族文字，采用单字节、双字节和四字节 3 种方式编码。

（5）BIG5 码是目前我国台湾、香港地区普遍使用的一种繁体汉字的编码标准，广泛应用于计算机行业和因特网中。它包括 13 053 个汉字和 441 个符号，一级汉字 5 401 个、二级汉字 7 652 个。

6）汉字乱码问题

当收到的邮件或 IE 浏览器显示乱码时，主要是因为使用了与系统不相同的汉字内码。解决这个问题的方法有两种：

（1）查看网上信息：选择“查看”→“编码”命令，进行编码的选择。

（2）编写网页：在 HTML 网页文件中指定 charset 字符集。

3. 其他非数值型数据编码

除了文字信息，图形、图像、音频、视频等多媒体信息如何进行数字化和编码呢？限于时数和篇幅，有兴趣的读者可参考相关书籍文献。

课后练习

1. 简述计算机二进制编码的优点。

2. 进行下列数的数制转换。

（1） $(168)_D=(\quad)_B=(\quad)_H=(\quad)_O$

（2） $(69.625)_D=(\quad)_B=(\quad)_H=(\quad)_O$

（3） $(3E1)_H=(\quad)_B=(\quad)_D=(\quad)_O$

（4）（670）$_O$=（　　）$_B$=（　　）$_D$=（　　）$_H$

（5）（101101011010011）$_B$ =（　　）$_H$=（　　）$_O$

（6）（11111111000011）$_B$ =（　　）$_H$=（　　）$_O$

3. 请选出下面最大和最小的两个数：

（1000101101）$_2$　（1149）$_D$　（1155）$_8$　（29D）$_H$

4. 给定一个二进制数，怎样快速地判断出其十进制等值数是奇数还是偶数？

5. 浮点数在计算机中是如何表示的？

6. 假定某台计算机的机器数占 8 位，试写出十进制数-67 的原码、反码和补码。

7. 如果 n 位能够表示 2^n 个不同的数，为什么最大的无符号数是 2^n-1 也不是 2^n？

8. 如果一个有符号数占有 n 位，那么它的最大值是多少？

9. 什么是 ASCII 吗？请查询“D”、“d”、“3”和空格的 ASCII 码值。

10. 已知汉字“学校”的国标码为 5127 和 5023，请问它们的机内码是多少？如何验证其正确性？

第 3 章

Windows 10 操作系统

在计算机技术较为发达的今天，大到超级计算机，小到微型计算机，甚至嵌入式计算机，几乎所有的计算机都安装了操作系统。操作系统已经成为现代计算机的重要组成部分，它为计算机系统提供了软件平台的支持。用户在使用计算机时必然要接触操作系统，本章将阐述操作系统的概念、功能，以及 Windows 10 的功能和操作。

3.1 操作系统概述

3.1.1 操作系统起源

最早期的计算机都是大型主机，其外形如图 3–1 所示。当时计算机资源稀缺，用户采用预约的方式使用计算机，即在约定的时间内用户单独使用计算机。计算机上没有任何软件，需要输入用户提供的程序及需要的数据，计算机才能够运行。可以使用的输入输出设备有纸带机、孔卡阅读器等。纸带机能够读取穿孔纸带上的程序和数据，穿孔纸带是一条长长的纸带，宽度约为 33 mm，纸带的纵向上有一排等间距的小孔，如图 3–2 所示，计算机用它来确定纸带上数据的位置。与每个纵向小孔垂直的方向都有 8 个大一点的可以穿孔的位置，要输入计算机的数据就通过在这 8 个大孔的位置打孔表示，通常打了孔的位置表示二进制的 1，没有打孔的位置表示 0。上机前用户用机器语言编写程序，数据也用二进制表示，然后将程序和数据通过打孔的方式“写”在穿孔纸带上。一个程序少说也有几百上千条指令，“写”在纸带上后纸带足有好几米长，没有三五天是穿不完的。经过这个漫长的过程后，在上机时通过纸带机把穿孔纸带上的程序和数据输入到计算机里，程序将被加载到计算机中，计算机运行程序开始工作，直到程序运行完成或出错崩溃。如果程序出错了，还可以使用拨动开关等设备进行调试工作。

后来出现了汇编语言，用户使用符号化的汇编语言来编写程序，但计算机只能执行二进制的机器指令，这时就需要在计算机中有一个翻译程序（这种程序通常被称为汇编程序）将用户编写的汇编程序源代码转换成二进制的机器指令。为了帮助用户更轻松地实现输入输出操作，也把一些输入输出设备（如打孔卡复写器、纸带机、磁带等）的控制代码以代码库的形式提供给用户，用户进行输入输出时，就不需要编写控制设备的底层代码，只要链接相应的代码库到用户的程序就能方便地实现输入输出，这就是操作系统的最早起源。

随着计算机硬件制造水平的提高与运行速度的提高，输入输出设备变得丰富起来，出现了可以自动选择磁带的磁带机、磁盘存储器等设备。此时，商用计算机中心也出现了，商用计算机需要更高的计算机使用效率，通过用户预约时间排队上机的方式就显得效率低下了，这时出现了专门的计算机操作员，用户只要将记录着需要运行程序的介质（穿孔卡、磁带等）交给操作员，由操作员按顺序输入计算机运行。操作员只负责计算机正常运行，并不关心用户的程序有什么代码、执行了什么操作，这就有可能产生用户的程序因为有意的破坏或无意的错误导致的数据丢失。为了解决这类问题，计算机设备生产商开发出了监控程序和用于设备控制的公用代码库，用以监控系统资源，防止计算机系统被错误地使用。监控程序具有管理设备的功能，用于处理器调度、磁盘管理、卡片打孔监控等。当打印机缺纸或者需要更换磁带时还可以向操作员发出提示信息。监控程序也具有了安全特性，用于对系统的使用情况进行记录、审计，跟踪程序正在访问哪些文件，防止程序对数据的非法访问。

图 3-1 早期的计算机

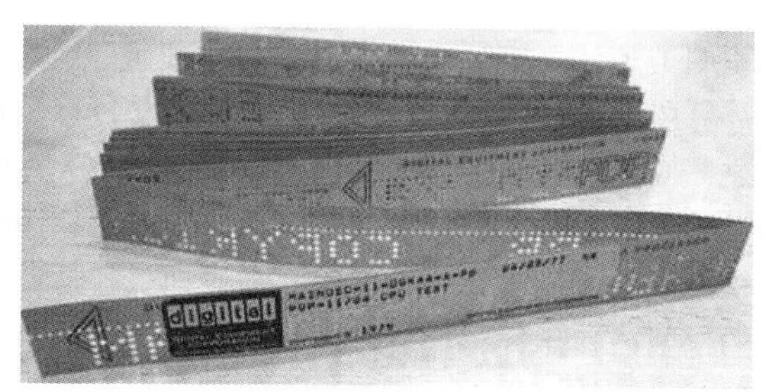

图 3-2 穿孔纸带

后来监控程序与公用代码库合并在一起，被设置成在计算机上第一个启动的程序，启动后它常驻在计算机中，读入用户的作业，控制用户程序运行，记录用户程序使用的资源，在用户作业结束后收回硬件资源重新分配，并立即处理下一个用户作业，这些功能渐渐形成了一个完整的操作系统的雏形，但在那时还没有操作系统这个名词，所有这些程序被称为监视器或监视程序。

3.1.2 操作系统的定义

目前并没有一个完整的、标准的操作系统定义。计算机工作的基本方式的是通过执行程序来解决用户的问题，不同的问题需要开发不同的应用程序，在这些应用程序开发的过程中需要用到一些共同的代码，如用于输入输出设备的控制代码。这些共同的代码组成了一个代码库。因为安全与管理的需要，又引入了监控程序模块。后来人们又把各种需要的功能加入进来，形成了一组用于管理计算机资源，为用户提供服务的程序，所以一般来说计算机操作系统是一组计算机程序。

操作系统具体由哪些程序组成并没有一个严格的规定。例如，在个人计算机上，微软将 IE 浏览器作为操作系统的一个部分提供给用户，1998 年，美国司法部就以微软公司将过多的程序加入到操作系统中，妨碍了其他应用程序开发商的公平竞争为由将其告上法庭，最后，微软公司因被认定为不公平竞争而受到处罚。

操作系统在计算机系统中的逻辑位置处在硬件与其他应用软件和用户之间。没有任何软件只有硬件的计算机被称为裸机，操作系统直接运行于裸机之上，操作系统之上运行着应用软件，计算机用户使用应用软件和操作系统的功能在计算机上完成任务，操作系统与硬件、应用软件、用户的关系如图 3-3 所示。

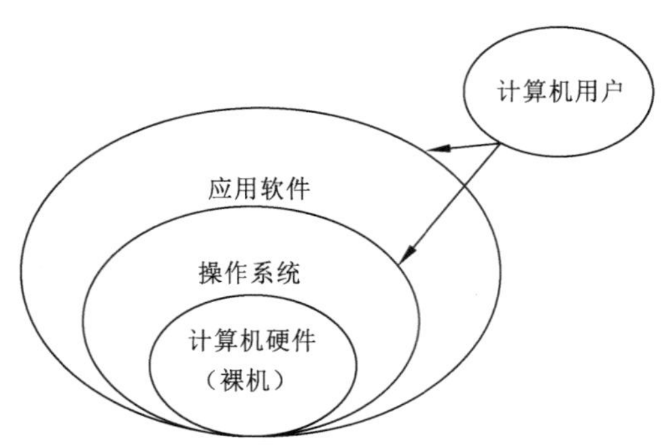

图 3-3 操作系统与硬件、应用软件、用户的关系

不同类型计算机上操作系统的设计目标是不同的。对于个人计算机来说，设计目标关注的是使用计算机的方便性，引入操作系统的主要目标是提高计算机的易用性，对提高计算机的性能要求次之，对计算机硬件资源的利用效率则没有太高的要求。对于大型计算机系统上的操作系统来说，设计目标关注的是整个计算机系统资源的使用效率，确保处理器的运算能力、内部存储器、输入输出设备都能被充分地使用，高效地执行计算任务，实现软硬件资源共享，并且确保用户在规定的权限内使用计算机资源。引入操作系统的目的通常有以下两个：

（1）易用性，操作系统的引入使得计算机更容易使用，方便用户的操作。

（2）有效性，操作系统对系统中的所有软硬资源进行管理、合理调度，提高整个系统的资源有效利用率。

3.1.3 操作系统的功能

引入操作系统是为了提高计算机的易用性与更有效地利用软硬件资源，提高计算机系统的使用效率，操作系统一般有五大功能：处理器管理、存储器管理、设备管理、文件管理、作业管理。

1. 处理器管理

处理器主要由运算器和控制器组成，完成计算机中运算与控制计算机运行的工作，是计算机中重要的资源。用户要完成的工作称为任务（有时也称为作业），任务由多个程序组成，程序要通过处理器运行后才能完成任务。处理器资源可以表示成对处理器时间的占用，处理器管理的作用就是把处理器的时间合理地分配给不同的任务。当操作系统只能顺序、串行地执行用户任务时，称为单任务操作系统。单任务操作系统在任何时候都只有一个任务在运行，当执行的任务在等待外围设备时，由于外围设备的速度相对于处理器来说是非常慢的，这时处理器就在空转。为了提高处理器的使用效率，操作系统通过同时运行多个任务，这种操作系统称为多任务操作系统。在只有一个处理器的计算机系统中，同时运行多个任务并不是多个任务可以同时运行，而是通过操作系统合理的调度，让不同的任务轮流占用处理器时间，当一个任务在等待外围设备时，它会被退出处理器占用，其他任务可以占用处理器运行，这样处理器就可以减少空转时间从而提高效率。处理器调度的方法有多种，如协作式多任务与抢占式多任务。

2. 存储器管理

存储器管理的主要功能是管理计算机的内存储器资源，在多任务操作系统中为同时运行的多个任务分配内存储空间。存储器管理主要有以下几个功能：①内存储器空间分配与回收，根据用户任务的需求给它分配内存储器空间，当用户任务退出时将其所占用的空间收回；②内存储器空间保护，存储管理要让内存储器中的各个用户任务相互隔离、互不干扰，也不允许用户任务访问操作系统，使用的内存储器空间，保护用户任务存放在内存储器中的信息不被破坏；③内存储器共享，存储管理既要能够保护内存储器中的用户任务不被破坏，又要能够实现内存储器共享，以提高存储器的利用率；④内存储器扩充，由于内存储器的容量总是有限的，而用户任务的内存储器需求越来越大，存储管理还要从逻辑上来扩充内存储器。通过使用硬盘等外部存储器设备，来为用户任务虚拟出一个比内存储器实际容量大得多的虚拟内存储器空间。

3．设备管理

设备管理指管理计算机系统中除处理器和内存储器以外的各种输入输出设备。设备管理的主要任务是：①分配保证设备正常运行所需要的资源；②管理各种输入输出设备的控制代码，用户通过操作系统访问设备，对用户屏蔽硬件使用技术细节；③实现各种输入输出设备资源的分配与回收，尽量实现与处理器的并行运行，提高整个计算机系统的使用效率。

4．文件管理

计算机中的文件通常指存储在外部存储设备上的一组相关数据的集合。在没有操作系统的时期，用户数据的存储是要自己处理的，用户不但要管理数据的逻辑结构，还要管理数据存储的物理结构。物理结构指数据存储在设备上的具体位置，例如，数据存储在硬盘上，就要知道数据在哪个柱面、磁道、扇区。要掌握不同存储设备的具体细节，这对用户来说是一件非常困难的事。有了操作系统后，用户使用操作系统提供的文件管理模块管理数据，文件管理模块用文件名来标识用户数据，用户不用知道数据在外部存储设备中是怎么保存的，不用关心数据存储的物理位置，只要使用文件目录和文件名就可以进行文件操作。操作系统的文件管理功能负责文件存储空间的分配、维护和回收，负责文件的检索、更新、保护和共享，极大地提高了计算机的易用性。现在操作系统中还把某些外围设备虚拟成文件来处理，用户可以像操作文件一样来操作这些设备，使这些设备简单易用。

5．作业管理

作业是用户提交给计算机处理的任务，它包括程序、数据及作业说明书。操作系统的作业管理模块提供相应的作业控制语言（Job Control Language，JCL），用户使用它来编写作业操作说明书。作业说明书体现用户的控制意图，用户通过作业说明书来与操作系统通信，从系统获取所需要的资源，控制作业的执行。作业管理是用户与系统的接口，一个作业完成的过程包括：作业提交、作业收容、作业执行、作业完成。为提高计算机系统使用效率，通常会有多个作业同时执行，作业管理根据一定的算法进行作业调度。

作业的概念主要用于某些类型的操作系统中，有些操作系统中则没有作业的概念，采用的是任务。一个作业或任务由一个或多个程序构成，一个程序对应着一个进程。进程是对已提交完毕的程序执行过程的描述，进程是执行中的程序，是动态的，进程一旦执行完毕就消失了。进程是操作系统进行资源分配的单位，进程的概念用在几乎所有的多任务系统中。

处理器管理功能、内存管理功能、设备管理功能、文件管理功能和作业管理功能是操作系统的五大功能，它们是各种类型操作系统比较完整的共同特点。

3.1.4　操作系统的分类

在计算机硬件发展的过程中，由于不同的需求，出现了多种的计算机硬件，有巨型机、大型机、中型机、小型机、微型机、嵌入式计算机等，相应的，在每种机型上都发展出与之特点相适应的操作系统，所以操作系统种类繁多，按不同的分类标准通常有以下几种类型。

（1）按同时执行的任务数可分为单任务操作系统与多任务操作系统，先有单任务的操作系统，后来为提高系统的运行效率出现了多任务的操作系统。

（2）按同时能够支持的用户数可分为单用户操作系统与多用户操作系统，同时能只支持一个用户使用的操作系统称单用户操作系统，能够同时支持多个用户使用的操作系统称多用户操作系统，多个用户分别拥有自己的终端（如键盘与显示器），但主机只有一个，在操作系统的支持下把处理器时间与各种资源合理地分配给每个用户，对于用户来说就感觉像独占计算机一样。

（3）按提供的用户界面可分为命令行界面操作系统与图形界面操作系统，用户执行应用程序和调用操作系统提供的功能是通过输入命令的方式，这种操作系统称为命令行界面操作系统。用户通过鼠标等指点设备在操作系统提供的图形界面上操作就能执行应用程序与调用操作系统功能，这种操作系统称为图形界面操作系统，图形界面操作系统中不用记忆命令，对普通用户来说这种界面显得更加友好。

（4）按系统的功能与用途可分为批处理操作系统、分时操作系统、实时操作系统、分布式操作系统、网络操作系统、个人计算机操作系统、嵌入式操作系统。

以下按功能与用途分类简单介绍各种操作系统的工作方式与特点。

① 批处理操作系统。批处理操作系统分为单道批处理系统和多道批处理系统。它们的工作方式是将用户的作业交给系统操作员，系统操作员将多个用户的作业组合成一批作业，输入到计算机中，多个作业在系统中形成连续的作业流。启动操作系统后，系统自动、顺序执行每个作业。最后由操作员将作业结果交给用户。批处理操作系统的特点是：多道和成批处理、作业流程自动化、效率高，但无交互手段，用户程序出错时调试困难。

② 分时操作系统。分时操作系统的工作方式是在一台主机连接了多个终端，每个终端有一个用户在使用。操作系统将处理器时间划分成时间片，以时间片为单位轮流为用户服务，由于计算机速度相比用户的操作速度快得多，用户感觉不到其他用户的存在，认为是自己独占计算机。用户使用命令向系统提出请求，系统执行用户的命令并将结果显示在终端上与用户交互。分时系统的特点是多路性、交互性、“独占”性和及时性的特征。

③ 实时操作系统。实时操作系统的工作方式是在操作系统的控制下在规定时间内完成对用户请求的响应，控制所有实时设备和实时任务协调一致地工作。实时操作系统的特点是：强调实时性，严格在规定的时间范围内做出响应，具有高可靠性和完整性。

④ 分布式操作系统。分布操作系统的工作方式是多处理器计算机或多台计算机通过网络连结在一起，在统一的操作系统的管理下，相互协作完成任务，这种方式可以获得极高的运算能力及高度的数据共享，对于用户来说感觉不到多处理器或多台计算机的存在。分布式操作系统的特点是：使用统一的操作系统控制多处理器或多计算机、共享程度高、多处理器或多计算机对用户透明。

⑤ 网络操作系统。网络操作系统可以认为是在操作系统上增加了网络的功能，按照相应的网络协议标准，实现了包括网络管理、通信、安全、资源共享等各种网络应用。其目的是进行计算机间的相互通信及资源共享。网络操作系统的特点是：基于计算机网络以数据通信与共享软硬件资源为目的，通常分为提供服务的计算机服务器与通过访问服务器资源为用户服务的客户端计算机。

⑥ 个人计算机操作系统。个人计算机操作系统是一种适应个人计算机特点的操作系统。其

发展经历了从命令行界面到图形界面、从单任务到多任务，同一时间只能为单个用户服务。个人计算机操作系统的特点是：追求友好的用户界面，简单易用，拥有非常丰富的应用软件。

⑦ 嵌入式操作系统。嵌入式操作系统是一种运行在嵌入式计算机上的操作系统。嵌入式计算机指嵌入在各种设备、装置中，不以计算机的面目出现的计算机。嵌入式计算机的硬件资源有限且不同系统相差悬殊；嵌入操作系统通常都要求占用资源少，系统可裁剪，此外，由于嵌入式计算机通常应用在汽车、飞机、家电等对人身安全密切相关的领域，所以对嵌入式操作系统的可靠性、能源消耗、实时性也有很高的要求。

3.1.5　常用个人操作系统介绍

个人计算机也称微型计算机，是人们日常生活中接触最多的计算机，下面对个人计算机常用的几种操作系统做简要的介绍。

1. DOS

1980 年 8 月，在 8086 微型计算机上，程序员 Tim Paterson 完成了 QDOS（Quick and Dirty Operating System，简易的操作系统）。1981 年 7 月，微软公司买下了 QDOS，改名为 MS-DOS，将 DOS 的含义改为 Disk Operating System，意为“磁盘操作系统”。DOS 采用命令行界面，是一种单用户单任务的操作系统，硬件要求低，曾经安装在绝大多数的个人计算机上，后期出现了字符菜单界面，支持鼠标操作，最后被同是微软公司的 Windows 操作系统替代。

2. Windows

1985 年 11 月，微软公司推出了第一个版本的 Windows，Windows 意为“视窗”，它是 MS-DOS 操作系统的替代者。经过多年的发展与升级，现在的最高版本是 Windows 10。Windows 家族的操作系统是目前装机量最高的个人计算机操作系统。Windows 操作系统采用图形用户界面，它不用像使用 DOS 一样，需要记忆大量的操作命令，使用鼠标在图形界上点击就可以完成大多数工作，操作简单易用。

3. UNIX

1969 年，AT&T 的贝尔实验室的 Ken Thompson 和 Dennis Ritchie 开发出 UNIX 操作系统的原型，在 1972 年使用 C 语言（一种计算机高级语言）对它进行了改写，UNIX 是一种多用户、多任务、安全可靠、网络功能强大的分时操作系统，它广泛运行在多种计算机硬件系统上，有很好的移植性，1979 年 UNIX 出现了可在个人计算机上运行的版本，但终因应用程序不丰富、操作界面不易使用、不易学习而没有在个人计算机上流行，多用于服务器。

4. Linux

1991 年，芬兰大学生 Linus Torvalds 为了学习英特尔（Intel）公司生产的新 386CPU（个人计算机上的一种微处理器），开发出了 Linux 的内核。Linux 是自由软件，它开放源代码并可免费获得。Linux 是模仿 UNIX 开发的，以网络为核心，是一种多用户、多任务、安全可靠的网络操作系统，准确地说，Linux 只是一个操作系统内核，由于是自由软件，可以被自由地修改与使用，于是出现了许多基于 Linux 内核的操作系统，人们也习惯性地用 Linux 来统称这些操作系统，如 Red Hat Linux、红旗 Linux 等。

5. Mac OS/OS X

1984 年，苹果公司发布了它的第一代操作系统 System 1，是第一个拥有图形界面的商用操作系统，这与当时使用命令输入的系统产生了鲜明的对比，因此取得了很大的成功。1997 年，System 改名为 Mac OS，又于 2011 年改名为 OS X。Mac OS 具有很好的图形处理能力，友好的人机界面，良好的用户体验，但由于长时间以来 Mac OS/OS X 只能运行在苹果公司的 Macintosh 系列计算机上，是一个封闭的系统，并不能安装在流行 X86 架构的个人计算机上，而且苹果公司的软硬件是捆绑销售的，价格较高，这就成为 Mac OS/OS X 推广的一个很大的障碍，其 2017 年的市场占有率约为 6.1%；

3.2 Windows 基础

Windows 系列操作系统几乎占据了全球绝大多数的个人计算机。据市场分析统计机构 NetMarketShare 发布的数据显示，截至 2020 年 10 月，Windows 仍是全球个人计算机操作系统的霸主。Windows 总份额在 88%左右，其各个版本所占的比例为：Windows 10 约占 58%，Windows 7 约占 25%，Windows 8.1 约占 3%，Windows XP 约占 1%，其他 Windows 版本约占 1%。

3.2.1 Windows 操作系统发展史

1985 年 11 月，微软公司的 Windows 在经过了多次的推迟发布后，第一个版本 Windows 1.0 诞生了。当时的 Windows 还不能算一个独立的操作系统，还需要 MS-DOS 的支持才能运行，但它已经具备了操作系统的典型功能，Windows 1.0 并没有取得商业上的成功，但它开创了一个新时代。

1987 年 12 月，微软公司推出了 Windows 2.0。与 Windows 1.0 一样，它也是基于 MS-DOS 的，但它在性能和图形界面上有所增强。

1990 年 5 月，微软公司推出了 Windows 3.0，1992 年 3 月推出了 Windows 3.1，1994 推出了 Windows 3.2。16 色的图形界面、TrueType 字体的使用让这个版本的 Windows 有了全新的外观，保护模式（一种用户程序与操作系统分级别运行的机制）的使用、改进的多任务，提高了系统的稳定性与运行速度，也让这个版本的 Windows 第一次获得了成功。

1993 年 7 月，微软公司推出了 Windows NT。这是一款定位于服务器的 32 位系统，它的内核与 Windows 3.X 完全不同，系统更加稳定，通常用于服务器。

1995 年 8 月，微软公司推出了 Windows 95。Windows 95 带来了巨大的变革，是首个 32 位的个人计算机操作系统，“开始”菜单、任务栏等经典 Windows 元素首次出现。Windows 95 还引入了对网络的支持，从这个版本开始，Windows 渐渐成为个人计算机上的操作系统霸主。

1998 年 6 月，微软公司推出了 Windows 98。在这个版本中整合了 IE 浏览器，重新设计了文件管理器，改进了多任务，增加了娱乐功能，标志着个人计算机操作系统开始进入互联网时代。一年后推出的 Windows 98 se 对内置的一些工具进行了增强与美化。

2000 年 2 月，微软公司推出了 Windows 2000。Windows 2000 使用 NT 5.0 的内核，更新了资源管理器，使用 NTFS 文件系统，系统划分了核心模式与用户模式，用户程序访问的资源受到了控制，系统更加稳定，Windows 2000 面向的是企业用户，但由于在稳定性与性能上比 Windows 98 与随后发布的 Windows me 好很多，用户纷纷选择使用 Windows 2000。

2000 年 9 月，微软公司推出了 Windows me，增加了家庭联网功能与 Media Player，但这是一个不太成熟的版本，也是最后一个基于 MS-DOS 的 Windows 操作系统。

2001 年 10 月，微软公司发布了 Windows XP。Windows XP 使用 NT 5.1 内核，此后不再有基于

MS-DOS 的 Windows 版本出现。Windows XP 大幅改变进用户图形界面，引入了透明、半透明、阴影等元素，各种网络服务也被引入到这个版本，给用户提供了极佳的网络体验，由于 Windows XP 美观、稳定、兼容性好，也成为寿命最长的 Windows 版本，直到 2021 年还有一些用户在使用。

2007 年 1 月，微软公司发布了 Windows Vista。Windows Vista 使用 NT 6.0 内核，换上了微软称之为“Aero”的更加有科技感的界面，增强了安全功能、改善了搜索功能，添加了娱乐软件。由于对硬件要求较高，其在稳定性、与旧软件的兼容性上都有些问题。2017 年 4 月 11 日，微软停止了对其的技术支持。

2009 年 10 月，微软公司发布了 Windows 7，使用 NT6.1 内核。Windows 7 的外观比以前的 Windows 系统更美观，它修正了 Vista 犯下的一些错误，提高了稳定性、兼容性、占用资源也更少，增加了对新硬件的支持。这一切都使 Windows 7 成为一款优秀的操作系统。

2012 年 10 月，微软公司发布了 Windows 8。Windows 8 最大的变化就是全面支持平板电脑，它的操作界面专为触摸式控制而设计，增加了一系列全新的触摸应用，增加了软件商店，方便用户下载新的软件，第一次开始支持 ARM（Acorn RISC Machine，一种多用于平板电脑、手机上的微处理器）芯片。

2013 年 10 月，微软公司发布了 Windows 8.1。Windows 8.1 是 Windows 8.0 的升级版，对界面进行了一些修改，完善了一些功能，Windows 8.0 的用户可以免费升级到 Windows 8.1。

2015 年 7 月，微软公司发布了 Windows 10。Windows10 增加了全新的“开始”菜单，整合了 Windows 7 中传统“开始”菜单和 Windows 8 中的“应用动态磁贴开始”屏幕，还增加了“个人智能助理”，推出了新的内置浏览器 Edge 浏览器。

Windows 10 在 2018 年 12 月以 39%的市场占有率超过了 Windows 7 的 37%。2020 年 1 月，微软公司停止了对 Windows 7 的支持。至 2020 年 10 月，Windows 10 表现强劲，市场份额已占 58%左右，可谓一家独大，排名第二位的 Windows 7，虽然还拥有 25%左右的市场份额，但已经与 Windows 10 有了明显差距。在以下的章节中就以目前市场占有率最高的 Windows 10 为例介绍操作系统的使用。

3.2.2　Windows 10 操作系统特点

操作系统的主要目的是提高计算机系统的易用性与使用效率。不同计算机系统的用途不同，采用的操作系统侧重点也不同，有的侧重易用性，有的侧重使用效率，有的兼而有之。个人计算机主要用于家庭的工作与娱乐，绝大多数用户是非专业人员，个人计算机操作系统的首要目的是提供友好的用户界面、提高系统的易用性，然后才是提高系统的性能。

Windows 10 操作系统能保持着高市场占有率与它的用户界面友好、简单易用，以及具有较高的性能有很大的关系。

3.2.3　Windows 10 的基本操作

个人计算机的主要输入设备是键盘和鼠标，在 Windows 10 中绝大多数的用户操作都能通过几个简单的鼠标动作来完成，过程与结果通过图标、按钮、动画直观地显示在屏幕上。应用程序通过窗口、菜单、命令按钮、对话框与用户交互。键盘的主要功能是进行数据输入，通过键盘还可以进行一些快捷的操作。这些都是 Windows 10 的基本操作，也是 Windows 系列操作系统的基本操作，初学者只要简单地学习就能够掌握。

1. 鼠标基本操作

大多数鼠标都有两个按钮和一个滚轮，左边的按钮称为左键，许多 Windows 操作都由它完成；右边的按钮称为右键，可以通过它打开一个快捷菜单；在两个按钮之间有一个滚轮，通常可完成页面的滚动操作；高级的鼠标可能还有其他一些按钮。在 Windows 屏幕上通常用一个小箭头图标来指示鼠标，这个小箭头称为鼠标指针，当鼠标指针在不同的位置时可能显示为不同的图标。鼠标的基本操作有指向、单击、双击、右击、拖动等几个动作。

（1）指向。将鼠标指针移动到屏幕上的某个对象，使鼠标指针看起来已经接触到该对象，称为用鼠标指向。指向某个对象时，通常会显示一个该对象的说明框。

（2）单击。将鼠标指针指向某个对象，按下鼠标的左键然后立即释放，称为单击，单击通常用于选中某个对象。

（3）双击。将鼠标指向某个对象，然后快速进行两次单击，两次单击之间的间隔不能太长，否则会被认为是两次单击，双击通常用于打开（执行）某个对象。

（4）右击。将鼠标指向某个对象，然后单击鼠标的右键，称为右击，右击通常会打开一个关于该对象的快捷菜单。

（5）拖动。将鼠标指向某个对象，按下鼠标左键不释放，然后移动鼠标，这时通常被指向的对象会与鼠标指针一起移动，到了一个新位置时释放鼠标左键，把这个过程称为一次拖动，有时也称拖放，通常用于移动文件、文件夹、窗口或图标的位置。

下面通过在桌面上新建一个文档来演示以上几种鼠标操作的使用。

启动安装有 Windows 10 操作系统的计算机，登录后显示在屏幕上的界面称为桌面。Windows 10 桌面组成元素包括图标、背景、任务栏，在任务栏上又包含了“开始”按钮、搜索框、通知区域等。Windows 10 的桌面可类比于真实工作环境中的桌面，如图 3-4 所示。

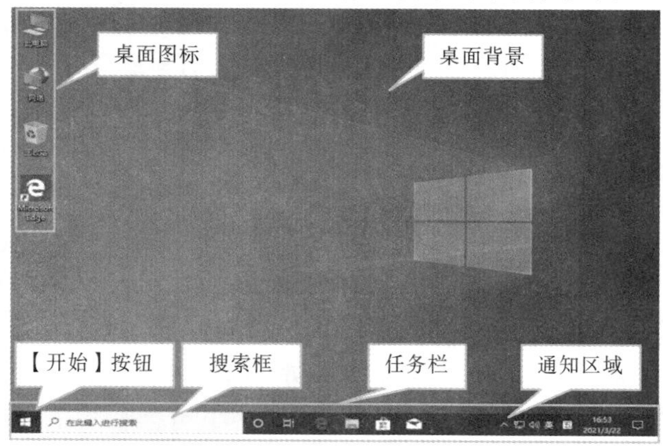

图 3-4　Windows 10 桌面

将鼠标指针指向桌面空白处，右击，会弹出一个快捷菜单，将鼠标指针指向菜单上的“新建”命令，会弹出下一级菜单，如图 3-5 所示。将鼠标指针指向“文本文档”命令，单击，此时会在桌面上出现一个“新建文本文档”的图标。将鼠标指针指向这个“新建文本文档”图标，拖动图标到一个新的位置，释放鼠标，“新建文本文档”图标就会停留在当前位置，然后双击这个图标，系统会用记事本程序打开这个新建文本文档，如图 3-6 所示。

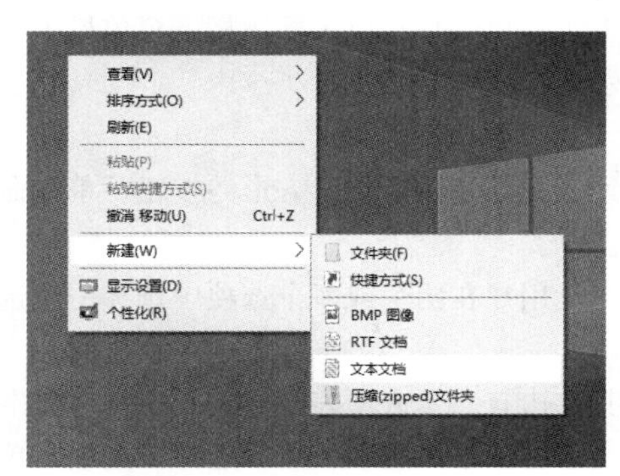

图 3-5 新建文本文档菜单

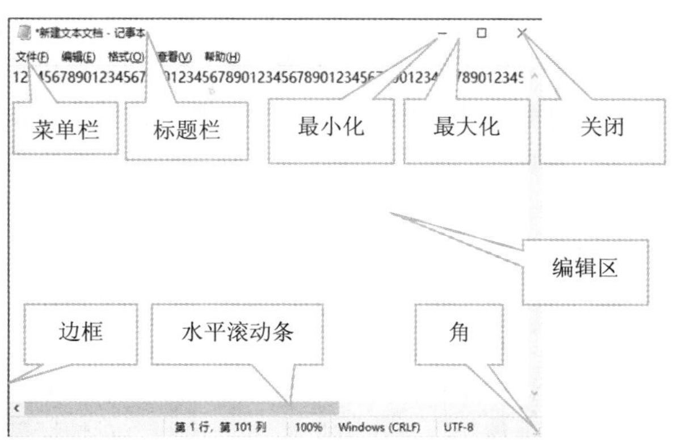

图 3-6 记事本程序窗口

2. 窗口基本操作

在 Windows 操作系统中打开程序、文件或文件夹时，其相关内容会在屏幕上的一块区域显示，这个区域通常有个边框，上部有个标题栏，还包括“最大化”“最小化”“关闭”按钮，这个区域就被称为程序窗口，简称窗口。

窗口中主要包括“最小化”按钮、“最大化”按钮、“还原”按钮、标题栏、边框、滚动条、“关闭”按钮等。下面通过对前面打开的记事本程序进行操作来演示对窗口的操作过程。

在图 3-6 所示的记事本程序窗口中执行如下操作：

（1）单击“最小化”按钮，窗口就不会在桌面上显示，只在任务栏上显示“新建文本文档图标”记事本窗口的按钮，单击，窗口会重新显示在桌面上。

（2）单击“最大化”按钮，窗口就会充满整个屏幕，并且“最大化”按钮变成“还原”按钮，单击，窗口会恢复成原来的大小。

（3）在标题栏上显示的是当前打开文档的名字。在标题栏上按下鼠标左键，然后拖动可以将窗口移动到不同的位置。在 Windows 10 中将窗口拖动到屏幕的上边，窗口就会最大化；将窗口拖动到屏幕的左边，窗口就会占据左半个屏幕；拖动到屏幕的右边，窗口就会占据右半个屏幕；将窗口拖动到屏幕的四个角，窗口就会变成屏幕四分之一大小。

（4）在记事本程序窗口的状态下，即非最大化或最小化时候，将鼠标指针移动到窗口的边框上，鼠标指针就会变成双箭头状，此时拖动就能改变窗口的大小，在角上拖动时能同时改变窗口的长与宽。

（5）在窗口的编辑区中重复输入“1234567890”，直到窗口容纳不下，并且在“格式”菜单下未选择“自动换行”时，在窗口的下边就会出现水平滚动条，向左或右拖动水平滚动条就能查看窗口中没有显示出来的内容。

（6）单击“关闭”按钮，如果编辑区中内容未被改变过，就能关闭记事本程序窗口。本例中编辑区中的内容已经改变过，则会弹出图 3-7 所示的对话框询问是否保存数据。

3. 菜单、命令按钮、对话框操作

菜单、命令按钮、对话框等元素是 Windows 中计算机程序与用户交互的工具，下面分别介绍它们的功能。

（1）菜单是计算机程序接受用户命令的一种方式，大多数程序包含许多操作命令，有几十个

甚至上百个。为了更方便地使用与呈现这些操作命令，在程序中把这些命令分类分级地组织起来。为了使程序界面整齐有序，通常会隐藏除一级菜单外的下级菜单，只有单击标题栏下菜单栏中菜单的一级标题后才会显示下级菜单。程序菜单也可以显示选择列表。

（2）对话框是包含完成某项任务所需选项的小窗口。

（3）命令按钮是一种让用户执行命令的用户界面元素，通常显示为小长方形的按钮，单击命令按钮会执行某操作。在对话框中会经常看到命令按钮。

（4）选项按钮是一种让用户选择的用户界面元素，可让用户在两个或多个选项中选择一个选项，选项按钮经常出现在对话框中。

（5）复选框是一种让用户选择的用户界面元素。在其左边有一个方框表现它的状态，单击空的方框可选择该选项，正方形中将出现一个对钩标记，表示已选中该选项；若不选择该选项，单击该选项可清除对钩标记。

（6）文本框是一种让用户输入的用户界面元素，在文本框中可输入如搜索条件、用户、密码等内容。

下面通过对前面打开的记事本程序进行操作来演示菜单、命令按钮、对话框的使用过程。

在图 3-6 所示的记事本程序窗口中执行如下操作：单击菜单栏上的“编辑”→“查找”命令，弹出图 3-8 所示的对话框。可以在“查找内容”文本框中输入要查找的内容；“区分大小写”复选框可设置是否在查找时区分大小写；“向上”或“向下”选项按钮确定是在编辑区中光标之前查找还是之后查找。最后单击“查找下一个”按钮可开始查找。

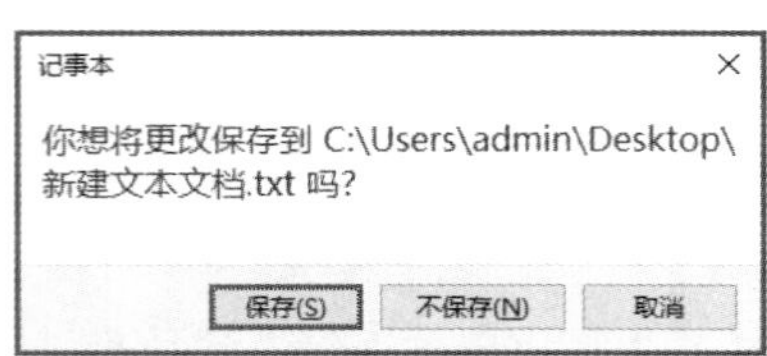

图 3-7　是否保存对话框

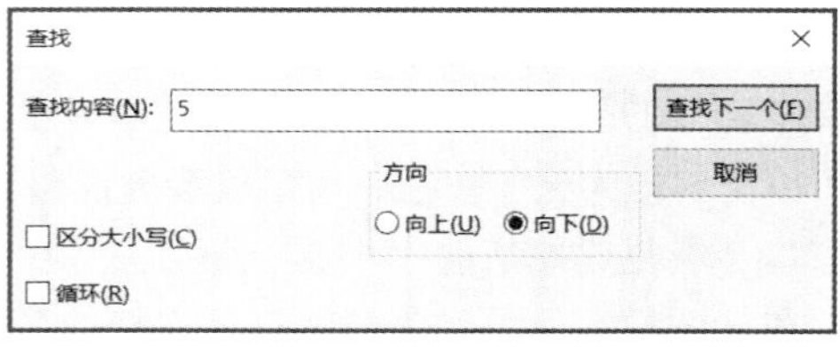

图 3-8　“查找”对话框

4．键盘操作

键盘是计算机最常用也是最主要的输入设备，通过键盘可以将英文字母、数字、标点符号等输入到计算机中，从而向计算机发出命令、输入数据，通过中文输入法还可以向计算机中输入汉字。键盘不像鼠标那样可以看着屏幕上的内容操作，键盘操作需要记忆，但是如果能够熟练使用键盘，就可以加快操作计算机的速度，提高工作效率。Windows 10 中快捷键操作有很多，下面就介绍一些最常见的键盘快捷键操作。

（1）常用的单键：

① 上、下、左、右光标键，光标向上下左右移动。

② 【Enter】，对于许多选定命令代替鼠标单击。

③ 【Delete】，删除所选项目并将其移动到“回收站”。

（2）常用功能键：

① 【F1】，显示帮助。

② 【F2】，重命名选定项目。

③ 【F3】，搜索文件或文件夹。

④【F5】，刷新。

⑤【F10】，打开菜单。

（3）常用快捷键：

①【Ctrl+C】，复制选择的项目。

②【Ctrl+X】，剪切选择的项目。

③【Ctrl+V】，粘贴选择的项目。

④【Ctrl+Z】，撤消操作。

⑤【Ctrl+Y】，重新执行某项操作。

⑥【Ctrl+A】，选择文档或窗口中的所有项目。

⑦【Ctrl+Esc】，打开“开始”菜单。

⑧【Ctrl+空格】，打开输入法。

⑨【Ctrl+Shift】，切换输入法。

⑩【Alt+Enter】，显示所选项的属性。

⑪【Alt+F4】，关闭活动项目或者退出活动程序。

⑫【Alt+Tab】，在打开的项目之间切换。

⑬【Alt+加下画线的字母】，显示相应的菜单。

3.2.4 Windows 10 的帮助系统

用户在使用计算机时经常会遇到困难，有的名词不理解，有的工具不会用，Windows 10 提供了多种方式的帮助，利用微软提供的帮助系统是用户学习使用 Windows 10 的最佳途径。

1. 使用说明信息

在使用计算机时，用户会对系统界面中的某些图标或项目产生疑惑，这时将鼠标指向图标或项目，就会弹出一个对该图标或项目的简要的说明或术语解释。如图 3-9 所示，在“计算机”窗口中将鼠标指向“预览窗格”图标时显示的简要说明。

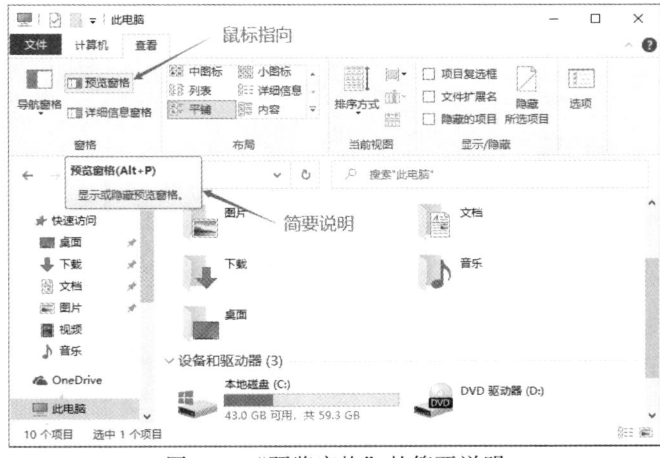

图 3-9 “预览窗格”的简要说明

2. 使用快捷键【F1】

【F1】键一直是 Windows 系列操作系统内置启动帮助的快捷键，但在 Windows 10 中出现了一些新变化。在 Windows 10 桌面或内置的程序中按【F1】键时，不会出现类似 Windows 7 中如图 3-10 所示的“Windows 帮助和支持”窗口，而是调用当前默认的浏览器打开 Bing（必应）搜索页面，从互联网上搜索与所在界面相关的帮助信息。如图 3-11 所示，在 Windows 10 的“画图”程序中按【F1】键，出现的是 Microsoft Edge 浏览器窗口，窗口中显示的是在 Bing 中与画图程序相关的搜索结果。

如果在打开的其他非内置应用程序中按【F1】键，且该应用本身提供了帮助功能，则会打开该程序自身提供的帮助。

图 3-10　Windows 7 帮助和支持窗口

图 3-11　在“画图”程序中按下【F1】键出现的帮助窗口

3. 使用微软支持网站

用户可以从微软的支持网站“support.microsoft.com”上得到更多帮助。

3.3　Windows 10 个性化桌面

新用户在计算机中安装了 Windows 10 操作系统，总是希望能尽快掌握系统的基本操作方法，掌握计算机的使用。老用户通常喜欢将工作环境布置成自己熟悉的样子。例如，有的用户喜欢在桌面上显示“计算机”“网络”等图标，有的用户喜欢将桌面上的图标排列得整整齐齐。

Windows 10 桌面设置简单，展现了用户界面的友好与易用性，用户可以方便地将桌面设置成自己喜欢的状态，使其符合自己的操作习惯。下面将从桌面图标、桌面背景、主题颜色、主题、“开始”菜单、任务栏等几个方面的常用操作与设置进行介绍。

3.3.1　桌面图标

桌面图标是一个小图片，在图片下方有文字，用于说明图标的名称或功能，它可以代表文件、文件夹、程序、快捷方式或其他项目。下面就从组成与常用的操作两个方面来介绍桌面图标。

1. 桌面图标组成

桌面图标一般可分为常用图标，快捷方式图标，文件夹图标三种类型。如图 3-12 所示，“此电脑”“网络”“回收站”“admin”属于常用图标；图标上带有小箭头的“画图”、“Microsoft Edge”属于快捷方式；“新建文本文档”属于文件图标；“新建文件夹”属于文件夹图标。下面就来介绍桌面图标的一些常用操作与设置。

图 3-12　Windows 桌面图标

2. 桌面图标的常用操作与设置

1）添加常用图标

Windows 10 安装完成后，在桌面上有“回收站”和“Microsoft Edge”浏览器图标，为了方便工作，通常还会在桌面上添加“此电脑”与“网络”两个常用图标，下面来演示这个过程。

在桌面上空白处右击，在弹出的快捷菜单中选择“个性化”命令，弹出图 3-13 所示的窗口。单击“主题”，在右边框中向下拖动滚动条，单击“桌面图标设置”超链接，弹出图 3-14 所示的“桌面图标设置”对话框。在“计算机”“网络”“回收站”前的复选框打勾，“用户的文件”“控制面板”前的复选框不要打勾，单击“确定”按钮。如图 3-15 所示，此时桌面上就有“此电脑”“网络”“回收站”“Microsoft Edge”4 个图标，其中“此电脑”“网络”是新添加的。

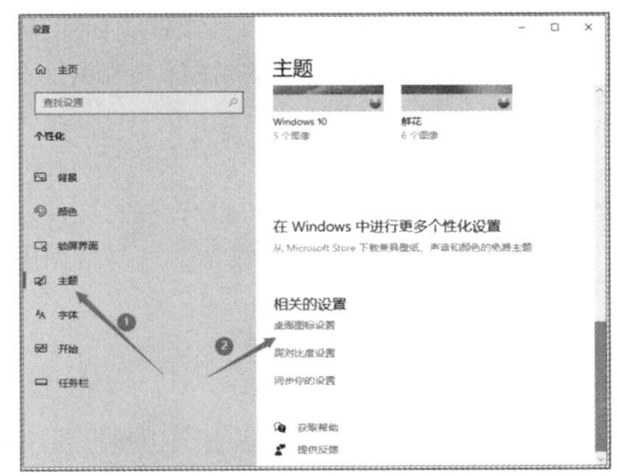

图 3-13　“个性化-主题”窗口

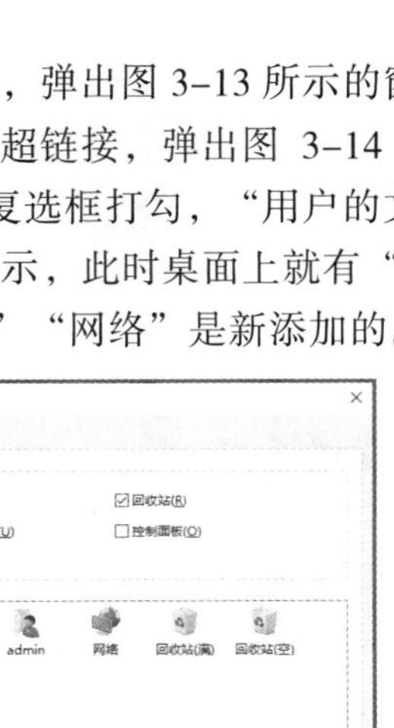

图 3-14　“桌面图标设置”对话框

2）删除常用图标

删除常用图标可以在图标上右击，在弹出的快捷菜单中选择“删除”命令。也可以使用添加常用图标的方式，在“桌面图标设置”对话框中清除要删除图标的复选框。

3）修改常用图标的名称与样式

（1）修改图标文字标题。在图标上右击，在弹出的快捷菜单中选择“重命名”命令，然后输入相应的新名称后按【Enter】键即可。

（2）修改常用图标样式。在图 3-14“桌面图标设置”对话框中单击“更改图标”按钮，即可修改相应的图标样式；单击“还原默认值”按钮可以还原系统默认的图标样式。

4）在桌面上添加一个文件图标

不同的文件类型对应着不同的文件图标,下面通过在桌面上添加一个文本文件并重命名为“日常记事”来演示这一过程。

在桌面空白处右击，弹出快捷菜单，选择“新建”→“文本文档”命令，桌面上出现图 3-16 所示的文本文档图标，可以直接输入文字对其重命名。修改已经存在的图标的名称，可右击图标，在弹出的快捷菜单中选择“重命名”命令，再输入文字。

图 3-15 添加图标后的桌面

图 3-16 文本图标

文本文件图标代表的是一个文本文件,用相同的方法可以在桌面上添加其他文件图标如“WPS 文字 文档”“WPS 表格 工作簿”“文件夹图标”等，不同类型的文档显示的图标一般也是不相同的，可以根据不同的图标来识别文件。

5）删除文件或文件夹图标

在相应的文件或文件夹图标上右击，在弹出的快捷菜单中选择“删除”命令，注意文件或文件夹图标代表的是文件或文件夹本身，删除后，文件或文件夹即被放入回收站，这与常用图标不同。

6）在桌面上添加一个快捷方式

通过在桌面上添加一个计算器应用程序的快捷方式图标来演示这一过程。

在桌面上空白处右击，在弹出的快捷菜单中选择“新建”→“快捷方式”命令，弹出图 3-17 所示的“创建快捷方式”对话框。单击“浏览”按钮，弹出图 3-18 所示的对话框。依次单击“此电脑”→“C：”→“Windows”→“System32”左边的“>”号，最后找到“calc.exe”，如图 3-19

所示，单击“确定”按钮，在弹出的对话框中单击“下一步”按钮，弹出图 3-20 所示的对话框，修改快捷方式名称为“计算器”后单击“完成”按钮。

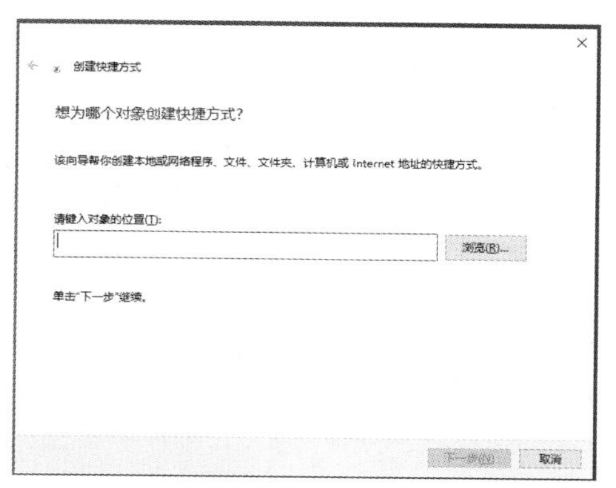

图 3-17 “创建快捷方式”对话框

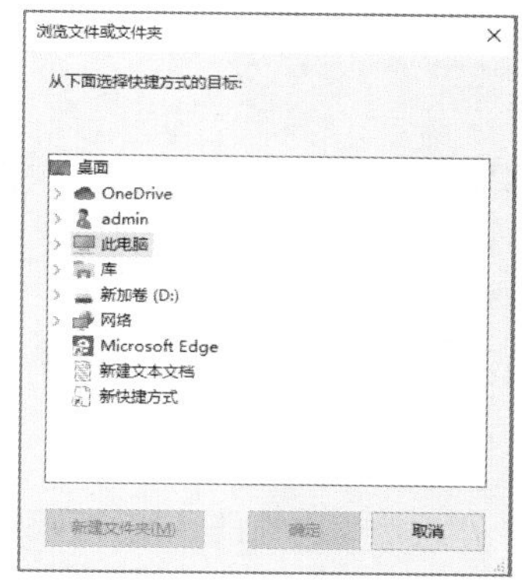

图 3-18 “浏览文件或文件夹”对话框

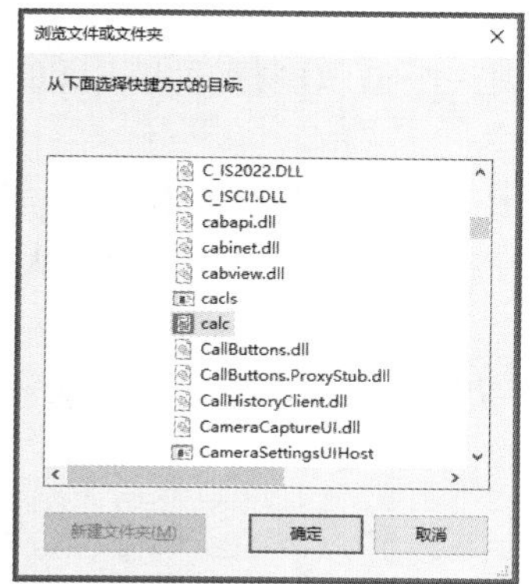

图 3-19 选择 calc.exe

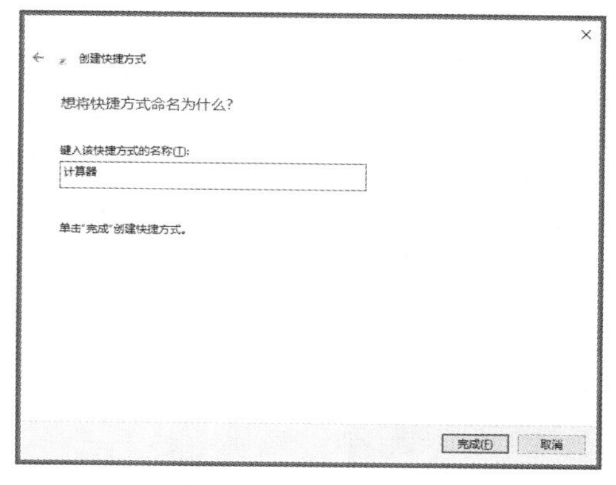

图 3-20 更改快捷方式名称

7）快捷方式图标的删除方法

在快捷方式图标上右击，在弹出的快捷菜单中选择“删除”命令；也可以单击选中图标，然后按【Delete】键。快捷方式图标表示的是与具体项目的链接，它不是项目本身，删除快捷方式图标，只会删除这个快捷方式图标本身，而不会删除它所指向的项目。

8）快捷方式图标重命名与图标样式的修改

在快捷方式图标上右击，在弹出的快捷菜单中选择“重命名”命令，然后输入相应的新名称后按【Enter】键；快捷方式还可以修改图标样式，在快捷方式图标上右击，在弹出的快捷菜单中选择“属性”命令，在“属性”窗口的“快捷方式”选项卡中单击“更改图标”按钮即可修改相应的图标。

9）修改桌面上图标的排列和查看方式

图标的排列方式包括按“名称”“大小”“项目类型”“修改日期”；图标的查看方式包括“大图标”“中等图标”“小图标”“自动排列图标”“将图标与网格对齐”“显示桌面图标”。下面通过将桌面上的图标按名称进行排序，并使用中等图标、自动排列图标、将图标与网格对齐来演示这一过程。

在桌面上空白处右击，在弹出的快捷菜单中选择“排序方式”→“名称”命令，如图 3-21 所示，桌面上的图标就会按名称排序；如图 3-22 所示，选择“查看”→“中等图标”命令，桌面上的图标就显示为中等图标。

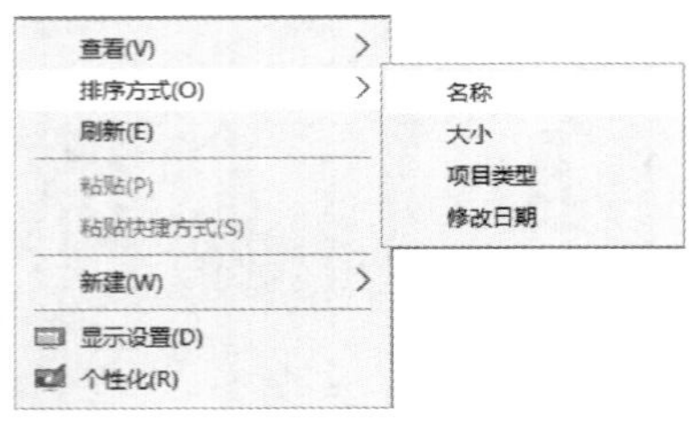

图 3-21 选择图标排序方式

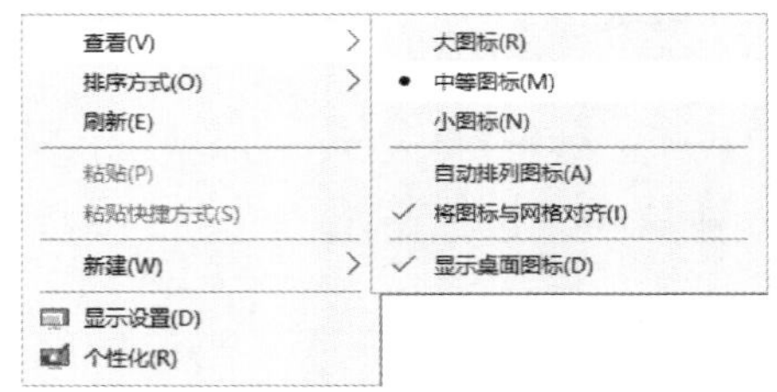

图 3-22 选择图标查看方式

排序方式是一次性的，用户改变了排序条件后系统将图标按所选择的方式排序一次，此后如果用户移动了桌面上的图标，系统不会自动重新排序。

在图 3-22 所示菜单中还有“自动排列图标”“将图标与网格对齐”“显示桌面图标”3 个命令，它们的含义如下：

（1）自动排列图标：当用户拖动图标时，桌面上会出现一个指示图标插入位置的光标，当用户松开鼠标键时，桌面上的图标会自动排列整齐。

（2）将图标与网格对齐：当用户没有选择自动排列图标、将图标与网格对齐时，用户可将图标移动到桌面的任意位置，如果选择了将图标与网络对齐，桌面就划分为图标大小的网格，图标只能在网格中移动。

（3）显示桌面图标：有的用户喜欢将文件、文件夹、程序放在桌面上，而有的用户喜欢一个干净的桌面，取消选择此项，桌面上的图标将会全部隐藏。

3.3.2 桌面背景

桌面背景也称为壁纸，指作为背景显示在桌面图标后的画面，华丽的画面不仅让人赏心悦目，还让人心情愉快，所以在 Windows 中采用了多种方式来美化桌面背景。

1. 桌面背景组成

一般可以选择纯色、一张图片或多张图片轮流显示的幻灯片放映方式作为桌面背景。

2. 桌面背景的常用操作与设置

1）将桌面背景设置为系统自带单幅图片

在桌面空白处右击，如图 3-23 所示，在弹出的快捷菜单中选择“个性化”命令。弹出图 3-24 所示“设置-个性化”窗口，单击窗口右边“背景”下拉按钮，在下拉列表框中选择“图片”；在“选择图片”下的图像列表框中选择需要的桌面背景；在窗口下部“选择契合度”下拉列表框中选择“填充”，最后单击“关闭”按钮回到桌面。图 3-25 所示是选择第二幅图片后的效果。

2）将桌面背景设置为用户自定义图片

Windows 10 桌面的背景可以使用用户自定义的图片，如果用户想使用自己的图片作为桌面背景，可以在图 3-24 中单击“浏览”按钮，选择所需要的图片，单击“选择图片”按钮，所选的图片将会被显示到窗口中的图片列表框中第一位，同时桌面背景也设置成了该图片。

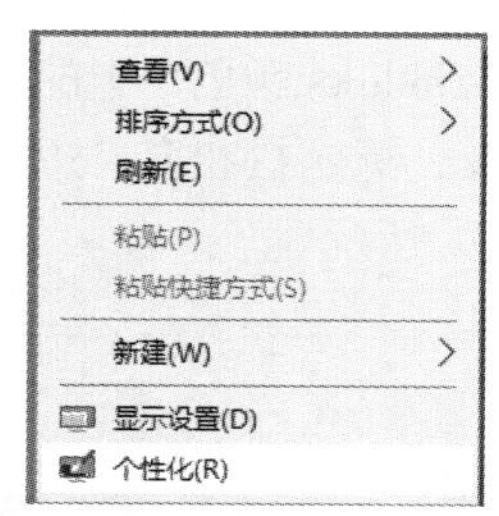

图 3-23　桌面快捷菜单

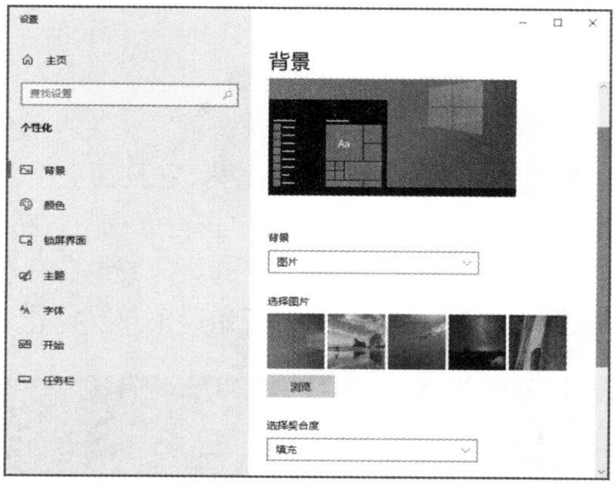

图 3-24　设置背景为图片

3）将桌面背景设置为幻灯片

Windows 10 桌面的背景可以设置成幻灯片形式，在图 3-24 所示的“设置-个性化”窗口中，在“背景”下拉列表框中选择“幻灯片放映”，则窗口变成图 3-26 所示。单击“为幻灯片选择相册”下的“浏览”按钮，选择要作为幻灯片放映的图片文件夹，单击“图片切换频率”下拉按钮可设置背景图片切换时间，通过“无序播放”开关还可将图片切换顺序设置为有序或无序。

图 3-25　背景设置完成的桌面

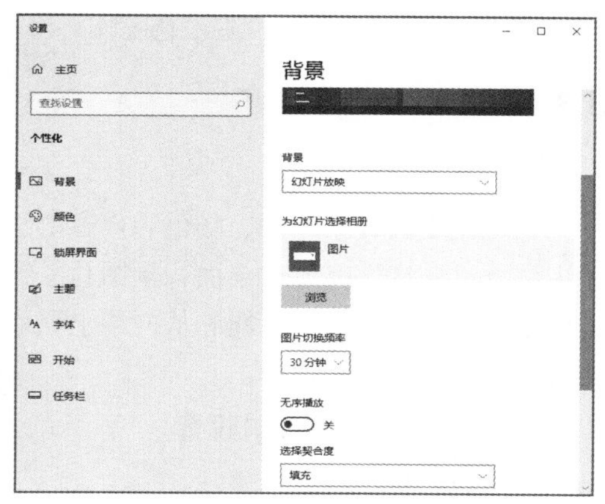

图 3-26　设置背景为幻灯片

3.3.3　主题颜色

主题颜色是 Windows“开始”菜单、窗体及控件、任务栏等各个显示元素的背景或边框的颜色。

1. 主题颜色组成

主题颜色一般包含了图 3-27 中所示的 ①“开始”菜单图标背景色、②磁贴背景色、③文本框边框、④选项按钮等窗体控件的边框颜色，也可包含⑤开始菜单、⑥任务栏、⑦操作中心和通知区域、⑧窗口标题栏、⑨窗口边框显示的颜色。通过“个性化”下的“颜色”设置功能可自定义这些区域的显示颜色。设置主题颜色时，可选择“从我的背景自动选取一种主题色”，也可自定义颜色。通过选择“在以下区域显示主题色”的选项来设置“开始”菜单、任务栏、操作中心、标题栏和窗口边框的颜色。

2. 主题颜色的常用操作与设置

下面以设置主题颜色为“默认蓝色”，并应用到“开始”菜单、任务栏、操作中心、标题栏和窗口边框为例来演示颜色设置过程。在桌面上空白处右击，在弹出的快捷菜单中选择“个性化”命令，弹出图 3-28 所示的窗口，单击“颜色”，在窗口右边，选择“Windows 颜色”中的第三行第一列的“默认蓝色”，并将“‘开始’菜单、任务栏和操作中心”及“标题栏和窗口边框”前的复选框选中，设置后，打开“开始”菜单、操作中心的效果如图 3-27 所示。

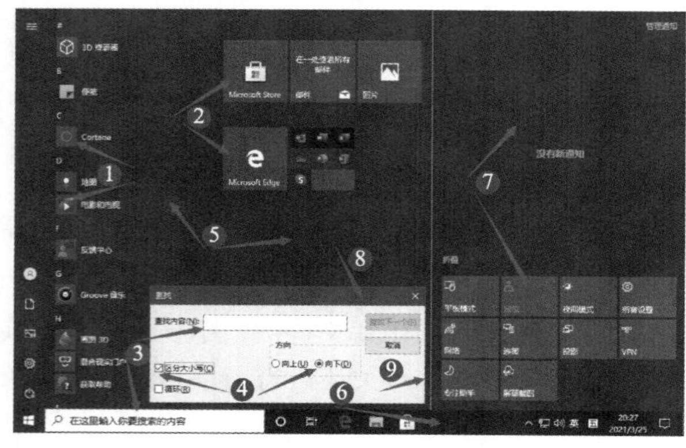

图 3-27 主题颜色区域

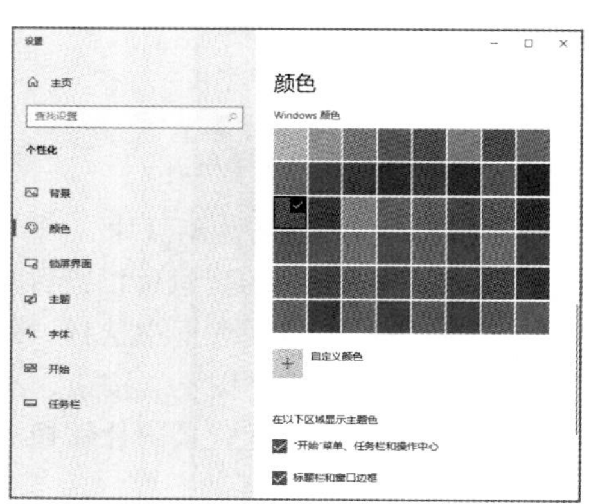

图 3-28 设置主题颜色

3.3.4 主题

1. 主题组成

主题是桌面背景图片、颜色和声音的组合，某些主题也包括了桌面图标和鼠标光标。通过设置主题可以一次性完成对桌面背景图片、颜色及声音等 Windows 元素的修改。Windows 10 自带了 4 个主题，也可自定义主题和从网络上获取主题。下面通过设置自带主题、自定主题、从网络上获得主题来介绍主题操作。

2. 主题的常用操作与设置

1）设置自带主题

在桌面上右击，在弹出的快捷菜单中选择“个性化”命令，在出现的窗口左边面板上选择“主题”，出现图 3-29 所示的窗口，通常情况下 Windows 10 自带了 4 个主题，它们分别是“Windows”“Windows（浅色主题）”“Windows 10”“鲜花”。单击①“鲜花”主题，稍等几秒系统就应用了该主题，这时可以发现桌面背景、“开始”菜单、任务栏等发生了变化。并显示②“当前主题：鲜花”。

Windows 10 的主题还可以进行高对比度设置，如果有视觉上的问题，可单击图 3-29 窗口右边的③“高对比度设置”超链接，在出现的窗口中开启“打开高对比度”开关，就可以将 Windows 10 设置成高对比度主题。

2）自定义主题

选择现有的某个主题后，用户还可以在现有主题的基础上单独对某些项目进行设置，例如修改背景、颜色等，这时 Windows 10 会将新的组合设定为一个新的主题，如图 3-30 中①处显示“当前主题：自定义”，在②处会出现一个“保存主题”的按钮，用户可以单击保存该主题。

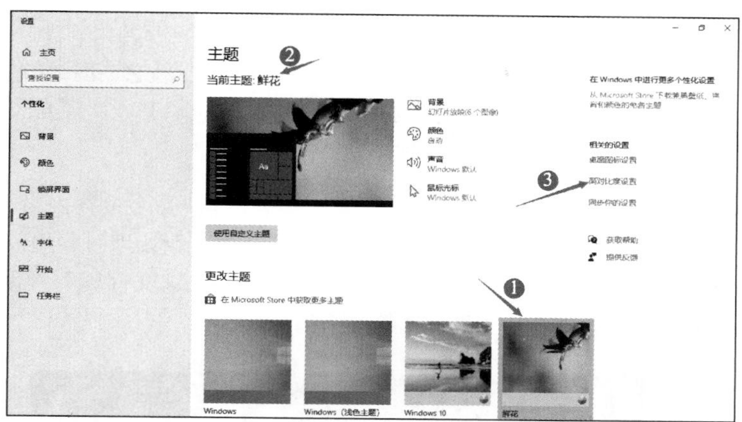

图 3-29　设置主题

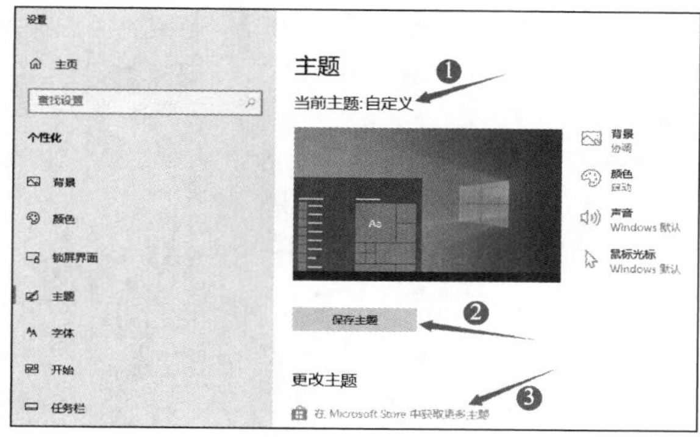

图 3-30　自定义主题窗口

3）从网络上获得主题

如图 3-30 所示，在"更改主题"下边③处有一个"在 Microsoft Stone 中获取更多主题"超链接，如果用户的计算机已经和互联网连接，单击它就会链接到图 3-31 所示的微软商店，在这个商店中有许多主题可供下载。

图 3-31　微软商店主题页面

3.3.5 “开始”菜单

Windows10的“开始”菜单整合了Windows 7和Windows 8的优点，它同时照顾了习惯Windows 7传统“开始”菜单和Windows 8全屏“开始”屏幕的用户。通过“开始”菜单，几乎可以完成运行应用程序、设置计算机、打开文件夹等绝大多数操作。

1.“开始”菜单组成

与传统习惯一样，通常单击屏幕左下角任务栏上的“开始”按钮即可弹出“开始”菜单。如图3-32所示，Windows 10“开始”菜单包含了①菜单、②账户、③文件资源管理器、④设置、⑤电源、⑥应用列表显示区、⑦“磁贴”显示区等几个部分。

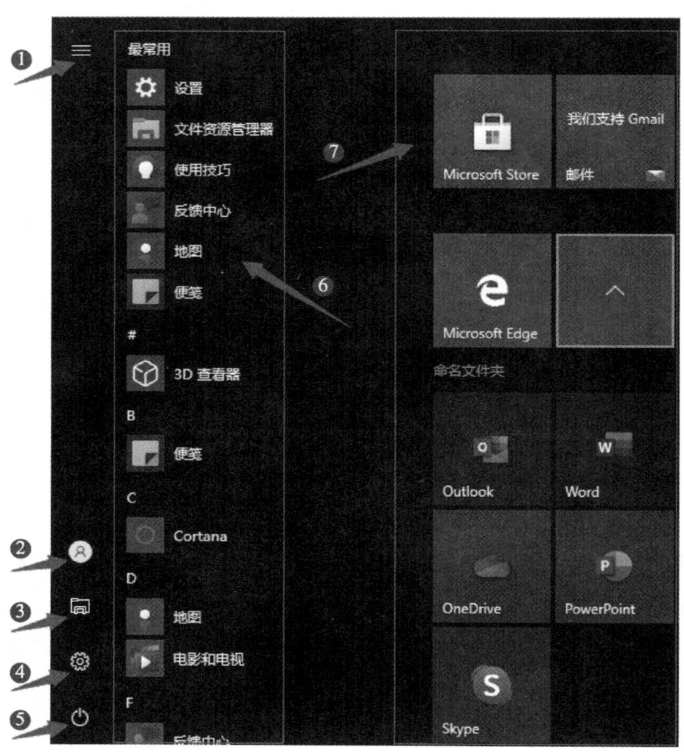

图 3-32 “开始”菜单

（1）菜单：将鼠标指针移动到菜单上或单击菜单时，可以展开显示所有菜单项的名称。

（2）账户：通常显示为一个图标，如果用户已经添加了个人头像则显示为一个图片。单击账户图标（或图片），在弹出的菜单中可选择更改账户设置、锁定或注销电脑、切换到其他账户。

（3）文件资源管理器：单击文件资源管理器图标可打开文件资源管理器程序，文件资源管理器图标可以通过设置添加或删除。

（4）设置：单击设置图标可打开“Windows 设置”窗口，设置图标可以通过“开始”菜单设置添加或删除。

（5）电源：单击位于“开始”菜单底部的“电源”按钮，在弹出的菜单中有“睡眠”、

“重启”和“关闭”三个选项。分别是使计算机进入睡眠状态、重新启动及完全关闭计算机。

（6）应用列表显示区：在应用列表显示区主要是按英文字母顺序显示已经安装的应用程序。通过设置在这个区域还可以显示最近添加的应用、最常用的应用及偶尔显示的建议（微软的广告）等项目。右击列表中的应用可以执行：将应用固定到“开始”屏幕（或从“开始”屏幕取消固定）、将应用固定到任务栏（或从任务栏取消固定）、以管理员身份运行、打开文件位置、不在此列表中显示及卸载等操作。在应用列表上，用户可以点击任何一个字母进入首字母索引状态，此时可以点击字母快速查找软件或应用。

（7）“磁贴”显示区：在“开始”菜单右侧的区域被称为“磁贴”显示区，用户可以将喜欢的应用固定在这个区域，固定的项目称为“磁贴”，右击“磁贴”可对其执行：从“开始”屏幕取消固定、调整大小、将应用固定到任务栏（或从任务栏取消固定）、以管理员身份运行、打开文件位置及卸载等操作。其中，调整大小指“磁贴”显示图标的大小，操作最多可以有四种，调整成不同的大小需要应用本身提供支持，一般应用只支持大和小两种。“磁贴”中还可以动态展示应用推送的通知，让你不需要打开应用就能够及时了解一些信息。

2.“开始”菜单的常用操作与设置

1）设置“开始”菜单上应用列表显示区的内容

在应用列表显示区分别显示了最近添加、最常用。在桌面上右击，在弹出的快捷菜单中选择“个性化”命令，在出现的窗口左边面板上选择“开始”，出现图 3-33 所示的“开始”菜单设置窗口。在窗口右边将在“开始”菜单上显示应用列表、显示最近添加的应用、显示最常用的应用开关设置为开，其他开关设置为关，设置完成后效果如图 3-34 所示，在应用列表显示区分别显示了最近添加、最常用、所用应用三个区域。

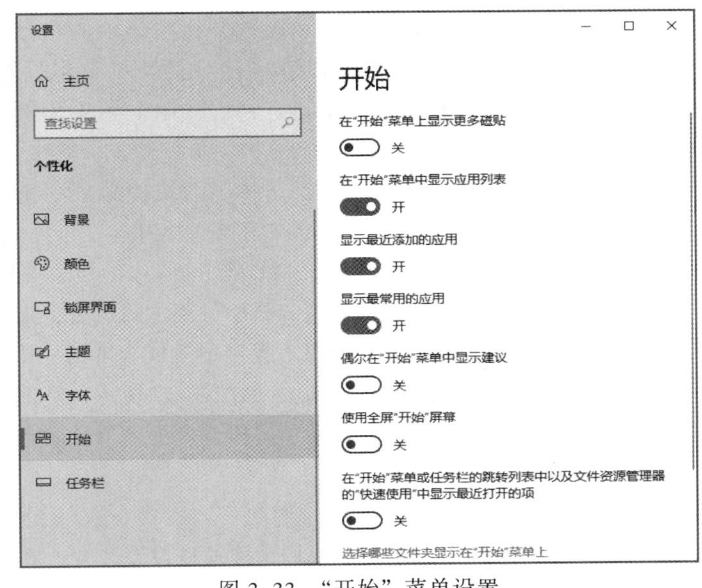

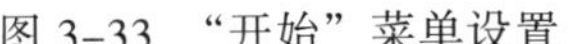
图 3-33　“开始”菜单设置

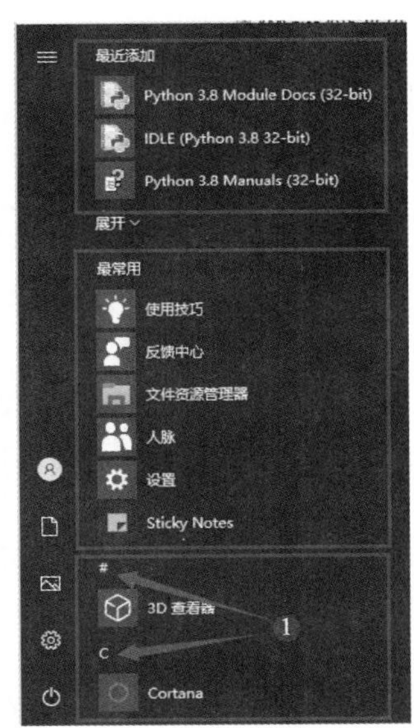

图 3-34　设置完成的开始菜单

2）按首字母索引查找应用

按首字母索引查找应用是 Windows 10 提供的一种快速定位应用程序的方法，只要知道应用的首字母或其所在文件夹的首字母，即可快速定位。下面以查找 Windows 自带的“画图”程序为例演示“按首字母查找应用”的过程，“画图”程序在“Windows 附件”文件夹下。

单击任务栏上的“开始”按钮，在弹出“开始”菜单的应用列表上，单击图 3-34 中①所指向的应用列表中的“#”字母标题，即进入图 3-35 所示的首字母索引状态中，单击字母“W”，即可快速定位到“W”字母开头的应用程序，如图 3-36 所示，单击“Windows 附件”，在其展开的列表中即可看到“画图”程序。

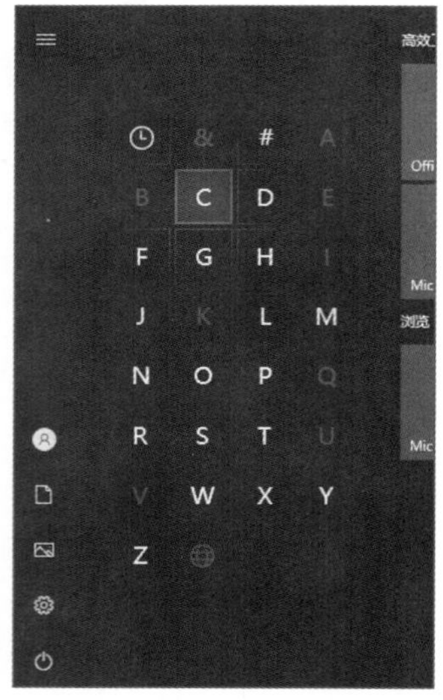

图 3-35　应用首字母索引

图 3-36　“画图”程序

3）将应用固定到“开始”菜单

将应用固定到“开始”菜单指将应用程序以“磁贴”的形式显示在“开始”菜单的右侧区域，这样做的好处是将常用的应用程序固定为“磁贴”后，可以直接单击应用程序“磁贴”，省去了查找的过程。下面以将“Windows 附件”中的“画图”程序固定到“开始”菜单为例演示这个过程。

在上个例子中找到“画图”程序的情况下，右击“画图”程序，在弹出的快捷菜单中选择：固定到“开始”屏幕，即可将“画图”程序固定到“开始”菜单右侧的磁贴区。

4）调整“开始”菜单大小

Windows 10 的“开始”菜单的大小是可调整的，将鼠标指针移动到“开始”菜单的边沿，指针变成“双向箭头”时，通过拖动就能实现大小的调整。还可以将“开始”菜单设置成全屏的“开始”屏幕，在图 3-33 中将“使用全屏‘开始’屏幕”设置为开，就能显示如图 3-37 所示，类似 Windows 8/8.1 中那样全屏的“开始”屏幕，图中的①为“已固定的磁贴”按钮，点击显示已固定的磁贴，②为“所有应用”按钮，单击显示所有应用。

5）在“开始”菜单中显示设置、文件资源管理器、文档或图片等文件夹

在图 3-32 中“开始”菜单的最左下边，②账户与⑤电源之间的图标也可通过设置改变。在图 3-33 中单击窗体下边的“选择哪些文件夹显示在‘开始’菜单上”超链接，出现图 3-38 所示窗口，选择不同的开关就可以将对应的图标显示在“开始”菜单上了。

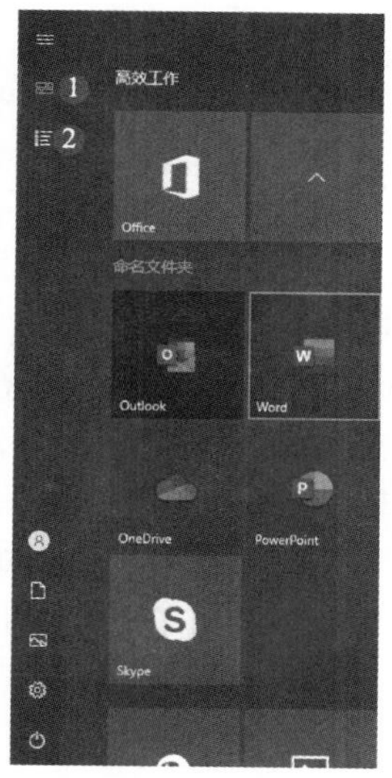

图 3–37　全屏显示“开始”屏幕

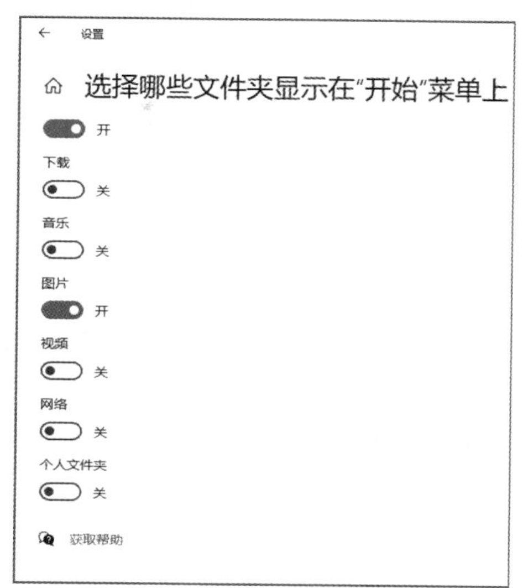

图 3–38　文件夹显示设置

3.3.6　任务栏

任务栏通常是位于屏幕底部的一个狭长的长条形区域。

1. 任务栏的组成

如图 3–39 所示，任务栏由从左到右为①“开始”按钮、②搜索框、③Cortana 按钮、④“任务视图”按钮、⑤快速启动栏、⑥应用列表、⑦“显示隐藏的图标”按钮、⑧通知区域、⑨操作中心按钮、⑩显示桌面按钮。

（1）“开始”按钮：位于任务栏的最左边，用于打开“开始”菜单或“开始”屏幕。

（2）搜索框：Windows 10 搜索框的功能强大，是在计算机上查找项目比较快捷的方法。它通过 Windows Search 服务来工作，搜索的范围包括了应用、设置、网页和文件。其中，网页搜索的结果是通过调用必应（Bing）搜索引擎在互联网上搜索得到，文件搜索的结果是在库与个人文件夹（包括“文档”“图片”“音乐”“桌面”）等位置搜索的文件与内容；另外，系统还会搜索一些其他位置，如系统定义的电子邮件联系人列表等。使用搜索框时，搜索结果将显示在搜索框上方弹出的窗口中。

（3）Cortana 按钮：Cortana 是微软推出的一款人工智能软件，与一般所认知的智能语音助手类似，可以通过语音帮助用户解决问题，Cortana 还具有强大的数据分析功能，能记录用户的操作，分析用户的兴趣爱好，为用户设置提醒、收发信息、创建日程安排等，具有很强的个性化体验。

（4）“任务视图”按钮：是 Windows 10 任务栏上新增的一个功能，可以快速地在打开的多个软件、应用、文件之间切换，在任务视图中还可以新建桌面，在多个桌面间进行快速切换。

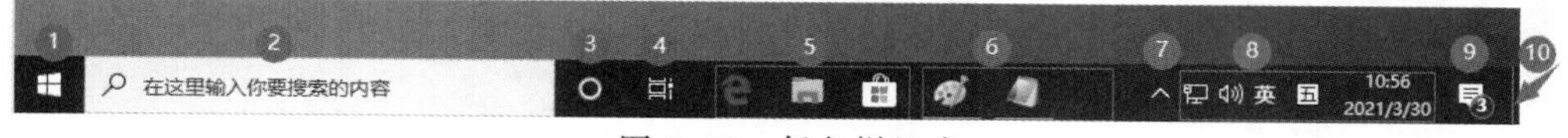

图 3–39　任务栏组成

（5）快速启动栏：快速启动栏存放的是固定在任务栏上的应用，以方便用户快捷访问。应用固定到任务栏上的方式有多种，可以直接从桌面上将应用固定到任务栏，也可以从“开始”菜单或“跳转列表”（最近打开的文件、文件夹和网站的快捷方式列表）执行此操作。以相同的方式可以取消应用固定。

（6）应用列表：应用列表是用户进行多任务工作时的主要区域之一，单击这个区域上的应用程序图标可以快捷地在各个任务之间切换。

（7）“显示隐藏的图标”按钮：“显示隐藏的图标”按钮用于显示“溢出区域”中的应用图标。当“通知区域始终显示所有图标”开关设置为关时，出现“显示隐藏的图标”按钮，单击“显示隐藏的图标”按钮可弹出“溢出区域”，其中存放着被隐藏的应用图标。

（8）通知区域：通知区域位于任务栏右侧，包含一些常用的图标，如时钟、输入指示、音量、网络及操作中心等，用于显示有关收到电子邮件、更新和网络连接等的状态和通知。用户可以更改在此处显示的图标和通知，也可以隐藏一些图标和通知。

（9）“操作中心”按钮：“操作中心”按钮是 Windows 10 新增加的功能按钮，是通知区域的一部分，其中包含了通知和快速操作，单击“操作中心”或者按【Win + A】组合键可将其打开。

（10）“显示桌面”按钮：用于快速显示桌面，可以通过单击或“速览”功能查看位于所有已打开窗口后面的桌面上的内容。

2. 任务栏的常用操作与设置

1）任务栏外观设置

通过将任务栏外观设置为锁定、非自动隐藏、不使用小图标、在屏幕底部、始终合并按钮来演示任务栏外观设置过程。

在任务栏上空白处右击，在弹出的图 3-40 所示快捷菜单中选择“任务栏设置”选项，弹出图 3-41 所示设置任务栏窗口，在窗口右侧，打开“锁定任务栏”开关，关闭“在桌面模式下自动隐藏任务栏”和“使用小任务栏按钮”开关，在“任务栏在屏幕上的位置”下拉列表框中选择“底部”选项，在“合并任务栏按钮”下拉列表框中选择“始终合并按钮”。

2）任务栏大小设置

任务栏本身的大小是可以改变的，在图 3-41 中关闭“锁定任务栏”开关，使任务栏处于非锁定状态，将鼠标指针移动到任务栏的边缘，直到指针变为双箭头，然后拖动边框将任务栏调整为所需要的大小。

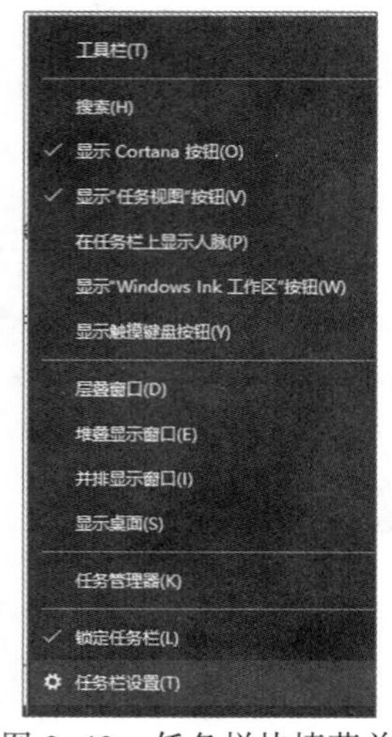

图 3-40　任务栏快捷菜单

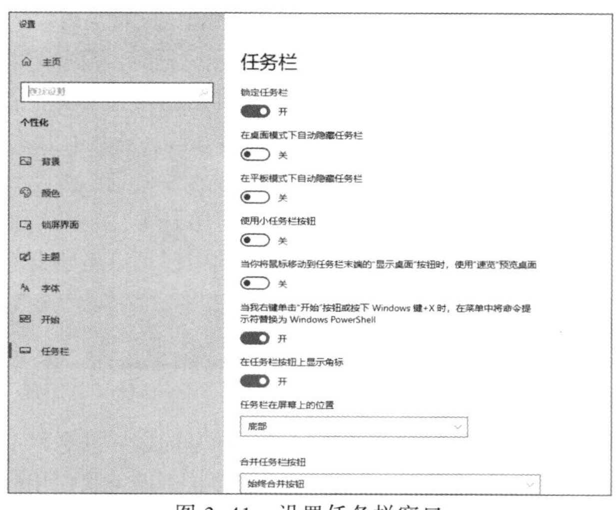

图 3-41　设置任务栏窗口

3）使用搜索框

搜索框功能强大，搜索的范围包括了应用、设置、网页和文件，下面以启动“任务管理器”应用程序为例演示它的使用。

在搜索框中输入“任务管理器”，出现图 3-42 所示窗口，显示最佳匹配是“任务管理器”应用，此时，直接回车即可启动“任务管理器”应用。

4）通知区域图标的显示、隐藏与排列

在图 3-41 所示窗口中，向下拖动滚动条，出现“通知区域”，单击其下方的“选择哪些图标显示在任务栏上”超链接，弹出图 3-43 所示“选择哪些图标显示在任务栏上”窗口。在 Windows 中有一类应用启动后不会在任务栏的“应用程序区”显示应用程序图标，而是在“通知区域”显示一个小图标，传统称为“托盘”图标。当这类程序运行过一次后就会在图 3-43 窗口中生成一个开关，利用这个开关，可以选择让“托盘”图标直接显示在任务栏的“通知区域”，或是将其隐藏在单击“显示隐藏的图标”按钮才会出现的“溢出区域”中。下面通过设置“任务管理器”图标的显示与隐藏演示这个过程。

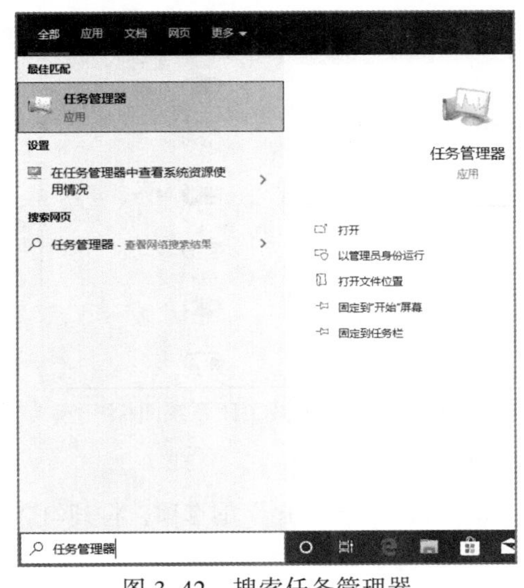

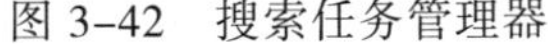
图 3-42 搜索任务管理器

图 3-43 通知区域图标

首先，在图 3-43 窗口中关闭“通知区域始终显示所有图标”开关，打开“任务管理器”开关。然后，通过在搜索框中输入“任务管理器”后按【Enter】键，打开“任务管理器”应用，可以看到在任务栏的通知区域出现图 3-44①所示图标。如果在图 3-43 窗口中关闭“任务管理器”开关，重新启动“任务管理器”应用，则其图标将不会直接显示在通知区域，而是如图 3-44②所示，隐藏在“溢出区域”中。

也可以通过拖动实现对通知区域图标的显示、隐藏与排列。如果要将“溢出区域”中隐藏的图标添加到通知区域，先单击通知区域旁的“显示隐藏的图标”按钮，然后将要显示的图标拖至通知区域。在通知区域上单击希望隐藏的图标，将其向上拖动至“溢出区域”即可隐藏该图标。排列“通知区域”中的图标，只要将图标拖动到相应位置即可。

如果将图 3-43 中的“通知区域始终显示所有图标”设置为“开”，则所有“托盘”图标都将显示在任务栏通知区域。

5）通知区域系统图标设置

在 Windows 的通知区域的图标中有一类是用于指示 Windows 内置功能的，这类图标被称为系统图标，它们的设置与普通应用的图标设置有所不同。下面通过设置时钟、音量、网络、输入指示、操作中心等系统图标来演示这一过程。

在图 3-41 所示窗口中，向下拖动滚动条，出现“通知区域”，单击其下方的“打开或关闭系统图标”超链接，弹出图 3-45 所示窗口，将“时钟”“音量”“网络”“输入指示”“操作中心”开关打开，其他开关设置为关闭。此时，可以看到“时钟”“输入指示”“操作中心”图标直接显示在任务栏的通知区域上，而“音量”“网络”图标显示与否还要受图 3-43 窗口设置的控制。

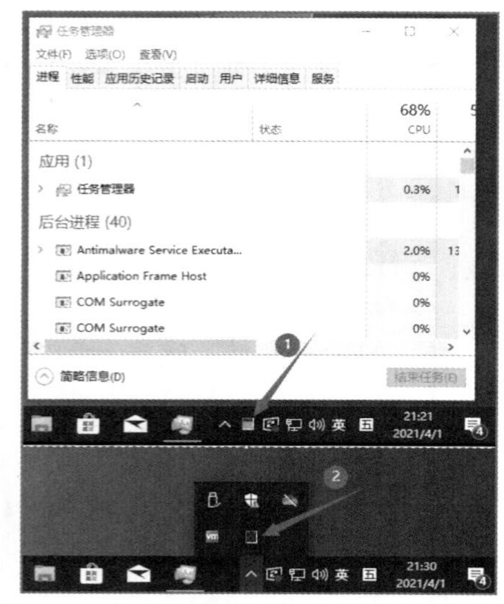

图 3-44 任务管理器托盘图标的显示与隐藏

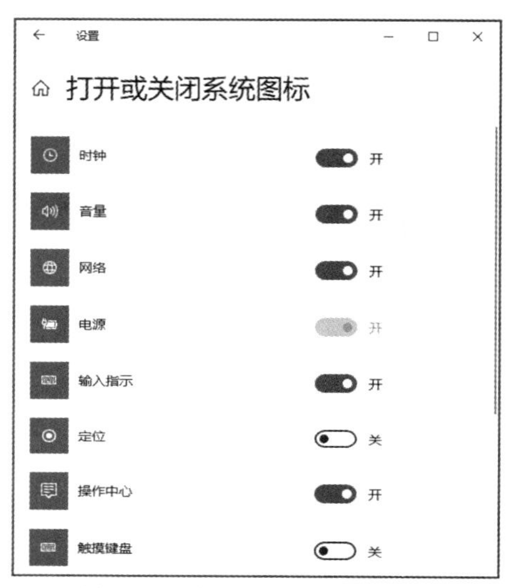

图 3-45 打开或关闭系统图标

6）任务栏上 Cortana 和“任务视图”按钮的显示与隐藏

在任务栏上右击，在弹出的快捷菜单中有显示 Cortana 和“任务视图”的选项，将其勾选，则在任务栏上出现 Cortana 和“任务视图”按钮。

7）使用多桌面与任务切换

如果用户需要同时进行多个工作，每个工作又需要打开多个任务时，这时将每个工作都单独放在一个桌面中，可以让桌面更有条理，Windows 10 的多桌面多任务视图就是为此诞生的。下面就来演示建立桌面、切换桌面、关闭桌面及切换任务的过程。

新建桌面，如图 3-46 所示，单击任务栏中的①“任务视图”按钮，就进入了多桌面多任务视图。单击②“新建桌面”可新建一个桌面，图中的③“桌面 2”就是一个新建的桌面。

切换桌面，在图 3-46 中，单击③“桌面 2”或④“桌面 1”就可以进入该桌面，用这个方式实现桌面间的切换。

关闭桌面，在图 3-46 中，当把鼠标指针移动到图中④“桌面 1”上时，在“桌面 1”缩略图的左上方就会出现一个叉，单击它可以关闭该桌面；桌面关闭时，运行于桌面中的任务会转移到下一个桌面中。

切换任务，在图 3-46 中，④“桌面 1”是当前桌面，在各个桌面的下方是当前桌面中运行的任务，单击对应任务的缩略图可切换到该任务。

多桌面与多任务操作的快捷键，使用快捷键可以快捷地进行操作，以下是几个常用快捷键：

预览桌面：【Win + Tab】。

新建桌面：【Win + Ctrl + D】。

关闭桌面：【Win + Ctrl + F4】。

切换桌面：【Win + Ctrl +左/右】。

切换任务：【Alt + Tab】。

8）将应用固定到任务栏

可以从桌面图标、任务栏上的“应用列表”、“开始”菜单上的“应用列表”或“磁贴”区等多个位置将应用固定到任务栏上。下面来演示这几种方式。

将桌面上的“计算器”快捷方式固定到任务栏上的过程。在桌面上右击“计算器”的快捷方式图标，弹出图 3-47 所示的快捷菜单，选择“固定到任务栏”命令，计算器程序就被固定到任务栏上，效果如图 3-48 所示。

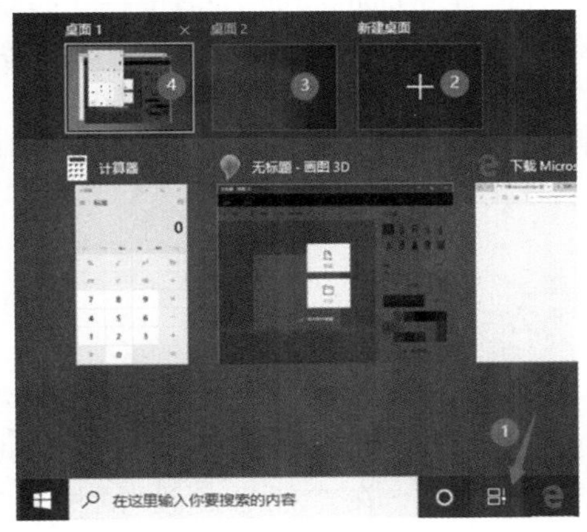

图 3-46　多桌面多任务视图

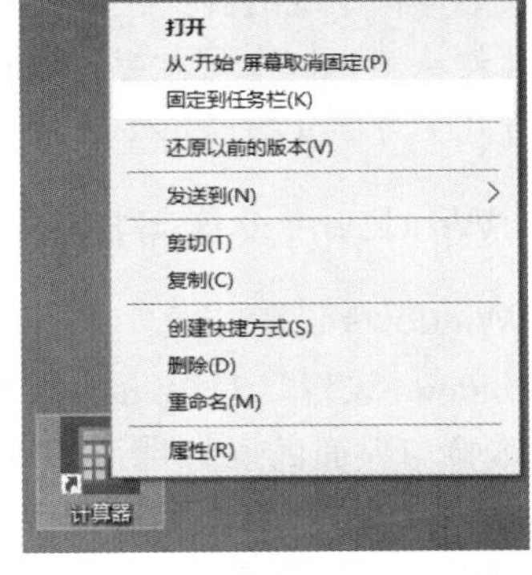

图 3-47　计算器图标的快捷菜单

从“开始”菜单固定应用，在“开始”菜单上的“应用列表”或“磁贴”区找到想要固定到任务栏上的应用名称，右击，在弹出的菜单中选择“更多”→“固定到任务栏”。

从任务栏上的“应用列表”固定应用，如果应用已打开，可以在任务栏上找到“应用程序图标”按钮，右击该按钮，在弹出的快捷菜单中选择“固定到任务栏”。

9）从任务栏上取消固定应用

在任务栏上固定的应用程序图标上右击，弹出图 3-49 所示的快捷菜单，选择“从任务栏取消固定”命令即可将该应用程序从任务栏上取消。

图 3-48　固定计算器应用的任务栏

图 3-49　固定在任务栏上应用的快捷菜单

10）快速查看桌面

任务栏上的“显示桌面”按钮，用于快速显示桌面，可以通过单击或“速览”功能查看位于所有已打开窗口后面的桌面上的内容。

通过单击任务栏上的“显示桌面”按钮，可以将所有程序窗口最小化，快速显示出桌面，再次单击窗口复原。

使用“速览”功能，在图 3-41 中，设置“当你将鼠标移动到任务栏末端的‘显示桌面’按钮时，使用‘速览’预览桌面”为开，设置完成后，当鼠标指针移到“显示桌面”按钮上时，不用单击，桌面上的窗口就会快速最小化，以便查看桌面上的内容，当鼠标指针移开时，桌面恢复原样。

3.4 Windows 10 系统设置

Windows 10 是一个单用户多任务的操作系统，单用户指在安装了 Windows 10 的计算机上同一时间只能给一个用户使用。但有时却希望在不同时段将计算机给多用户使用，多个用户在共享一台计算机时会产生一些数据安全与用户个性设置的问题，在 Windows 10 中可以通过设置多个“用户账户”的方法来解决这个问题。在使用计算机的过程中用户可能会暂时离开计算机，设置“屏幕保护程序”可以保证用户长时间未归时计算机会自动锁定。显示与外观设置能让计算机屏幕显示达到最好的效果。“Windows 设置”与“控制面板”是 Windows 10 的设置中心，可以进行几乎所有的用户设置。病毒与黑客的入侵是计算机安全的重要威胁，Windows 10 的病毒防护与防火墙能够有效地保护系统的安全，并且不会对系统性能造成大的影响。

下面就从 Windows 设置与控制面板、用户账户、屏幕保护程序设置、显示设置、病毒防护与防火墙等几个方面介绍 Windows 10 系统设置。

3.4.1 Windows 设置与控制面板

1. Windows 设置

“Windows 设置”是 Windows 10 中查看与设置计算机状态的中心，是为了提高在触屏下用户的体验与界面的友好性而出现的，是对传统“控制面板”的补充。启动“Windows 设置”的方式很多，单击“开始”→“设置”按钮，就能启动它。在“Windows 设置”中包含了“系统”“网络和 Internet”“更新和安全”等 13 个种类的设置，其中包含了大多数的计算机设置。“Windows 设置”窗口如图 3-50 所示。

图 3-50 “Windows 设置”窗口

在“Windows 设置”窗口中进行设置可以直接单击相应的分类，在出现的分类窗口中再继续选择要设置的项目，也可以在窗口中的“查找设置”文本框中直接输入要设置项目的名称，再单击查找结果中的选项直接打开相应的设置窗口。如图 3-51 所示，是输入“显示”后的查找结果。

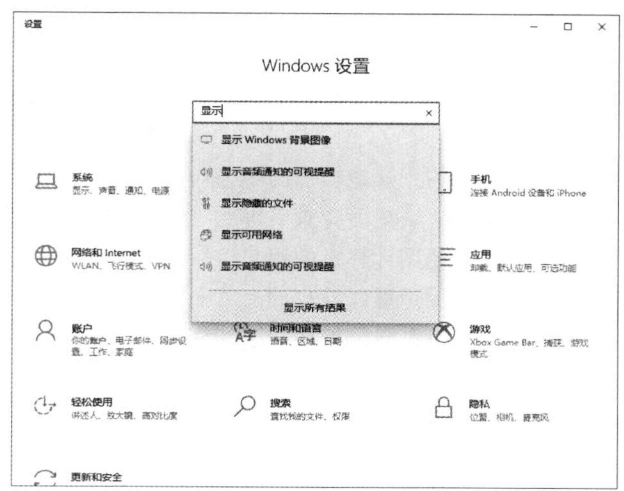

图 3-51　查找 Windows 设置

2. 控制面板

控制面板是 Windows 传统的设置与控制中心，在 Windows 10 中将控制面板中的一些功能转移到了“Windows 设置”中，一些保留在“控制面板”中，还有一些功能在两边都能找到。启动“控制面板”的方法也有多种方式：一种是用添加常用图标的方法把“控制面板”图标添加到桌面上，然后双击图标就能启动“控制面板”了；另一种方式是在任务栏上的“搜索框”中输入“控制面板”，然后单击最佳匹配中的“控制面板”应用即可启动。启动“控制面板”后的界面如图 3-52 所示。

图 3-52　“控制面板”窗口

“控制面板”有三种“查看方式”，分别是“类别”“大图标”“小图标”。在“类别”视图下进行设置可以直接单击相应的分类，在出现的分类窗口中再继续选择要设置的项目；也可以修改“查看方式”为“大图标”或“小图标”，然后直接单击相关的设置。此外还可以在窗口中的“查找控制面板”文本框中直接输入要设置项目的名称，再单击查找结果中的选项直接打开相应的设置窗口。如图 3-53 所示，是输入“显示”后的查找结果，可以看出与“Windows 设置”中查找到的内容有所不同。

图 3-53 在“控制面板”中查找“显示”

3.4.2 用户账户

用户账户是用来管理使用计算机的用户能够访问哪些资源，这些资源可以是文件、文件夹、桌面背景、屏幕保护程序等。使用用户账户，每个使用计算机的用户可以拥有自己的文件和设置，使多个用户可以共享同一台计算机而互不干扰，每个用户都可以有自己的用户名和密码。

1. 用户账户组成

Windows 10 账户有四种常用的类型，具有不同的权限。

（1）标准账户，适于日常用户使用，可运行程序，执行只对当前用户有效的常规设置。

（2）管理员账户，拥有对计算机的最高权限，可以对计算机执行所有操作。

（3）来宾账户，主要给临时计算机用户使用，无法进行任何设置。

（4）Microsoft 账户，是使用微软网络账号登录到计算机，在本地账户中登录 Microsoft 账户进行配置后将覆盖本地账户作为当前计算机上的账户来使用（权限与本地账户相同），Microsoft 账户的个性化设置可以同步到网络，并可漫游到用户的其他设备上。

2. 账户常用操作

1）修改管理员账户密码

以下通过修改计算机管理员账户密码为“12345678”来演示这个过程。

单击“开始”按钮，在“开始”菜单上单击“设置”按钮，出现图 3-50 所示的“Windows 设置”窗口。单击“账户”，在出现的窗口左边单击“登录选项”，就出现图 3-54 所示窗口。在窗口的右边单击“密码”项中的“更改”按钮，出现图 3-55 所示窗口。在“当前密码”文本框中输入当前管理员的密码，单击“下一步”按钮，出现图 3-56 所示对话框。在“新密码”文本框中输入“12345678”；“确认密码”文本框中再输入一次“12345678”；“密码提示”文本框中输入提示密码的语句。当用户登录密码输入错误时，提示语句就会显示在登录屏幕上，单击“下一步”，最后在出现的窗口中单击“完成”按钮，就将 Windows 10 系统的管理员密码修改为“12345678”了。

另一种修改账户密码的方式是在图 3-52 所示的“控制面板”中，单击“用户账户”下的“更改账户类型”超链接，在打开的窗口中单击要更改的“Administrator”用户，出现图 3-57 所示窗口。单击左边的“更改密码”超链接，打开图 3-58 所示的窗口。在“当前密码”文本框中输入当前管理员的密码；在“新密码”文本框中输入“12345678”；“确认新密码”文本框中再输入一次“12345678”；“键入密码提示”文本框中可以输入提示密码的语句，也可以不输入，如果输入了，当用户登录密码输入错误时，提示语句就会显示在登录屏幕上。最后单击“更改密码”按钮就将 Windows 10 系统的管理员密码修改为“12345678”。

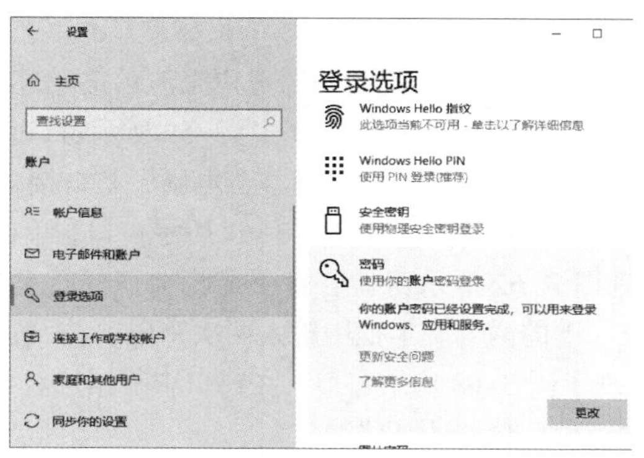

图 3-54　“登录选项”窗口

图 3-55“更改密码”对话框 1

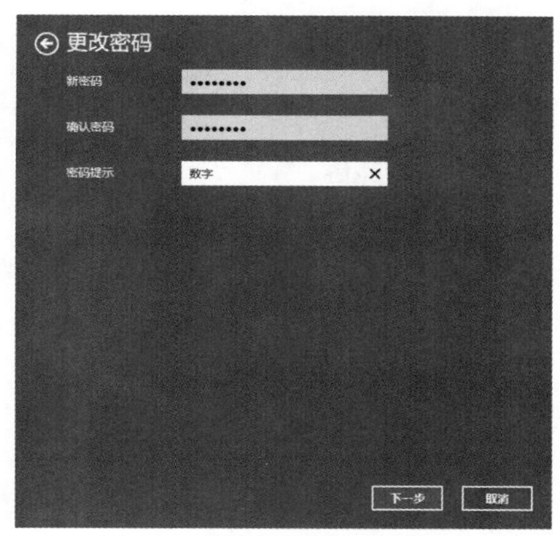

图 3-56“更改密码”对话框 2

本例中将密码设置为“12345678”是一种很不安全的密码设置方式，在实际应用的密码应该设置得足够复杂来保证密码不被别人猜到，例如，可以是字母与数字的组合，有时还可加上一些特殊符号。

图 3-57　“更改账户”窗口

图 3-58　“更改密码”窗口

2）修改账户名称

在图 3-57 所示的窗口中单击“更改账户名称”超链接，在出现的窗口中输入新的账户名称后，单击“更改名称”按钮即可修改账户的名称。

3）创建新账户

以下通过创建一个名为“test”的“标准用户”账户来演示这一过程。

在“Windows设置”窗口中单击“账户”，出现图3-59所示窗口，单击窗口左边的“家庭和其他用户”，在窗口的右边单击“将其他人添加到这台电脑”超链接，出现图3-60所示窗口。单击“我没有这个人的登录信息”超链接，出现图3-61所示窗口，单击“添加一个没有Microsoft账户的用户”超链接，出现图3-62所示窗口，在“谁将会使用这台电脑”下的文本框中输入“test”，在“确保密码安全”下的两个文本框中输入两次密码，并设置三个安全问题与答案，最后单击“下一步”按钮，出现了图3-63所示窗口，在窗口中显示已经创建了一个“test”的用户，这个新建的“test”的账户类型为“标准用户”。

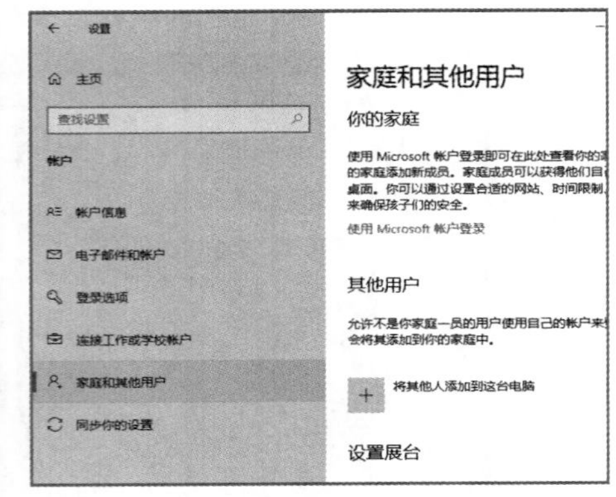

图3-59　管理账户窗口

图3-60　此人将如何登录窗口

4）更改账户类型

这里通过将“test”账户的类型修改成“管理员”来演示这一过程。

在图3-63所示窗口中，单击“test”，出现了“更改账户类型”与“删除”按钮，单击“更改账户类型”按钮，在出现的窗口中选择“账户类型”为“管理员”后单击“确定”按钮返回，此时，在图3-63的窗口中，在账户“test”下方将显示“管理员-本地账户”。

图3-61　创建账户窗口

为这台电脑创建用户
如果你想使用密码，请选择自己易于记住但别人很难猜到的内容。
谁将会使用这台电脑？
test
确保密码安全。
••••••
••••••
如果你忘记了密码
你第一个宠物的名字是什么？
dog
你出生城市的名称是什么？

图3-62　为这台电脑创建账户窗口

5）删除账户

这里通过删除“test”账户来演示这一过程。

在图 3-63 所示窗口中，单击“test”，出现了“更改账户类型”与“删除”按钮，单击“删除”按钮，在出现的窗口中单击“删除账户和数据”按钮后“test”账户就被删除了。

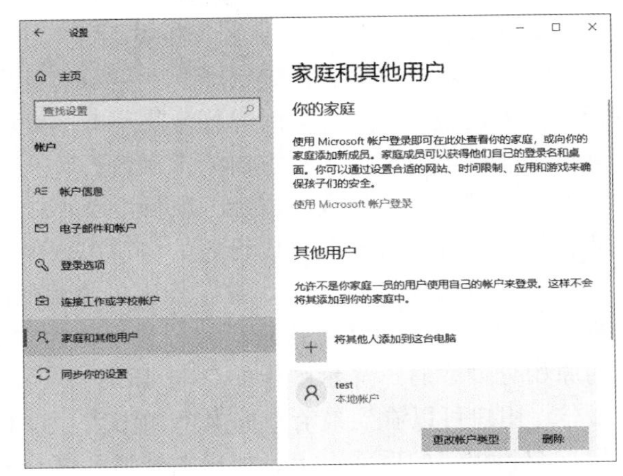

图 3-63 增加 test 账户后的窗口

3.4.3 屏幕保护程序设置

屏幕保护程序指当在设定的一段时间内用户没有触动鼠标或键盘后，系统就启动了一个叫作“屏幕保护”的程序，这个程序全屏显示在计算机的屏幕上，在屏幕上显示移动的图片、图案或者黑屏。“屏幕保护”程序最初用于保护 CRT 显示器免遭损坏，但现在主要用于显示一些有趣的图片展示个性化或通过提供密码保护来增强计算机安全性。

下面通过设置屏幕保护程序为“变幻线”，等待时间为 10 分钟，来演示设置“屏幕保护”程序的过程。

在桌面上右击，在弹出的快捷菜单中选择“个性化”命令，在出现的窗口左边面板上选择“锁屏界面”，出现图 3-64 所示的设置锁屏界面窗口，单击窗口右下方的“屏幕保护程序设置”超链接，弹出图 3-65 所示的对话框，在“屏幕保护程序”下拉列表框中选择“变幻线”，在“等待”文本框中输入“10”。这时如需查看屏幕保护程序的效果，可以单击“预览”按钮，单击后不要移动鼠标也不要敲击键盘，屏幕上将出现运行屏幕保护程序后的效果，如果想在结束屏幕保护效果后要求输入密码，请选择“在恢复时显示登录屏幕”复选框。最后单击“确定”按钮完成设置。

图 3-64 设置锁屏界面

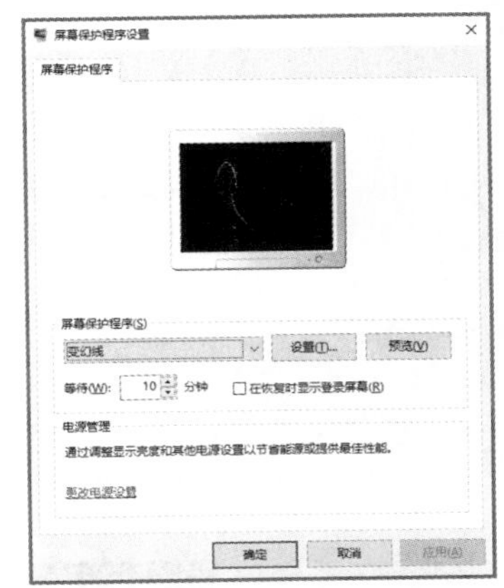

图 3-65 屏幕保护程序设置

3.4.4 显示设置

1. 显示相关的基础知识

目前最常用的计算机显示器是 LCD 显示器（也称液晶显示器），在 Windows 10 中对显示与外观设置时会涉及以下几个参数。

（1）屏幕分辨率：是确定屏幕上显示信息多少的参数，用水平方向与垂直方向能显示的像素点来衡量，例如常见的屏幕分辨率有 800 × 600 像素、1 024 × 768 像素、1 280 × 1 024 像素等，前一个数字为水平方向的像素数，后一个为垂直方向的像素数。分辨率越高屏幕上显示的项目越多，项目也越清楚，项目也越小；分辨率越低屏幕上显示的项目越少，项目的尺寸也越大。屏幕分辨率可以设置的分辨率取决于显示器支持的分辨率与显卡的类型。

（2）原始分辨率：LCD 显示器上的像素间距在制造时就已经固定，所以 LCD 的最大分辨率是固定的，通常把这个最大分辨率称为“原始分辨率”。当将屏幕分辨率设置成 LCD 的原始分辨率时，显示图像的点与 LCD 显示器上的像素点是一一对应的，这时的显示效果最佳，用户可以看到最清晰的文本和图像。如果设置成其他较小的分辨率就要通过算法把图像扩充到相邻的像素点上，使得图像清晰度与显示效果变差。

2．常用显示设置

1）显示分辨率设置

下面通过将显示分辨率设置为 LCD 的原始分辨率来演示这个过程。

在桌面上空白区域右击，在弹出的快捷菜单中选择“显示设置”命令，弹出图 3-66 所示的对话框，在窗口的右边可以看到系统正在使用的“显示分辨率”和“显示方向”，单击“显示分辨率”下拉按钮，弹出图 3-67 所示的分辨率选择列表，选择“1280 × 1024（推荐）”，屏幕上即可看到设置后的效果。如果当前设置修改了分辨率，会弹出图 3-68 所示对话框，此时，单击“保留更改”按钮会修改分辨率为当前设置值，单击“还原”按钮会将分辨率还原成原来的分辨率。分辨率选项后的“推荐”表示这个分辨率为当前显示器的原始分辨率。分辨率修改后会影响所有计算机上的用户。

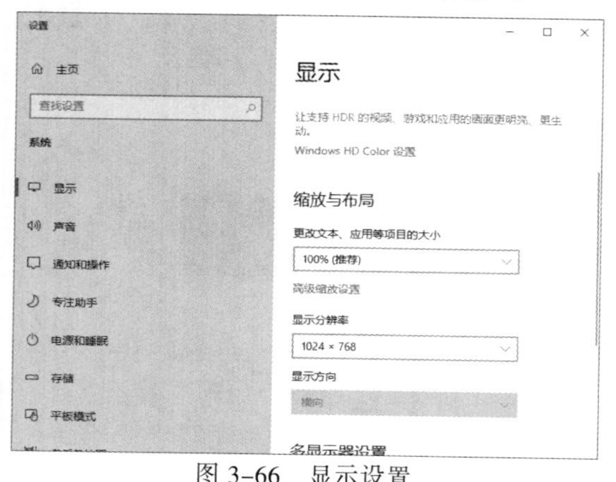

图 3-66　显示设置

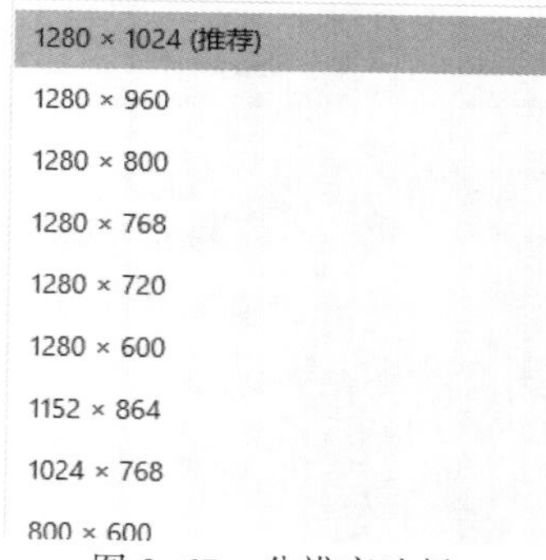

图 3-67　分辨率选择

图 3-68　保留显示设置窗口

2）显示方向设置

根据显示需求不同，有时我们希望将显示器纵向安装，有时会将多个显示器拼接成一个大的显示器，这时就需要设置屏幕上内容的显示方向了。如图 3-66 所示，在“显示方向”下拉列表框中就可以设置显示的方向，通常的设置为“横向”，根据需要还可以选择“纵向”“横向（翻转）”“纵向（翻转）”。

3）更改文本、应用等项目的大小

随着 LCD 面板制造技术的提高，LCD 显示器的分辨率也越来越高。如果按照推荐分辨率设置，屏幕上显示的文字与应用程序都会变得很小，用户观看会很吃力，如果设置为较小的分辨率显示的内容又会显得模糊。这时可以通过设置“更改文本、应用等项目的大小”来改善这种情况，设置的选项通常有三个“100%（推荐）”、“125%”和“150%”，可以看到系统与应用程序的显示都按比例放大了。

4）放大文本

“放大文本”可以用来解决因为文字太小而引起的阅读问题。单击“开始”→“设置”→“轻松使用”→“显示”，打开图 3-69 所示窗口，拖动“拖动滑块直到示例文本清晰可读，然后单击‘应用’”下的滑块，可以看到“放大文本”下文本框中的“示例文本”随着滑块向右而增大，向左而减小。当感觉大小合适时，单击下方的“应用”按钮，屏幕上显示“请稍候”，一会儿后屏幕恢复，此时，可以看到图标的标题、应用程序的标题、菜单等文字变成了刚才设置的大小，这个设置可以一定程度上解决屏幕上文字太小的问题，需要注意的是，当文字设置得太大时，有些应用程序不能自动调整，会破坏应用程序界面的美观。

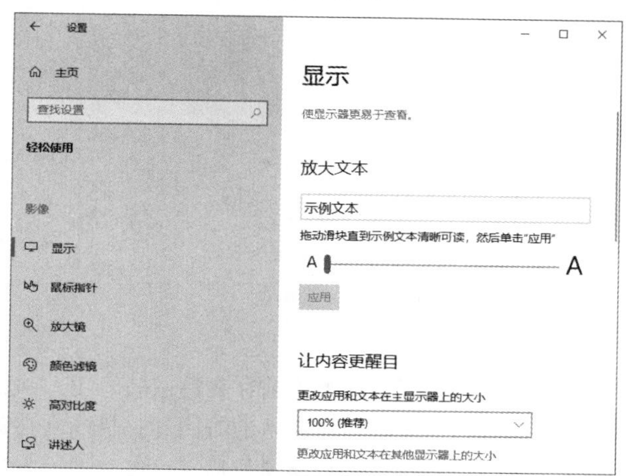

图 3-69　轻松使用-显示

3.4.5　病毒防护与防火墙

为应对越来越多的计算机安全问题，个人计算机上常用的防护策略是安装杀毒软件与安装个人防火墙。杀毒软件的主要作用是不定期地扫描计算机，发现病毒和恶意软件，启动实时监控程序对计算机实时防护以及定期升级杀毒软件。防火墙的主要作用是抵御黑客的袭击，最大限度地阻止网络中的黑客访问用户的计算机，防止他们更改、复制、毁坏计算机中的重要信息，防火墙在安装后要根据需求进行配置。

Windows 10 操作系统为了加强安全性，内置了 Microsoft Defender 防病毒组件，它提供了反恶意软件和威胁检测、防火墙和网络安全、应用程序和浏览器控制、设备和账户安全以及设备运行状况等功能，可以很好地保护用户设计算机的安全。

病毒防护与防火墙功能在 Windows 10 新增加的“Windows 安全中心”中，在这里被称为“病毒和威胁防护”及“防火墙和网络保护”。Windows 10 简化了用户的操作与配置，用户只需要做很少量的甚至不做配置就能起到防护的效果。下面来介绍在 Windows 10 中病毒防护与防火墙的组成与一些常用的安全设置。

1. 病毒和威胁防护组成

依次单击“开始”→“设置”→“更新和安全”→“Windows 安全中心”→“病毒和威胁防护”，出现图 3-70 所示“病毒和威胁防护”窗口。在这个窗口中有“当前威胁”“‘病毒和威胁防护’设置”“病毒和威胁防护更新”“勒索软件防护”几个区域。

1）“当前威胁”区域

在图 3-70 所示窗口右边的“当前威胁”区域可以看到 Microsoft Defender 最近一次扫描的结果、“快速扫描”按钮、扫描选项、允许的威胁、保护历史记录。

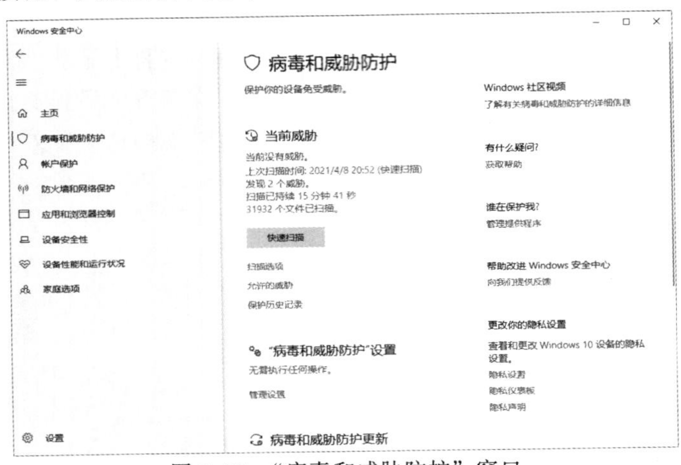

图 3-70 “病毒和威胁防护”窗口

各个选项的含义为：

（1）最近一次扫描结果：其中包括了设备上当前存在的威胁、上一次在设备上运行扫描的时间与扫描类型、上次扫描发现的威胁、上次扫描花费的时间和扫描的文件数。

（2）“快速扫描”按钮：单击后将立即运行快速扫描，可以立即检查计算机中是否有任何最新威胁，在用户不希望花费很多时间对所有文件和文件夹进行扫描时，可选择快速扫描。扫描结束后如果系统认为需要运行其他类型的扫描，将会提醒用户。

（3）扫描选项：单击“扫描选项”超链接，进入“扫描选项”窗口。

在这里可以选择：“快速扫描”“完全扫描”“自定义扫描”“Microsoft Defender 脱机版扫描”四个选项之一，单击“立即扫描”按钮执行相应的扫描任务。各个选项的含义为：

① 快速扫描：将在所有最有可能隐藏恶意软件的位置查找病毒和其他恶意软件，如系统关键文件和启动项，扫描速度很快。

② 完全扫描：扫描计算机内的所有文件，通常需要很长的时间。

③ 自定义扫描：用户自定义要扫描的文件或文件夹，扫描速度取决于自定义扫描文件的数量。

④ 脱机版扫描：有些恶意软件可能特别难以从计算机中删除，脱机版扫描会重启计算机进

入脱机扫描界面，在所有应用程序包括恶意软件还未启动前，使用最新的威胁定义查找并删除恶意软件。

（4）允许的威胁：是标记为威胁但允许在设备上运行的项目。

（5）保护历史记录：显示来自“Windows 安全中心”的最新保护操作和建议，在这里用户可以看到对当前安全设置的建议、已经执行保护的项目以及对该项目的操作。例如：用户在计算机上运行某个软件，系统检测认为该软件存在威胁并执行了隔离保护，但用户清楚地知道该软件的用途，希望继续运行该软件，此时就可以在“保护历史记录”中找到该软件并执行还原或允许操作。

2）“‘病毒和威胁防护’设置”区域

在图 3-70 所示窗口右边的“‘病毒和威胁防护’设置”区域可以看到当前的设置情况及操作和“管理设置”超链接。

（1）设置情况及操作：此处可能显示“无需执行任何操作”或者是当某一个设置关闭时的一个警示及对应的操作。例如，当关闭实时保护时，此处显示“实时保护已关闭，你的设备易受攻击”，并在下方出现一个“启动”按钮，单击“启动”按钮将启动实时保护。

（2）“管理设置”超链接：单击“管理设置”超链接，进入“‘病毒和威胁防护’设置”窗口。在这里有“实时保护”“云提供的保护”“自动提交样本”“篡改保护”四个开关及“文件夹限制访问”“排除项”“通知”三个设置。它们的含义分别为：

① 实时保护：实时监测并阻止恶意软件在设备上的安装或运行。若用户关闭此选项，“实时保护”会在系统重启或短时间后自动开启。

② 云提供的保护：通过网络访问云中的最新保护数据，更快地提供对新威胁的防护力。

③ 自动提交样本：向微软发送本机检测到的威胁文件样本。

④ 篡改保护：防止恶意应用更改重要的防病毒设置，包括实时保护和云提供的保护。如果篡改防护处于打开状态且当前用户是计算机的管理员，则可以在“病毒和威胁防护”设置窗口中更改这些设置。但是，其他应用是无法更改这些设置的。

⑤ 文件夹限制访问：防止不友好的应用程序对设备上的文件、文件夹和内存区域进行未授权更改，其中包含“阻止历史记录”“受保护的文件夹”“通过‘文件夹限制访问’允许某个应用”3 个链接。“阻止历史记录”用于显示应用程序访问受保护文件夹被阻止的历史记录；“受保护的文件夹”用于添加或删除“受保护文件夹”的名单；“通过‘文件夹限制访问’允许某个应用”用于添加或删除允许访问“受保护文件夹”的应用名单。文件夹限制访问机制也用于勒索软件防护。

⑥ 排除项：可以添加文件、文件夹、文件类型、进程四种类型的排除选项。如果用户了解计算机上某些文件、文件夹、文件类型的安全情况，可以使用排除项排除它们，这样在扫描时可以加快扫描速度。使用“进程”排除项可以排除确定安全的进程来提高扫描速度，排除时需要输入进程名称。

⑦ 通知：设置哪些通知发送给用户。

3）“病毒和威胁防护更新”区域

在这个区域只有一个“检查更新”超链接，用户可以单击后打开“保护更新”窗口，在这里有一个“检查更新”按钮，单击后会立即进行更新。实际上 Microsoft Defender 防病毒组件会自动下载最新的内容，以保护用户的计算机免受最新威胁的侵害，当然用户也可以手动检查更新。

4）“勒索软件防护”区域

勒索软件防护用于防止不友好应用程序对计算机上的文件、文件夹和内存区域进行未授权更改。

2. 防火墙和网络保护

依次单击“开始”→“设置”→“更新和安全”→“Windows 安全中心”→“防火墙和网络保护”，出现图 3-71 所示“防火墙和网络保护”窗口。在这个窗口的右边有网络类型状态区和防火墙设置链接区。

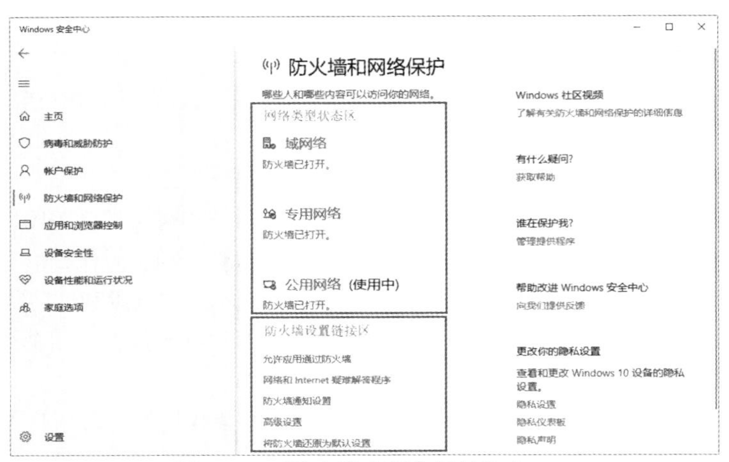

图 3-71 “防火墙和网络保护”窗口

1）网络类型状态区

网络类型状态区包含了域网络、专用网络、公用网络三种常见的网络类型配置链接与状态图标。单击网络配置链接可以打开对应网络类型的配置窗口。状态图标有三种颜色，用来指示不同的网络状态：如果图标显示为绿色，则表示该网络配置正常；如果图标是黄色或红色，则表示网络防火墙配置存在问题需要修改。

（1）域网络：域网络配置链接。“域”是 Windows 网络操作系统的逻辑组织单元，在“域”模式下，至少有一台服务器负责接入网络的计算机和用户的验证工作，这台服务器称为“域控制器”。域网络指采用“域”管理的网络，如企业网。计算机加入了网络中的“域”，网络类型才能设定为域网络，此时网络类型由网络管理员控制，用户无法选择或更改，域网络的防火墙规则通常都很严格。

（2）专用网络：专用网络配置链接。专用网络指可以信任的网络，网络中的人员和设备是可信任的，网络中的设备是互相可检测（可发现）的，如家庭计算机网络或工作网络。专用网络的防火墙规则通常要比域网络防火墙规则允许更多的网络活动。

（3）公用网络：公用网络指不可信网络或互联网，通常在这个网络中用户计算机是不可检测的，如咖啡店、酒店或图书馆的网络。公用网络的防火墙规则是最严格的，接入公用网络时，需要访问网络的应用程序和服务在运行时会被系统阻止，并弹出 Windows 安全提示框，在提示框中显示文件名、发布者、路径等信息，如果用户认为应用是可信任的，单击“允许访问”就可以允许该应用程序运行和进行网络通信。这样就可以保护计算机免受未经授权的访问。

2）防火墙设置链接区

防火墙设置链接区中包含：允许应用通过防火墙，网络和 Internet 疑难解答程序，防火墙通知设置、高级设置、将防火墙还原为默认设置等访问和调整防火墙设置的超链接。下面来分别介绍它们。

（1）允许应用通过防火墙："允许应用通过防火墙"用于管理允许通过防火墙的应用。单击"允许应用通过防火墙"超链接，在打开的窗口中选择"允许的应用和功能"列表中的网络类型，设置应用程序是否允许通过防火墙进行通信。

（2）网络和 Internet 疑难解答程序：疑难解答程序是 Windows 中提供的自动诊断与修复工具，如果遇到常规网络连接问题，可以使用疑难解答来尝试自动诊断并修复这些问题。

（3）防火墙通知设置：配置用户想要接收的通知类型。

（4）高级设置：单击后会打开 Windows Defender 防火墙工具。可创建入站或出站规则、连接安全规则，查看防火墙的监视日志等。错误地添加、更改或删除规则可能导致系统易受攻击，或导致某些应用无法工作，一般不建议普通用户使用。

（5）将防火墙还原为默认设置：单击打开还原默认值窗口。如果用户或某些应用更改了 Windows 的防火墙设置，导致无法正常工作，只要在还原默认值窗口中单击"还原默认值"按钮，将会重置防火墙设置。

3．常用安全设置与操作

1）对计算机进行脱机扫描

有些恶意软件在运行时特别难以从计算机中删除，脱机扫描会重启计算机进入脱机扫描界面，在所有应用程序包括恶意软件还未启动前，使用最新的威胁定义查找并删除恶意软件。

依次单击"开始"→"设置"→"更新和安全"→"Windows 安全中心"→"病毒和威胁防护"，出现图 3-70 所示"病毒和威胁防护"窗口。单击窗口右边的"病毒和威胁防护"设置区域的"扫描选项"超链接，进入图 3-72 所示扫描选项窗口，选择"Microsoft Defender 脱机版扫描"，单击"立即扫描"按钮，弹出"保存你的工作"对话框，选择"扫描"按钮，弹出"用户账户控制"对话框，选择"是"按钮，此后计算机会重启进入图 3-73 所示的脱机扫描界面，扫描完成后计算机会自动重启进入正常登录界面。

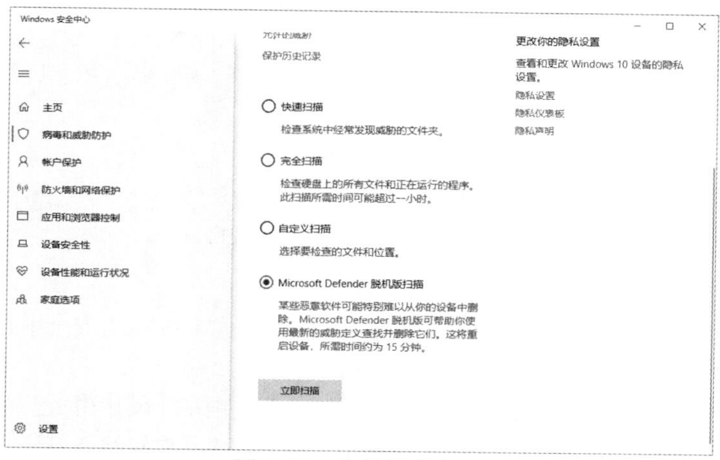

图 3-72　扫描选项窗口

图 3-73　脱机扫描窗口

2）开启病毒和威胁防护的“实时保护”“云提供的保护”“自动提交样本”

实时保护是基于行为的启发式实时防病毒保护，其中包括使用文件和进程行为监视以及其他启发法。下面来演示怎么开启“实时保护”“云提供的保护”“自动提交样本”。

依次单击“开始”→“设置”→“更新和安全”→“Windows 安全中心”→“病毒和威胁防护”，出现图 3-70 所示“病毒和威胁防护”窗口。单击窗口右边的“病毒和威胁防护”设置区域的“管理设置”超链接，在出现的窗口中，将“实时保护”“云提供的保护”“自动提交样本”设置为开，设置完成后如图 3-74 所示。

图 3-74　病毒和威胁防护设置窗口

3）防火墙的关闭与启动

（1）依次单击“开始”→“设置”→“更新和安全”→“Windows 安全中心”→“防火墙和网络保护”，出现图 3-71 所示“防火墙和网络保护”窗口。

（2）在这个窗口的右边网络类型状态区可以看到“公用网络（使用中）”，表示当前正在使用的网络的类型被设置成了“公用网络”，在网络类型下方提示防火墙已打开。

（3）在图 3-71 所示窗口的右边网络类型状态区，单击“公用网络（使用中）”超链接，打开图 3–75 所示窗口。

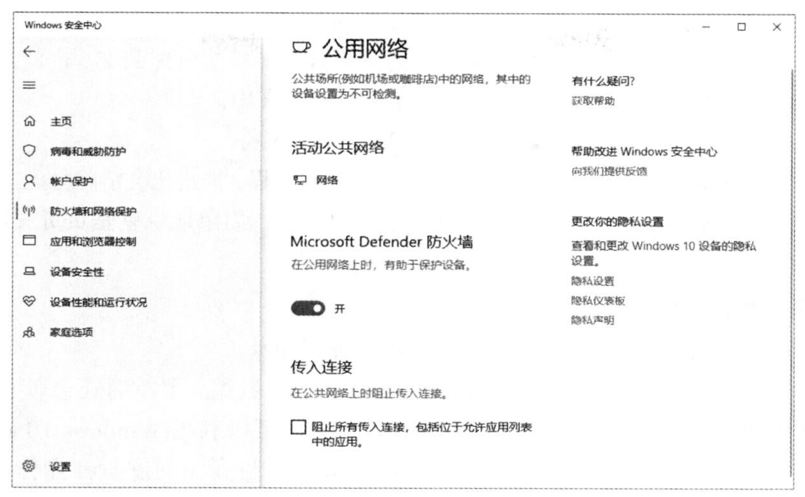

图 3–75　防火墙公用网络设置窗口

（4）单击“Microsoft Defender 防火墙”下的开关，将其设置为关。

（5）弹出“用户账户控制”对话框，单击“是”按钮，在“公用网络”类型下的防火墙就被关闭了。

关闭了防火墙的计算机在网络中易受到攻击。用同样的方法可以打开防火墙。

3.5　Windows 10 磁盘管理与文件管理

对于用户来说，计算机系统中最重要的资源就是数据资源，数据资源通常以文件的形式保存于各种外围存储设备上；对于使用 Windows 10 操作系统的个人计算机用户来说，掌握系统提供的磁盘管理工具、文件管理工具，是管理好数据资源，进行快捷高效工作的前提。

下面通过实例来演示磁盘管理工具、资源管理器、“库”管理方式的使用。

3.5.1　Windows 10 中的磁盘管理

1．磁盘管理的基础知识

在使用磁盘管理工具之前要先了解几个在磁盘管理中经常出现的名词。

（1）磁盘分区：硬盘是个人计算机上主要的信息存储设备，但一个新的硬盘不能直接使用，需要对硬盘进行初始化，初始化后的硬盘可以划分成一个或多个磁盘分区，通常磁盘分区格式化后分配一个驱动器号就能使用了。在基本磁盘（MBR 分区表类型，也是最常见的磁盘类型）上，通常有主分区和扩展分区两种类型的分区，主分区直接格式化后分配驱动器号就能使用。一个磁盘上最多有 4 个分区，这 4 个分区都是主分区，但如果要将一个磁盘划分超过 4 个部分就必须引入扩展分区，一个磁盘上只能有一个扩展分区，在扩展分区上能建立逻辑分区，逻辑分区个数的多少只受磁盘大小限制，但过多的逻辑分区（超过 26 个）就无法分配到驱动器号。

（2）卷：卷代表主分区或逻辑分区（逻辑驱动器），在 Windows 中卷与分区的概念经常表达相同的意思。

（3）逻辑分区：有时也称逻辑驱动器，通常指在扩展分区上划分硬盘分区。

（4）驱动器号：主分区或逻辑分区格式化后分配到的一个编号，用单个英文字母来表示，A、B 通常保留给软盘或移动驱动器，C 通常用来标记系统盘，最多能分配到 Z，也就是不能超过 26 个，但如果磁盘分区超过了 26 个，可装入空白的 NTF 文件夹中。

（5）卷标：分区或卷的名字，通常不能超过 32 个英文字符。

（6）磁盘格式化：是在新建立的分区上建立文件系统的过程，格式化会清除分区上的所有文件。

（7）文件系统：对所在分区的存储空间进行组织和分配，简单地说就是负责文件管理，包括建立、删除、修改等。

2. 建立及初始化虚拟磁盘

要求：使用磁盘管理工具建立一个 10 GB 大小的虚拟硬盘。

对计算机现有硬盘进行磁盘操作可能会破坏硬盘上的数据，严重时还会使计算机系统无法启动。为学习 Windows 10 磁盘管理工具的使用方法，可以利用 Windows 10 磁盘管理工具提供的虚拟磁盘管理的功能创建一个虚拟硬盘。虚拟硬盘与真实的硬盘在操作上完全一样，就像真的在计算机中添加了一块新硬盘一样。这样就可以对这块虚拟出来的硬盘进行初始化、分区、分区格式化、指定驱动器号等操作。虚拟硬盘是用真实硬盘上的一个文件来模拟硬盘的，所以不用担心真实硬盘上的数据会被破坏，下面分步骤来演示这一过程。

1）打开磁盘管理系统应用

在桌面“计算机”图标上右击，在弹出的快捷菜单中选择“管理”命令，打开图 3-76 所示的“计算机管理”窗口，单击左边的“磁盘管理”，在窗口右边出现磁盘配置信息，显示系统中已经安装的磁盘容量与分区大小，如图 3-77 所示。

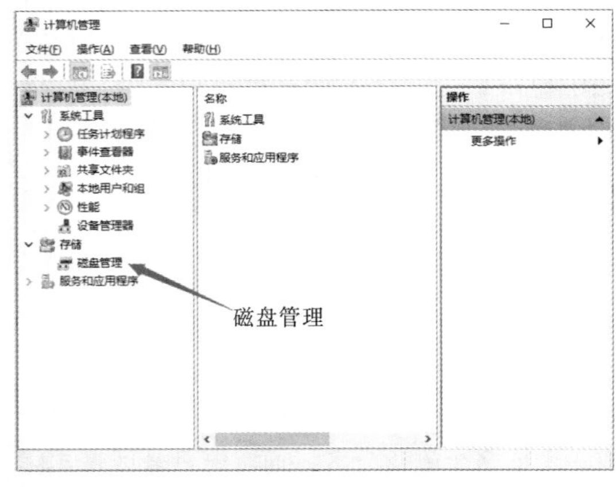

图 3-76 “计算机管理”窗口

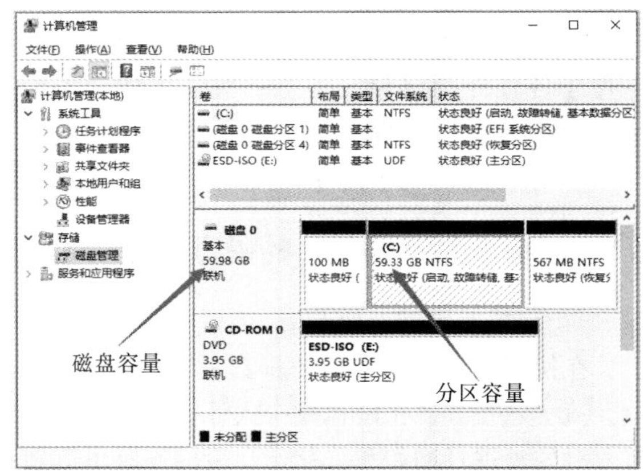

图 3-77 磁盘管理

2）新建虚拟硬盘

选择图 3-77 中的“操作”→“创建 VHD”命令，弹出图 3-78 所示的对话框，在“位置”文本框中输入“C:\mytest”，在“虚拟硬盘大小”右边文本框中输入“10”，并选择“GB”，“虚拟硬盘格式”选择“VHD”，“虚拟硬盘类型”选择“动态扩展”，然后单击“确定”按钮，出现图 3-79 中磁盘 1 所示的虚拟硬盘。

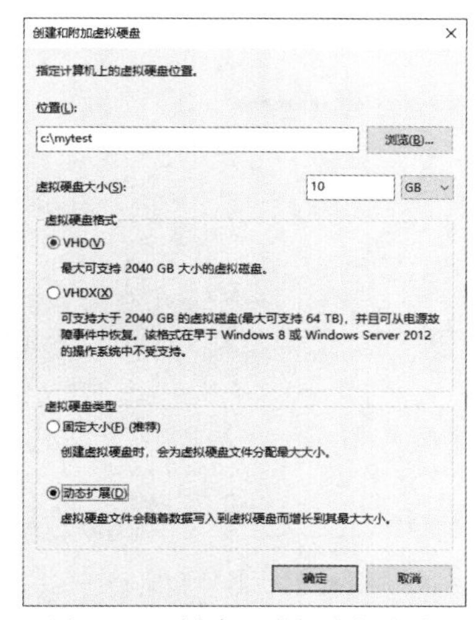

图 3-78　创建和附加虚拟硬盘

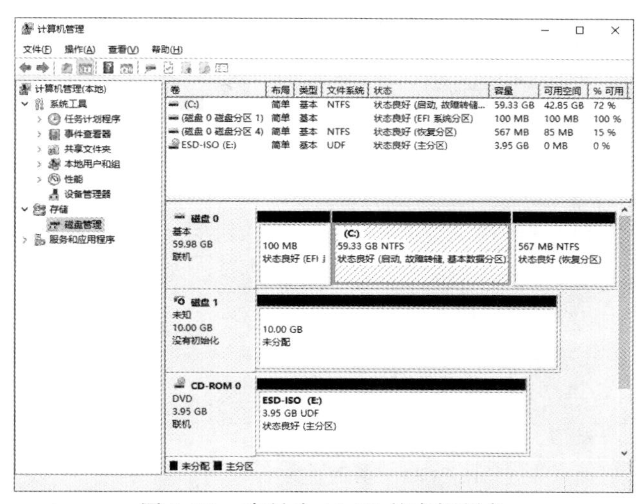

图 3-79　容量为 10 GB 的虚拟硬盘

3）初始化虚拟硬盘

在图中“磁盘 1”处右击，在弹出的快捷菜单中选择“初始化磁盘”命令，弹出图 3-80 所示的对话框，单击“确定”按钮，磁盘 1 初始化完成。

4）说明

通过上面的步骤，建立了一个 VHD 格式的虚拟硬盘，并对虚拟硬盘进行了初始化，虚拟硬盘是用一个文件来模拟硬盘的技术。“C:\mytest”中的 C 是盘符，表示用来模拟“虚拟硬盘”的文件放在计算机的 C 盘下，“mytest”是文件名，“\”是分隔符，在实际操作中可以修改为其他磁盘位置。如果用户是在真实的硬盘上进行操作，就不需要建立虚拟硬盘文件的过程，只要从初始化操作开始即可。在模拟中为了操作方便，创建的虚拟磁盘大小为 10 GB，当前真实的硬盘容量现在已经可以达到几个 TB 的大小。在图 3-78 中如果选择“固定大小”选项，优点是可以提高虚拟磁盘中文件的存取效率，缺点是虚拟磁盘一旦创建就会占用大量磁盘空间。

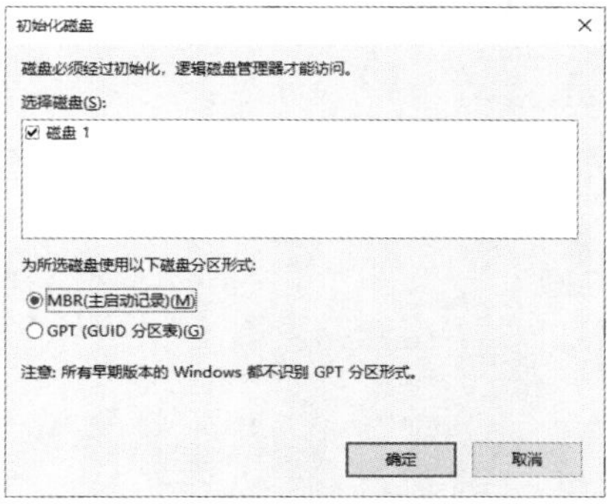

图 3-80　初始化磁盘

3．建立磁盘分区

要求：在前述已经建好的虚拟磁盘上建立一个 5 GB 大小的分区，为其分配驱动器号 X，然后设置分区卷标为“工作资料”，最后格式化该分区。

1）新建简单卷

在图 3-79 中“10.00 GB 未分配”所在白色方框内右击，在弹出的快捷菜单中选择“新建简单卷”命令，弹出“新建简单卷向导”对话框，单击“下一步”按钮，弹出图 3-81 所示的界面。

2）设置卷大小

在“简单卷大小”文本框中输入“5000”，单击“下一步”按钮，弹出图 3-82 所示的界面。

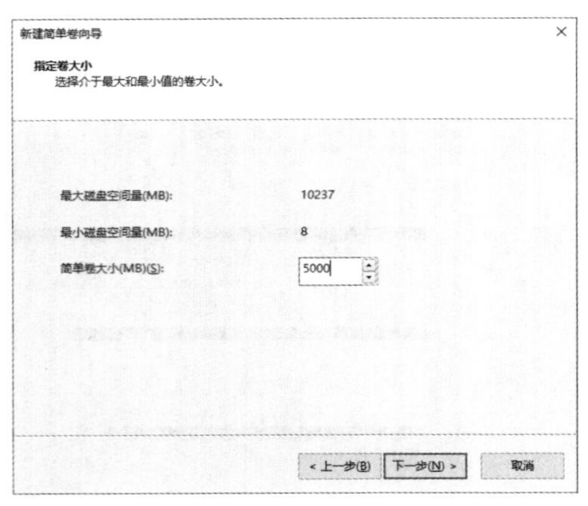

图 3-81 指定卷大小

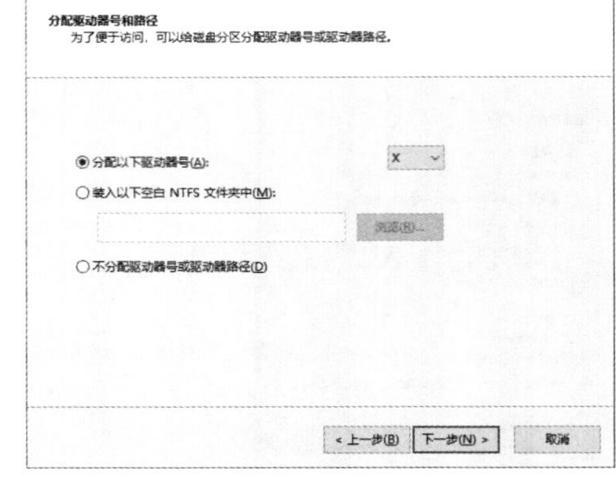

图 3-82 分配驱动器号和路径

3）设置驱动器号、文件系统、卷标

在“分配以下驱动器号”右边下拉列表框中选择“X”，单击“下一步”按钮，弹出图 3-83 所示的界面。

4）设置文件系统、卷标、格式化类型

选择“按下列设置格式化这个卷”，在“文件系统”下拉列表框中选择“NTFS”，在“卷标”文本框中输入“工作资料”，选择“执行快速格式”复选框，单击“下一步”按钮，在弹出的界面中单击“完成”按钮。

这样就建立了一个驱动器号为 X，卷标为“工作资料”，容量为 5 GB 的主磁盘分区，如图 3-84 所示。

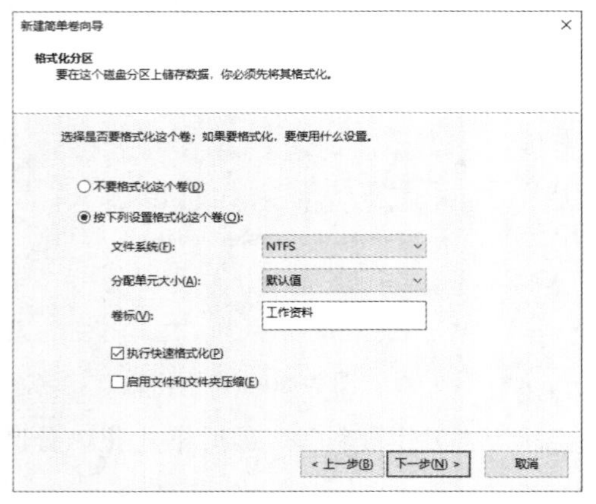

图 3-83 格式化分区

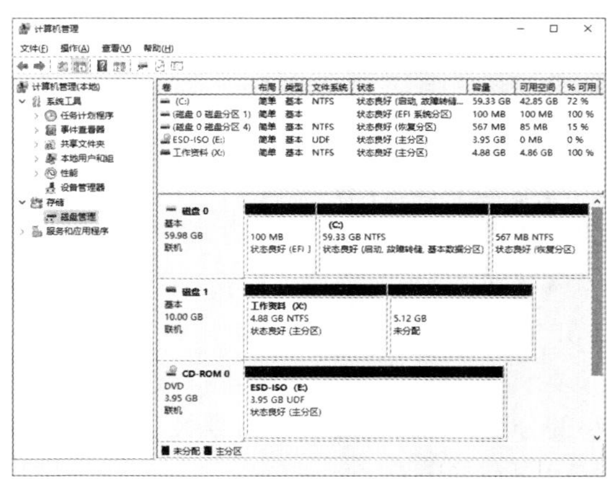

图 3-84 已创建的 X 分区

5）说明

在 Windows 10 中为了简化操作，在新建分区时 Windows 并未给出分区类型的选项，Windows 给出一个卷的概念，卷在这里可以代表了主分区、扩展分区、逻辑驱动器，Windows 会自动根据情况确定要建立的是什么分区。建立前 3 个分区时建立的都是主分区，当建立第 4 个分区时 Windows 自动建立一个扩展分区，并在扩展分区上建立一个逻辑驱动器，至于

Windows 到底建立的是什么类型的分区可以从图 3-84 底部的说明与分区上所标志的颜色来识别，普通用户并不用明确区分它们。

如果要格式化已经存在的磁盘分区，可以在分区上右击，在弹出的快捷菜单中选择“格式化”命令，过程与本步骤中的操作类似，另外在桌面“此电脑”图标上双击，在出现的窗口中单击要格式化的分区或逻辑驱动器，然后右击，在弹出的快捷菜单中选择“格式化”命令也可以完成格式化，但在对已经存在的分区或逻辑驱动器格式化时将该分区或逻辑驱动器上的数据全部清空，一定要注意有用数据的备份，格式化过程如图 3-85 ~ 图 3-88 所示。

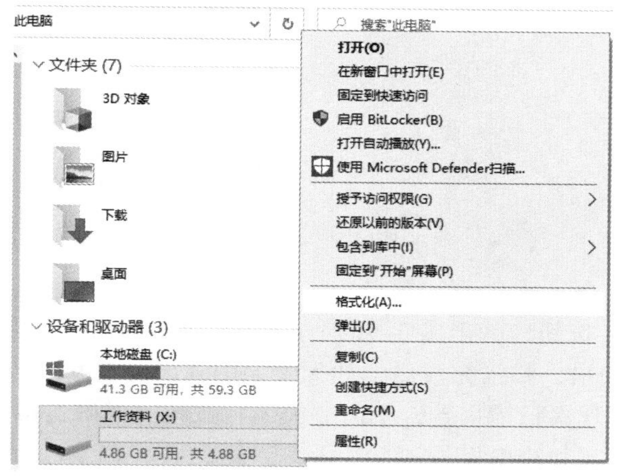

图 3-85　格式化 X 盘

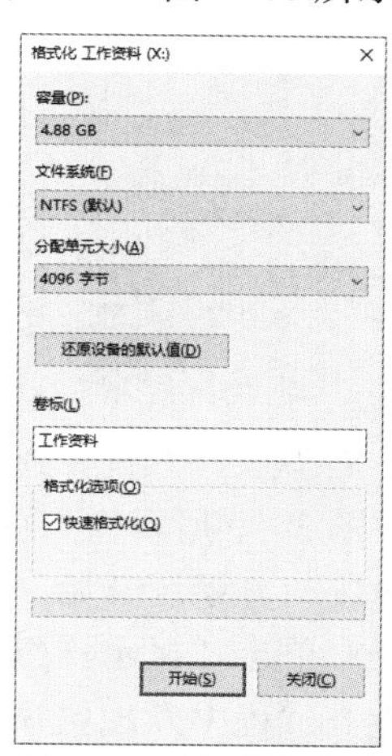

图 3-86　格式化选项

4. 查看磁盘属性

要求：查看 X 盘文件系统与容量、可用空间、已用空间的大小。

在桌面“此电脑”图标上双击，在打开的窗口中右击“工作资料（X:）”盘，在弹出的快捷菜单中选择“属性”命令，弹出图 3-89 所示的对话框，在窗口中可以看到，X 盘的文件系统为“NTFS”，容量为“4.88 GB”，可用空间为“4.86 GB”，已用空间为“21.6 MB”。

X 盘的容量在分区输入的是 5 000 MB 也就是 5 GB，但文件系统及分区要占用一些空间，所以并是完整的 5 GB，而是比 5 GB 小一些。

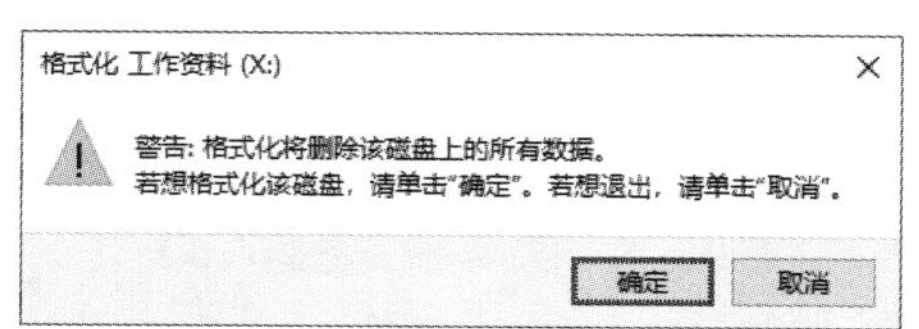

图 3-87　确认格式化对话框

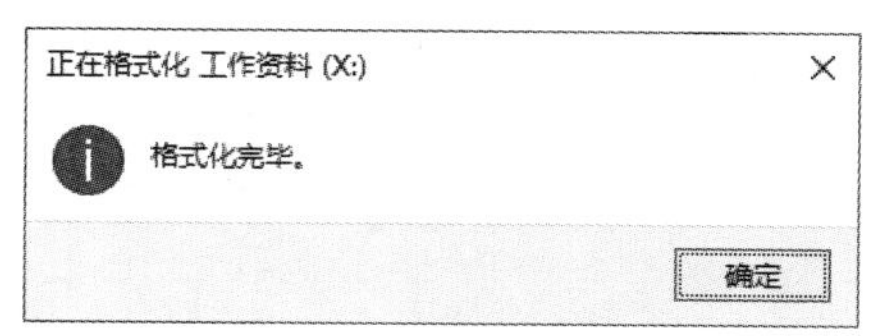

图 3-88　格式化完成

5. 使用磁盘工具

要求：使用磁盘工具对 X 盘进行检查与优化。

在桌面“此电脑”图标上双击，在打开的窗口中右击“工作资料（X:）”盘，在弹出的快捷菜单中选择“属性”命令，弹出图 3-89 所示的对话框，选择“工具”选项卡，弹出图 3-90 所示窗口。

图 3-89 “工作资料（X:）属性”对话框

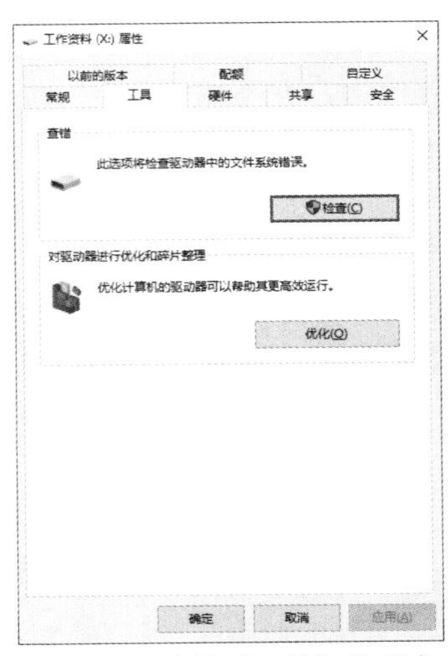

图 3-90 选择“工具”选项卡

1）磁盘文件系统检查

在图 3-90 所示窗口中，单击“检查”按钮，弹出图 3-91 所示的对话框，单击“扫描驱动器”按钮，系统开始对 X 盘进行错误扫描，扫描完成后，如无错误则弹出图 3-92 所示的对话框，单击“显示详细信息”超链接可观察扫描报告，单击“关闭”按钮完成磁盘检查，如在检查过程中发现错误，系统将自动修复并给出报告。

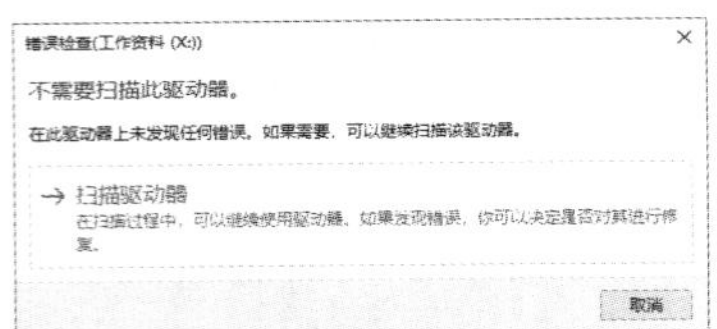

图 3-91 磁盘错误检查

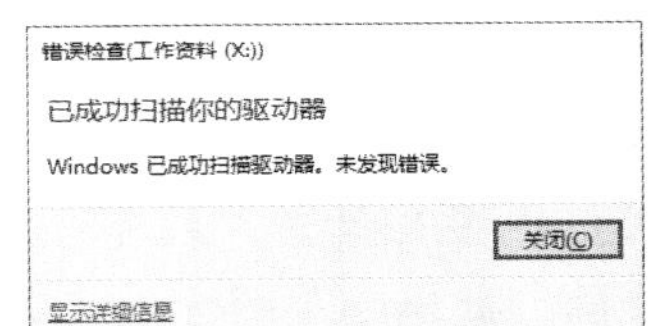

图 3-92 检查无错误

2）优化驱动器

在图 3-90 中单击“优化”按钮，弹出图 3-93 所示的对话框，在“状态”列表框中选择想要优化的磁盘，单击“分析”按钮，系统就开始分析选中磁盘的状态。如果磁盘的状态为“需要优化”，则单击“优化”按钮就会开始磁盘优化。

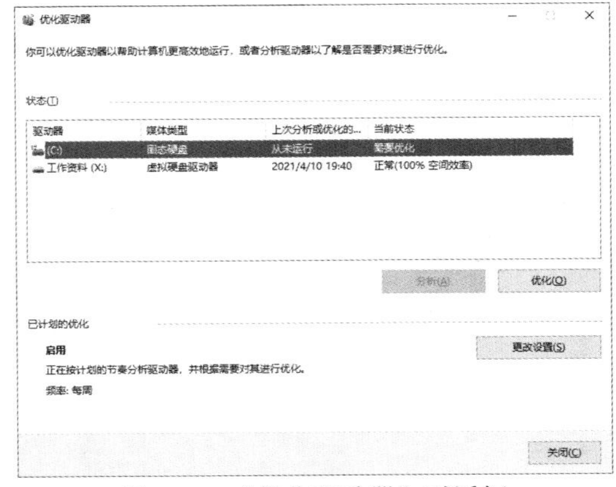

图 3-93 “优化驱动器”对话框

3.5.2 使用文件资源管理器管理文件

1. 文件管理的基础知识

在进行文件管理之前要先了解一下与文件管理相关的几个名词解释：

（1）计算机文件：简称文件，是以计算机硬盘为载体存储在计算机上的信息集合，是具有符号名的，在逻辑上具有完整意义的一组相关信息项的有序序列。一般可以简单地认为文件是一组相关的信息在计算机中的存储方式；如一篇文章，一部电影，一首音乐；它有一个文件名，需要占用一定大小的存储空间，有一个存储位置。Windows 10 系统中文件用图标（一个小图片）表示，不同的文件类型用不同的图标来标识。

（2）文件类型：也称文件格式，是指计算机为了存储信息而采用的特殊编码方式，用于识别文件内部存储的资料。例如，图片文件格式、程序文件格式、文字信息文件格式；一种信息可以用一种或多种文件格式保存在计算机中。一种文件格式通常会有一种或多种扩展名，但也可能没有扩展名，扩展名可以帮助应用程序识别文件格式。

（3）文件扩展名：是操作系统用来标识文件格式的一种机制。在 Windows 中，文件名通常由一个主文件名和一个扩展名构成，扩展名在主文件名的后面，中间用一个“.”作为分隔符，在 Windows 10 中扩展名可以有多个，但系统只识别最后一个，双击文件时，如果系统已经注册了相应扩展名的打开程序，系统就会调用相应的程序来打开文件，例如 readme.txt 文件，系统一般会用记事本来打开这个文件。

（4）文件夹：是一个文件容器。每个文件都存储在文件夹或子文件夹（文件夹中的文件夹）中，如果将文件比作树叶，文件夹就可比作树枝，树叶可以长在任何一个树枝上，树枝上也可以再长树枝。

（5）路径：在表示磁盘上文件的位置时，所经过的文件夹线路称为路径。路径分成绝对路径和相对路径两种，绝对路径是从根目录开始的路径，以“\”作为开始；相对路径是从当前文件夹开始的路径。

（6）根目录：在安装 Windows 10 操作系统的计算机文件系统中，根目录指逻辑驱动器中的第一级目录，其他目录都包含在它之下，被称为子目录，它就像是一棵树的“根”一样，其他的分支都是以它为起点，所以将其命名为根目录。

（7）剪贴板：是指 Windows 操作系统提供的一个暂存数据并且提供共享机制的一个模块，也称为数据中转站。剪贴板在后台起作用，在内存中是操作系统设置的一段存储区域，新的内容送到剪贴板后，将覆盖旧内容。

（8）回收站：主要用来存放用户临时删除的文档资料，存放在回收站的文件可以恢复。

2. 文件资源管理器打开方式

在 Windows 10 下打开文件资源管理器的途径有多种。

（1）在桌面双击“此电脑”图标。

（2）按【WIN+E】组合键。

（3）选择“开始”→“Windows 系统”→“文件资源管理器”。

（4）右击“开始”按钮，在弹出的快捷菜单中选择“文件资源管理器”命令。

其实用户不用刻意考虑怎样打开资源管理器，因为随时都会打开它，双击桌面上的“此电脑”“网络”“回收站”及文件夹等图标都会打开文件资源管理器，只是不同的打开方式文件资源管理器的起始位置会不同。如图 3-94 所示，通过双击桌面上的“此电脑”图标打开文件资源管理器，起始位置就是“此电脑”，可以通过单击“此电脑”前的向下小三角修改起始位置。

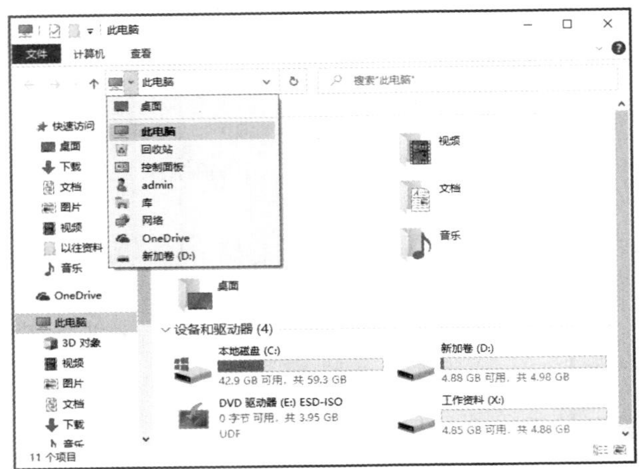

图 3-94 “此电脑”窗口

3. 创建、复制、重命名文件夹

要求：在上节已经创建的 X 盘根目录中创建图 3-95 所示的目录结构，其中“2013 年度”“2014 年度”文件夹及其子文件夹使用复制与重命名的方法创建。

1）创建文件夹

（1）在桌面上双击“此电脑”图标，打开 Windows 10 的文件资源管理器；出现图 3-94 所示的窗口（在不同的计算机上，不同的查看视图下可能会有所不同）。

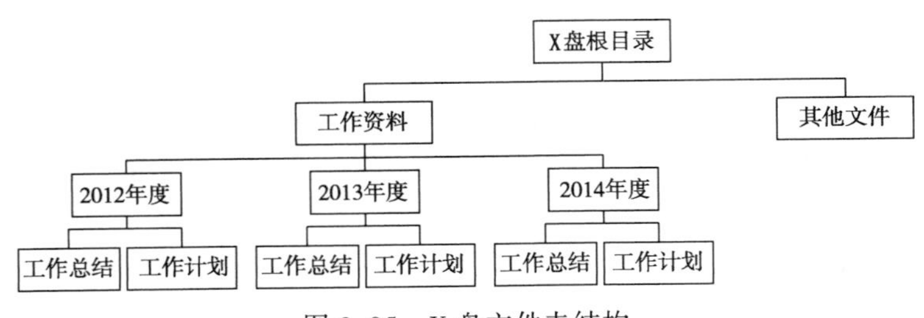

图 3-95 X 盘文件夹结构

（2）双击“工作资料（X:）”图标，出现图 3-96 所示窗口，这时 X 盘的根是空的，表示 X 盘上还没有存放文件或文件夹。

（3）如图 3-97 所示，在窗口空白处右击，在弹出的快捷菜单中选择“新建”→“文件夹”命令；将在 X 盘根文件夹下建立一个名为“新建文件夹”的文件夹，如图 3-98 所示，这时文件夹的名称还处于可编辑状态。

（4）在编辑框中输入“工作资料”后按【Enter】键或在窗口空白处单击，如图 3-99 所示，这样就在 X 盘根目录上创建了一个新的文件夹“工作资料”。

（5）用同样的方法创建“其他文件”文件夹。

（6）再双击“工作资料”文件夹图标，进入“工作资料”文件夹，创建“2012 年”，并进入“2012 年度”文件夹创建“工作总结”“工作计划”文件夹。

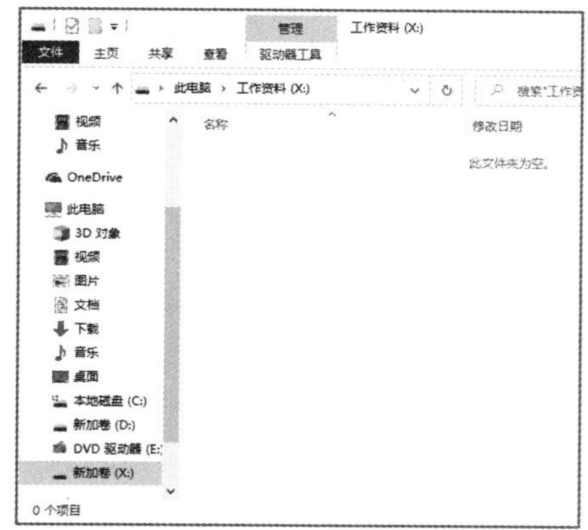

图 3-96　X 盘根目录

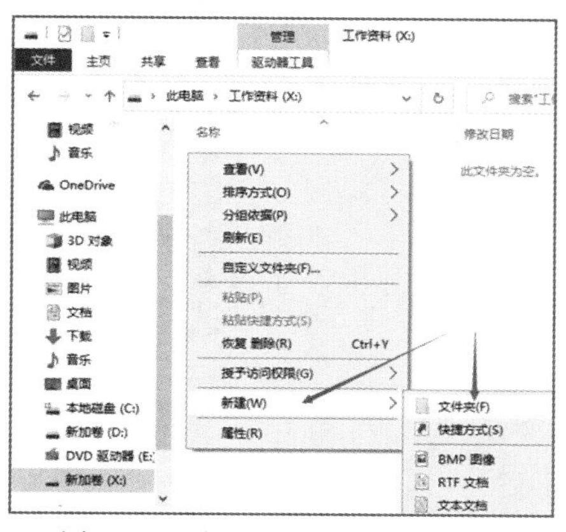

图 3-97　在 X 盘根下新建文件夹

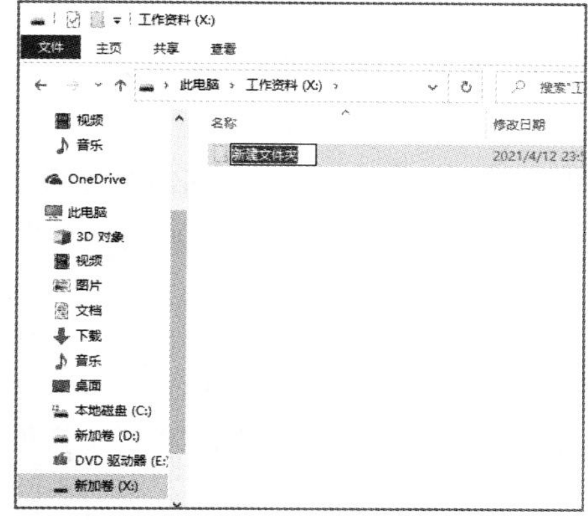

图 3-98　创建“新建文件夹”

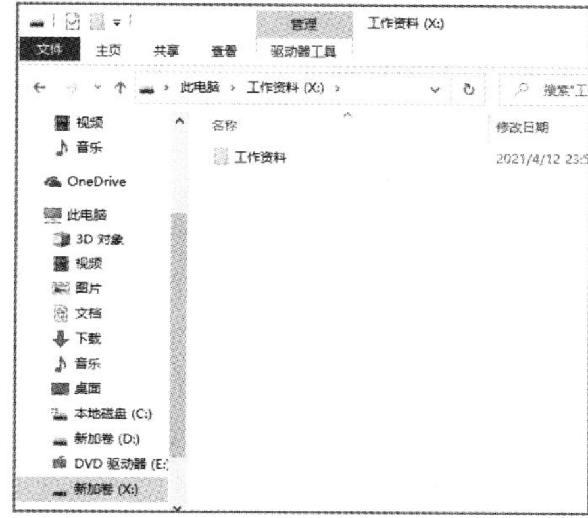

图 3-99　创建完成的“工作资料”文件夹

2）复制文件夹

（1）在创建完成“2012 年度”文件夹及子文件夹后，进入“X:\工作资料”文件夹中，先单击“2012 年度”文件夹，再右击“2012 年度”文件夹，弹出图 3-100 所示的快捷菜单，选择“复制”命令。

（2）在窗口空白处右击，弹出图 3-101 所示的快捷菜单，选择“粘贴”命令，出现图 3-102 所示名为“2012 年度-副本”的文件夹。

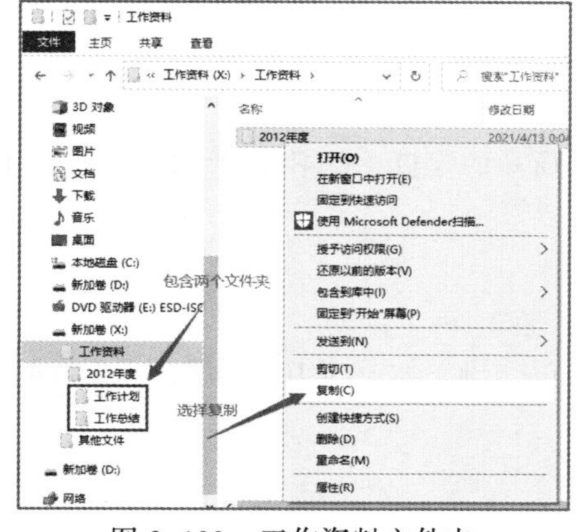

图 3-100　工作资料文件夹

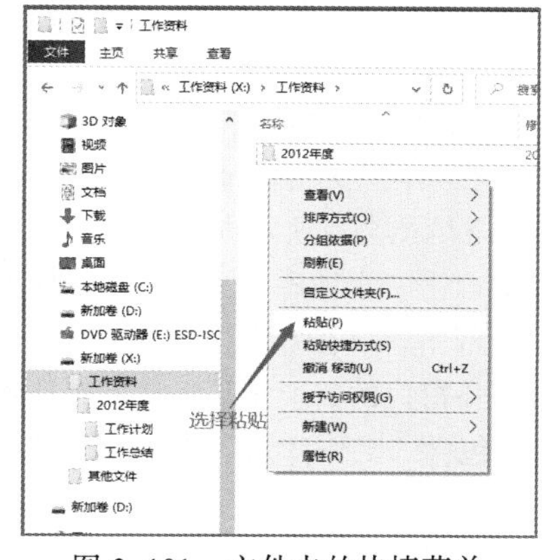

图 3-101　文件夹的快捷菜单

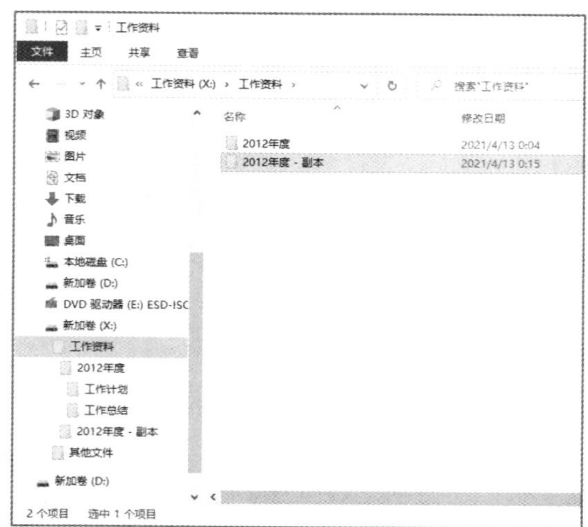

图 3-102　创建的文件夹副本

3）重命名文件夹

右击“2012 年度-副本”，在弹出的快捷菜单中选择“重命名”命令，这时“2012 年度-副本”处于可编辑状态，输入“2013 年度”，这样就建成了“2013 年度”文件夹及子文件夹，用同样的方法创建“2014 年度”文件夹。

4）说明

（1）新建文件夹的方法，除了可以采用右键快捷菜单建立外，还可以通过菜单“文件”→“新建”→“文件夹”建立新的文件夹，也可以直接单击“工具栏”上的“新建文件夹”按钮。

（2）在创建“2012 年度”文件夹后，由于“2013 年度”“2014 年度”文件夹及子文件夹与“2012 年度”是一样的，所以不用逐个文件夹去建立，可以采用复制“2012 年度”文件夹加重命名的方式来建立。

4．查找、选择、复制文件

要求：在 C 盘目录下有一个文件夹名为“以往资料”，在这个文件夹中有一些文件，具体如图 3-103 所示。下面通过在“C:\以往资料”文件夹中搜索文件名中包含“工作计划”字符的文件，并按照文件名中的年度复制到“X:\工作资料”文件夹中相应年度的“工作计划”文件夹中来演示文件查找、选择、复制的操作。

1）查找文件或文件夹

（1）在桌面上双击“此电脑”图标，打开图 3-94 所示的窗口（在不同的计算机上，不同的查看视图下可能会有所不同）。

（2）双击“本地磁盘（C:）”图标进入 C 盘根文件夹。

（3）双击“以往资料”进入如图 3-103 所示文件夹窗口。

（4）在窗口的右上角输入“工作计划”后，按【Enter】键，如图 3-104 所示，系统将把所有文件名中包含“工作计划”的文件搜索出来。

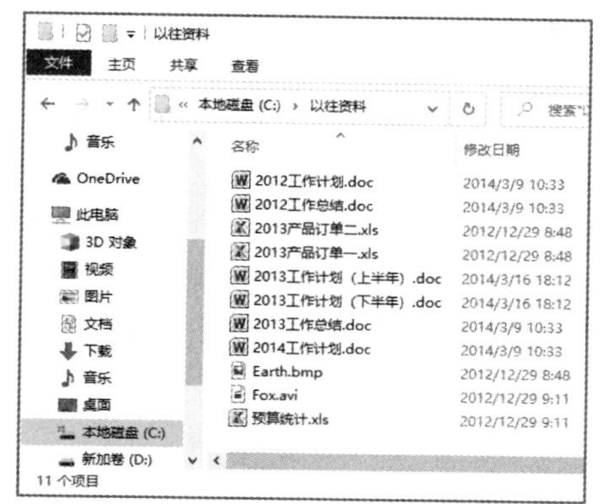

图 3-103　以往资料文件夹

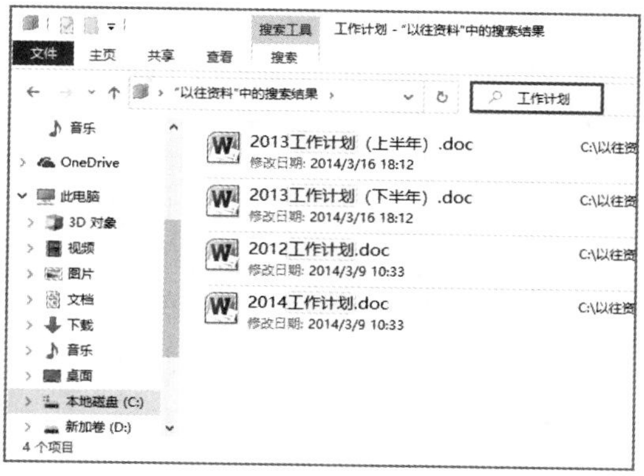

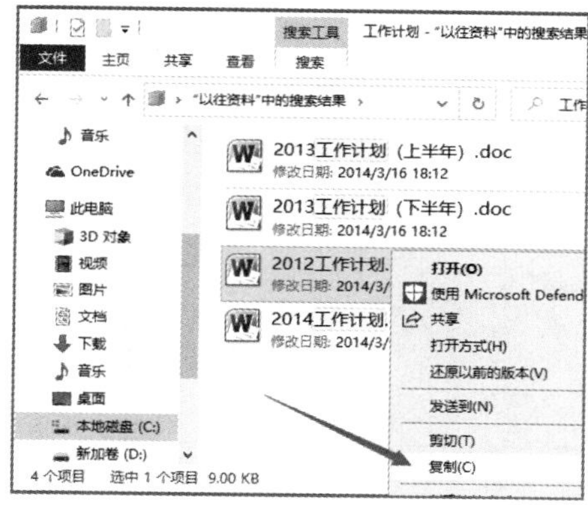

图 3-104　工作计划搜索结果

2）单个文件复制、粘贴

（1）右击“2012 工作计划.doc”，弹出图 3-105 所示的菜单，选择“复制”命令。

图 3-105　文件复制

（2）打开“X:\工作资料\2012 年度\工作计划”，在窗口空白处右击，弹出图 3-106 所示的快捷菜单，选择“粘贴”命令，如图 3-107 所示，文件“2012 工作计划.doc”就复制到这个文件夹下。

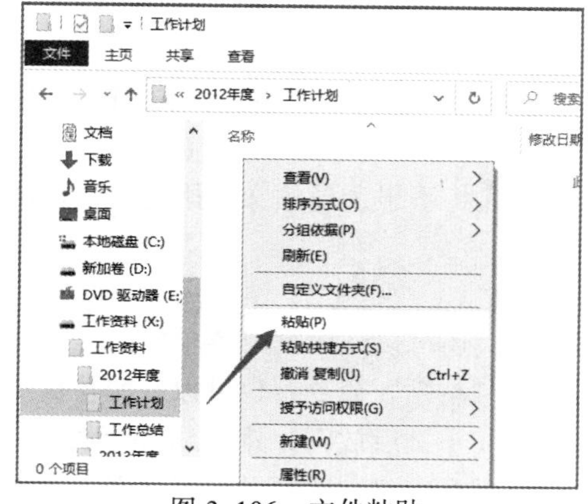

图 3-106　文件粘贴

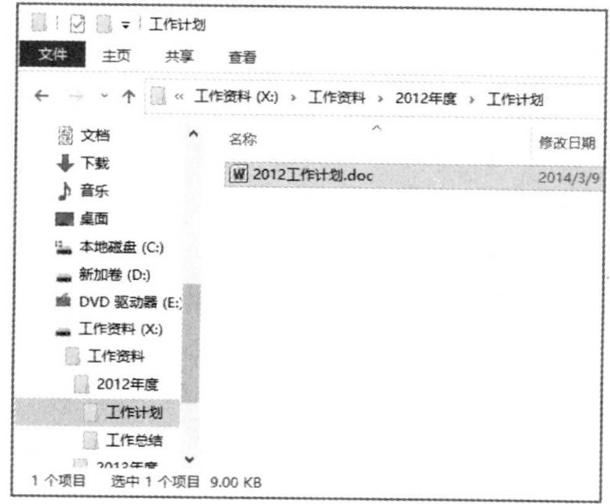

图 3-107　文件粘贴完成

（3）对“2014 工作计划.doc”的复制可以用同样的方法完成。

3）多文件选择、复制与粘贴

在图 3–108 中可以看到 2013 工作计划有两个，这时可以在查找结果中选择两个文件，然后再复制，具体方法为：

（1）先单击“2013 工作计划（上半年）”，按住【Ctrl】键不放，再单击“2013 工作计划（下半年）”，这时两个文件都处于选中状态，释放【Ctrl】键。

（2）在两个文件上右击，在弹出的快捷菜单中选择“复制”命令，如图 3–108 所示。

（3）后面的步骤与复制单个文件相同。

4）说明

（1）在查找文件时，除了可以输入包含在文件名中的字符来搜索外，还可以单击“搜索工具”→“搜索”，在“优化”和“选项”下添加搜索筛选条件，对搜索结果进行筛选，如图 3–109 所示，可选的筛选条件有“修改日期”“大小”等。文件查找的方法对文件夹同样适用。

图 3–108　多文件复制

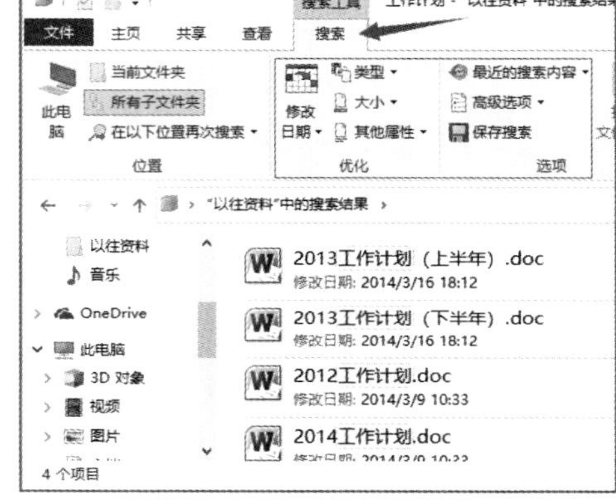

图 3–109　搜索筛选器

（2）在选择多个连续文件时可用鼠标与键盘上的两种键配合，如果选择的是多个连续排列的文件，先在第一个文件上单击，然后按住【Shift】键不放，再单击最后一个文件，则第一个文件与最后一个文件之间的所有文件都被选中。

（3）如果要选择不连续排列的多个文件，则按住【Ctrl】键不放，依次单击每一个要选择的文件，就可以把单击过的文件都选中；也可以先用鼠标配合【Shift】键选中多个连续排列的文件，再配合【Ctrl】键选择不连续排列的文件。

（4）如果要选择当前文件夹下的所有文件，可以按【Ctrl + A】组合键，或通过菜单中的“编辑”→“全选”命令选择。

（5）有时想要选择少数文件以外的所有文件，可以先将不想选择的文件用上面的方法选中，然后选择“编辑”→“反向选择”命令。

（6）以上文件选择的方法对文件夹同样适用。

（7）复制文件有多种方式，除使用右键快捷菜单外，还可以使用窗口菜单中的“编辑”→“复制”命令，然后到目标文件夹下使用“编辑”→“粘贴”命令；也可以使用快捷键方式，选中要复制的文件后，按住【Ctrl】键不放，再按【C】键后放开，然后到目标文件夹下按住【Ctrl】键不放，再按【V】键；也可以将源窗口与目标窗口同时打开，都处在桌面上可见的状态，选中要复制的文件后按住【Ctrl】键不放，用鼠标拖动选中的文件到目标文件夹窗口，然后先放开鼠标后再放开【Ctrl】键；文件复制的方法对文件夹同样适用。

5. 移动文件或文件夹

要求：将“C:\以往资料”文件夹中各年度的“工作总结”，按照文件名中的年度移动到“X:\工作资料”文件夹中相应年度的“工作总结”文件夹中，然后将所有非工作计划文件移动到“X:\其他文件”文件夹中。

1）移动文件

打开“C:\以往资料”文件夹，选择文件名中含“工作总结”字符的文件，右击，在弹出的快捷菜单中选择“剪切”命令，再根据文件名上的年度找到“X:\工作资料”相应年度中的工作总结文件夹，在窗口空白处右击，选择“粘贴”命令。

2）多文件移动

按住键盘上的【Ctrl】键不放，选择工作计划以外的所有文件，如图 3-110 所示，然后用“剪切”与“粘贴”的方式移动到“X:\其他文件”文件夹下。

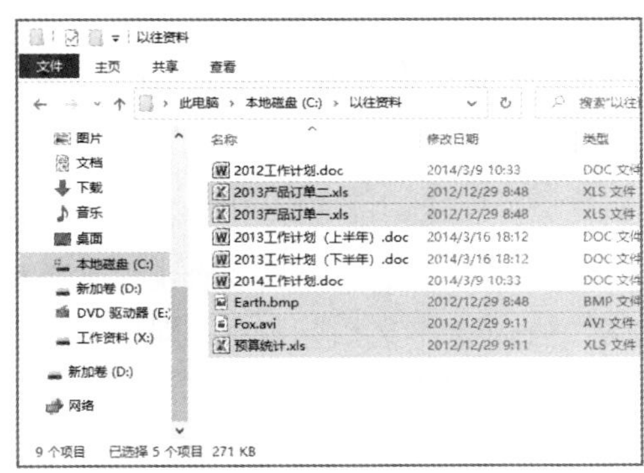

图 3-110　选择除工作计划外的所有文件

3）说明

（1）移动与复制的区别在于，复制是将选中的文件复制一份到目标文件夹，原文件夹的文件保留，而移动是将选中复制一份到目标文件夹，而原文件夹中的文件被删除。

（2）移动文件的方法与复制相似，不同的是移动对源文件采用的是“剪切”而不是“复制”，剪切的快捷键是【Ctrl + X】。

（3）在同一磁盘分区中移动文件可以直接将文件录拖动到目标位置，在不同的磁盘分区间使用拖动方式移动时，需要按住键盘上的【Shift】键，否则为复制操作。

（4）移动文件的方法对文件夹同样适用。

6. 删除文件与文件夹

要求：将“C:\以往资料”中的文件删除，并将文件夹一同删除。

1）多文件删除

进入“C:\以往资料”文件夹中，按【Ctrl + A】组合键，然后在选中的文件上右击，在弹出的快捷菜单中选择“删除”命令，所有选中的文件都会被删除到回收站。

2）删除文件夹

进入 C 盘根目录，单击“以往资料”，然后按【Delete】键，“以往资料”文件夹就会被删除到回收站。

3）说明

（1）通常文件或文件夹删除都会被先存放在一个叫“回收站”的地方，这样做的原因是方便找回被删除的文件或文件夹，这时文件或文件夹所占用的硬盘空间并没有释放，如果要彻底删除文件回收硬盘空间，就要到“回收站”中把文件删除或清空“回收站”。

（2）删除文件也可以通过菜单上的“文件”→“删除”命令。

（3）在 Windows 10 系统中删除文件时默认不会出现删除文件确认对话框，如果需要在删除文件时出现确认对话框，可以在桌面上的“回收站”图标上右击，在弹出的快捷菜单中选择“属性”命令，出现图 3-111 所示的对话框，选择“显示删除确认对话框”复选框后单击“确定”按钮即可。

④ 也可以不经过回收站直接把文件彻底删除，按【Shift + Delete】组合键删除文件或文件夹即可。

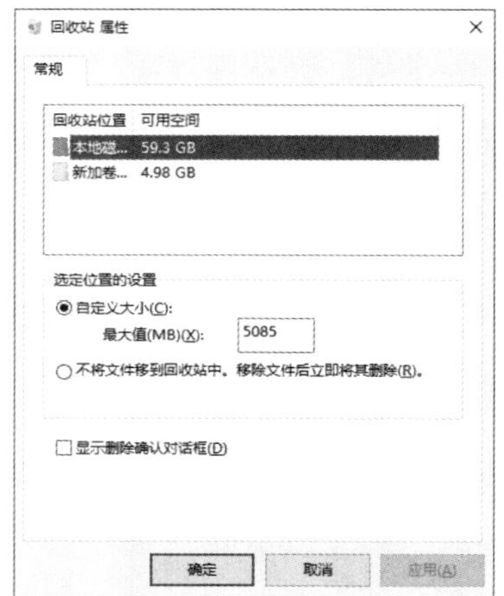

图 3-111 “回收站”属性

7. 创建文件并输入内容

要求：在“X:\工作资料\2014 年度\工作总结”文件夹中创建一个“2014 总结”的文本文件，并打开文件，输入“2014 工作总结文件”。

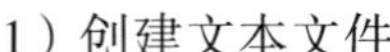

1）创建文本文件

（1）进入“X:\工作资料\2014 年度\工作总结”文件夹，右击窗口空白处，弹出图 3-112 所示的快捷菜单，选择“新建”→“文本文档”命令，即建立了一个新的文本文件。

（2）新建文件的文件名处于可编辑状态，输入“2014 工作总结”并按【Enter】键，即建立了一个名为“2014 总结”的文本文档。

2）编辑文件

（1）双击“2014 总结”文件图标，如图 3-113 所示，系统会使用记事本程序打开文件。

（2）在编辑窗口中输入“2014 工作总结文件”。

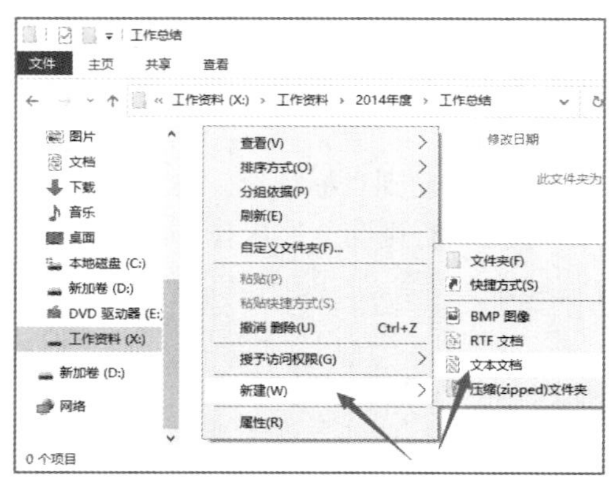

图 3-112 新建文本文档

图 3-113 记事本窗口

（3）选择菜单中的“文件”→“保存”命令，然后再单击窗口中的“关闭”按钮，将窗口关闭。

8. 文件属性与文件夹选项设置

要求：查看“X:\工作资料\2014 年度\工作总结\2014 工作总结”文本文件的属性，并将其设置为“只读”“隐藏”，设置文件夹选项中“隐藏文件和文件夹”选项值为“显示隐藏的文件、文件夹和驱动器”。

1）设置文件属性

（1）进入“X:\工作资料\2014 年度\工作总结”文件夹。

（2）在“2014 工作总结”图标上右击，在弹出的快捷菜单中选择“属性”命令，弹出图 3-114 所示的对话框，选择“只读”“隐藏”复选框，单击“确定”按钮。

（3）此时“2014 工作总结”文件会不可见。

2）设置文件夹选项

（1）在“文件资源管理器”菜单上，选择“文件”→“更改文件夹选项和搜索选项”命令，弹出图 3-115 所示的对话框。

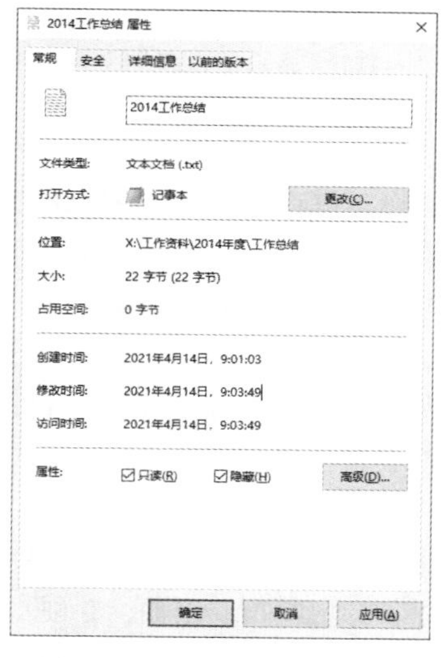

图 3-114　文件属性对话框

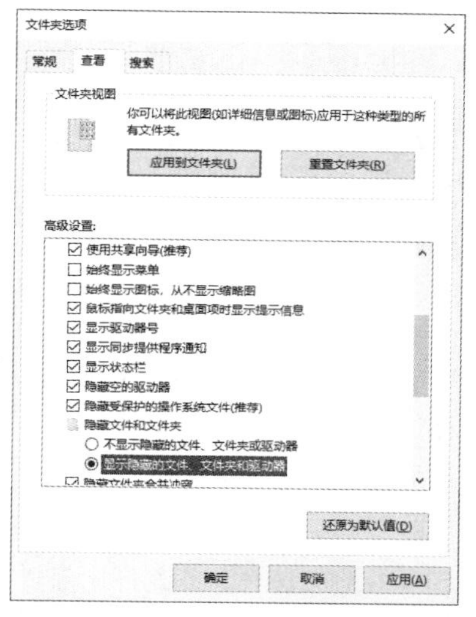

图 3-115　“文件夹选项”对话框

（2）选择“查看”选项卡，选中“显示隐藏的文件、文件夹和驱动器”单选按钮，单击“确定”按钮，刚才不见的文件“2014 工作总结”又显示出来，但图标是灰色的。

3）说明

（1）将文件的属性设置为“隐藏”，且选中“不显示隐藏的文件、文件夹或驱动器”单选按钮，则文件不可见，对文件有一定的保护作用。

（2）将文件的属性设置成“只读”，这时如打开文件并修改后，就不能以原来的文件名保存，必需另存为其他文件名，这对文件也有一定的保护作用。

（3）对于文件还可以设置它的高级属性，如“压缩或加密属性”，在图 3-114 中单击“高级”按钮，弹出图 3-116 所示的对话框，可以设置文件的一些高级属性。

（4）对文件夹选项还有许多其他属性可以设置，如“隐藏已知文件类型的扩展名”，当该项为选中状态时，已知文件类型的扩展名是不会显示的，如上述文本文件“2014 工作总结”的扩展名为“txt”，是不会显示的；有时需要修改文件的扩展名时就应该将其显示出来，这时就应该将“隐藏已知文件类型的扩展名”选项设置为非选中状态，如图 3-117 所示，文件的扩展名就显示出来了。

（5）“文件扩展名”和“隐藏的项目”作为常用的文件夹选项，也可以在“文件资源管理器”菜单上，选择“查看”→“显示/隐藏”中设置。

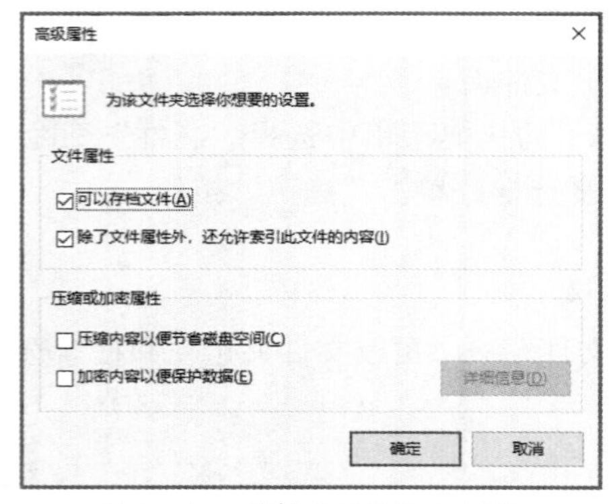

图 3-116 “高级属性”对话框

图 3-117 显示扩展名的文件

3.5.3 使用“库”进行文件管理

经过前面的操作可以把工作资料中的文件按图 3-95 所示分年度存放。但是有时用户又有同时查看到所有年度的工作计划的需要，这里往往需要不停地在文件夹之间切换，又或临时将它们复制到一起，既烦琐又容易出错。这时通过将文件夹加入到 Windows 10 库中进行管理就能很好地解决这个问题。

库用于管理文档、音乐、图片和其他文件的位置。其浏览文件的方式与使用“文件资源管理器”在文件夹中浏览文件的方式相同，也可以按属性（如日期、类型和作者）排列的方式查看文件。在某些方面，库类似于文件夹，例如，打开库时将看到一个或多个文件，但与文件夹不同的是，库可以收集存储在多个位置中的文件。这是一个细微但重要的差异，库实际上不存储项目，它监视包含项目的文件夹，并允许用户以不同的方式访问和排列这些项目。例如，在硬盘和外部驱动器上的文件夹中都有音乐文件，则可以使用音乐库同时访问所有音乐文件。

1. 创建库与将文件夹加入库

要求：将前面创建的“X:\工作资料”文件夹中的 2012 至 2014 年度文件夹中的工作计划文件夹加入到“工作计划”新建库中。以此来演示创建库与将文件夹加入库的过程。

1）将文件夹加入新建库

（1）在桌面上双击“此电脑”图标，在左边的导航栏窗格中单击“工作资料（X:）”左边的“>”，会展开 X 盘下的文件夹。

（2）找到“工作资料”→“2012 年度”→“工作计划”，再右击“工作计划”，如图 3-118 所示，在弹出的快捷菜单中选择“包含到库中”→“创建新库”命令。

（3）这样就将创建了一个名为“工作计划”的库，并将“2012 年度”下的“工作计划”文件夹包含到该库中。

2）将文件夹加入已有库

（1）在“此电脑”→“工作资料（X:）”→“工作资料”→“2013 年度”中找到“工作计划”文件夹并右击。

（2）如图 3-119 所示，在弹出的快捷菜单中选择“包含到库中”→“工作计划”命令。

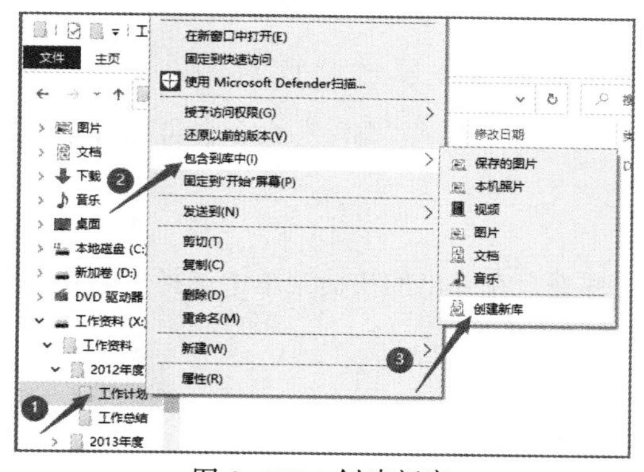

图 3-118　创建新库

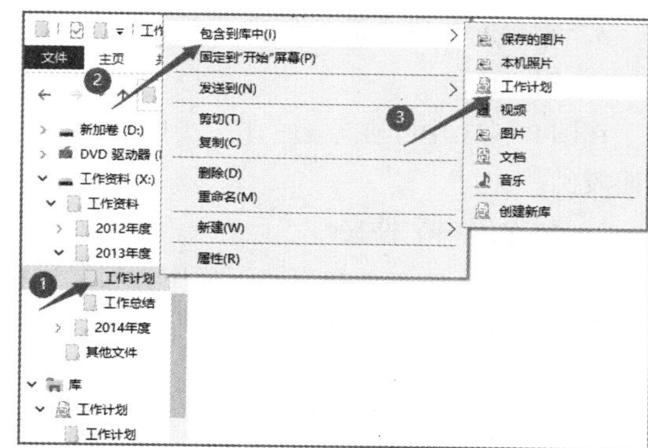

图 3-119　将文件夹包含到库中

（3）这样就将“2013 年度”文件夹下的“工作计划”文件夹包含到“工作计划”库中。

（4）用同样的方法将“2014 年度”文件夹下的“工作计划”文件夹也包含到“工作计划”库中，完成后效果如图 3-120 所示。可以看到，这时所有的工作计划都显示在一起，就像在同一个文件夹中一样。

3）说明

（1）可以在图 3-120 所示左边窗格中的“库”上右击，在弹出的快捷菜单中选择“新建”→“库”命令，输入库名，再用“将文件夹加入已有库”的方式把文件夹加入库中。

（2）可以单击图 3-120 所示菜单栏中的“库工具”→“管理”→“管理库”，在出现的窗口中单击“添加”按钮，可将文件夹添加到库中。

2. 重命名库

要求：将库“工作计划”重命名为“所有工作计划”。

1）使用菜单重命名库

如图 3-121 所示，在左边窗格“工作计划”上右击，在弹出的快捷菜单上选择“重命名”命令，左边窗格中的“工作计划”变成可编辑状态，输入“所有工作计划”后在窗口空白处单击即完成。

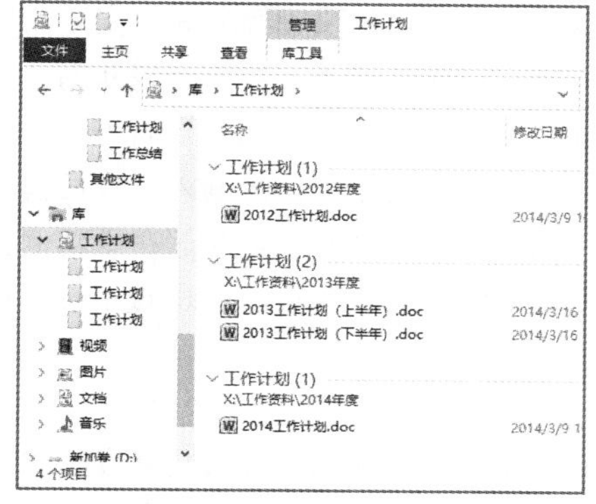

图 3-120　“工作计划”库包含 3 个文件夹

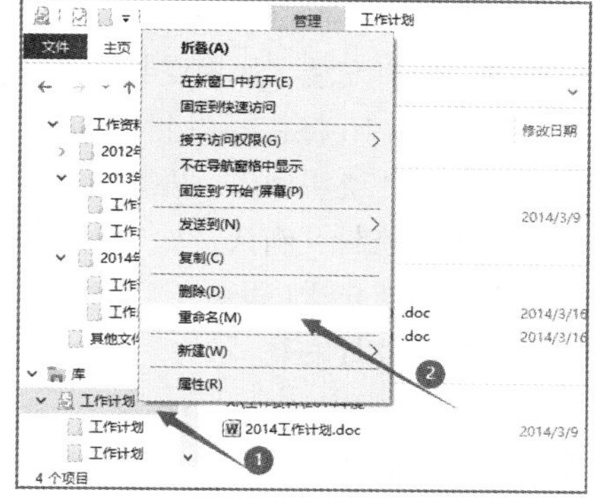

图 3-121　重命名库

2）说明

（1）也可单击库名后按【F2】键，库名也会变成可编辑状态，从而进行库的重命名。

（2）库名处于编辑状态时如果想要放弃库名的修改可以按【Esc】键。

3. 删除库或库中的文件夹

1）删除库

在图 3-121 中，在左边的窗格中，右击“工作计划”库，选择“删除”命令，可以将库删除到回收站。

2）删除库中文件夹

如图 3-121 所示，在左边窗格中，右击库中的文件夹，在弹出的快捷菜单中选择“删除”命令可以将文件夹从库中删除。

3）说明

（1）文件夹从库中删除对原始文件夹没有影响，原文件夹不会因此而被删除。

（2）删除到回收站的库，也可以通过“还原”恢复到原来的状态。

3.6 Windows 10 应用与设备管理

使用计算机解决问题，需要在计算机上运行为解决问题编写的计算机应用，通过应用的运行来完成任务；例如：要完成简单的计算工作，可以使用“计算器”应用；要进行简单的画图可以使用“画图”应用。使用计算机应用完成任务的过程为安装应用、运行应用，如果任务运行完成后应用不再需要了，还要卸载应用以回收资源。

3.6.1 Windows 10 应用管理

1. Windows 10 应用程序安装

计算机应用包括可执行的程序文件和相关的数据文件，现代计算机应用容量越来越大，文件越来越多，需要一个简单的方法将计算机应用安装到 Windows 10 系统中，并配置成可以运行的状态；在 Windows 系统中常用的方法是使用“安装程序”来安装配置应用，“安装程序”负责将程序文件和与之相关的数据文件安装到计算机硬盘中，并对应用运行环境进行配置，通常包括在把应用添加到“开始菜单”中、建立桌面快捷方式、设置注册表等。常见的应用安装方法有以下几种：

1）通过已有的存储介质（设备）安装

应用的安装文件可以存储在光盘、U 盘或硬盘上，大多数应用会提供一个称为“安装向导”的程序来协助用户安装。如果安装文件存储在光盘或 U 盘上，将光盘或 U 盘插入计算机时，默认情况下，Windows 10 将在屏幕上显示“自动播放”对话框，在对话框中可以选择运行安装向导，然后按照屏幕上的说明操作。安装过程中可能需要管理员权限，这时系统提示输入管理员密码或进行“用户账户控制”确认。如果选择不运行安装向导或者应用安装文件已经存储在硬盘上，可以浏览相应的存储介质（设备），手动执行应用的安装文件，文件名通常为 Setup.exe 或 Install.exe，然后按屏幕提示进行安装。

2）通过互联网安装

现代互联网的下载速度越来越快，也很便宜，许多计算机应用程序的安装方式从发行光盘等方式改成了让用户直接从网络下载安装，找到相关的程序下载网页，在网页中，通常有指向程序的链接，单击该链接选择“打开”或“运行”，然后按照屏幕上的指示进行操作。有时可能需要管理员权限，按要求输入管理员密码或进行确认，在互联网上下载的程序，要确保该程序的发布者以及提供该程序的网站是值得信任。通常可以将程序下载到计算机上，使用杀毒软件等安全程序扫描后再进行安装。

3）绿色安装

所谓绿色软件就是不需要安装就能运行的软件，通常是一些小型的、免费的软件，可直接复制到硬盘中运行，不需要后直接删除，不会在计算机中留下任何记录，可以放在 U 盘等介质中携带。

在安装程序时，一定要注意安全，确定程序的来源安全，无法保证安全时，尽量不要安装，实在需要时可使用杀毒软件等安全程序扫描后安装，但杀毒软件通常是有一定的滞后性，并不能完全保证安全。

2. Windows 10 应用程序运行

在 Windows 10 中运行程序有很多种方式，下面就介绍常见的几种。

1）从“开始”菜单运行

几乎所有的应用都能从“开始”菜单找到并运行，因为通常情况下应用程序的“安装程序”都会在“开始”按钮→“应用列表显示区”下建立程序文件夹，把所提供的功能以程序快捷方式的形式显示在这里。如图 3-122 显示了安装完应用程序“Microsoft Office 2010”的部分程序文件夹。

2）从桌面快捷方式运行

如果在桌面上有应用程序的快捷方式，可以直接双击快捷方式运行应用程序。

3）从资源管理器运行

打开 Windows 10 的文件资源管理器，找到要运行的应用程序，双击即可运行。

4）打开关联文件运行

在 Windows 系统中可以指定文件类型与应用程序相关联，双击相应文件时就会用关联的应用程序打开，如双击以“.TXT”为扩展名的文件，通常就会使用 Windows 10 自带的记事本程序（notepad.exe）打开。

5）从任务栏上的“搜索框”运行

在任务栏上的“搜索框”中输入应用程序名称，如图 3-123 所示，当程序名称显示在搜索面板上时，单击最佳匹配下的“记事本”即可运行。

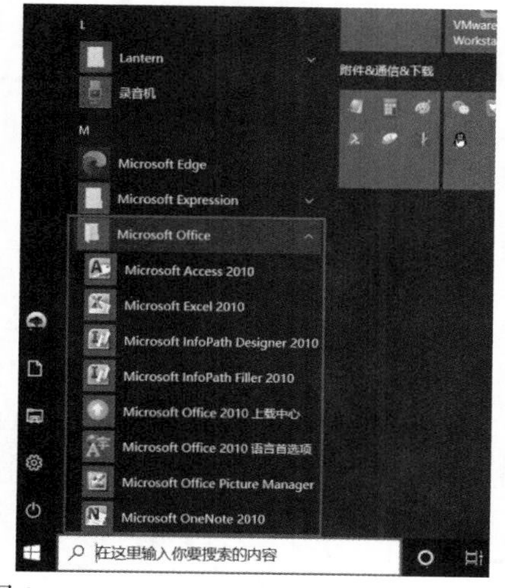

图 3-122 Microsoft Office 2010 应用文件夹

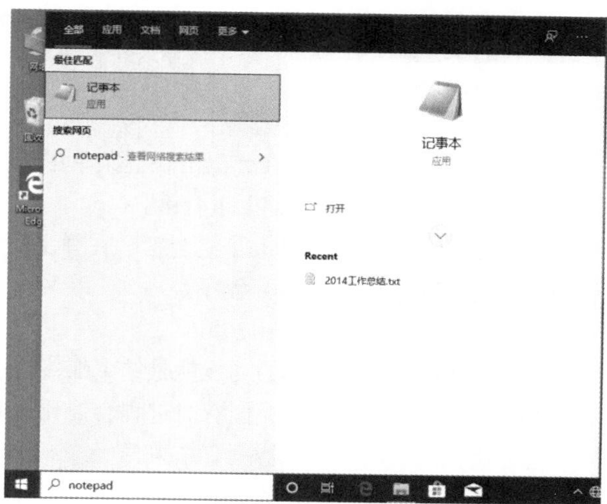

图 3-123 搜索 notepad.exe

6）从“运行”窗口运行

在 Windows 10 中按【Win + R】组合键，就会出现图 3-124 所示窗口，在其中输入应用程序名称，即可运行。

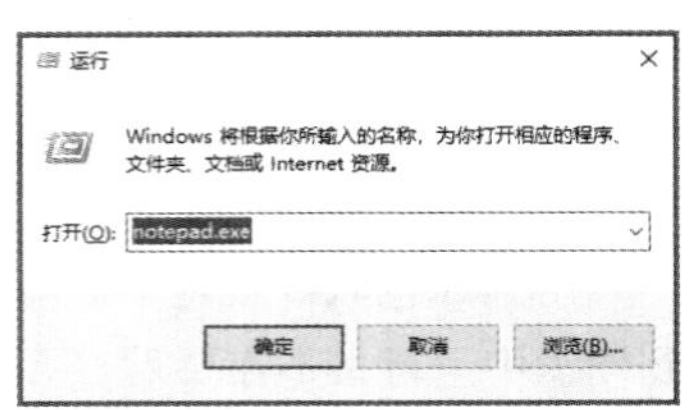

图 3-124　运行窗口

3. Windows 10 的任务管理器

任务是用户需要计算机完成某项任务时，要求计算机所做工作的集合，一个任务可能需要几个程序联合完成。程序指存储在外部存储设备（介质）上的程序文件，它是静态的；程序通过在计算机上运行才能完成任务，当程序被操作系统从外部存储设备（介质）加载（读入）到计算机的内存中运行时，操作系统需要给它分配资源，为了表示程序运行的状态和所占用的资源，操作系统引入了进程这个概念。进程表示程序的一次执行，是操作系统进行资源分配的基本单位，它是动态的。在多任务操作系统中，同一个程序，同一时刻被两次运行了，那么它们就是两个独立的进程。

在 Windows 10 提供了一个称为“任务管理器”的系统工具，用于显示计算机上当前正在运行的程序、进程和服务（服务也是一种程序）。可以使用任务管理器监视计算机的性能或者关闭没有响应的程序。如果计算机有网络连接，还可以使用任务管理器查看网络状态。任务管理器如图 3-125 所示。

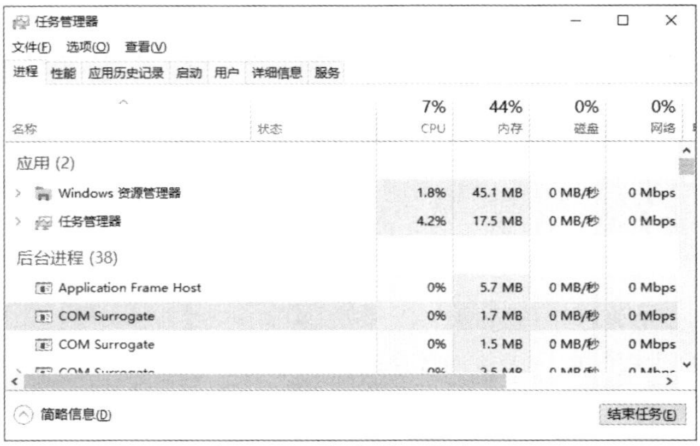

图 3-125　任务管理器窗口

1）启动任务管理器

启动任务管理器的方式有多种：

（1）在任务栏上右击，在弹出的快捷菜单中选择“启动任务管理器”命令。

（2）按【Ctrl + Shift + Esc】组合键。

（3）按【Ctrl + Alt + Delete】组合键，在弹出的对话框中选择“任务管理器”。

（4）也可运行 taskmgr.exe 程序。

2）结束僵死的进程

任务管理器一个很常用的功能就是结束那些已经僵死的进程。应用程序运行后，会在计算机中产生一个进程，由于多种原因有时进程会僵死，它占用的资源并没有释放，会影响计算机的运行，这时就可以用任务管理器把它结束掉。

（1）在图 3-125 所示任务管理器窗口中，选择“进程”选项卡。

（2）选中僵死的进程。

（3）单击“结束任务”按钮。

4. Windows 10 中程序的卸载

当计算机中安装的一些应用程序已经不使用时，就可以将其从计算机中删除，以回收系统资源。卸载程序的方式有多种，常用的有以下几种：

1）从“开始”菜单卸载

通常应用程序的“安装程序”会在“开始”菜单→“应用列表显示区”下建立应用程序文件夹，在这个文件夹中，传统的应用程序会安装一个“卸载 XXX”的卸载程序，找到并运行它即可卸载。

2）从“Windows 设置”卸载

单击“开始”→“设置”→“Windows 设置”→“应用”→“应用和功能”，出现图 3-126 所示窗口，在右边的程序列表中单击需要卸载的应用，单击应用的右下方的“卸载”按钮，在弹出的对话框中选择“卸载”命令，即可卸载。

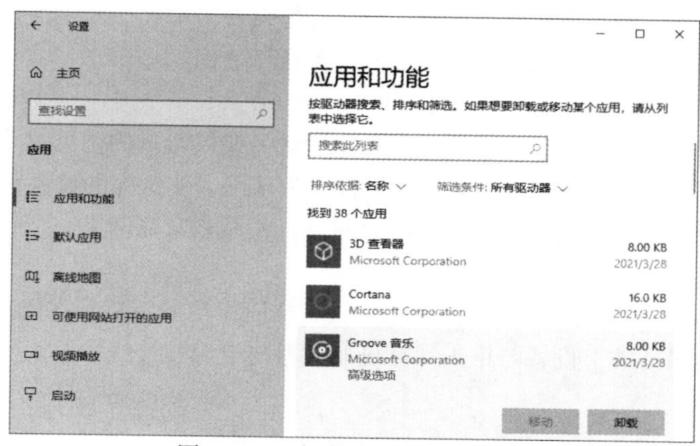

图 3-126　卸载或更改程序窗口

3）“绿色软件”卸载

对于“绿色软件”，只要找到程序文件与数据所在位置，直接删除即可。对于非绿色软件，一般不建议直接删除，因为在安装应用时，应用不仅会在应用程序所在目录安装程序和数据，还可能向其他目录安装，如向 Windows 系统文件夹中安装程序或运行库等，还可能会在注册表中写入数据，直接删除并不会删除这些内容，这样会在计算机上留下数据垃圾。

3.6.2　Windows 10 设备管理

设备管理是操作系统的五大功能之一，其目标是使设备的使用简单高效。早期的个人计算机上要安装一个新的设备是一件比较困难的事，涉及设备与计算机连接、设备所需资源的分配、设备驱动程序安装等工作。个人计算机通常在家庭工作与娱乐中使用，没有专业的操作员，普通用户要完成这一过程几乎不可能，为了解决在个人计算机上设备安装困难的问题，微软公司提出了一系列措施。下面就先介绍设备管理的几个标准，再介绍设备安装的过程，以安装常见的打印机为例演示设备安装过程，最后介绍 Windows 10 设备管理器工具。

1. 设备管理标准

各种不同的设备由不同的厂商生产，不同的厂商的设备标准各不相同、互不兼容，为了解决这个问题，微软公司（Microsoft）联合其他公司制定了以下几种规范设备的标准。规范的制定使得 Windows 10 的设备管理十分智能化，几乎不用用户参与就能工作。

1）设备驱动程序标准

设备驱动程序是各个厂商控制自己所生产设备的程序代码，不同的生产厂商编写的驱动程序标准各不相同，要通过不同的方式来使用它们。在 Windows 中提供了标准的驱动程序编写框架，要求所有厂商必须遵守，为了保证驱动程序与 Windows 兼容，微软还创建了 Windows 硬件设备质量实验室（Microsoft Windows Hardware Quality Lab，WHQL）提供工具对设备进行检测，通过检测将获得使用“Designed for Windows”徽标的资格，并将其产品列入硬件兼容性列表（HCL）和 Windows 目录。

2）即插即用（Plug-and-Play，PNP）标准

微软公司（Microsoft）、英特尔公司（Intel）和康柏公司（Compaq）在 1993 年联合制定了即插即用标准用于自动配置设备，在 Windows 操作系统的支持下，符合即插即用标准的设备能够自动分配资源、自动安装驱动程序，而用户要做的就是把设备与个人计算机的连接线接上，然后打开设备的电源，Windows 操作系统就能自动完成剩余的工作。

3）通用的即插即用（Universal Plug-and-Play，UPnP）

通用的即插即用是一种用于个人计算机和智能设备（或仪器）的常见对等网络连接的体系结构，尤其是在家庭网络中。UPnP 以相关的网络技术为基础，使这样的设备彼此可自动连接和协同工作，从而使个人计算机与其他设备自动组成网络，尤其是家庭网络。

4）热插拔

热插拔（hot-plugging 或 Hot Swap）即带电插拔，热插拔功能就是允许用户在不关闭系统，不切断电源的情况下拔出或插上设备与个人计算机的数据与电源连接线。

2. 设备安装过程

由于有了各种标准的制定与支持，在 Windows 10 下安装一个设备是很简单的，设备安装有三个步骤：将设备连接到个人计算机，为设备分配所需要的资源，为设备安装驱动程序。

1）将设备连接到计算机

这个步骤最简单，只要将设备数据线或接口与计算机上的相应接口连接起来就可以了。为了保证这个过程不出错，早期是通过制造各种不同形状的接口来实现的，例如，在计算机主机后面有 9 针梯形的串行口，有圆的键盘口等，不同的接口是不能对接的，因而也不会接错。在现代计算机上一般不再设计不同形状的接口，通常都使用 USB 接口，只要是 USB 接口的设备都能连接。

2）为设备分配所需资源

早期，这是三个步骤中最难的一个。计算机能连接各种各样的设备，设备要工作都需要相应的资源，分配不好就会导致冲突，一旦发生冲突，相关设备就不会工作，甚至导致整个计算机系统不能工作，资源的冲突是导致设备安装失败的重要原因。直到 PNP 技术的出现，实现了在设备、计算机硬件、操作系统之间互相配合下自动完成资源配置工作，基本做到完全不需要用户的参与。

3）安装设备驱动程序

Windows 10 自带了大量的设备驱动程序，如果用户的设备驱动通过了微软的 WHQL，并被 Windows 10 收录了，Windows 10 会自动安装设备的驱动程序。如果用户的设备驱动 Windows 10 没有自带，用户只需要提供设备包装中的驱动光盘或者到网络上下载设备驱动程序，Windows 10 能够自动识别并安装驱动程序。

3. 打印机安装过程

打印机是个人计算机上常见的设备。打印机的种类很多，按打印原理可分为针式打印机、喷墨打印机、激光打印机；按打印机与计算机之间的接口不同可分为串口打印机、并行口打印机、USB 接口打印机、无线打印机、网络打印机等多种，其中 USB 接口打印机使用最为广泛。下面就以安装 RICOH SP 221S 打印机为例来演示设备安装过程。

1）连接打印机到计算机

如图 3-127 所示，RICOH SP 221S 是一台多功能机一体机，主要功能有复印、打印和扫描。RICOH SP 221S 的电源线接口与数据线接口都在打印机背面，先连接打印机的电源线，再将打印机的数据线一端插到打印机的数据接口上，另一端插到计算机的 USB 接口上，就完成了打印机与计算机的连接。

在安装驱动程序之前不要将打印机电源打开，这是因为 Windows 10 中没有自带 RICOH SP 221S 打印机的驱动程序，如果在驱动安装之前就将打印机连接到计算机，而在 Windows 10 操作系统中又找不到相关的驱动程序时，就会将该设备标记成驱动损坏或驱动未安装的设备，这时在设备管理器中就会显示图 3-128 所示的状态。

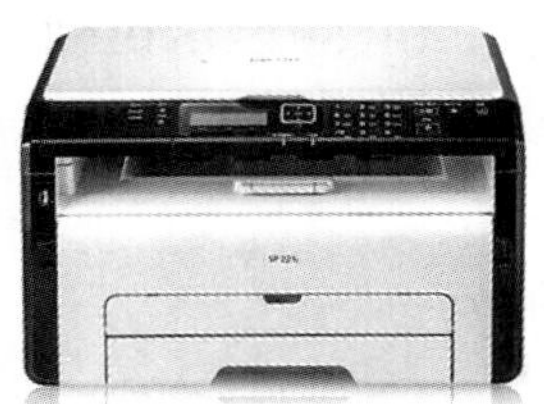

图 3-127 RICOH SP 221S A4 多功能机

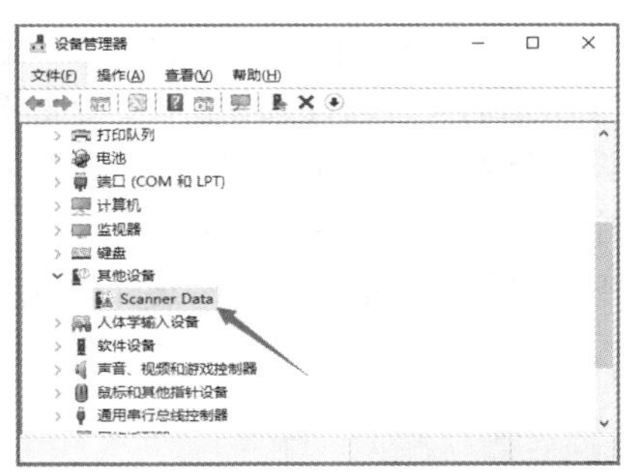

图 3-128 打印机被标识为无法识别的

2）使用安装程序安装驱动

（1）启动计算机到 Windows 10 桌面。从网络上下载或从安装光盘中找到安装程序 r89895L15.exe，双击安装程序，出现“用户账户控制”对话框，单击“是”按钮。

（2）在弹出图 3-129 所示的“安装选择”对话框中单击“快速安装”按钮。

（3）在弹出图 3-130 所示的“软件许可证协议”对话框中，单击“是”按钮。出现图 3-131 所示的安装文件进度条。

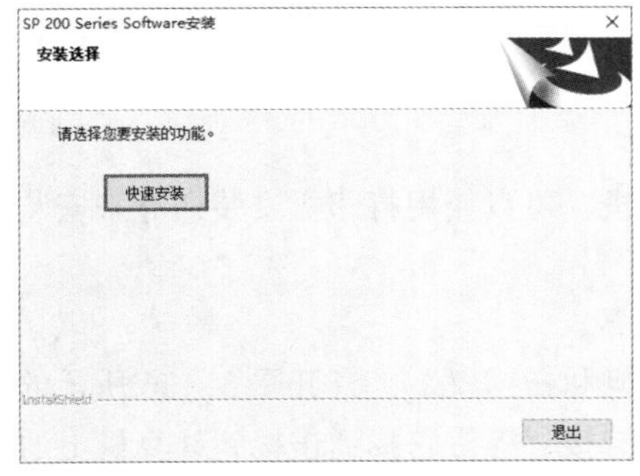

图 3-129 “安装选择”对话框

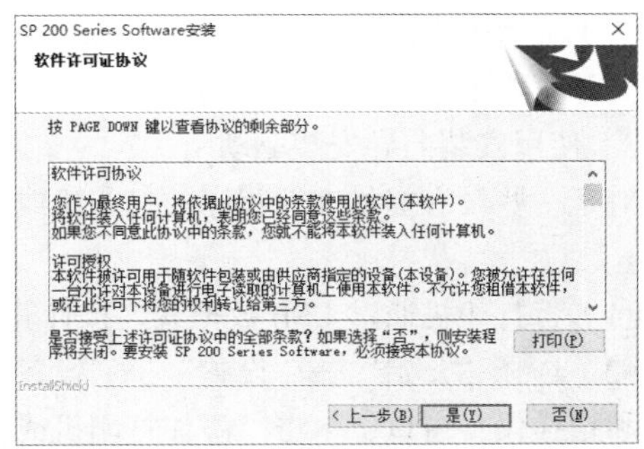

图 3-130 “软件许可证协议”对话框

（4）文件复制完成后，弹出图 3-132 所示打印机连接方式选择窗口，选择“USB 连接”，单击“下一步”按钮。

图 3-131 正在安装进度条

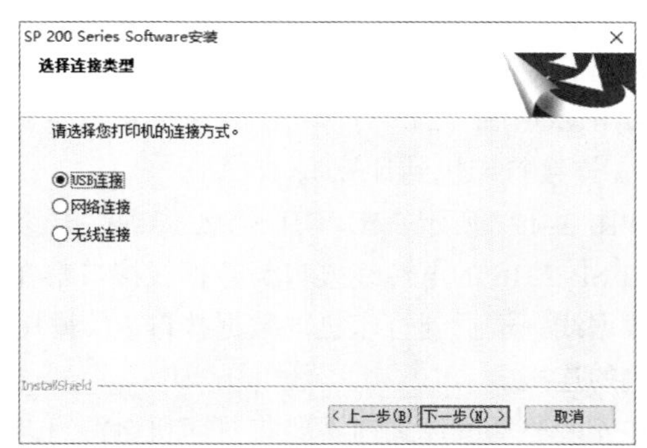

图 3-132 选择打印机连接方式

（5）弹出图 3-133 所示连接打印机提示对话框，此前已经将打印机的 USB 线连接到计算机，但是未打开电源，所以此时只需打开电源，然后单击“是”按钮。

（6）安装程序检测到打印机后，自动选择了与打印机硬件匹配的驱动程序和软件，弹出图 3-134 所示的安装软件选择窗口，全部选中，单击“下一步”按钮。窗口中的三个选项分别为：打印机设置检测程序（Smart Organizing Monitor）、打印驱动（RICOH SP 221S DDST）、扫描接口标准程序（Series USB TWAIN/WIA），因为 RICOH SP 221S 是多功能机一体机，所以有多个驱动，如果只安装打印机功能，可以只选择前两项。

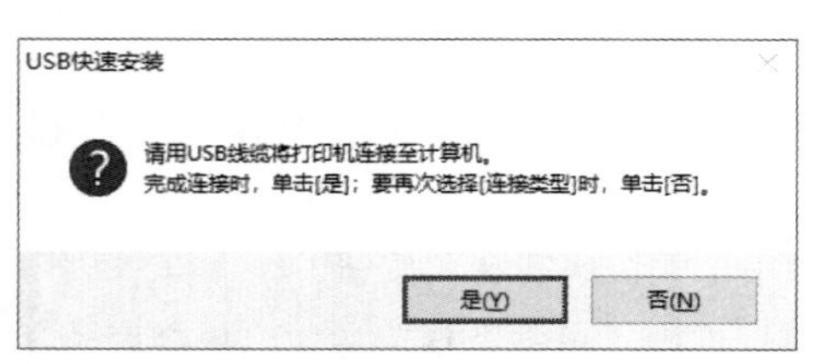

图 3-133 连接打印机提示

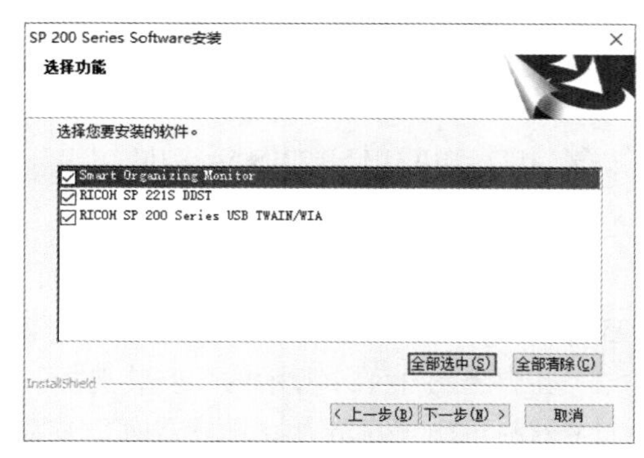

图 3-134 安装软件选择

（7）最后弹出图 3-135 所示的“安装完成”对话框，单击“完成”按钮，打印机驱动程序便安装到计算机上了。

3）使用安装向导安装驱动

对于一些没有提供安装程序的打印机或者早期打印机，可以使用打印机安装向导来安装驱动程序。

（1）将打印机通过 USB 数据线连接计算机并打开电源。

（2）选择“开始”→“设置”→“设备”→“打印机和扫描仪”，打开图 3-136 所示的“打印机和扫描仪”窗口，单击“添加打印机或扫描仪”超链接，等待它找到连接到计算机上的打印机，然后选择想要使用的打印机并选择“添加设备”。

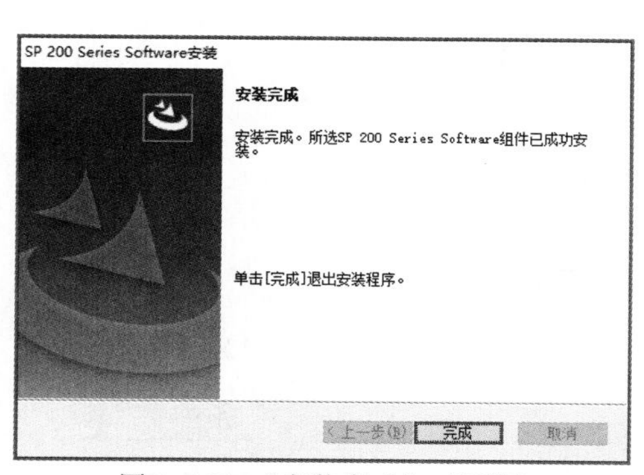

图 3-135　“安装完成”对话框

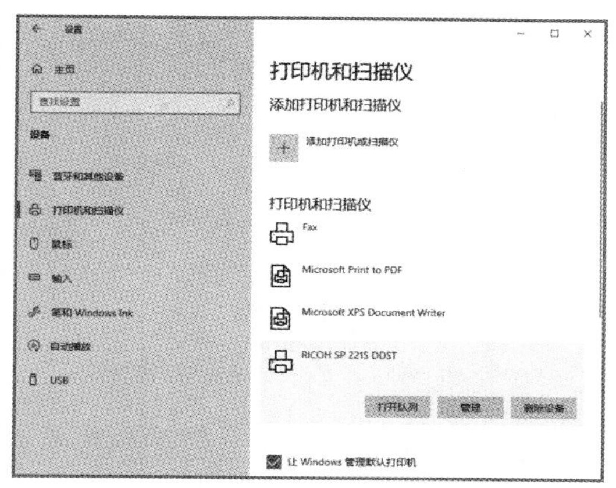

图 3-136　打印机和扫描仪

（3）如果需要打印机不在列表中，单击在“添加打印机或扫描仪”下方出现的“我需要的打印机不在列表中”超链接，出现图 3-137 所示窗口，选择“通过手动设置添加本地打印机或网络打印机”，单击“下一步”按钮。

（4）出现图 3-138 所示选择打印机端口窗口，在“使用现有的端口”下拉框中选择“USB001（USB 虚拟打印机端口）”，通常应该选择 USB00x 数字较大的端口，具体要根据实际情况选择。然后单击“下一步”按钮。

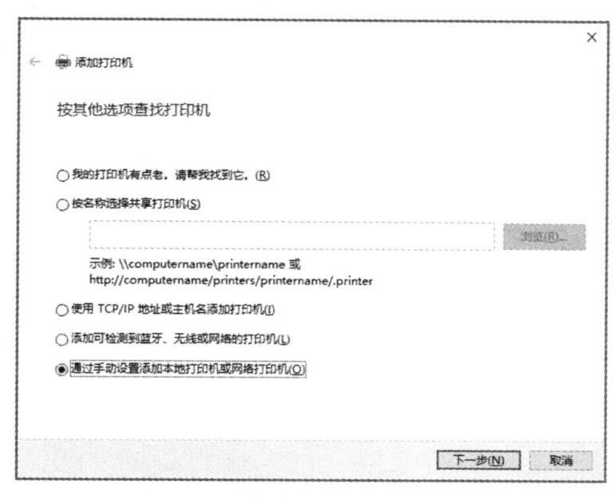

图 3-137　按其他选项找打印机

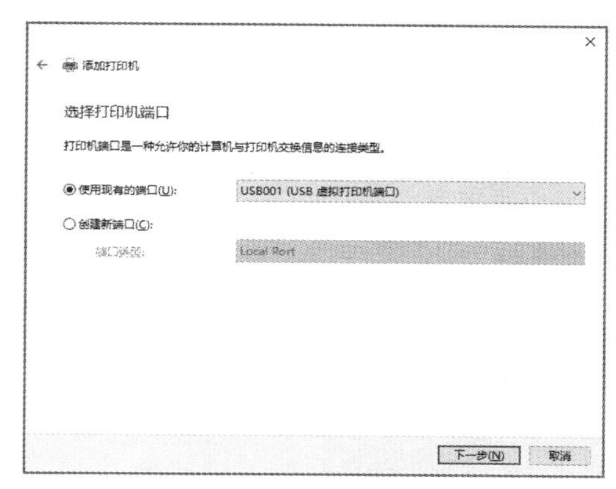

图 3-138　选择打印机端口

（5）出现图 3-139 所示窗口，可以在左边选择打印机厂商，右边选择相应的型号。然后单击“下一步”按钮。

（6）如果在图 3-139 所示窗口中没有要安装的打印机型号，可单击“从磁盘安装”按钮。在出现的窗口中单击“浏览”按钮，找到打印机驱动目录，系统会自动查找所选择目录下的 INF 文件（Device Information File，硬件设备安装脚本文件），单击“打开”按钮，出现图 3-140 所示的对话框，在列表框中选择正确的打印机型号，单击“下一步”按钮。

（7）在出现的窗口中输入打印机名称或直接单击“下一步”按钮。

（8）在出现的“打印机共享”窗口中选择“不共享”，最后单击“完成”按钮，完成驱动程序的安装。

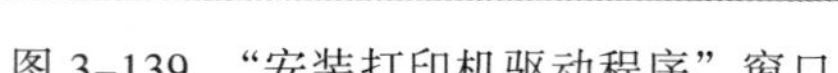
图 3-139 “安装打印机驱动程序”窗口

图 3-140 从磁盘安装驱动程序

4）测试是否安装成功

通过单击“打印测试页”按钮来测试打印机是否安装成功。

（1）在如图 3-136 所示窗口中，可以看到安装成功的 RICOH SP 221S DDST 打印机。

（2）单击列表中的“RICOH SP 221S DDST”，在出现的图标中选择“管理”。

（3）单击“管理”按钮，出现图 3-141 所示的“RICOH SP 221S DDST”设备窗口。

（4）单击“打印测试页”超链接，如果打印机安装正常就能打印出测试页。也可以单击“打印机属性”超链接，在弹出图 3-142 所示的打印机属性窗口中单击“打印测试页”按钮来打印测试页。

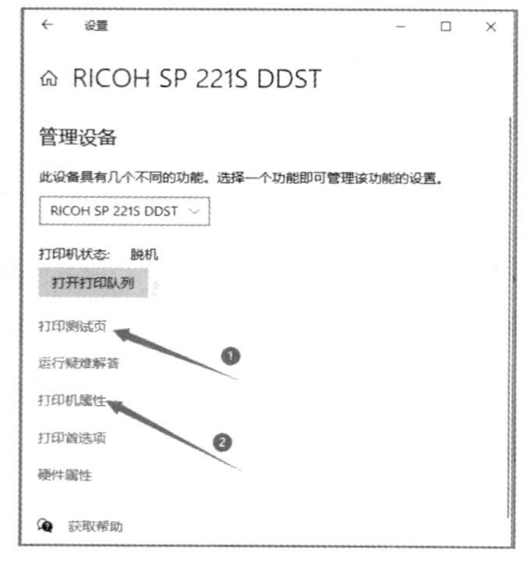

图 3-141 “RICOH SP 221S DDST”设备

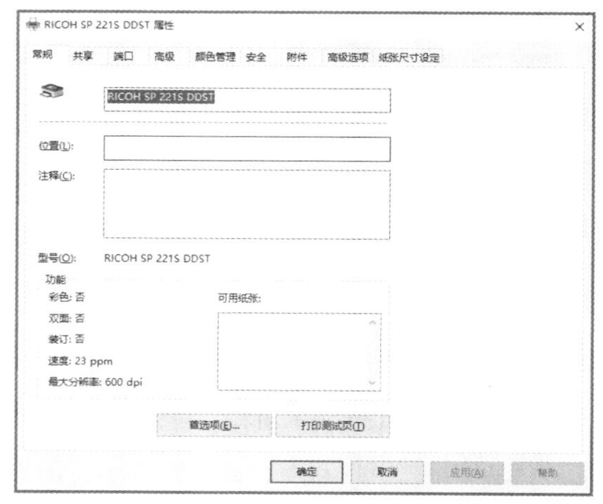

图 3-142 打印机属性对话框

5）说明

（1）在安装驱动程序时，不同厂商不同版本的安装程序所显示的用户界面可能不相同。

（2）可以在安装打印机驱动程序的过程中，在程序提示时再连接打印机的电源和数据线。

（3）还可以使用“设备与打印机窗口”安装打印机驱动。选择“开始”→“设置”→“设备”→“蓝牙和其他设备”，在出现窗口的右下方单击“设备和打印机”超链接，出现图 3-143 所示的“设备和打印机”窗口。单击图标上方的“添加打印机”按钮，即可安装打印机驱动，其过程与使用安装向导相似。

（4）在“设备与打印机”窗口上也可测试打印机驱动是否安装成功。在这个窗口中可以看到安装成功的 RICOH SP 221S 打印机，右击该打印机图标，在弹出的快捷菜单中选择“打印机属性”命令，弹出图 3-142 所示的对话框，单击“打印测试页”按钮，如果打印机安装正常就能打印出测试页。

4. Windows 10 设备管理器

Windows1 0 设备管理器为计算机上所安装硬件设备提供了一个图形管理界面，使用设备管理器可以安装和更新硬件设备的驱动程序、修改这些设备的硬件设置以及解决问题。

1）设备管理器启动

单击“开始”→“应用程序显示区”→“Windows 系统”→“控制面板”→“硬件和声音”→“设备和打印机”→“设备管理器”，打开图 3-144 所示的设备管理器程序。

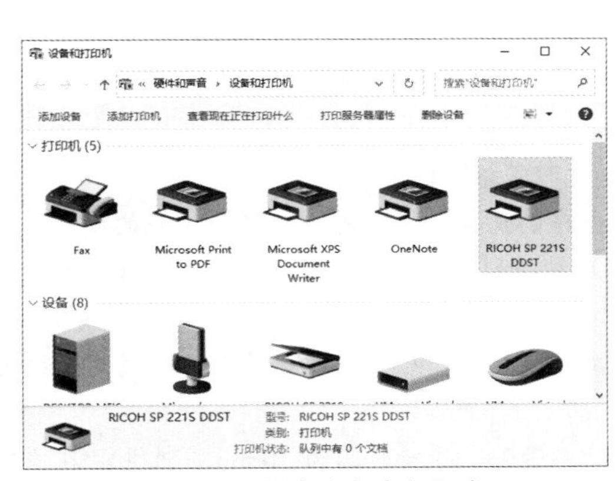

图 3-143 “设备和打印机”窗口

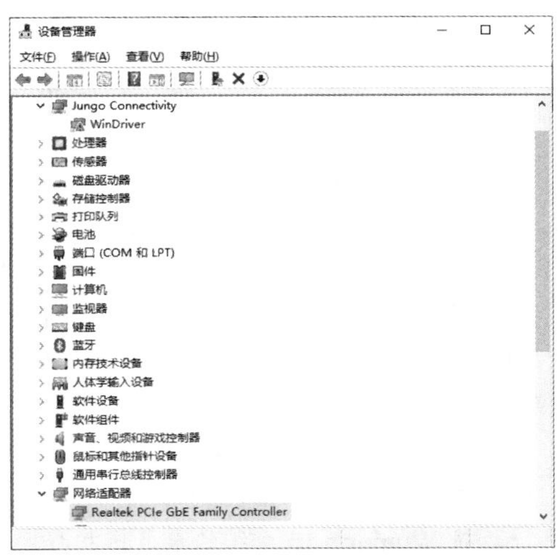

图 3-144 设备管理器窗口

2）资源管理的功能

（1）确定计算机上的硬件是否工作正常，如果硬件工作不正常则会在设备上显示一个黄色的感叹号，如图 3-144 所示的 WinDriver。

（2）查看、更改硬件配置设置、高级设置和属性。如图 3-144 中所示的“Realtek PCIe GbE Family Controller”，表示计算机中的网卡，在该网卡上右击，在弹出的快捷菜单中选择“属性”，可以查看计算机中网卡的常规、高级等信息并进行设置，如图 3-145 所示。

（3）查看、更新的设备驱动程序，还可以“启用”、“禁用”和“卸载”设备。如果安装了新的设备，驱动程序工作不正常还可以选择“回滚驱动程序”，回到驱动程序的前一版本。图 3-146 所示为驱动程序的操作界面。

（4）诊断功能，对于高级用户来说还可以使用设备管理器的诊断功能解决设备冲突和更改资源设置。一般来说，用户不需要使用设备管理器更改资源设置，因为在硬件安装过程中系统会自动分配资源。

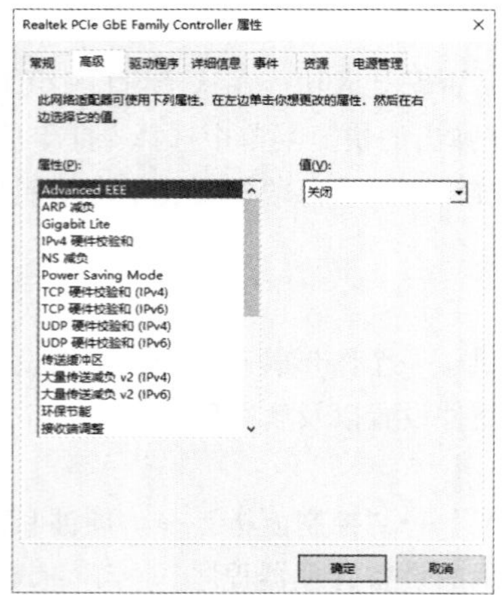

图 3-145　网卡属性窗口

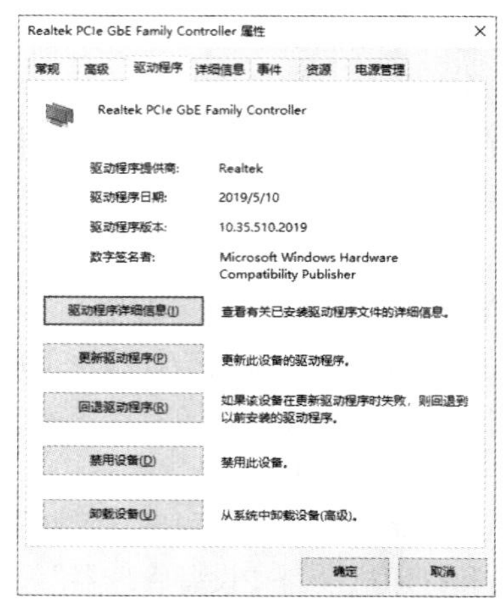

图 3-146　网卡驱动程序选项卡

课 后 练 习

1. 使用记事本程序新建一个文本文件，输入“在 Windows10 中使用记事本程序”，然后以“记事本.txt”为文件名保存在桌面上。

2. 通过设置在桌面上显示“此电脑”“网络”“回收站”图标。

3. 在桌面上创建 Windows 10 自带的“画图”程序的快捷方式，并重命名为“我的画图”。

4. 设置桌面图标的查看方式为“中等图标”“自动排列图标”“将图标与网络对齐”和“显示桌面图标”。

5. 在桌面背景设置中选择 3 幅图片，将图片位置设置为“居中”，更改图片时间间隔设置为“1 分钟”，选择“无序播放”。

6. 将 Windows 10 系统的屏幕保护程序设置为“彩带”，等待时间为 10 min，选中“在恢复时显示登录屏幕”。

7. 将 Windows 10 的任务栏设置为“锁定任务栏”、位置在“底部”“通知区域始终显示所有图标”、从不合并任务栏按钮。

8. 将计算机应用固定在任务栏上。

9. 将 Windows 10 自带的“记事本”程序固定到“开始”菜单上。

10. 使用“任务视图”按钮建立多个桌面。

11. 建立一个“动态扩展”虚拟硬盘，将虚拟硬盘的大小设置为 15 GB，初始化虚拟硬盘，在虚拟硬盘上建立一个 10 GB 的分区，格式化该分区，并为其指定一个驱动器号。

12. 请根据要求完成以下文件或文件夹的操作。

（1）在 D 盘上建立图 3-147 所示的目录结构。

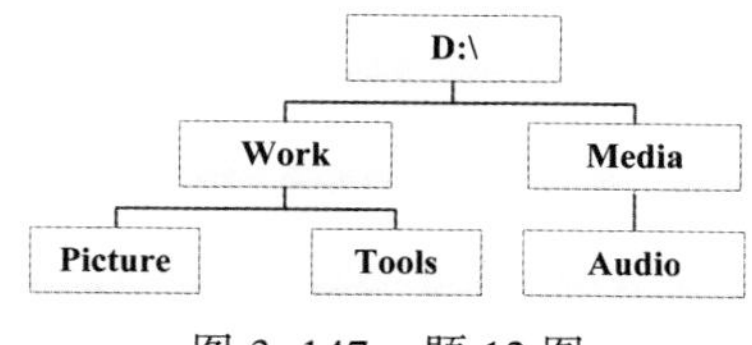

图 3-147　题 12 图

（2）使用【Print Screen/Sys Rq】键将屏幕图像复制到系统剪贴板中，并用“画图”程序将其保存在文件夹“Picture”中，文件名为“Desktop.bmp”。

（3）将“Work”文件夹中的“Picture”文件夹复制到“Media”文件夹中。

（4）将“Media\Picture”文件夹中的 Desktop.bmp 重命名为“photo.bmp”，并设置属性为只读。

（5）在“Tools”文件夹中建立“画图”程序的快捷方式。

（6）在 C 盘中查找“calc.exe”文件，并将其复制到“Tools”目录中。

（7）将“Work”文件夹加入到“Work”新建库中。

（8）将“Media\Picture”与“Work\Picture”加入到 Windows 10 默认库“图片”中。

13. 有时需要传送文件给其他人，能够进行文件传送的方式很多，可能通过 E-mail（电子邮件）、FTP（文件传输协议）、使用即时通信软件，或者直接在 Windows 中建立磁盘映射等，但现在使用得较多的是通过即时通信软件 QQ（腾讯公司出品的即时通软件）的文件传送功能来传送，几乎每个上网的人都拥有一个 QQ 号。请下载安装 QQ 程序，并实现一次文件传送。

第4章

Word 2016 文字处理软件

Microsoft Office Word 是微软公司开发的一款文字处理应用程序。Word 作为 Microsoft Office 套件的核心程序之一，提供了许多易于使用的文档创建工具，同时也提供了丰富的功能集供创建复杂的文档使用。

本章介绍 Word 2016 文档的创建、文字及段落格式的设置、表格编辑、图文混排、版面设置等编辑技术，并结合了 Word 应用项目分析，将 Word 的功能操作与实际应用联系起来。通过本章的学习，读者可以掌握 Word 2016 的基本操作，了解 Word 2016 的部分高级应用，同时能高效地解决学习、生活中遇到的文字处理问题。

4.1 文字处理软件概述

文字处理软件是办公软件的一种，一般用于文字的格式化和排版，文字处理软件的发展和文字处理的电子化是信息社会发展的标志之一。现有的中文文字处理软件主要有微软公司的 Word、金山公司的 WPS、永中 Office 和开源为准则的 OpenOffice 等。

早期的文字处理软件是以文字为主，现在的文字处理软件可以集文字、表格、图形、图像、声音于一体，一般具有如下功能。

（1）管理功能：新建文档、自动保存文档、文档加密、以多种格式保存文档和意外情况恢复等，确保文件的安全、实用。

（2）编辑功能：对文档内容的多种途径输入、自动更正错误、拼写和语法检查、英文字母大小写转换、查找与替换等，以提高文档编辑的效率。

（3）图形处理：插入艺术字、文本框、各种形状的图形，对图形进行编辑、图文混排等操作。

（4）表格处理：表格的创建、修改；表格中数据的输入、编辑；数据的排序、计算等。

（5）排版功能：字体、段落格式设置，文档分栏和页面设置等基本排版技术。

（6）高级功能：文档进行自动处理的功能，如建立目录、邮件合并、宏的建立和使用等。

4.2 Word 2016 基础

4.2.1 启动 Word 2016

启动 Word 2016 的常用方法有以下两种。

1．常规方法

常规启动 Word 2016 的过程本质上就是在 Windows 下运行一个应用程序。具体步骤如下：

将鼠标指针移至电脑屏幕左下角“开始”按钮，执行“开始”→“所有程序”→“Word 2016”命令。

2．快捷方式

启动 Word 2016 有以下 3 种快捷方式。

（1）电脑桌面上如果有 Word 2016 应用程序图标，则双击该图标。

（2）如果 Word 2016 是最近经常使用的应用程序之一，则在 Windows 10 操作系统下，单击电脑屏幕左下角“开始”按钮后，“Word 2016”会出现在“开始”菜单中，即可执行“开始”→“Word 2016”命令。

（3）在“资源管理器”中找带有图标的文件（即 Word 2016 文档，文档扩展名为“docx”或“doc”），双击该文件。

Word 2016 启动后，Word 2016 应用程序窗口（以下简称为 Word 2016 窗口）随即出现在屏幕上，Word 2016 窗口外观如图 4-1 所示。

图 4-1　Word 2016 窗口外观

4.2.2　Word 2016 窗口及其组成

Word 2016 窗口由标题栏、“文件”选项卡、功能区、快速访问工具栏、标尺、滚动条、工作区、状态栏、文档视图工具栏、显示比例控制栏等部分组成。在 Word 2016 窗口的工作区中可以对创建或打开的文档进行编辑、排版等操作。Word 2016 窗口组成如图 4-2 所示。

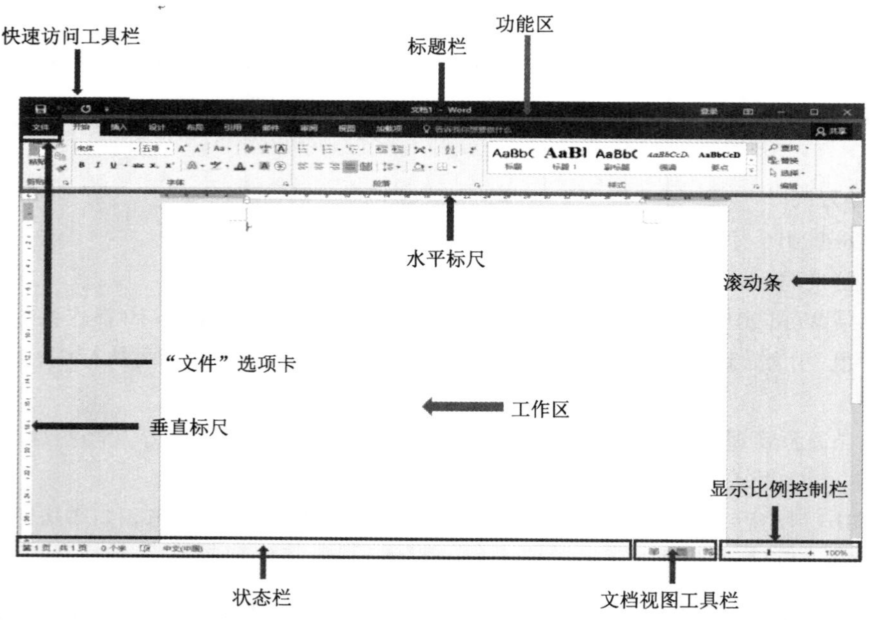

图 4-2 Word 2016 窗口组成

1. 标题栏

标题栏位于 Word 2016 窗口的顶端，它含有 Word 2016 文档名、登录、功能区显示选项和最小化、最大化（或向下还原）、关闭按钮。

2. 快速访问工具栏

快速访问工具栏默认位于 Word 2016 窗口的功能区上方，用户可以根据需要修改设置，使其位于功能区下方。

快速访问工具栏的作用是将一些最常用的命令或者工具添加进去，方便使用，提高工作效率。默认情况下，快速访问工具栏中添加的命令很少，用户可以根据需要，使用“自定义快速访问工具栏”命令添加或定义自己的常用命令。

Word 2016 默认的快速访问工具栏包含保存、撤销、重复和自定义快速访问工具栏命令按钮，Word 2016 快速访问工具栏如图 4-3 所示。

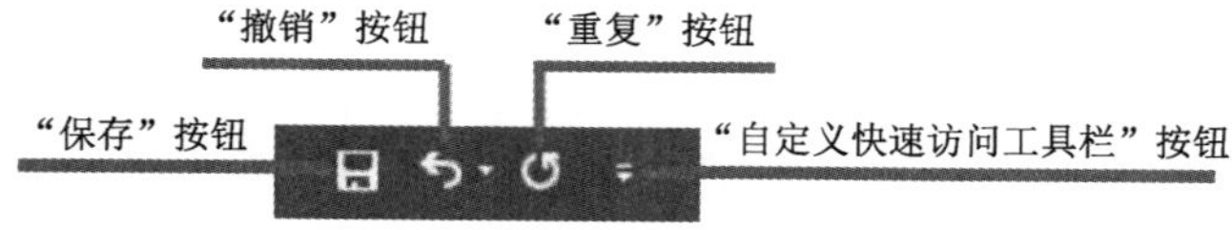

图 4-3 Word 默认的快速访问工具栏

3.“文件”选项卡

“文件”选项卡中提供了一组文件操作命令，如“新建”“打开”“保存”“另存为”“打印”“共享”“导出”“关闭”等。Word 2016“文件”选项卡如图 4-4 所示。

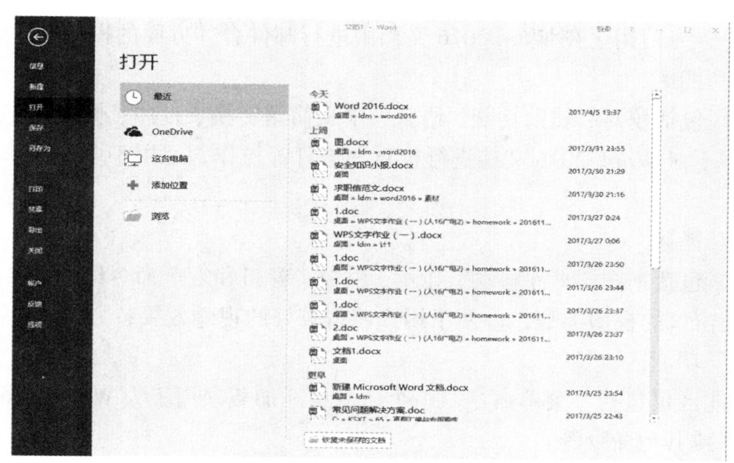

图 4-4　Word 2016“文件”选项卡

4．功能区

Word 2016 与 Word 2010 一样，用各种功能区取代了传统的菜单操作方式。在 Word 功能区，看起来像菜单的名称其实是功能区的名称，当单击这些名称时并不会打开菜单，而是切换到与之相对应的功能区面板。每个功能区根据功能的不同又分为若干个命令组（子选项卡），这些功能区及其命令组涵盖了 Word 2016 的各种功能。

用户可以根据需要，通过选择“文件”→“选项”→“自定义功能区”命令来定义自己的功能区。

Word 2016 默认含有 9 个功能区：“开始”“插入”“设计”“布局”“引用”“邮件”“审阅”“视图”“加载项”。

1）“开始”功能区

“开始”功能区包括剪贴板、字体、段落、样式和编辑等命令组，它包含了有关文字编辑和排版格式设置的各种功能。

2）“插入”功能区

“插入”功能区包括页面、表格、插图、加载项、媒体、链接、批注、页眉和页脚、文本和符号等命令组，主要用于在文档中插入各种对象。

3）“设计”功能区

“设计”功能区包括文档格式、页面背景两个命令组，主要功能包括主题的选择和设置，设置水印、页面颜色和页面边框等项目。

4）“布局”功能区

“布局”功能区包括页面设置、稿纸、段落、排列命令组，用于帮助用户设置 Word 2016 文档页面样式。

5）“引用”功能区

“引用”功能区包括目录、脚注、信息检索、论文、引文与书目、题注、索引和引文目录等命令组，用于实现在 Word 2016 文档中插入目录、引文等索引功能。

6）“邮件”功能区

“邮件”功能区包括创建、开始邮件合并、编写和插入域、预览结果和完成等命令组，该功能区的作用比较专一，专门用于在 Word 2016 文档中进行邮件合并方面的操作。

7）“审阅”功能区

“审阅”功能区包括校对、辅助功能、语言、中文简繁转换、批注、修订、更改、比较和保护等命令组，主要用于对 Word 2016 文档进行校对和修订等操作，适用于多人协作处理 Word 2016 长文档。

8）“视图”功能区

“视图”功能区包括视图、页面移动、显示、缩放、窗口和宏等命令组，主要用于帮助用户设置 Word 2016 操作窗口的视图类型，以便于用户获得较好的视觉效果，方便操作。

9）“加载项”功能区

“加载项”功能区仅包括“菜单命令”一个命令组，加载项用于为 Word 2016 配置附加属性，如自定义的工具栏或其他命令等。

5. 标尺

标尺有水平标尺和垂直标尺两种。在草稿视图和 Web 版式视图下只能显示水平标尺，只有在页面视图下才能同时显示水平和垂直标尺。

标尺除了显示文字所在的实际位置、页边距尺寸外，还可以用来设置制表位、段落、页边距尺寸、左右缩进、首行缩进、悬挂缩进等。

选择“视图”→“显示”→“标尺”命令可以显示/隐藏标尺。

6. 滚动条

滚动条分为水平滚动条和垂直滚动条。使用滚动条中的滑块或按钮可滚动工作区内的文档内容。

7. 状态栏

状态栏位于 Word 2016 窗口的底端左侧。它用来显示当前的某些状态，如文档当前页码、文档的字数、Word 2016 发现校对错误、语言图标等。

8. 视图切换按钮

“视图”就是查看文档的方式。同一个文档可以在不同的视图下查看，虽然文档的显示方式不同，但是文档的内容是不变的。Word 2016 有 5 种视图：阅读视图、页面视图、Web 版式视图、大纲视图、草稿视图，用户可以根据对文档的操作需求不同使用不同的视图。视图之间的切换可以使用“视图”功能区中的命令，更便捷的方法是使用文档视图工具栏（如图 4-2 所示），文档视图工具栏上有 3 个视图切换按钮，如图 4-5 所示。

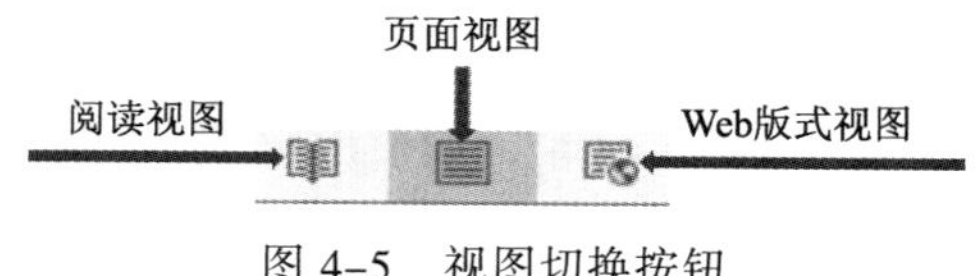

图 4-5　视图切换按钮

提示

图 4-5 中带阴影的图标（页面视图）表明当前的视图状态。

1）阅读视图

“阅读视图”适合用于阅读长篇文章。阅读视图将原来的文章编辑区缩小，而文字大小保持不变。如果字数多，它会自动分成多屏。在该视图下同样可以进行文字的编辑工作，视觉效果好。阅读视图的目标是增加可读性，可以方便地增大或减小文本显示区域的尺寸，而不会影响文档中的字体大小。想要停止阅读文档时，按【Esc】键可以从阅读视图切换回来。

2）页面视图

页面视图主要用于版面设计，页面视图显示文档的每一页面都与打印所得的页面相同，即“所见即所得”。在页面视图下可以输入、编辑和排版文档，也可以处理页边距、文本框，分栏、页眉和页脚、图片和图形等。但在页面视图下占有计算机资源相应较多，使处理速度变慢。

3）Web 版式视图

Web 版式视图是以网页的形式显示 Word 2016 文档，适用于发送电子邮件和创建网页。使用 Web 版式视图，无须离开 Word 2016 即可查看 Web 浏览器中的效果。

4）大纲视图

大纲视图适合于编辑文档的大纲，以便审阅和修改文档的结构。在大纲视图中，可以折叠文档以便只查看某一级的标题或子标题，也可以展开文档查看整个文档的内容。

在大纲视图下，“大纲”工具栏替代了水平标尺。使用“大纲”工具栏中的相应按钮可以容易地“折叠”或“展开”文档，对大纲中各级标题进行“上移”或“下移”、“提升”或“降低”等调整文档结构的操作。

大纲视图广泛用于 Word 2016 长文档的快速浏览和设置。

5）草稿视图

草稿视图取消了页面边距、分栏、页眉页脚和图片等元素，仅显示标题和正文，是最节省计算机系统硬件资源的视图方式。当然现在计算机系统的硬件配置都比较高，基本上不存在由于硬件配置偏低而使 Word 2016 运行遇到障碍的问题。

9. 显示比例控制栏

显示比例控制栏由“缩放级别”和“缩放滑块”组成，用于更改正在编辑文档的显示比例。主要为了便于浏览文档内容，不影响文档的实际打印效果。

10. 工作区

工作区是水平标尺以下和状态栏以上的一个屏幕显示区域。在 Word 2016 窗口的工作区中可以打开一个文档，并对它进行文本键入、编辑或排版等操作。Word 2016 可以同时打开多个文档，每个文档有一个独立窗口，并在 Windows 任务栏中有一个对应的文档按钮。

一般情况下，可以通过标题栏右侧“功能区显示选项”设置实现功能区的显示/隐藏操作来扩大/缩小工作区，也可单击功能区右上角的“折叠功能区”按钮，即可实现功能区最小化（功能区仅显示选项卡）。

11. 插入点

当 Word 2016 启动后自动创建一个名为“文档 1”的文档，其工作区是空的，只是在第一行第一列处有一个闪烁着的黑色竖条（或称光标），称为插入点。键入文本时，它指示下一个字符的位置。每输入一个字符插入点自动向右移动一格。在编辑文档时，可以移动“I”状的鼠标指针并单击一下来移动插入点的位置。也可以使用光标移动键来移动插入点到所希望的位置。在草稿视图下，还会出现一小段水平横条，称为文档结束标记。

4.2.3 退出 Word 2016

退出 Word 2016 的常用方法有以下 5 种：

（1）选择“文件”→“关闭”命令。

（2）单击标题栏右边的“关闭”按钮。

（3）右击标题栏，在弹出的菜单中选择“关闭”命令。

（4）光标移至任务栏中的 Word 2016 文档按钮，在展开的文档窗口缩略图中单击“关闭”按钮。

（5）按【Alt+F4】组合键。

在执行退出 Word 2016 操作时，如有文档输入或修改后尚未保存，那么 Word 2016 将会弹出一个对话框，询问是否要保存未保存的文档，若单击“保存”按钮，则保存当前输入或修改的文档；若单击“不保存”按钮，则放弃当前所输入或修改的内容，退出 Word 2016；若单击“取消”按钮，则取消这次操作，继续工作。

4.3 Word 2016 文档的基本操作

本节主要介绍如何使用 Word 2016 创建一个新文档或打开已存在的文档，如何移动插入点和输入文本，如何保存文档等常用操作。如何选定文本并对其进行插入、删除、复制、移动、查找与替换等基本操作。

4.3.1 创建新文档

当启动 Word 2016 后，自动打开一个新的空文档并暂时命名为“文档 1”。除了这种自动创建文档的方法外，如果在编辑文档的过程中还需另外创建一个或多个 Word 2016 新文档时，可以用以下方法之一来创建：

（1）选择“文件”→“新建”→“空白文档”命令。

（2）按【Alt+F】组合键，打开“文件”选项卡，执行“新建”命令，再单击“空白文档”按钮（或直接按“N”键，再按“L”键）。

（3）按【Ctrl+N】组合键。

Word 2016 对“文档 1”以后再新建的文档，以创建的顺序依次命名为“文档 2”“文档 3”……。每一个新建文档对应一个独立的文档窗口，任务栏中也有一个相应的文档按钮与之对应。当新建文档数量多于一个时，这些文档按钮便以叠置的按钮组形式出现。将光标移至任务栏上的按钮（或按钮组）上，按钮（或按钮组）便会展开为各自的文档窗口缩略图，单击文档窗口缩略图可实现文档间的切换。

4.3.2 打开已存在的 Word 2016 文档

当要查看、修改、编辑或打印已存在的 Word 2016 文档时，首先应该打开它。文档的类型可以是 Word 2016 文档，也可以是利用 Word 2016 软件的兼容性，经过转换打开的非 Word 2016 文档（如 WPS 文件、纯文本文件等）。

1. 打开一个或多个 Word 2016 文档

在资源管理器中，双击带有 Word 2016 文档图标的文件名是打开 Word 2016 文档最快捷的方式。除此之外，打开一个或多个 Word 2016 文档还有以下 2 种常用方法：

（1）选择“文件”→“打开”命令。

（2）按【Ctrl+O】组合键。

执行打开操作时，可以根据右侧“打开”菜单项中显示的子菜单项去选定要打开的文档名。

选定一个文档的情况比较简单，只要单击所要打开的文档名即可。

如果选定多个文档，则可同时打开多个文档。如果要打开的多个文档名是连续排列在一起的，则可以先单击第一个要打开的文档名，然后按住【Shift】键，再单击最后一个要打开的文档名，这样包含在这两个文档名之间的所有文档全被选定；如果要打开的多个文档名是分散的，则可以先单击第一个要打开的文档名，然后按住【Ctrl】键，再分别单击每个要打开的文档名来选定文档。当所有选定的文档被一一打开，最后打开的一个文档成为当前的活动文档。

每打开一个文档，任务栏中就有一个相应的文档按钮与之对应。当打开的文档数量多于一个时，这些文档按钮便以叠置的按钮组形式出现。将光标移至任务栏上的按钮（或按钮组）上，按钮（或按钮组）便会展开为各自的文档窗口缩略图，单击文档窗口缩略图可实现文档间的切换。另外，也可以通过单击“视图”→“切换窗口”下拉菜单中所列的文档名进行文档切换。

2．打开最近使用过的文档

如果要打开的是最近使用过的文档，Word 2016 提供了更快捷的操作方式，其中两种常用的操作方法如下：

（1）选择“文件”→“打开”命令，在随后出现的图 4-6 所示的“最近”子菜单项中，即可打开用户指定的文档。默认情况下，“最近”子菜单项中保留 25 个最近使用过的 Word 2016 文档名。

（2）若当前已存在打开的一个（或多个）Word 2016 文档，则右击任务栏中“已打开 Word 文档”按钮（或以叠置形式放置的“已打开 Word 文档”按钮组），此时会弹出一个名为“最近”的列表框，如图 4-7 所示。列表框中含有最近使用过的 Word 2016 文档，单击需要打开的文档名，即可打开用户指定的文档。默认情况下，“最近”列表框中保留 10 个最近使用过的 Word 2016 文档名。

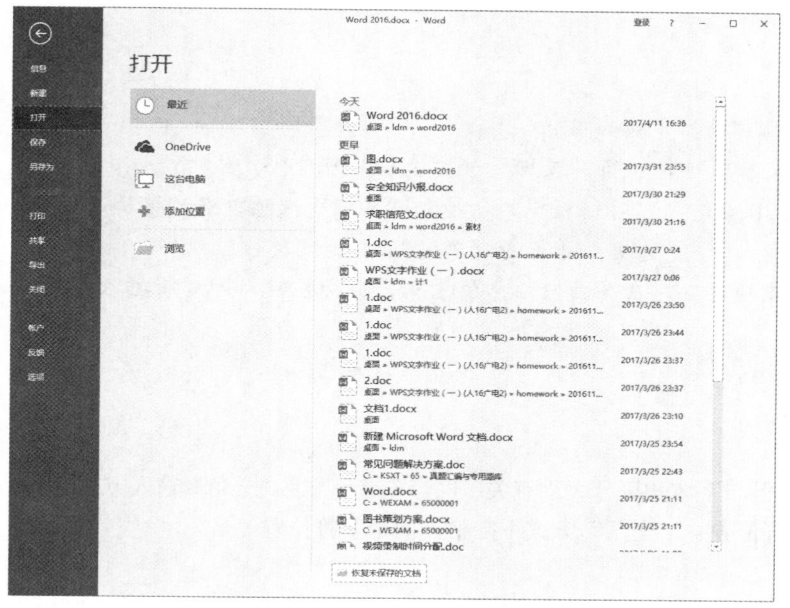

图 4-6 “最近”子菜单项

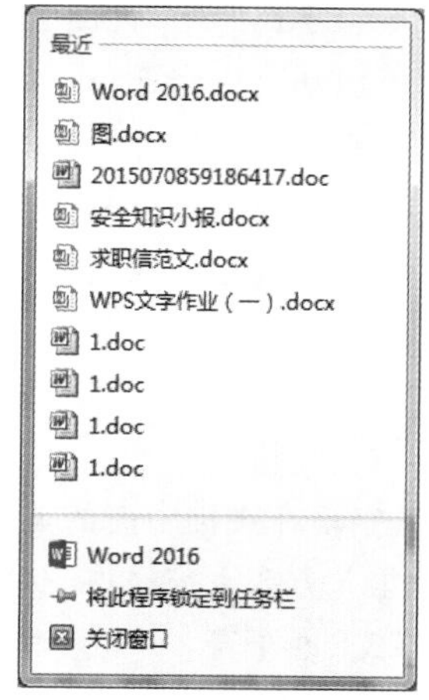

图 4-7 “最近”列表框

4.3.3 输入文本

新建一个空白文档后，即可输入文本。在窗口工作区的左上角有一个闪烁着的黑色竖条“I”称为插入点，它表明输入字符将出现的位置。输入文本时，插入点自动后移。

Word 2016 有自动换行的功能，当输入到每行的末尾时不必按【Enter】键，只有当一个段落结束时才按【Enter】键，按下【Enter】键后换行表明新段落的开始。

Word 2016 文档中既可输入汉字，又可输入英文。输入英文单词或句子一般有 7 种书写格式：句首字母大写、全部小写、全部大写、每个单词首字母大写、切换大小写、半角、全角。在 Word 2016 中用【Shift+F3】组合键，可实现“每个单词首字母大写、全部大写、全部小写”这 3 种书写格式的转换。具体操作是：首先选定英文单词或句子，然后单击“开始”→“字体”→“更改大小写”按钮，选定的英文单词或句子在 7 种格式之间转换。

提示

文档录入有两种模式：“改写”和“插入”。“改写”模式下输入的内容会替换光标后面的内容，“插入”模式下输入的内容会插入到光标后面，不会替换已经存在的内容。在状态栏的空白处右击会弹出一快捷菜单，选择“改写”命令，在状态栏上会自动添加“插入”按钮，再次单击此按钮后键盘录入方式切换为“改写”状态，此时如果要切换两种模式就可以通过按【Insert】键进行。正常情况下键盘默认录入方式为“插入”。

1.“即点即输”

利用“即点即输”功能，可以在文档空白处的任意位置快速定位插入点和对齐格式设置，输入文字，插入表格、图片和图形等内容。当鼠标指针“I”移到特定格式区域时，“即点即输”指针形状发生变化，即在鼠标指针“I”附近（上、下、左、右）出现将要应用的格式图标，表明双击此处将要应用的格式设置，这些格式包括：左对齐、居中、右对齐、小数点对齐、竖线对齐、首行缩进、悬挂缩进。

提示

启动“即点即输”功能，操作步骤如下：

（1）打开 Word 2016 文档窗口，执行“文件”→“选项”命令；

（2）在打开的“Word 2016 选项”对话框中，切换到“高级”选项，在“编辑选项”区域选中“启用‘即点即输入’”复选框，并单击“确定”按钮；

（3）返回 Word 2016 文档窗口，在页面内任意位置双击鼠标左键，即可将插入点光标移动到当前位置。

在输入时应注意如下问题。

1）空格

空格在文档中占的宽度不但与字体和字号大小有关，也与“半角”或“全角”输入方式有关。“半角”方式下空格占一个字符位置，“全角”方式下空格占两个字符位置。

2）回车符

文字输入到行末尾继续输入，后面的文字会自动换行显示。为了有利于自动排版，不要在每行的行末尾按【Enter】键，只需在每个自然段结束时按。按【Enter】键后显示回车符为“↵”。

显示/隐藏回车符的操作是：选择“文件”→“选项”命令（或在 Word 2016 窗口当前功能区的任意位置处右击，并在弹出的快捷菜单中选择“自定义功能区”命令），打开“Word 选项”对话框，切换到“显示”选项，进入“始终在屏幕上显示这些格式标记”区域，在“段落标记”复选框上执行选中（或取消）操作，即可实现在文档中显示（或隐藏）回车符的功能。

3）换行符

如果要另起一行，但不另起一个段落，可以输入换行符。输入换行符的两种常用方法是：

（1）按【Shift+Enter】组合键。

（2）在“布局”功能区的“页面设置”分组中单击“分隔符”按钮，执行“自动换行符”命令。

提示

换行符显示为“↓”，与回车符“↵”不同。“回车”是一个段落的结束，开始新的段落；“换行”只是另起一行显示文档的内容。

4）段落的调整

自然段落之间用“回车符”分隔。两个自然段落的合并只需删除它们之间的“回车符”即可。操作步骤：将光标移到前一段落的段尾，按【Delete】键可删除光标后面的回车符，使后一段落与前一段落合并。

一个段落要分成两个段落，只需在分段处按【Enter】键即可。段落格式具有“继承性”，结束一个段落按【Enter】键后，下一段落会自动“继承”上一段落的格式（标题样式除外）。因此，如果对文档各个段落的格式设置风格不同时，最好在整个文档输入完成后再进行格式设置。

5）文档中红色与蓝色下画线的含义

如果没有在文本中设置下画线格式，但在文本的下方出现了下画线，可能是以下原因：默认情况下，Word 2016 会自动检查您的文档中的拼写和语法错误，用红色波形下画线表示可能拼写错误的单词，用蓝色波形下画线表示可能语法错误。

启动/关闭检查“拼写和语法”的操作：在“审阅”功能区的“语言”分组中单击“语言”按钮，并在打开的菜单中执行“设置校对语言”命令，在随之打开的“语言”对话框中，对“不检查拼写或语法”复选框撤销/选中即可启动/关闭“拼写和语法”的检查。

隐藏/显示检查“拼写和语法”时出现的波形下画线，具体操作：选择“文件”→“选项”命令，在打开的“Word 选项”对话框中，单击“校对”选项，进入“例外项”区域，然后对“只隐藏此文档中的拼写错误”和“只隐藏此文档中的语法错误”这两个复选框执行选中/撤销操作。

6）文档中蓝色与紫色下画线的含义

Word 2016 系统默认蓝色下画线的文本表示超链接，紫色下画线的文本表示已访问的超链接。二者颜色可修改，操作步骤：在“设计”功能区的“文档格式”分组中单击“颜色”按钮，在随之打开的列表框中单击“自定义颜色”按钮，通过“新建主题颜色”对话框即可对“超链接”和“已访问的超链接”的颜色进行更改并保存，如图 4-8 所示。

图 4-8　“新建主题颜色”对话框

7）注意保存文档

正在输入的内容通常保存在系统缓存中，如果不小心退出、死机或断电，输入的内容会丢失，所以要经常做存盘操作。可以选择“文件”→“选项”命令，在弹出的“Word 选项”对话框中，单击“保存”按钮，在“保存文档”区域选中“保存自动恢复信息时间间隔 10 分钟”复选框（系统默认时间间隔为 10 分钟，用户可根据实际情况自己调整间隔时间），这样，Word 2016 系统会定期自动保存文档内容。

2. 插入符号

在输入文本时，可能要输入（或插入）一些键盘上没有的特殊的符号（如俄、日、希腊文字符，数学符号，图形符号等），除了利用汉字输入法的软键盘外，Word 2016 提供了“插入符号”的功能。具体操作步骤如下：

（1）将插入点移动到要插入符号的位置（插入点可以用键盘的上、下、左、右箭头键来移动，也可以移动“I”鼠标指针到选定的位置并单击）。

（2）选择“插入”选项卡“符号”组中的“符号”命令，在随之出现的列表框中，上方列出了最近插入过的符号，下方是“其他符号”按钮。如果需要插入的符号位于列表框中，单击该符号即可；否则，单击“其他符号”按钮，打开图 4-9 所示的“符号”对话框。

（3）在“符号”选项卡“字体”下拉列表中选定适当的字体项，在符号列表框中选定所需插入的符号，再单击“插入”按钮即可。

（4）单击对话框右上角的“关闭”按钮，关闭“符号”对话框。

图 4-9 “符号”对话框

3. 插入日期和时间

在 Word 2016 文档中可以选择“插入”→“文本”→“日期和时间”命令来插入日期和时间。具体步骤如下：

（1）将插入点移动到要插入日期和时间的位置。

（2）选择“插入”→“文本”→“日期和时间”命令，打开图 4-10 所示的“日期和时间”对话框。

（3）在“语言”下拉列表中选定“中文（中国）”或“英语（美国）”，在“可用格式”列表框中选定所需的格式。如果选定“自动更新”复选框，则所插入的日期和时间会自动更新，否则保持插入时的日期和时间。

（4）单击“确定”按钮，即可在插入点处插入当前的日期和时间。

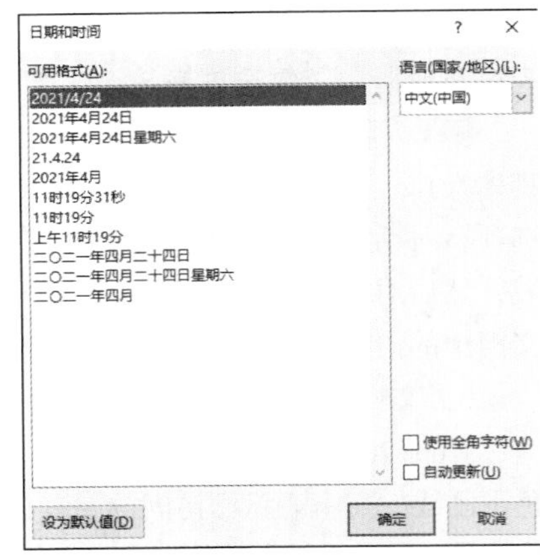

图 4-10 “日期和时间”对话框

4. 插入脚注和尾注

在编写文章时，常常需要对一些从别人的文章中引用的内容、名词或事件加以注释，这称为脚注或尾注。脚注和尾注是对文本的补充说明，都是注释，两者唯一的区别：脚注一般位于页面的底端，可以作为文档某处内容的注释；尾注一般位于文档的末尾，列出引文的出处等。插入脚注（或尾注）的操作步骤如下：

（1）将插入点移动到需要插入脚注（或尾注）的文字之后。

（2）单击“引用”功能区“脚注”分组右下角的对话框启动器按钮，打开图 4-11 所示的“脚注和尾注”对话框。

（3）在对话框中选定“脚注”或“尾注”单选项，设定注释的编号格式、自定义标记、起始编号和编号方式等。

（4）单击“插入”按钮即可在页面底端（或文档末尾）输入注释内容。

如果要删除脚注或尾注，则选定脚注或尾注号后按【Delete】键。

5. 插入另一个文档

利用 Word 插入文件的功能，可以将几个文档连接成一个文档。具体步骤如下：

（1）将插入点移动到要插入另一个文档的位置。

（2）选择“插入”→“文本”→“对象”→“文件中的文字”命令，打开“插入文件”对话框（如图 4-12 所示）。

（3）在“插入文件”对话框中选定所要插入的文档。

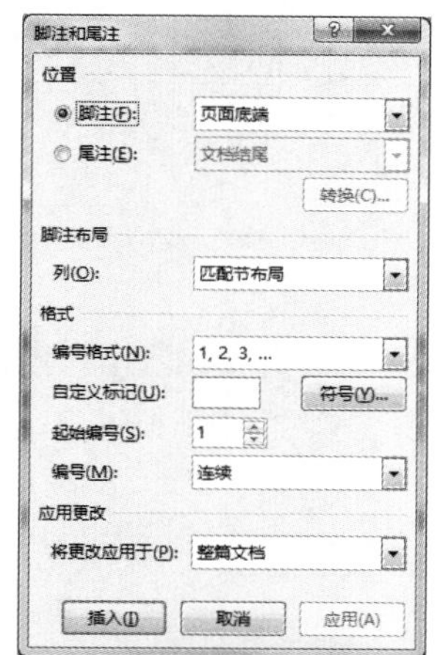

图 4-11　“脚注和尾注”对话框

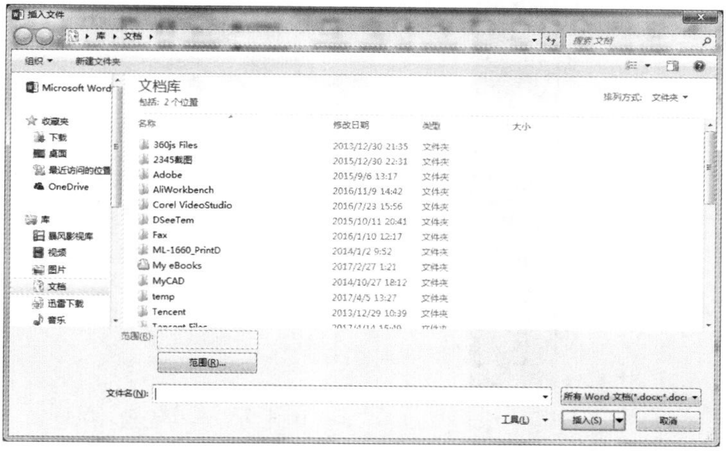

图 4-12　“插入文件”对话框

4.3.4　文档的保存和保护

1. 文档的保存

1）保存新建文档

文档输入完后，此文档的内容还驻留在计算机的内存之中。为了永久保存所建立的文档，在退出 Word 前应将它保存起来。保存文档的常用方法有以下几种：

（1）单击快速访问工具栏的“保存”按钮。

（2）选择“文件”→“保存”命令。

（3）直接按【Ctrl+S】组合键。

若是第一次保存文档，会打开图 4-13 所示的“另存为”窗口，用户应先在列表框中选定与保存文档有关的位置，之后，在弹出的图 4-14 所示“另存为”对话框中，选定所要保存文档的驱动器和文件夹，在“文件名”一栏中输入新的文件名，最后，单击“保存”按钮，即可将当前文档保存到指定的驱动器和文件夹，同时当前文档窗口标题栏中的文件名变更为新输入的文件名。文档保存后，该文档窗口并没有关闭，可以继续编辑该文档。

2）保存已有的文档

对已有的文件打开和修改后，可直接单击“保存”按钮，修改后的文档将以原来的文件名保存在原来的文件夹中，此时不再出现“另存为”窗口。

3）用另一文档名保存文档

选择“文件”→“另存为”命令可以把一个正在编辑的文档以另一个不同的名字保存起来，而原来的文件依然存在。执行“另存为”命令后，会打开图 4-13 所示的“另存为”窗口，其后的操作与保存新建文档一样。

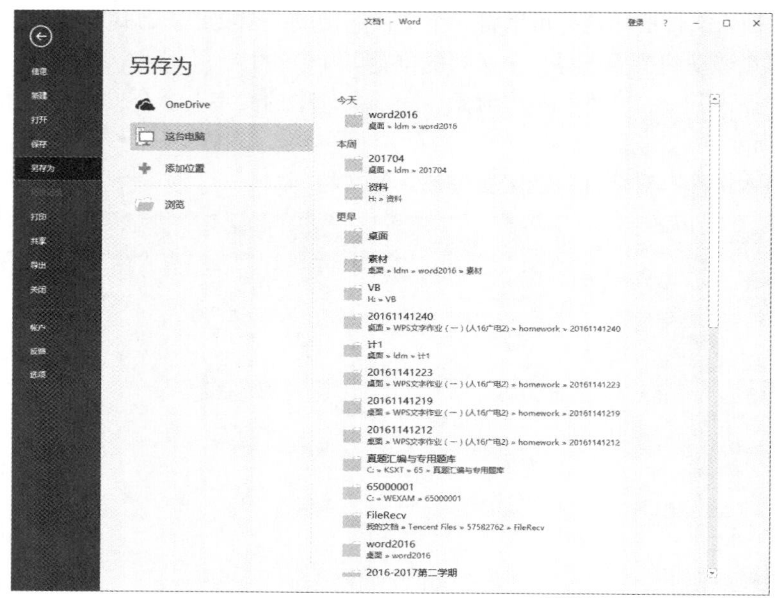

图 4-13 “另存为”窗口

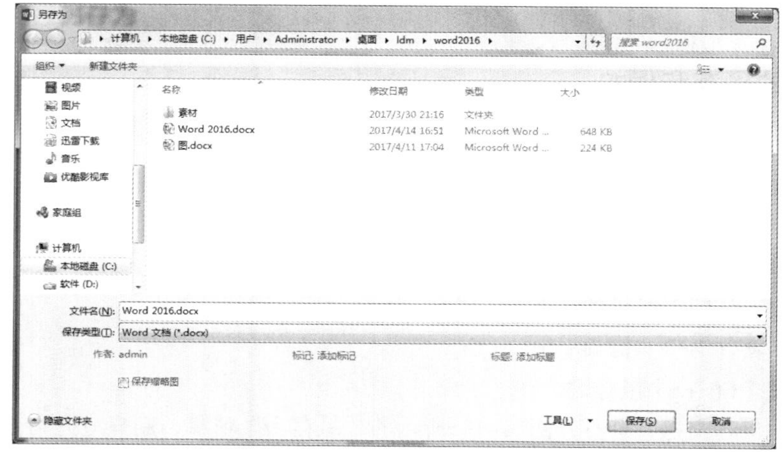

图 4-14 “另存为”对话框

2. 文档的保护

如果所编辑的文档是一份秘密文件，不希望无关人员查看此文档，则可以给文档设置“打开文件时的密码”，使别人在没有密码的情况下无法打开此文档。

如果文档允许别人查看，但禁止修改，那么可以给这种文档加一个“修改文件时的密码”。对设置了“修改文件时的密码”的文档，别人可以在不知道口令的情况下以“只读”方式查看它，但无法修改它。

设置密码是保护文档的一种方法，设置密码的方法如下：

1）设置“打开文件时的密码”

文档在存盘前设置了“打开文件时的密码”后，那么再打开它时，Word 首先要核对密码，只有密码正确的情况下才能打开，否则拒绝打开。

设置“打开文件时的密码”可以通过以下步骤实现：

（1）选择“文件”→“另存为”命令，在列表框中选定文档保存位置，打开“另存为”对话框（参见图 4-14）。

（2）在“另存为”对话框中，选择“工具”→“常规选项”命令，打开图 4-15 所示的“常规选项”对话框，输入设置的密码。

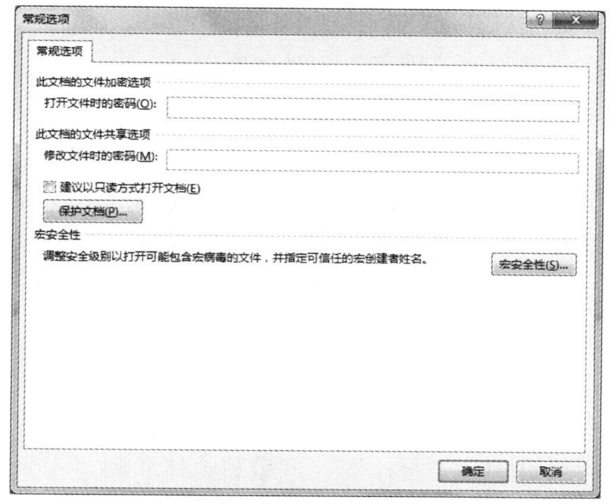

图 4-15 “常规选项”对话框

（3）单击“确定”按钮，此时会出现一个图 3-16 所示的“确认密码”对话框，要求用户再次键入所设置的密码。

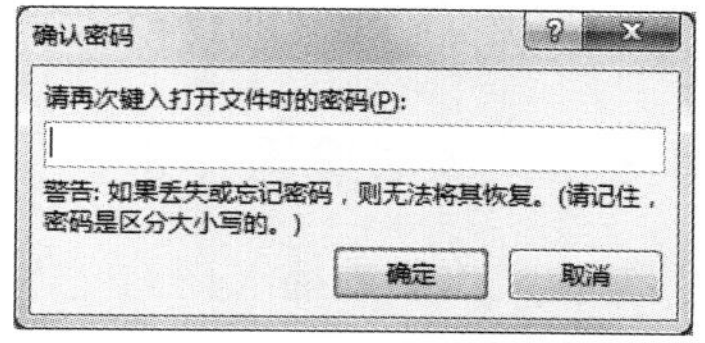

图 4-16 “确认密码”对话框

（4）在“确认密码”对话框的文本框中再次键入所设置的密码并单击“确定”按钮。如果密码核对正确，则返回“另存为”对话框，否则出现“密码不匹配”的警示信息，此时只能单击“确定”按钮，重新设置密码。

（5）当返回到“另存为”对话框后，单击“保存”按钮即可存盘。

至此，密码设置完成。当以后再次打开此文档时，会出现“密码”对话框，要求用户输入密码以便核对，如果密码正确，则文档打开；否则，文档不予打开。

如果想要取消已设置的密码，可以按下列步骤操作：

（1）用正确的密码打开该文档。

（2）选择“文件”→“另存为”命令，打开“另存为”对话框。

（3）在“另存为”对话框中，选择“工具”→“常规选项”命令，打开“常规选项”对话框。

（4）在“打开文件时的密码”一栏中有“*”表示的密码，按【Delete】键删除密码，再单击“确定”按钮返回“另存为”对话框。

（5）单击“另存为”对话框中的“保存”按钮。

此时，密码被删除，以后再打开此文档时就不需要密码了。

2）设置“修改文件时的密码”

如果允许别人打开并查看文档，但无权修改它，则可以通过设置“修改文件时的密码”来实现。设置“修改文件时的密码”的步骤，与设置“打开文件时的密码”的操作步骤非常相似，不同的只是将密码输入到图 4-15 中的“修改文件时的密码”的文本框中。打开文档的情形也类似，此时“密码”对话框多了一个“只读”按钮，供不知道密码的人以只读方式打开文档。

3）设置文件为“只读”属性

由上可见，将文件属性设置成“只读”也是保护文件不被修改的一种方法。将文件设置为只读文件的方法是：

（1）打开“常规选项”对话框。

（2）勾选“建议以只读方式打开文档”复选框。

（3）单击“确定”按钮，返回到“另存为”对话框。

（4）单击“保存”按钮完成只读属性的设置。

4）对文档中的指定内容进行限制编辑

有些情况下，文档作者认为文档中的某些内容（如某句话或某段落）比较重要，不允许被其他人更改，但允许阅读或对其进行修订、审阅等操作，这在 Word 中称为“文档保护”，可以通过文档保护的相应操作来实现。具体操作步骤如下：

（1）选定需要保护的文档内容。

（2）选择“审阅”→“保护”→“限制编辑”命令，打开“限制编辑”窗格。

（3）在“限制编辑”窗格中，勾选“仅允许在文档中进行此类型的编辑”复选框，并在“编辑限制”下拉列表框中从“修订”、“批注”、“填写窗体”和“不允许任何更改（只读）”四个选项中选定一项。

此后，对于这些被保护的文档内容，只能进行上述选定的编辑操作。

4.3.5 基本编辑技术

在文本某处插入新的文本、删除文本的几个或几行字、修改文本的某些内容、复制和移动文本的一部分、查找与替换指定的文本等都是最基本的编辑操作技术。在做编辑操作前，需要掌握插入点的移动和文本选定这两个最基本的操作。

1. 插入点的移动

在文本区域中，插入点是一个不断闪烁着的黑色竖条“|”，称为插入点光标。在插入状态下（Word 2016 的默认设置），每输入一个字符或汉字，插入点右边的所有文字都相应右移一个位置，所以，可以在插入点前插入需要插入的文字和符号。

注意

当鼠标指针移到文本区时，其形状会变成“I”形，此时它不是插入点而是鼠标指针。只有当“I”形鼠标指针移动到文本的指定位置并单击一下鼠标左键后，才完成了将插入点移动到指定位置的操作。

除了用鼠标移动插入点外，移动插入点可以用键盘上的移动光标键移动。表 4-1 列出了利用键盘移动插入点的几个常用键的功能。

表 4-1 用键盘移动插入点

键 名	说 明
←	移动光标到前一个字符
→	移动光标到后一个字符
↑	移动光标到前一行
↓	移动光标到后一行
PageUp	移动光标到前一页当前光标处
PageDown	移动光标到后一页当前光标处
Home	移动光标到行首
End	移动光标到行尾
Ctrl+ PageUp	移动光标到上一页的顶端
Ctrl+ PageDown	移动光标到下一页的顶端
Ctrl+ Home	移动光标到文档首
Ctrl+End	移动光标到文档尾
Alt+ Ctrl+ PageUp	移动光标到当前页的开始
Alt+ Ctrl+ PageDown	移动光标到当前页的结尾
Shift+F5	移动光标到最近曾经修改过的 3 个位置

2. 文本的选定

如果要复制和移动文本的某一部分，则首先应选定这部分文本，可以用鼠标或键盘来实现选定文本的操作。

在文档中，鼠标指针显示为“I”形的区域是文档的编辑区；当鼠标指针移动到文档编辑区左侧的空白区时，鼠标指针变成向右上方指的箭头，这个空白区称为文档选定区，文档选定区可以用于快速选定文本。

1）用鼠标选定文本

根据所选定文本区域的不同情况，分别有：

（1）选定任意大小的文本区。首先将“I”形鼠标指针移动到要选定文本区的开始处，然后按住鼠标左键并拖动鼠标直到所选定的文本区的最后一个文字再松开鼠标左键，这样，鼠标拖动过的区域被选定，并以反白形式显示出来。文本选定区域可以是一个字符或标点，也可以是整篇文档。如果要取消选定区域，可以用鼠标单击文档的任意位置或按键盘上的箭头键。

（2）选定大块文本。首先用鼠标指针单击选定区域的开始处，然后按住【Shift】键，再结合滚动条将文本翻到选定区域的末尾，再单击选定区域的末尾，则两次单击范围中包括的文本就被选定。

（3）选定矩形区域中的文本。将鼠标指针移动到所选区域的左上角，按住【Alt】键，拖动鼠标直到区域的右下角，放开鼠标。

（4）选定一个句子。按住【Ctrl】键，将鼠标光标移动到所要选句子的任意处单击一下。

（5）选定一个段落。将鼠标指针移动到所要选定段落的任意行处连击三下。或者将鼠标指针移动到所要选定段落左侧的文档选定区，当鼠标指针变成向右上方指的箭头时鼠标左键双击。

（6）选定一行或多行。将鼠标指针移动到所要选定行左侧的文档选定区，当鼠标指针变成向右上方指的箭头时，单击一下就可以选定箭头指向的所在行文本，如果按住鼠标左键不放再拖动鼠标，则可选定若干行文本。

（7）选定整个文档。按住【Ctrl】键，将鼠标指针移动到左侧的文档选定区，当鼠标指针变成向右上方指的箭头时，单击一下；或者将鼠标指针移动到左侧的文档选定区，当鼠标指针变成向右上方指的箭头时，连续快速三击鼠标左键；或者单击“开始”功能区的“编辑”分组中的“选择”按钮，在随之打开的下拉菜单中单击“全选”命令；也可以直接按【Ctrl+A】组合键选定全文。

2）用键盘选定文本

当用键盘选定文本时，注意应首先将插入点移动到所选文本区的开始处，然后再按如表 4-2 所示的组合键。

表 4-2　常用选定文本的组合键

组合键	选定功能
Shift+←	选定当前光标左边的一个字符或汉字
Shift+→	选定当前光标右边的一个字符或汉字
Shift+↑	选定到上一行同一位置之间的所有字符或汉字
Shift+↓	选定到下一行同一位置之间的所有字符或汉字
Shift+PageUp	选定上一屏
Shift+PageDown	选定下一屏
Shift+Home	从插入点选定到它所在行的开头
Shift+End	从插入点选定到它所在行的末尾
Ctrl+ Shift+ Home	选定从当前光标到文档首
Ctrl+ Shift+End	选定从当前光标到文档尾
Ctrl+ A	选定整个文档

3）用扩展功能键【F8】选定文本

利用 Word 的扩展功能，可以很方便地选定光标所在的整句、整段或全文。

在按【F8】功能键之后，表示已经进入扩展式选定状态。Word 2016 在默认设置下没有任何提示，操作起来不太方便，此时将鼠标指针移动到状态栏并右击，从打开的“自定义状态栏”快捷菜单中选中“选定模式”，则状态栏中就会出现“扩展式选定”提示信息。

进入扩展式选定模式之后，可以用连续按【F8】键扩大选定范围的方法来选定文本。如果先将插入点移动到某一段落的任意一个中文词（英文单词）中，那么第一次按【F8】键，状态栏中出现“扩展式选定”信息项，表示扩展选定模式被打开；第二次按【F8】键，选定插入点所在位置的中文词/字（或英文单词）；第三次按【F8】键，选定插入点所在位置的一个句子；第四次按【F8】键，选定插入点所在位置的段落；第五次按【F8】键，选定整个文档。也就是说，每按一次【F8】键，选定范围扩大一级。反之，反复按【Shift+F8】组合键可以逐级缩小选定范围。

如果需要退出扩展式选定模式，只要按【Esc】键即可。

3. 插入与删除文本

1）插入文本

在已输入的文本的某一位置中插入一段新的文本的操作是非常简单。唯一要注意的是：确认当前文档处在“插入”方式还是“改写”方式，如果自定义状态栏中的相应信息项是“插入”，则表示当前处于“插入”方式；否则处于“改写”方式。

在插入方式下，只要将插入点移动到需要插入文本的位置，输入新文本即可。插入时，插入点右边的字符和文字随着新的文字输入逐一向右移动。如果在改写方式下，则插入点右边的字符或文字将被新输入的字符或文字所替代。

2）删除文本

删除一个字符或汉字的最简单的方法是：将插入点移动到此字符或汉字的左边，然后按【Delete】键；或者将插入点移动到此字符或汉字的右边，然后按【Backspace】键。

删除几行或一大块文本的快速方法是：首先选定要删除的该块文本，然后按【Delete】键（或选择“开始”→“剪贴板”→“剪切”命令）。

如果删除之后想恢复所删除的文本，那么只要单击自定义快速访问工具栏的“撤销”按钮即可。

4. 移动文本

在编辑文档的时候，经常需要将某些文本从一个位置移动到另一个位置，以调整文档的结构，移动文本的方法有：

1）剪贴板移动文本

可以利用“开始”功能区“剪贴板”组中的“剪切”按钮和“粘贴”按钮来实现文本的移动。具体操作步骤如下：

（1）选定所要移动的文本。

（2）单击“开始”→“剪贴板”组中的“剪切”按钮，或按【Ctrl+X】组合键。此时所选定的文本被剪切并保存在剪贴板中。

（3）将插入点移动到文本将要移动到的新位置。此新位置可以是在当前文档中，也可以是在其他文档中。

（4）单击“开始”→“剪贴板”组中的“粘贴”按钮，或按【Ctrl+V】组合键，所选定的文本便移动到指定的新位置。

提示

Word 2016 提供的剪贴板默认存放 24 个最近“剪切”或“复制”的内容，用户可以根据需要选择其中之一粘贴到目标位置。

2）快捷菜单移动文本

使用快捷菜单移动文本的操作步骤与使用剪贴板移动文本的方法类似，不同之处在于它使用快捷菜单中的“剪切”和“粘贴”命令。具体操作步骤如下：

（1）选定所要移动的文本。

（2）将“I”形鼠标指针移动到所选定的文本区，此时鼠标指针形状变成指向左上角的箭头，单击鼠标右键（简称“右击”），弹出快捷菜单。

（3）在快捷菜单中选择“剪切”命令。

（4）再将“I”形鼠标指针移动到将要移动到的新位置并右击，弹出快捷菜单。

（5）选择“粘贴”命令，完成移动操作。

3）鼠标左键拖动文本

如果所移动的文本比较短小，而且将移动到的目标位置就在同屏幕中，那么用鼠标拖动它更为简捷。具体操作步骤如下：

（1）选定所要移动的文本。

（2）将“I”形鼠标指针移动到所选定的文本区，使其变成指向左上角的箭头。

（3）按住鼠标左键，此时鼠标指针下方增加一个灰色的矩形，并在箭头处出现一虚竖线段（即插入点），它表明文本要插入的新位置。

（4）拖动鼠标指针前的虚插入点到文本将要移动到的新位置上并松开鼠标左键，这样就完成了文本的移动。

4）鼠标右键拖动文本

与使用鼠标左键拖动文本实现文本移动的方法类似，也可以用鼠标右键拖动选定的文本来移动文本，具体操作步骤如下：

（1）选定所要移动的文本。

（2）将“I”形鼠标指针移动到所选定的文本区，使其变成指向左上角的箭头。

（3）按住鼠标右键，将虚插入点拖动到文本将要移动到的新位置上并松开鼠标右键，出现图 4-17 所示的快捷菜单。

（4）选择“移动到此位置”命令，完成移动。

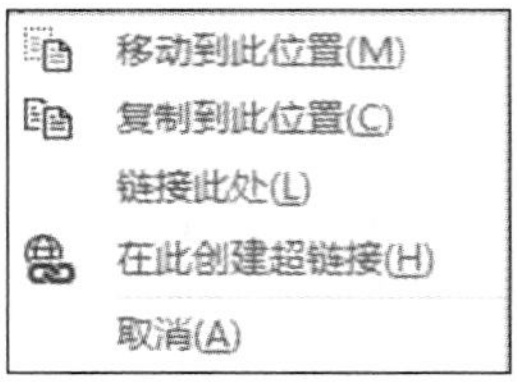

移动到此位置(M)
复制到此位置(C)
链接此处(L)
在此创建超链接(H)
取消(A)

图 4-17 使用鼠标右键拖动选定文本时的快捷菜单

5. 复制文本

有时，常常需要重复输入一些前面已输入过的文本，使用复制操作可以减少键入错误，提高效率。复制文本是一个常用操作，与移动文本的操作类似，复制文本的方法有以下 4 种：

1）剪贴板复制文本

可以利用“开始”功能区“剪贴板”组中的“复制”按钮和“粘贴”按钮来实现文本的复制。具体操作步骤如下：

（1）选定所要复制的文本。

（2）单击“开始”→“剪贴板”组中的“复制”按钮，或按【Ctrl+C】组合键。此时所选定文本的副本被临时保存在剪贴板中。

（3）将插入点移动到文本将要复制到的新位置。此新位置可以是在当前文档中，也可以是在其他文档中。

（4）单击“开始”→“剪贴板”组中的“粘贴”按钮，或按【Ctrl+V】组合键，所选定文本的副本被复制到指定的新位置。

只要剪贴板上的内容没有被破坏，那么同一块文本可以复制到若干个不同的位置上。

2）快捷菜单复制文本

使用快捷菜单复制文本的步骤与使用快捷菜单移动文本的操作类似，所不同的是它使用快捷菜单中的“复制”和“粘贴”命令。具体操作可参照“快捷菜单移动文本”一节。

3）鼠标左键拖动复制文本

如果所复制的文本比较短小，而且复制的目标位置就在同一屏幕中，那么用鼠标拖动复制显得更为简捷。具体操作步骤如下：

（1）选定所要复制的文本。

（2）将“I”形鼠标指针移动到所选定的文本区，使其变成指向左上角的箭头。

（3）先按住【Ctrl】键，再按住鼠标左键，此时鼠标指针下方增加一个叠置的灰色矩形和带“+”的矩形，并在箭头处出现一虚竖线段（即插入点），它表明文本要插入的新位置。

（4）拖动鼠标指针前的虚插入点到文本需要复制到的新位置，松开鼠标左键后再松开【Ctrl】键，就可以将选定的文本复制到新位置。

4）鼠标右键拖动复制文本

此方法与使用鼠标左键拖动复制文本方法类似，只要将其第（4）步操作改为选择“复制到此位置”的命令即可。

6. 查找与替换

Word 的查找功能不仅可以查找文档中某一指定的文本，而且还可以查找特殊符号（如段落标记、制表符等）。

1）常规查找文本

查找操作如下：

（1）单击“开始”功能区“编辑”组中的“替换”按钮，打开“查找和替换”对话框。

（2）单击“查找”选项卡，如图 4-18 所示，在“查找内容”栏中键入要查找的文本，如键入“你好”一词。

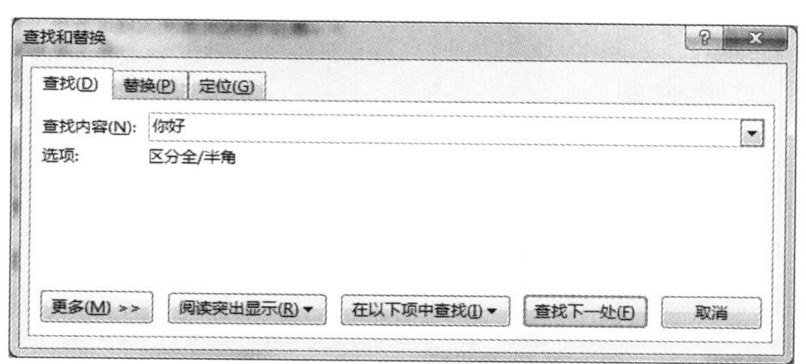

图 4-18 “查找和替换”对话框“查找”选项卡

（3）单击“查找下一处”按钮开始查找。当查找到“文本”一词后，就将该文本移入到窗口工作区内，并反白显示所找到的文本。

（4）如果此时单击“取消”按钮，那么关闭“查找和替换”对话框，插入点停留在当前查找到的文本处。如果还需继续查找下一个的话，那么可单击“查找下一处”按钮，直到整个文档查找完毕为止。

2）高级查找

在图 4–18 所示的“查找和替换”对话框中，单击“更多”按钮，就会出现图 4–19 所示的“查找和替换”对话框。几个选项的功能如下：

（1）查找内容：在“查找内容”列表框中键入要查找的文本；或者单击列表框右端的下拉列表按钮，列表中列出最近 4 次查找过的文本供选用。

（2）搜索：在“搜索”列表框中有“全部”、“向上”和“向下”三个选项。“全部”选项表示从插入点开始向文档末尾查找，到达文档末尾后再从文档开头查找到插入点处；“向上”选项表示从插入点开始向文档开头处查找；“向下”选项表示从插入点向文档末尾处查找。

（3）“区分大小写”和“全字匹配”复选框主要用于查找英文单词。

（4）使用通配符：选择此复选框可在要查找的文本中键入通配符实现模糊查找。可以单击“特殊格式”按钮，查看可用的通配符及其含义。

（5）区分全/半角：选择此复选框，可区分全角或半角的英文字符和数字，否则不予区分。

（6）如果查找特殊字符，则可单击“特殊格式”按钮，打开“特殊格式”列表，从中选择所需要的特殊字符。

（7）单击“格式”按钮，选择“字体”项可打开“字体”对话框，在该对话框中可设置所要查找文本的格式。

（8）单击“更少”按钮可返回常规查找方式。

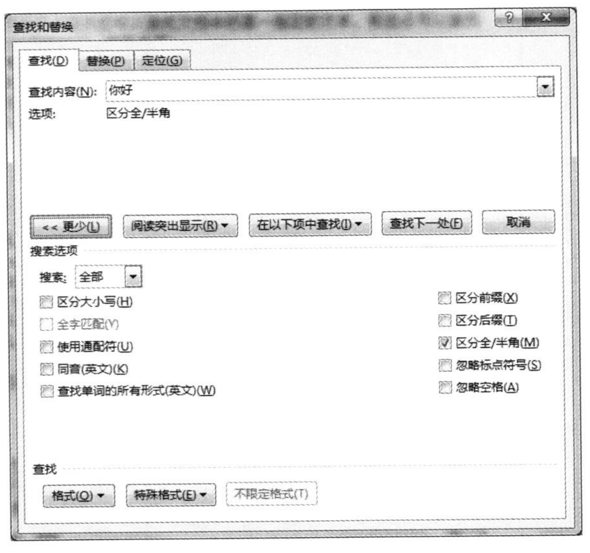

图 4–19　高级功能的“查找和替换”对话框的“查找”选项卡

3）替换文本

有时，需要将文档中多次出现的某个字（或词）替换为另一个字词，例如将“你好”替换成“您好”等，就可以利用“查找和替换”功能实现。“替换”的操作与“查找”操作类似，具体操作步骤如下：

（1）单击“开始”功能区“编辑”组中的“替换”按钮，打开“查找和替换”对话框，并单击“替换”选项卡，如图 4–20 所示。

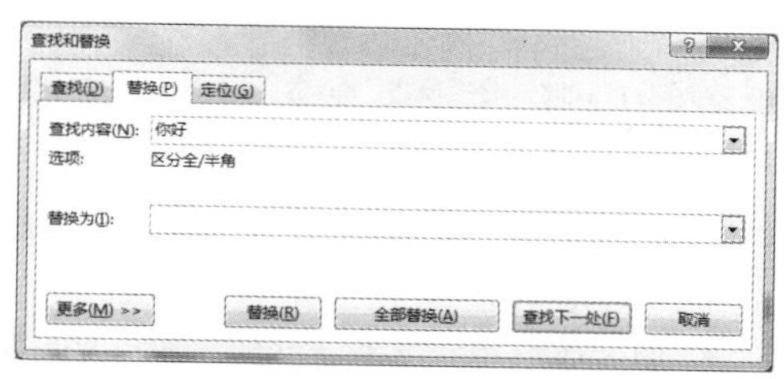

图 4-20　“查找和替换”对话框“替换”选项卡

（2）在“查找内容”列表框中键入要查找的内容，例如键入“你好”。

（3）在“替换为”列表框中键入要替换的内容，例如键入“您好”。

（4）设置完要查找和要替换的文本和格式后，根据情况单击相应按钮。

“替换”操作不但可以对查找到的内容替换为指定的内容，也可以替换为指定的格式。

7．撤销与恢复

在自定义快速访问工具栏（位于标题栏左端）中，有一个“撤销键入”按钮和一个“重复键入”按钮。例如：做了一次键入“计算机”的操作后，如果此时单击“重复键入”命令，那么就在插入点处自动键入“计算机”3 个字，此命令可以不断使用；如果单击了“撤销键入”命令，那么刚刚键入的“计算机”3 个字就被清除掉了，同时“重复键入”命令变成了“恢复键入”命令。单击“恢复键入”命令又可以把前面清除掉的“计算机”3 个字再恢复到文档中。

对于编辑过程中的误操作，单击“撤销键入”按钮右端标有下拉箭头的按钮可以打开记录了各次编辑操作的列表框，最上面的一次操作是最近的一次操作，单击一次“撤销键入”按钮撤销一次操作。如果选定撤销列表中的某次操作，那么这次操作上面的所有操作也同时撤销。同样，所撤销的操作可以按“恢复键入”按钮重新执行。

4.4　Word 2016 的排版技术

文档经过编辑、修改后，通常还需进行排版，才能使之成为一篇图文并茂、赏心悦目的文章。Word 2016 提供了丰富的排版功能，本节主要讲述文字格式的设置、段落的设置、版面设置和文档的打印等排版技术。

4.4.1　文字格式的设置

文字的格式主要指字体、字形和字号。此外，还可以给文字设置颜色、边框、加下画线或着重号和改变文字间距等。

Word 2016 默认的字体格式：中文字体为宋体、五号，西文字体为 Time New Roman、五号。

1．设置字体、字形、字号、下画线和颜色

设置文字格式的方法有两种：一种是利用“开始”功能区“字体”组中的“字体”“字号”“加粗”“倾斜”“下画线”“字体颜色”等按钮来设置文字的格式；另一种是在文本编辑区的任意位置右击，在弹出的快捷菜单中选择“字体”命令，打开“字体”对话框来设置文字的格式，如图 4-21 所示。

2．改变字符间距、字宽度和水平位置

有时，由于排版的原因，需要改变字符间距、字宽度和水平位置。具体操作步骤如下：

（1）选定要调整的文本。

（2）右击，在弹出的快捷菜单中选择“字体”命令，打开“字体”对话框。

（3）单击“高级”选项卡，得到图 4-22 所示的“字体”对话框，设置以下选项：

- 缩放：在水平方向上扩展或压缩文字。100%为标准缩放比例，小于 100%使文字变窄，大于 100%使文字变宽。
- 间距：通过调整“磅值”，加大或缩小文字的字间距，默认的字间距为“标准”。
- 位置：通过调整“磅值”，改变文字相对水平基线，提升或降低显示的位置，系统默认为“标准”。

设置后，可在预览框中查看设置效果，确认后单击“确定”按钮。

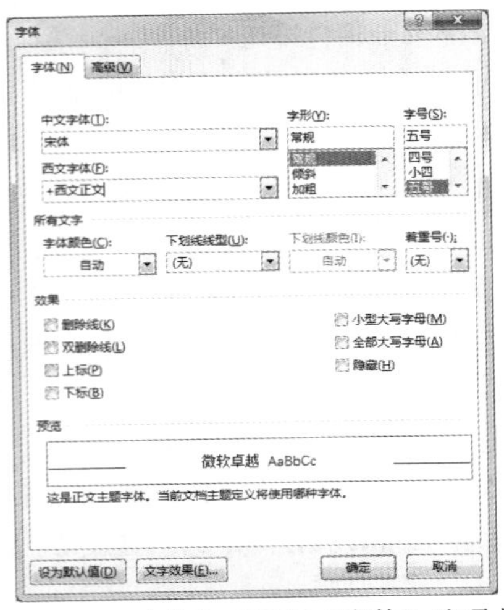

图 4-21 “字体”对话框“字体”选项卡

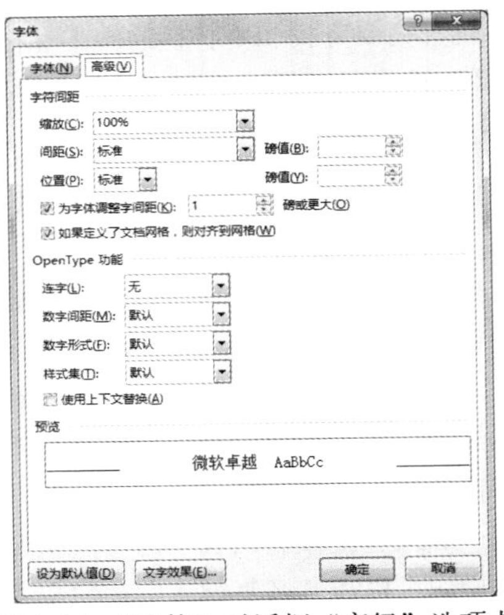

图 4-22 “字体”对话框“高级”选项卡

3．给文本添加边框和底纹

对文本添加边框和底纹。具体操作步骤如下：

（1）选定要加边框和底纹的文本。

（2）单击“设计”功能区“页面背景”组中的“页面边框”按钮，打开图 4-23 所示的“边框和底纹”对话框。

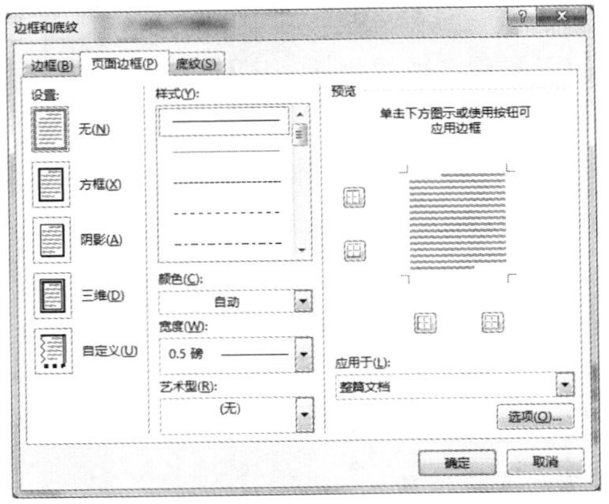

图 4-23 “边框和底纹”对话框

（3）在“页面边框”选项卡（或“边框”选项卡）的“设置”“样式”“颜色”“宽度”等列表中选定所需的参数。

（4）在“应用于”列表框中选定应用对象。

（5）在预览框中可查看效果，确认后单击“确定”按钮。

如果要加底纹，那么单击“底纹”选项卡，做类似上述的操作，在选项卡中选定填充的颜色和图案的样式及颜色；在“应用于”列表框中选定应用对象；在预览框中可查看效果，确认后单击“确定”按钮。边框和底纹可以同时或单独完成添加。

4．格式的复制和清除

对一部分文字设置的格式可以复制到另一部分的文字上，使其具有相同的格式。设置好的格式如果觉得不满意，也可以清除它。

1）格式的复制

使用“开始”功能区“剪贴板”组中的“格式刷”按钮可以实现格式的复制。具体操作步骤如下：

（1）选定已设置格式的文本。

（2）单击“开始”功能区“剪贴板”组中的“格式刷”按钮，此时鼠标指针变为刷子形。

（3）将鼠标指针移动到要复制格式的文本开始处。

（4）拖动鼠标直到要复制格式的文本结束处，放开鼠标左键即完成格式的复制。

提示

单击“格式刷”只能使用一次，如果想多次使用，应双击“格式刷”。如果取消“格式刷”功能，只要再单击“格式刷”按钮一次即可。

2）格式的清除

如果对于所设置的格式不满意，那么可以清除所设置的格式，恢复到Word默认的状态。清除格式的具体操作步骤如下：

（1）选定需要清除格式的文本。

（2）单击“开始”功能区“样式”组中的“其他”按钮，并在打开的样式列表框下方的命令列表中选择“清除格式”命令，即可清除所选文本的格式。

还有一种同时清除样式和格式的方法，也可以实现对格式的清除，具体操作步骤如下：

（1）选定需要清除格式的文本。

（2）单击“开始”功能区“样式”组右下角的对话框启动器按钮，打开“样式”列表框，在样式列表框中单击“全部清除”按钮，即可清除所选文本的所有样式和格式。

另外，也可以用组合键清除格式：选定清除格式的文本，按【Ctrl+Shift+Z】组合键。

4.4.2 段落的设置

一篇文章是否简洁、醒目和美观，除了文字格式的合理设置外，段落的恰当编排也是很重要的。段落是以段落标记“↵”作为结束的一段文字。每按一次【Enter】键就插入一个段落标记，并开始一个新的段落。如果删除段落标记，那么，下一段文本就连接到上一段文本之后，成为上一段文本的一部分，其段落格式改变成与上一段相同。

当输入文本到页面右边界时，Word 会自动换行，只有在需要开始一个新的段落时才按【Enter】键。文档中，段落是一个独立的格式编排单位，它具有自身的格式特征，如左右边界、对齐方式、间距和行距、分栏等，所以，可以对单独的段落做段落设置。

1. 段落左右边界的设置

段落的左边界是指段落的左端与页面左边距之间的距离（以厘米或字符为单位）。同样，段落的右边界是指段落的右端与页面右边距之间的距离。Word 2016 默认以页面左、右边距为段落的左、右边界，即页面左边距与段落左边界重合，页面右边距与段落右边界重合。

段落左右边界的设置方法有以下几种：

1）使用“开始”功能区“段落”组的有关命令按钮

单击“开始”功能区“段落”组的“减少缩进量”或“增加缩进量”按钮可缩进或增加段落的左边界。这种方法由于每次的缩进量固定不变，因此灵活性差。

2）使用“段落”对话框

使用“段落”对话框设置段落边界的操作步骤如下：

（1）选定将设置左、右边界的段落。

（2）单击“开始”功能区“段落”组右下角的对话框启动器按钮，打开图 4-24 所示的“段落”对话框。

（3）在“缩进和间距”选项卡中，单击“缩进”区域的“左侧”或“右侧”文本框的增减按钮设定左右边界的字符数。

（4）单击“特殊格式”列表框的下拉按钮，选择“首行缩进”、“悬挂缩进”或“无”确定段落首行的格式。

（5）在“预览”框中查看，确认设置效果满意后，单击“确定”按钮；若效果不理想，则可单击“取消”按钮取消本次设置。

3）用鼠标拖动标尺上的缩进标记

在普通视图和页面视图下，Word 窗口中可以显示水平标尺。标尺给页面设置、段落设置、表格大小的调整和制表位的设定都提供了方便。在标尺的两端有可以用来设置左右边界的可滑动的缩进标记，标尺的左端上下共有 3 个缩进标记，分别是：首行缩进、悬挂缩进、左缩进；标尺的右端是右缩进标记。

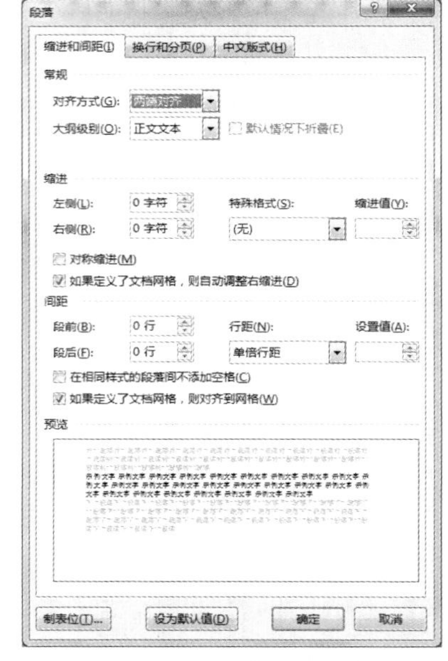

图 4-24 “段落”对话框

使用鼠标拖动这些标记可以对选定的段落设置左、右边界和首行缩进的格式。如果在拖动标记的同时按住【Alt】键，那么在标尺上会显示具体缩进的数值，使用户一目了然。各个缩进标记的功能：

（1）首行缩进标记：仅控制第一行第一个字符的起始位置。

（2）悬挂缩进标记：控制除段落第一行外的其余各行起始位置，且不影响第一行。

（3）左缩进标记：控制整个段落的左缩进位置。

（4）右缩进标记：控制整个段落的右缩进位置。

2. 设置段落对齐方式

段落对齐方式有“两端对齐”、“左对齐”、“右对齐”、“居中”和“分散对齐”五种。

1）使用“开始”功能区“段落”组的各功能按钮设置对齐方式

在“开始”功能区“段落”组中，提供了“左对齐”、“右对齐”、“居中”、“两端对齐”和“分散对齐”五个对齐按钮。Word 默认的对齐方式是“两端对齐”。如果希望把文档中某些段落设置为“居中”对齐，那么只要选定这些段落，然后单击“段落”分组中的“居中”按钮即可。

2）使用“段落”对话框来设置对齐方式

具体操作步骤如下：

（1）选定将要设置对齐方式的段落。

（2）单击“开始”功能区“段落”组右下角的对话框启动器按钮，打开图 4-24 所示的“段落”对话框。

（3）在“缩进和间距”选项卡中，单击“对齐方式”列表框的下拉按钮，在对齐方式列表中选定相应的对齐方式。

（4）在“预览”框中查看，确认设置效果满意后，单击“确定”按钮；若效果不理想，则可单击“取消”按钮取消本次设置。

3）使用快捷键设置

使用快捷键可以对选定的段落实现对齐方式的快捷设置，具体如表 4-3 所示。

表 4-3　设置段落对齐的快捷键

快捷键	功能
Ctrl+ J	使所选定的段落两端对齐
Ctrl+L	使所选定的段落左对齐
Ctrl+R	使所选定的段落右对齐
Ctrl+E	使所选定的段落两端对齐
Ctrl+ Shift+D	使所选定的段落分散对齐

3. 段间距与行间距的设置

用“段落”对话框来精确设置段间距和行间距。

1）设置段间距

设置段间距具体操作步骤如下：

（1）选定要改变段间距的段落。

（2）单击“开始”功能区“段落”组右下角的对话框启动器按钮，打开“段落”对话框。

（3）在“缩进和间距”选项卡中，单击“间距”区域的“段前”和“段后”文本框的增减按钮，设定间距，每按一次增加或减少 0.5 行。也可以在文本框中直接键入数字和单位。“段前”表示所选段落与上一段之间的距离，“段后”表示所选段落与下一段之间的距离。

（4）在“预览”框中查看，确认设置效果满意后，单击“确定”按钮；若效果不理想，则可单击“取消”按钮取消本次设置。

2）设置行距

一般情况下，Word 2016 会根据用户设置的字体大小自动调整段落内的行距，默认值为“单倍行距”。具体操作步骤如下：

（1）选定要设置行距的段落。

（2）单击“开始”功能区“段落”组右下角的对话框启动器按钮，打开“段落”对话框。

（3）单击“行距”列表框下拉按钮，选择所需的行距选项。

（4）在“设置值”框中键入具体的设置值。注意，有的行距选项不需要“设置值”。

（5）在“预览”框中查看，确认设置效果满意后，单击“确定”按钮；若效果不理想，则可单击“取消”按钮取消本次设置。

4．项目符号和编号

编排文档时，在某些段落前加上编号或某种特定的符号（称项目符号），可以提高文档的可读性。在 Word 中，可以在键入文本时自动给段落创建编号或项目符号，也可以给已键入的各段文本添加编号或项目符号。

1）在键入文本时自动创建编号或项目符号

在键入文本时自动创建项目符号的方法是：在键入文本时，先输入一个星号“*”，后面加一个空格，然后输入文本。当输完一段，按【Enter】键后，星号会自动改变成黑色圆点的项目符号，并在新的一段开始处自动添加同样的项目符号。这样，逐段输入，每一段前都有一个项目符号。如果要结束自动添加项目符号，可以按【BackSpace】键删除插入点前的项目符号，或再按一次【Enter】键。

在键入文本时自动创建段落编号的方法是：在键入文本时，先输入如“1.”“（1）”“第一、”等格式的起始编号，然后输入文本。当按【Enter】键时，在新的一段开头处就会根据上一段的编号格式自动创建编号。重复上述步骤，可以对键入的各段建立一系列的段落编号。如果要结束自动创建编号，那么可以按【BackSpace】键删除插入点前的编号，或再按一次【Enter】键即可。在这些建立了编号的段落中，删除或插入某一段落时，其余的段落编号会自动修改，不必人工干预。

2）对已键入的各段文本添加项目符号或编号

使用“开始”功能区“段落”组中的“项目符号”或“编号”按钮给已有的段落添加项目符号或编号。具体操作步骤如下：

（1）选定要添加项目符号（或编号）的各段落。

（2）在“开始”功能区“段落”组中单击“项目符号”按钮（或“编号”按钮）中的下拉按钮，打开图 4-25 所示的项目符号列表框（或图 4-26 所示的编号列表框）。

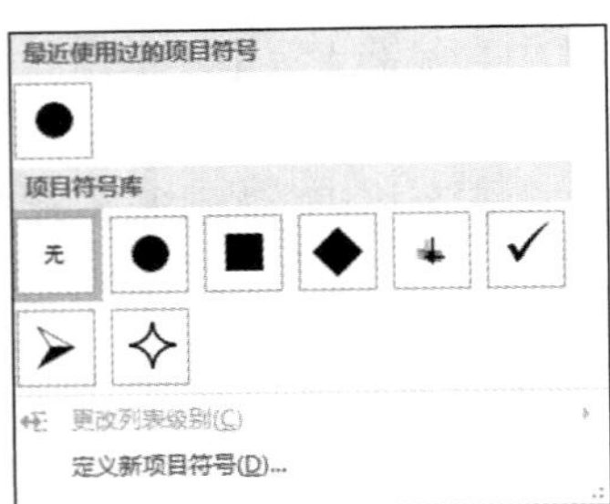

图 4-25　项目符号列表框

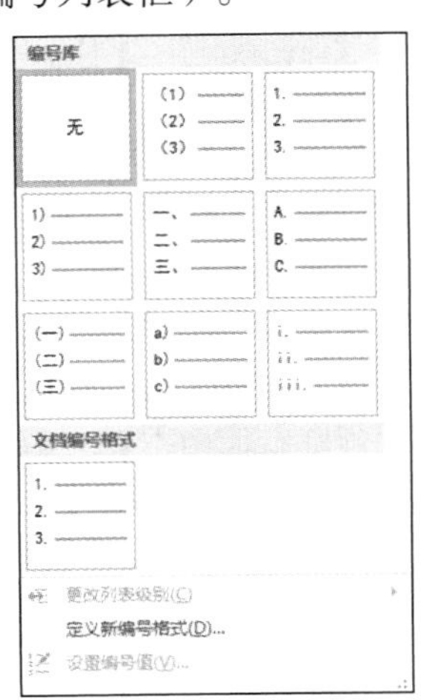

图 4-26　编号列表框

（3）在“项目符号”（或“编号”）列表中，选定所需要的项目符号（或“编号”），再单击“确定”按钮。

（4）如果“项目符号”（或“编号”）列表中没有所需要的项目符号（或编号），可以单击“定义新项目符号”（或“定义新编号格式”）按钮，在打开的“定义新项目符号”（或“定义新编号格式”）对话框中，选定或设置所需要的“项目符号”（或“编号”）。

5．制表位的设置

按【Tab】键后，插入点移动到的位置称为制表位。Word 2016 中提供了 5 种不同的制表位，默认制表位是从标尺左端开始自动设置，各制表位间的距离是 2.02 字符，可以根据需要选择并设置各制表位间的距离。

1）使用标尺设置制表位

在水平标尺左端有一制表位对齐方式按钮，不断单击它可以循环出现左对齐、居中、右对齐、小数点对齐和竖线对齐等五个制表符，可以单击选定它。具体操作步骤如下：

（1）将插入点置于要设置制表位的段落。

（2）单击水平标尺左端的制表位对齐方式按钮，选定一种制表符。

（3）单击水平标尺上要设置制表位的位置。此时在该位置上出现选定的制表符图标。

（4）重复（2）、（3）两步可以完成制表位设置工作。

（5）可以拖动水平标尺上的制表符图标调整其位置，如果拖动的同时按住【Alt】键，则可以看到精确的位置数据。

设置好制表符位置后，当键入文本并按【Tab】键时，插入点将依次移动到所设置的下一制表位上。如果想取消制表位的设置，那么只要往下拖动水平标尺上的制表符图标离开水平标尺即可。

2）使用“制表位”对话框设置

具体操作步骤如下：

（1）将插入点置于要设置制表位的段落。

（2）单击“开始”功能区“段落”组右下角的对话框启动器按钮，打开“段落”对话框。在“段落”对话框中，单击左下角的“制表位”按钮，打开图 4-27 所示的“制表位”对话框。

（3）在“制表位位置”文本框中键入具体的位置值（以字符为单位）。

（4）在“对齐方式”区域，单击选择某一种对齐方式。

（5）在“前导符”区域选择一种前导符。

（6）单击“设置”按钮。

（7）重复（3）～（6），可以设置多个制表位。

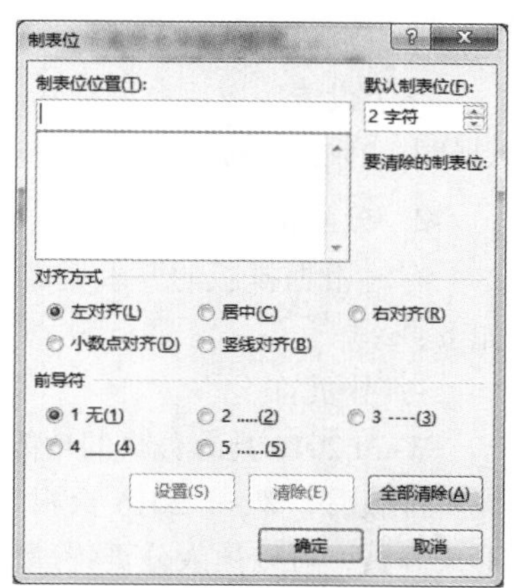

图 4-27　“制表位”对话框

如果要删除某个制表位，则可以在“制表位位置”文本框中选定要清除的制表位位置，并单击“清除”按钮即可。单击“全部清除”按钮可以一次性清除所有设置的制表位。

设置制表位时，还可以设置带前导符的制表位，这一功能对目录排版很有用。

4.4.3 版面设置

在创建文档时，Word 2016 中以 A4 纸为基准的 Normal 模板，其版面几乎适用于大多数文档。对于别的型号的纸张，用户可以按照需要重新设置页边距、每页的行数和每行的字数。此外，还可以给文档添加分隔符、页眉和页脚、目录和索引、页面背景等。

1. 页面设置

纸张的大小、页边距确定了可用文本区域。文本区域的宽度等于纸张的宽度减去左、右页边距，文本区的高度等于纸张的高度减去上、下页边距。可以使用“布局”功能区“页面设置”分组的各项功能来设置纸张大小、页边距和纸张方向等。具体操作步骤如下：

（1）单击“布局”功能区“页面设置”组右下角的对话框启动器按钮，打开图 4-28 所示的“页面设置”对话框。

（2）在“页边距”选项卡中，可以设置上、下、左、右边距和装订线；纸张方向有纵向或横向，默认方向是纵向；“应用于”列表框中可选“整篇文档”或“插入点之后”，通常选择“整篇文档”。

（3）在“纸张”选项卡中，可以设置纸张大小和纸张来源。

（4）在“版式”选项卡中，可以设置节的起始位置；可以设置页眉页脚距边界的位置，页眉和页脚在文档中的编排，可从“奇偶页不同”或“首页不同”两项中选定；可以设置页面的垂直对齐方式等。

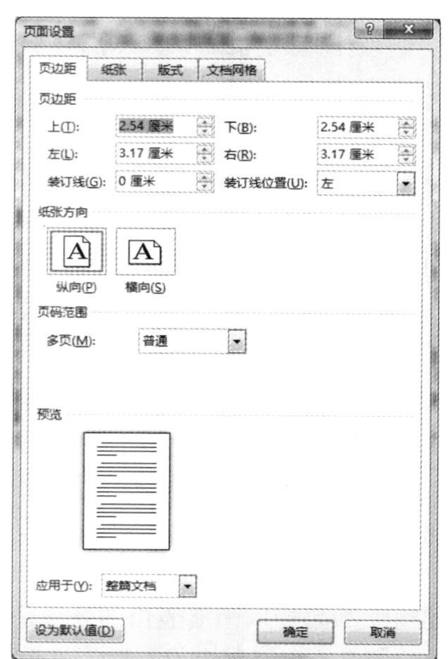

图 4-28 “页面设置”对话框

（5）在“文档网格”选项卡中，可以设置页面文字排列方向、分栏数、每一页中的行数和每行的字符数等项目。

（6）设置完成后，可查看“预览”框中的效果。若满意，可单击“确定”按钮确认设置；否则单击“取消”按钮取消设置。

2. 分隔符

有时根据排版的要求，需要在文档中人工插入分隔符，实现分页、分节及分栏。常用方法如下：

1）分页符

Word 2016 具有分页的功能。当键入文本或插入的图形满一页时，Word 2016 会自动分页。当编辑排版后，Word 2016 会根据情况自动调整分页的位置。有时为了将文档的某一部分内容单独形成一页，可以插入分页符进行人工分页。插入分页符的操作步骤：

（1）将插入点移动到新的一页的开始位置。

（2）按【Ctrl+Enter】组合键或单击“插入”功能区“页面”组中的“分页”按钮；或单击“布局”功能区“页面设置”组中的“分隔符”按钮，在打开的“分隔符”列表框中选择“分页符”命令。

分页符为一行虚线，若看不见分页符，单击“开始”功能区“段落”组中的“显示/隐藏编辑标记”按钮 即可显示分页符标记。若要删除分页符，单击分页符，按【Delete】键删除。

2）分节符

建立 Word 新文档时，Word 将整篇文档默认为一节，所有对文档的设置都是应用于整篇文档的。为了实现对同一篇文档中不同位置的文本进行不同页面的格式操作，可以将整篇文档分成多个节，根据需要为每节设置不同的文档格式。节是文档格式化的最大单位，只有在不同的节中，才可以设置不同的页眉和页脚、页边距、页面方向等页面格式。插入分节符的操作步骤如下：

（1）将插入点移动到需要插入分节符的位置，单击“布局”功能区“页面设置”分组中的“分隔符”按钮。

（2）在下拉列表的“分节符”区域中选择分节符类型，其中的分节符类型有：

① 下一页：表示分节符后的文本从新的一页开始。

② 连续：新节与其前面一节同处于当前页中。

③ 偶数页：新节中的文本显示或打印在下一偶数页上。

④ 奇数页：新节中的文本显示或打印在下一奇数页上。

（3）选择分节符类型后即在光标处插入一个分节符。

删除分节符等同于文档中字符的删除方法，将插入点移动到分节符的前面，按【Delete】键删除。分节符中保存着分节符上面文本的格式，当删除一个分节符后，意味着删除该分节符之上的文本所使用的格式，该节的文本将使用下一节文档内容的格式。

3）分栏符

分栏用来实现在一页上以两栏或多栏的方式显示文档内容，可以控制栏数、栏宽及栏间距。具体操作步骤如下：

（1）如要对整个文档分栏，则将插入点移动到文本的任意处；如要对部分段落分栏，则应先选定这些段落。

（2）单击“布局”功能区“页面设置”组中的“分栏”按钮，打开“分栏”下拉菜单，单击所需格式的分栏按钮即可。

（3）若“分栏”下拉菜单中所提供的分栏格式不能满足要求，则可选择菜单中的“更多分栏”命令，打开图 4-29 所示的“分栏”对话框。

（4）在对话框中，可设置栏数、栏宽、分隔线、应用范围等，设置完成后，单击“确定”按钮完成分栏操作。

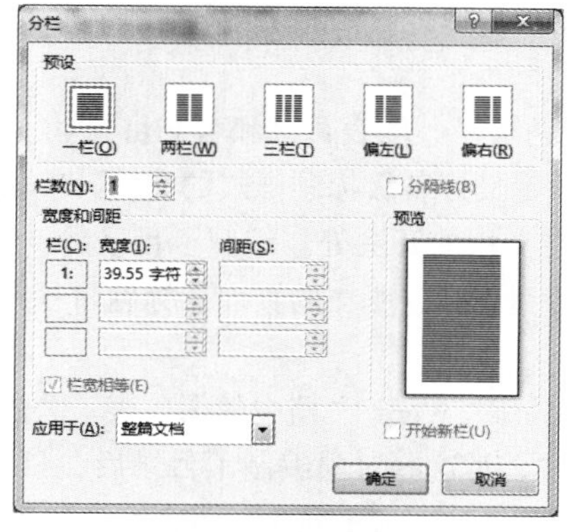

图 4-29　“分栏”对话框

3. 样式

样式是 Word 2016 最强有力的格式设置工具之一，使用样式能够准确、迅速地实现长文档的格式设置，而且利用样式可以方便地调整文档格式，例如，修改某级标题的格式，只需简单地修改该标题样式，则文档中所有已应用该样式的标题格式将自动更新。

样式是已命名并保存的一系列字体和段落等格式的集合，它规定了文档中标题、正文及各选中内容的字符或段落等对象的格式。使用样式有两大好处：一是若文档中有多个段落使用了某个样式，当修改了该样式后，即可改变文档中带有此样式的文本格式；二是对长文档有利于构造大纲和目录等。

在 Word 2016 中，样式可分为内置样式和自定义样式。内置样式是指 Word 2016 为文档中的对象提供的标准样式。自定义样式是指用户根据文档需要而设定的样式。

1）使用已有样式

插入点定位在要使用样式的段落，单击“开始”功能区“样式”组右下角的对话框启动器按钮，打开“样式”任务窗格，将鼠标指针停留在列表框中的样式名称上时，会显示该样式包含的格式信息。在样式列表中可以根据需要选择对应的样式。

2）新建样式

当 Word 2016 提供的样式不能满足工作的需要时，可修改已有的样式快速创建自己特定的样式。单击“样式”任务窗格左下角的“新建样式”按钮，在“新样式”对话框中输入样式名称，选择样式类型、样式基准、该样式的格式等。一旦新样式建立好后，用户可以像使用内置样式一样使用新样式。

3）修改和删除样式

若要改变文本的外观，只要修改应用于该文本的样式格式，即可使应用该样式的全部文本都随着样式的更新而更新。修改样式只要在“样式”任务窗格中选择所要修改的样式，在其下拉列表框中选择“修改”命令，在随即弹出的“修改样式”对话框中设置所需的格式即可。

只能删除自定义样式，不能删除内置样式。如果删除了某个自定义样式，Word 2016 将对所有应用此样式的段落恢复到“正文”的默认样式格式。

4. 目录和索引

目录是 Word 2016 文档中各级标题及每个标题所在的页码的列表，通过目录可以实现文档内容的快速浏览。索引是将文档中的字、词、短语等单独列出来，注明其出处和页码，根据需要按一定的检索方法编排，以方便用户快速地查阅相关内容。

1）目录

Word 2016 中的目录包括标题目录、图表目录和引文目录。

（1）标题目录。对于已经预定义好各级标题样式的文档，Word 2016 具有自动编制各级标题目录的功能，目录的位置一般在文档的开头处。编制了目录后，只要按住【Ctrl】键，单击目录中的某个标题，就可以自动跳转到该标题所在的页面。标题目录的操作主要涉及目录的创建、修改、更新及删除。

（2）图表目录。图表目录是针对 Word 文档中的图、表、公式等对象编制的目录，图、表、公式必须在文档中已创建了题注。对这些对象编制了目录后，只要按住【Ctrl】键，单击图表目录中的某个题注，就可以跳转到该题注对应的页面。图表目录的操作主要涉及目录的创建、修改、更新及删除。

（3）引文目录。引文目录主要用于在法律类文档中创建参考内容列表，如事例、法规和规章等对象，按类别次序分条排列，以方便用户快速查找。引文目录的操作主要包括标记引文、编制引文目录、更新引文目录及删除引文目录。

2）索引

索引是将文档中的专用术语、缩写和简称、同义词及相关短语等对象按一定次序分条排列，以方便用户快速查找。索引的操作主要包括标记索引项、编制索引目录、更新索引及删除索引等。

（1）标记索引项。要创建索引，首先要在文档中标记索引项。索引项可以是来自文档中的文本，也可以是与文本有特定关系的短语，如同义词。索引标记可以是文档中的一处对象，也可以是文档中相同内容的全部。

（2）编制索引目录。Word 2016 以 XE 域的形式插入索引项的标记，标记好索引项后，默认方式为显示索引标记。由于索引标记在文档中也占用文档空间，在创建索引目录前需要将其隐藏。单击“开始”功能区“段落”组中的“显示/隐藏编辑标记”按钮，可以实现索引标记的隐藏，再次单击为显示。

（3）更新索引。更改了索引项或索引项所在页的页码发生改变后，应及时更新索引。选中索引，单击“引用”功能区“索引”组中“更新索引”按钮或者按功能键【F9】实现。也可以右击索引，选择快捷菜单中的“更新域”命令实现索引更新。

5. 题注和交叉引用

题注是添加到表格、图表、公式或其他项目上的名称和编号标签，由标签及编号组成。使用题注可以使文档中的项目更有条理，方便阅读和查找。交叉引用是在文档的某个位置引用文档另外一位置的内容，类似于超链接，只不过交叉引用一般是在同一文档中相互引用。在创建某一对象的交叉引用之前，必须先标记该对象，才能将对象与其交叉引用链接起来。

1）题注

可以在插入表格、图表、公式或其他项目时自动地添加题注，也可以为已有的表格、图表、公式或其他项目添加题注。

（1）为已有项目添加题注。对文档中已有的表格、图表、公式或其他项目添加题注，操作步骤如下：

① 在文档中选定想要添加题注的项目，如图片（若图片下方已有对图片的题注内容，将插入点定位在内容的最左侧位置），单击“引用”功能区“题注”组中的“插入题注”按钮，弹出“题注”对话框，如图 4-30 所示。

② 在“标签”下拉列表框中选择一个标签，如图表、表格、公式等。若要新建标签，可单击“新建标签”按钮，在弹出的对话框中进行相关设置即可建立一个新的题注标签。

③ 单击“编号”按钮，将弹出“题注编号”对话框，可以设置编号格式，也可以将编号和文档的章节序号联系起来。单击“确定”按钮返回“题注”对话框。

④ 单击“确定”按钮，完成题注的添加，在插入点所在位置将会自动添加一个题注。

（2）自动添加题注。在 Word 2016 文档中，可以先设置好题注格式，然后在添加表格、图表、公式或其他项目时自动添加题注，操作步骤如下：

① 单击“引用”功能区“题注”组中的“插入题注”按钮，弹出“题注”对话框。

② 单击“自动插入题注”按钮，弹出“自动插入题注”对话框，如图 4–31 所示。

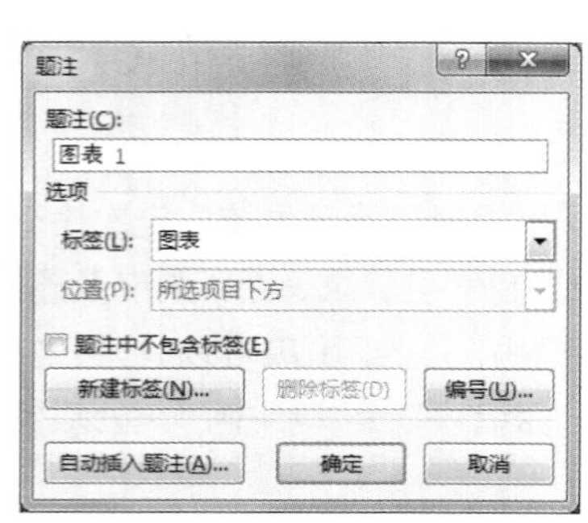

图 4–30 “题注”对话框

图 4–31 “自动插入题注”对话框

③ 在“插入时添加题注”列表框中选择自动插入题注的项目，在“使用标签”下拉列表框中选择标签类型，在“位置”下拉列表框中选择题注相对于项目的位置。如果要新建标签，单击“新建标签”按钮，在弹出的对话框中输入新标签名称。单击“编号”按钮可以设置编号格式。

④ 单击“确定”按钮，完成自动添加题注的操作。

（3）修改题注。根据需要，用户可以修改题注标签，也可以修改题注的编号格式，甚至可以删除标签。可以修改单个题注，也可以修改文档中的所有题注。如果要修改文档中单一题注的标签，只需先选中该标签并按【Delete】键删除标签，然后再重新添加新题注。

2）交叉引用

在 Word 2016 文档中，可以在多个不同的位置使用同一个引用源的内容，此方法就称为交叉引用。建立交叉引用实际上就是在要插入引用内容的地方建立一个域，当引用源发生改变时，交叉引用的域将自动更新。可以为标题、脚注、书签、题注、编号段落等项目创建交叉引用。

（1）创建交叉引用。创建的交叉引用仅可引用同一文档中的项目，其项目必须已经存在。若要引用其他文档中的项目，首先要将相应文档合并到主控文档中。创建交叉引用的操作步骤如下：

图 4–32 “交叉引用”对话框

① 将插入点移动到要创建交叉引用的位置，单击“引用”功能区“题注”组中的“交叉引用”按钮，弹出“交叉引用”对话框，如图 4–32 所示。也可以单击“插入”功能区“链接”分组中“交叉引用”按钮。

② 在“引用类型”下拉列表框中选择要引用的项目类型，如公式、图表、表格等，在“引用内容”下拉列表框中选择要插入的信息内容，如整项题注、只有标签和编号、只有题注文字等。在“引用哪一个题注”列表框中选择要引用的题注，然后单击“插入”按钮。

③ 选定的题注编号将自动添加到文档中的指定位置。按照第 b 步方法可继续选择其他题注。选择完要插入的题注后单击“关闭”按钮，退出交叉引用的操作。

（2）更新交叉引用。在文档中被引用项目发生了变化，如添加、删除或移动了题注，题注编号将发生改变，交叉引用应随之改变，称为交叉引用的更新。可以更新一个或多个交叉引用的操作步骤如下：若要更新单个交叉引用，选定该交叉引用，若要更新文档中所有的交叉引用，选定整篇文档；右击所选对象，在弹出的快捷菜单中选择“更新域”命令，即可实现单个或所有交叉引用的更新。也可以选定要更新的交叉引用或整篇文档，按【F9】功能键实现交叉引用的更新。

6．页眉和页脚

页眉和页脚分别位于每页的顶部和底部，用来显示文档的附加信息，包括文档名、作者名、章节名、页码、日期时间、图片等。可以将文档首页的页眉和页脚设置成与其他页不同的形式，也可以对奇数页和偶数页设置不同的页眉和页脚。

1）添加页眉和页脚

要添加页眉和页脚，只需在某一个页眉或页脚中输入要放置的内容即可，Word 会把放置的内容自动地添加到每一页上，具体操作步骤如下：

（1）单击“插入”功能区“页眉和页脚”组中的“页眉”按钮，在展开的下拉列表中选择所需的“页眉”版式。如果不使用内置“页眉”版式，选择“编辑页眉”命令，直接进入页眉编辑状态。

（2）进入页眉和页脚编辑状态后，会同时显示“页眉和页脚工具/设计”功能区，如图 4-33 所示。在页眉处可以直接键入内容。

（3）单击“导航”组中“转至页脚”按钮，插入点将移动到页脚编辑区（或直接单击页脚编辑区进行插入点的定位），可以直接键入内容，也可以单击“页眉和页脚”分组中的“页脚”按钮，在展开的下拉列表中选择内置的“页脚”版式。

（4）输入页眉和页脚内容后，单击“关闭”分组的“关闭页眉和页脚”按钮，则返回文档编辑区。

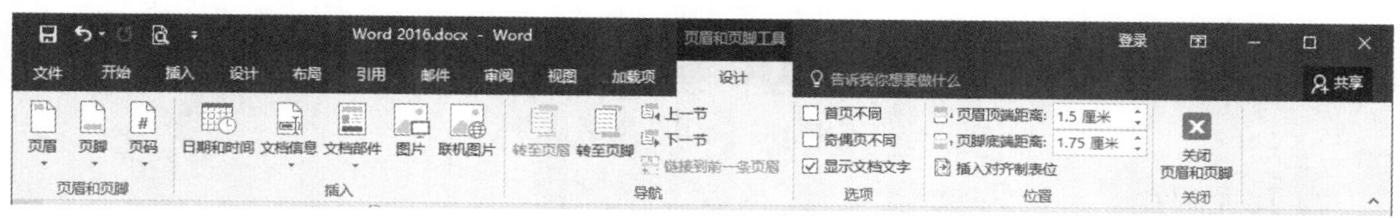

图 4-33 “页眉和页脚工具/设计”功能区

2）页眉和页脚选项

有些文档的首页没有页眉和页脚，有些文档要求对奇数页和偶数页设置各自不同的页眉或页脚。具体操作步骤如下：

（1）如果文档中没有设置页眉和页脚，按上述步骤进入页眉和页脚编辑状态。若文档中已有页眉或页脚，在文档的页眉或页脚处双击，可打开“页眉和页脚工具/设计”功能区，同时进入页眉和页脚编辑状态。

（2）选择“选项”组中的“首页不同”和“奇偶页不同”复选框。将插入点分别移动到首页、奇数页、偶数页的页眉和页脚处，然后编辑其内容。“首页不同”和“奇偶页不同”可以根据需要进行选择性设置。

（3）单击“关闭页眉和页脚”按钮，退出页眉和页脚编辑状态，完成设置。

7．页面背景

页面背景是指显示于 Word 2016 文档最底层的颜色或图案，用于丰富文档的页面显示效果，使文档更美观，增加其观赏性。页面背景包括水印、页面颜色和页面边框的设置。

1）水印

在打印一些重要文件时给文档加上水印，如“绝密”“保密”“禁止复制”等字样，以强调文档的重要性。水印分为图片水印和文字水印。添加水印的具体操作步骤如下：

（1）单击“设计”功能区“页面背景”组中的“水印”按钮，弹出下拉列表，选择所需的水印即可。

（2）若要自定义水印，选择下拉列表中“自定义水印”命令，弹出“水印”对话框，如图4-34所示。

（3）在对话框中，可以根据需要设置图片水印和文字水印。图片水印是将一幅制作好的图片作为文档水印。文字水印包括设置水印语言、文字、字体、字号、颜色、版式等格式。

（4）单击“确定”按钮，完成水印设置。

如要取消水印，可单击“设计”功能区“页面背景”组中的“水印”按钮，打开“水印”列表框，单击“删除水印”命令即可；或打开“水印”对话框，选中“无”单选按钮。

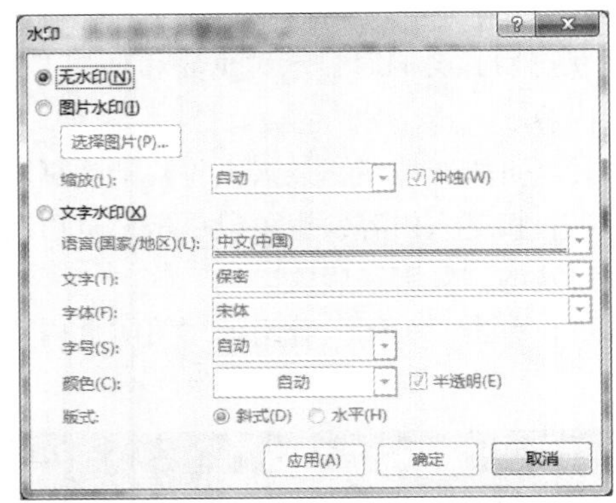

图4-34 “水印”对话框

2）页面颜色

在Word 2016中，系统默认的页面颜色为白色，用户可以将页面颜色设置为其他颜色，以增强文档显示效果。例如，将当前Word 2016文档页面的填充效果设置为“雨后初晴”，具体操作步骤如下：

（1）单击“设计”功能区“页面背景”组中的“页面颜色”按钮，弹出下拉列表，可以根据需要选择主题颜色、其他颜色、填充效果等。

（2）选择“填充效果”命令，弹出“填充效果”对话框。单击“渐变”、“纹理”、“图案”或“图片”标签，在打开的对应选项卡中选择所需要的填充效果。“雨后初晴”效果在“渐变”选项卡中，选中“预设”单选按钮，在“预设颜色”下拉列表框中选择“雨后初晴”，单击“确定”按钮返回。

（3）页面颜色即为指定的颜色。

3）页面边框

可以在Word 2016文档的每页四周添加指定格式的边框，具体操作步骤如下：

单击“设计”功能区“页面背景”组中的“页面边框”按钮，弹出“边框和底纹”对话框。

在对话框中设置页面边框的样式、颜色、宽度、艺术型等，在预览框中查看设置效果，最后单击“确定”按钮即可。

4.4.4　文档的打印

当文档编辑、排版完成后，就可以打印输出。打印前，可以利用打印预览功能先查看一下排版是否理想。如果满意则打印，否则可继续修改排版。

1. 打印预览

执行“文件”→“打印”命令，在打开的“打印”窗口面板右侧就是打印预览内容，如图 4-35 所示。

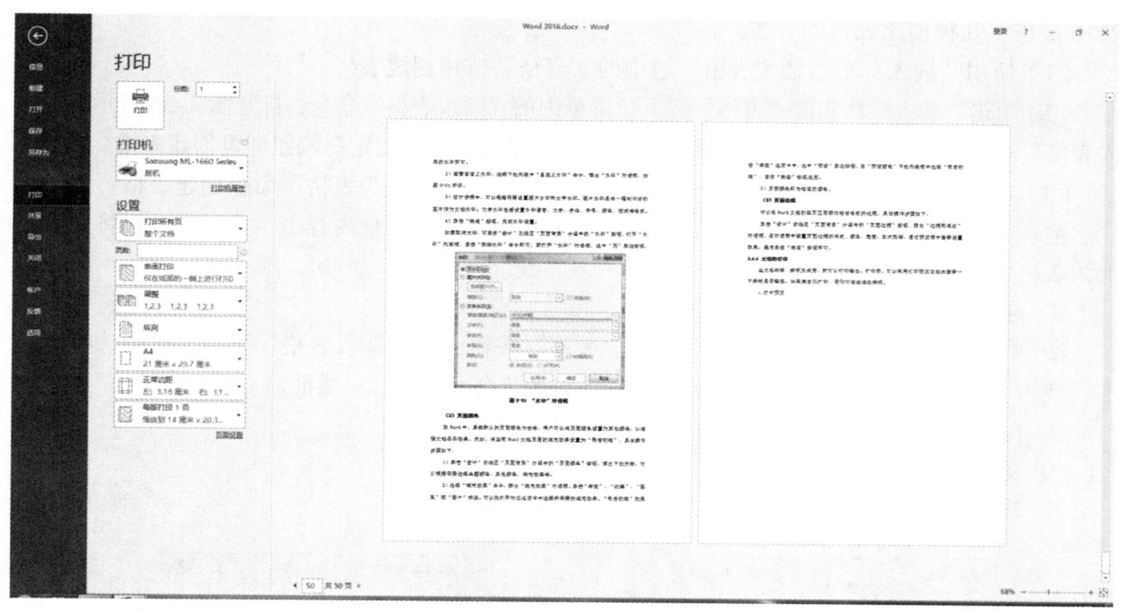

图 4-35　“打印”窗口面板

2. 打印文档

通过“打印预览”查看满意后，则就可以打印。打印前，最好先保存文档，以免意外丢失。Word 2016 提供了许多灵活的打印功能。可以打印一份或多份文档，也可以打印文档的某一页或几页。常见的操作说明如下：

1）打印一份文档

打印一份当前文档的操作最简单，只要单击“打印”窗口面板上的“打印”按钮即可。

2）打印多份文档副本

如果要打印多份文档副本，那么应在“打印”窗口面板上的“份数”文本框中输入要打印的文档份数，然后单击“打印”按钮。

3）打印一页或几页

如果仅仅打印文档中的一页或几页，则应单击“设置”区域“打印所有页”右侧的下拉按钮，在下拉列表的“文档”选项组中，选定“打印当前页”，那么只打印当前插入点所在的页面；如果选定“自定义打印范围”，那么还需要进一步设置需要打印的页码或页码范围。

4.5 Word 2016 表格

表格是一种简明、扼要的表达方式。在许多报告中，常常采用表格的形式来表达某一事物，如成绩表、工资表等。Word 2016 提供了丰富的表格功能，不仅可以快速创建表格，而且还可以对表格进行编辑、修改，以及表格与文本间的相互转换和表格格式的自动套用等。

4.5.1 表格的创建

1. 自动创建表格

表格一般是由行和列组成，横向称为行，纵向称为列，由行和列组成的方格称为单元格。Word 2016 提供了几种创建表格的方法。

（1）使用“插入”功能区“表格”组中的“表格”按钮创建表格。

（2）单击“插入”功能区“表格”组下拉菜单中的“插入表格”命令，打开图 4–36 所示的“插入表格”对话框，分别设置所需表格的行数和列数，最后单击“确定”按钮即可创建表格。

（3）用“插入”功能区“表格”组下拉菜单中的“文本转换为表格”命令创建表格。

输入文本时将表格的内容同时输入，并设置制表位将各行表格内容上、下对齐，再将文本转换为表格，具体操作步骤如下：

① 选定用制表符分隔的表格文本。

② 单击“插入”功能区“表格”组的“表格”按钮，在“插入表格”下拉菜单中选择“文本转换为表格”命令，打开图 4–37 所示的“将文字转换为表格”对话框。

③ 在对话框的“列数”文本框中键入表格列数。

④ 在“文字分隔位置”选项中，选定“制表符”单选项。

⑤ 单击“确定”按钮，即实现了文本到表格的转换。

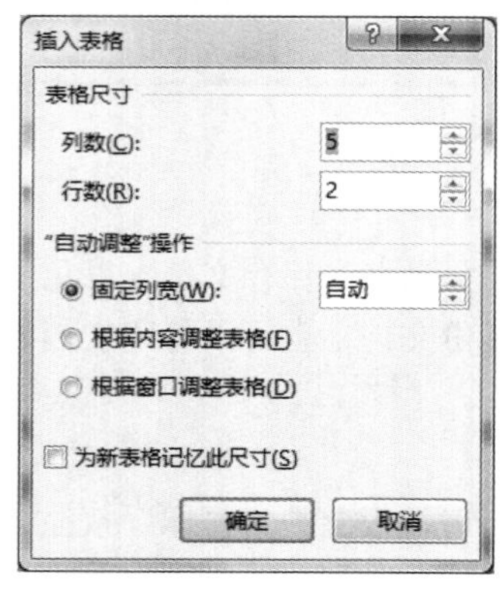

图 4–36 “插入表格”对话框

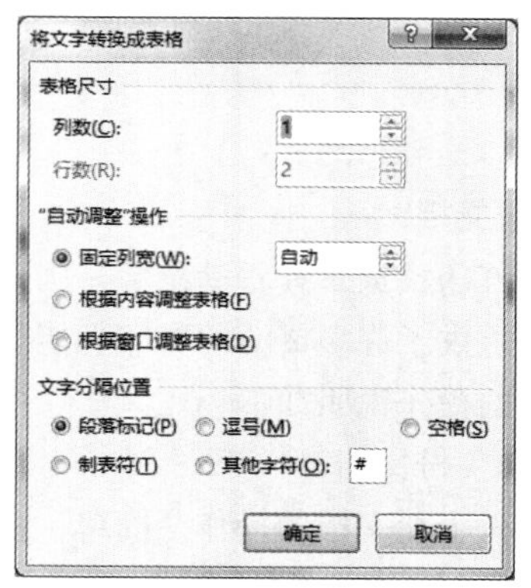

图 4–37 “将文字转换为表格”对话框

2. 手工绘制复杂表格

有的表格除横、竖线外还包含了斜线，可以用“插入”功能区“表格”组下拉菜单中的“绘制表格”命令来绘制表格。具体操作步骤如下：

（1）单击“插入”功能区“表格”组的“表格”按钮，在“插入表格”下拉菜单中选择“绘制表格”命令，此时鼠标指针变成笔状，表明鼠标处于“手动制表”状态。

（2）将鼠标指针移动到要绘制表格的位置，按住鼠标左键拖动鼠标绘出表格的外框虚线，放开鼠标左键后，得到实线的表格外框。此时功能区新增“表格工具”选项卡的“设计”和“布局”两组。

（3）拖动鼠标笔形指针，在表格中绘制水平线或垂直线，也可将鼠标指针移动到单元格的一角向其对角画斜线。

（4）可以利用“表格工具/布局”功能区“绘图”组中的“橡皮擦”按钮，使鼠标变成橡皮形，把橡皮形鼠标指针移动到要擦除线条的一端，拖动鼠标到另一端，放开鼠标就可擦除选定的线段。

使用上述四步操作，可以绘制复杂的表格。

3．表格中输入文本

建立空表格后，可以将插入点移动到表格的单元格中输入文本，当输入到单元格右边线时，单元格高度会自动增大，把输入的内容转到下一行。像编辑文本一样，如果要另起一段，则按【Enter】键。

可以用鼠标在表格中移动插入点，也可以按【Tab】键将插入点移动到下一个单元格，按【Shift+Tab】组合键可将插入点移动到上一个单元格。按上、下箭头可将插入点移动到上、下一行。这样，即可将要输入的文本一一键入到相应的单元格。

4.5.2 表格的编辑与修饰

表格创建后，通常要对它进行编辑与修饰。

1．选定表格

要对表格进行修改，首先必须先选定表格。选定表格的方法如下：

（1）用鼠标选定单元格、行或列。

（2）用键盘选定单元格、行或列。

（3）用“表格工具/布局”功能区“表”组中的“选择”下拉菜单选定单元格、行、列、表格。

2．修改行高和列宽

一般情况下，Word 2016 能根据单元格中输入内容的多少自动调整行高，但也可以根据需要来修改它。修改表格的行高或列宽的方法有拖动鼠标和使用菜单命令两种。

1）拖动鼠标修改表格的行高或列宽

将鼠标指针移动到表格的水平或垂直框线上，变成调整行高或列宽指针时，按住【Alt】键拖动鼠标，在垂直标尺（或水平标尺）上会显示行高（或列宽）的数据，拖动鼠标到所需的新位置，放开左键即可。

2）用菜单命令改变行高或列宽

选定要修改的一行或数行（一列或数列），单击“表格工具/布局”功能区“表”组中的“属性”按钮，打开“表格属性”对话框，单击“行”选项卡，在如图 4-38 所示对话框中可以设置表格的行高。

3．合并或拆分单元格

1）合并单元格

单元格的合并是指多个相邻的单元格合并成一个单元格。操作步骤：选定 2 个或 2 个以上相邻的单元格，单击“表格工具/布局”功能区“合并”组中的“合并单元格”按钮，则选定的多个单元格合并为 1 个单元格。

2）拆分单元格

单元格的拆分是指将单元格拆分成多行多列的多个单元格。操作步骤：选定要拆分的一个单元格，单击“表格工具/布局”功能区“合并”组中的“拆分单元格”按钮，打开“拆分单元格”对话框，键入要拆分的列数和行数，最后单击“确定”按钮即可。

4. 表格的拆分

如果要拆分一个表格，那么，先将插入点置于拆分后成为新表格的第一行的任意单元格中，然后，单击“表格工具/布局”功能区“合并”组中的“拆分表格”按钮，这样就在插入点所在行的上方插入一空白段，把表格拆分成两张表格。

如果要合并两个表格，那么只要删除两表格之间的换行符即可。

5. 表格格式的设置

1）表格自动套用格式

表格创建后，可以使用“表格工具/设计”功能区“表格样式”组中内置的“其他”按钮，打开图 4-39 所示的表格样式列表框，在表格样式列表框中选定所需的表格样式即可。

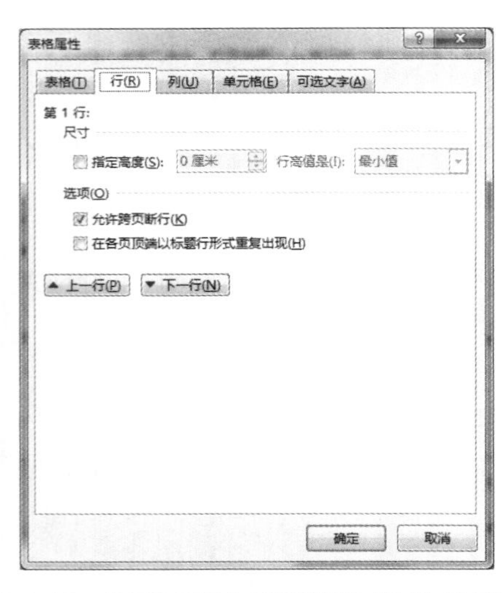

图 4-38 “表格属性”对话框的“行”选项卡

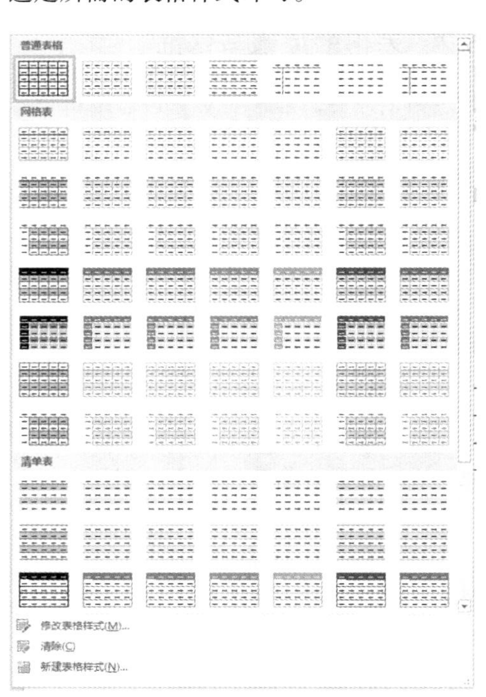

图 4-39 表格样式列表框

2）表格边框与底纹的设置

除了表格样式外，还可以使用“表格工具/设计”功能区“表格样式”组中的“底纹”按钮和“边框”组中的“边框”按钮，分别对表格的底纹颜色，表格边框线的线型、粗细和颜色等进行个性化的设置。

单击“底纹”按钮，打开底纹颜色列表，可选择所需的底纹颜色。

单击“边框”按钮，打开边框列表，可以设置所需的边框。

3）表格在页面中的位置

设置表格在页面中的对齐方式和是否文字环绕表格的操作如下：

（1）将插入点移动到表格任意单元格内。

（2）单击“表格工具/布局”功能区“表”组中的“属性”按钮，打开“表格属性”对话框，单击“表格”选项卡，打开图 4-40 所示的“表格”选项卡窗口。

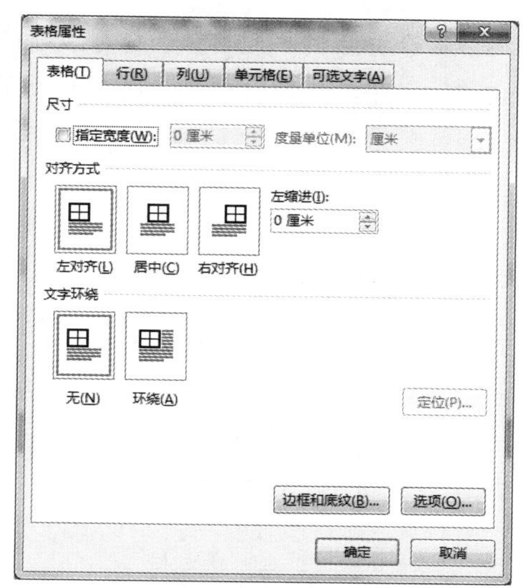

图 4-40　“表格属性”对话框的“表格”选项卡

（3）在“尺寸”区域中，如果选择“指定宽度”复选框，则可设定具体的表格宽度。

（4）在“对齐方式”区域，选择表格对齐方式。

（5）在“文字环绕”区域，选择“无”或“环绕”。

（6）最后单击“确定”按钮。

4）表格中文本格式的设置

表格中的文字同样可以用对文档文本排版的方法进行字体、字号、字形、颜色和左、中、右对齐方式等设置。此外，还可以单击“表格工具/布局”功能区“对齐方式”分组中的对齐按钮，选择九种对齐方式中的一种。

4.5.3　表格数据处理

Word 2016 能对表格中的数据进行简单计算和排序。

1．排序

Word 2016 中，可以按照递增或递减的顺序把表格中的内容按照笔画、数字、拼音及日期等方式进行排序，而且可以根据表格多列的值进行复杂排序。表格排序的操作步骤如下：

（1）将插入点移动到表格中的任意单元格中，单击“表格工具/布局”功能区“数据”分组中的“排序”按钮。

（2）整个表格高亮显示，同时弹出“排序”对话框。

（3）在“主要关键字”下拉列表框中选择用于排序的字段，在“类型”下拉列表框中选择用于排序的值的类型，如笔画、数字、拼音及日期等。升序或降序用于选择排序的顺序，默认为升序。

（4）若需要多字段排序，可在“次要关键字”“第三关键字”等下拉列表框中指定字段、类型及顺序。

（5）单击“确定”按钮完成排序。

注意

要进行排序的表格中不能有合并后的单元格，否则无法进行排序。同时，在“排序”对话框中，如果选择“有标题行”单选按钮，则排序时标题行不参与排序，否则，标题行参与排序。

2. 计算

利用 Word 2016 提供的公式，可以对表格中的数据进行简单的计算，如加、减、乘、除、求和、求平均值、求最大值、求最小值等。以图 4-41 所示的学生成绩表为例计算学生考试平均成绩，具体操作步骤如下：

姓名	计算机	英语	数学	平均成绩
王辉	90	85	93	
张桂兰	96	88	75	
郭香	85	95	82	

图 4-41　学生成绩表

（1）将插入点移动到存放平均成绩的单元格中。

（2）单击“表格工具/布局”功能区“数据”组中的“公式”按钮，打开图 4-42 所示的“公式”对话框。

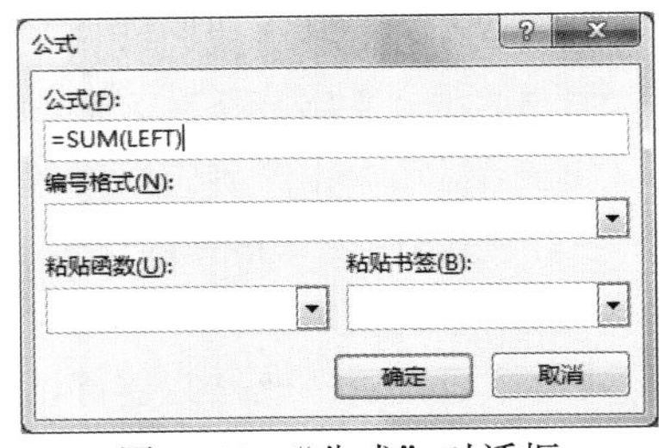

图 4-42　“公式”对话框

（3）在“公式”列表框中显示“=SUM(LEFT)”，表明要计算左边各列数据的总和，而例题要求计算其平均值，所以应将其修改为“=AVERAGE(LEFT)”，公式名也可以在“粘贴函数”列表框中选定，公式括号中的参数还可能是右侧（RIGHT）、上面(ABOVE)或下面(BELOW)，可根据需要进行参数设置。

（4）在“编号格式”列表框中选择数字格式，如“0.00”格式，表示保留两位小数。

（5）单击“确定”按钮，得出计算结果。

按照同样的操作可以求得各行的平均成绩。

4.6　Word 2016 的图文混排

图文混排是 Word 2016 的特色功能之一，可以在文档中插入由其他软件制作的图片，也可以插入用 Word 2016 提供的绘图工具绘制的图形，使文章达到图文并茂的效果。

4.6.1 插入图片

1. 插入图片

在 Word 2016 中，对于要添加到文档中的图片，除了通过简单的复制操作外，系统在“插入”功能区“插图”分组提供了 6 种方式插入图片，分别是图片、联机图片、形状、SmartArt、图表、屏幕截图，如图 4-43 所示。

图 4-43 “插入”功能区“插图”分组

（1）图片：插入来自文件的图片，单击该按钮会弹出“插入图片”，确定插入图片的位置及图片名称。

（2）联机图片：计算机处于联网状态才可搜索图片。

（3）形状：插入现成的形状，如矩形、圆、箭头、线条和标注等。

（4）SmartArt：插入 SmartArt 图形，以直观的方式交流信息。SmartArt 图形包括图形列表、流程图及更复杂的图形。

（5）图表：插入图表，用于演示和比较数据，包括柱形图、折线图、饼图等。

（6）屏幕截图：插入任何未最小化到任务栏的程序窗口的图片，可插入程序的整个窗口或部分窗口的图片。

2. 图片格式的设置

Word 2016 中提供了 6 种方式插入各种图形、图片，其中，插入的形状图片默认方式为“浮于文字上方”，其他均以嵌入方式插入到文档中。根据用户需要，可以对插入的图形、图片进行各种编辑操作及设置。

1）设置文字环绕方式

文字环绕方式是指插入图形、图片后，图形、图片与文字的环绕关系。Word 2016 提供了 7 种文字环绕方式：嵌入型、四周型、紧密型、穿越型、上下型、衬于文字下方及浮于文字上方，其设置方法为：选择图形或图片，单击“图片工具/格式”功能区“排列”组中的“环绕文字”下拉按钮，在弹出的下拉列表中选择一种环绕方式即可。也可以右击要设置环绕方式的图形或图片，在弹出的快捷菜单中选择“大小和位置”（或“环绕文字”子菜单中“其他布局选项”）命令，弹出“布局”对话框，在“文字环绕”选项卡中可选择其中的一种文字环绕方式，如图 4-44（a）所示。

2）设置大小

对于 Word 2016 文档中的图形和图片，可以使用鼠标拖动四周控点的方式调整大小，但很难精确控制。可以通过如下操作方法来实现精确控制：选中图形或图片，直接在“图片工具/格式”功能区“大小”组中的“高度”和“宽度”文本框中输入具体值；可以单击“大小”分组右下角的对话框启动器按钮，打开“布局”对话框，在“大小”选项卡中对图形或图片的高度和宽度进行精确设置，如图 4-44（b）所示；可以右击要设置大小的图形或图片，在弹出的快捷菜单中选择“大小和位置”（或“环绕文字”子菜单中“其他布局选项”）命令，弹出“布局”对话框，在“大小”选项卡中进行设置。如果取消选择“锁定纵横比”复选框，可以实现高度和宽度不同比例的设置。

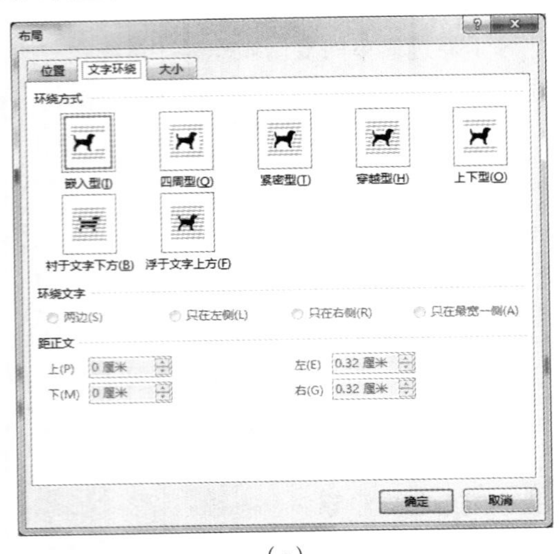

（a）

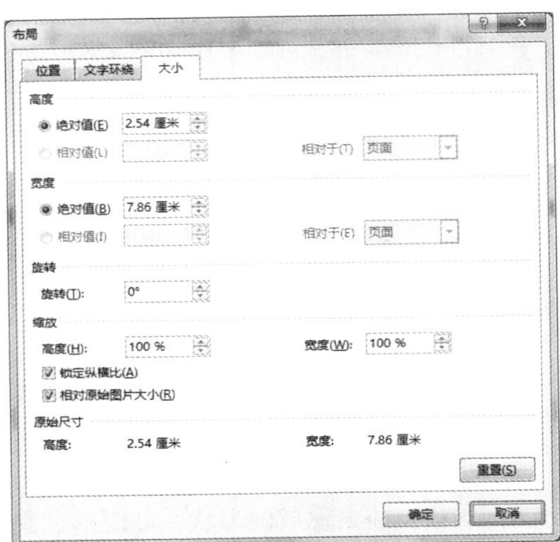

（b）

图 4–44 “布局”对话框

3）裁剪图片

该功能仅对图片文件、屏幕截图的图片有效。裁剪是指仅取一幅图片的部分区域。具体操作步骤为：选中要裁剪的图片，单击“图片工具/格式”功能区“大小”组中的“裁剪”下拉按钮，在弹出的下拉列表中选择一种裁剪方式：

（1）裁剪：图片四周出现裁剪控点，通过拖动控点可以实现边、两侧及四侧的裁剪，完成后按【Esc】键退出。

（2）裁剪为形状：可将图片裁剪为特定形状，如圆形、箭头、星形等。

（3）填充/调整：调整图片大小，以便填充整个图片区域，同时保持原始纵横比。

4）调整图片效果

该功能仅对图片文件、屏幕截图的图片有效。可以调整图片亮度、对比度、颜色、压缩图片等。选中图片，单击“图片工具/格式”功能区“调整”组中的“更正”下拉按钮，在弹出的下拉列表中选择预设好的效果，即可实现图片的亮度和对比度设置。单击“调整”组中的“颜色”下拉按钮，在弹出的下拉列表中选择色调、饱和度或重新着色即可实现颜色的设置。单击“调整”分组中的“艺术效果”下拉按钮，在弹出的下拉列表中选择一种艺术效果即可实现图片艺术化。

单击“调整”组中的“压缩图片”按钮，在弹出的“压缩图片”对话框中可以对文档中的当前图片或所有图片进行压缩。单击“调整”组中的“更改图片”按钮，可以重新选择图片代替现有图片，同时保持原图片的格式和大小。单击“调整”组中的“重设图片”下拉按钮，可以实现放弃对图片所做的格式和大小等设置。

图片格式的设置还可以通过右击图片，在弹出的快捷菜单中选择“设置图片格式”命令，将弹出“设置图片格式”任务窗格，可以根据实际需要进行各种格式设置，如图 4–45 所示。

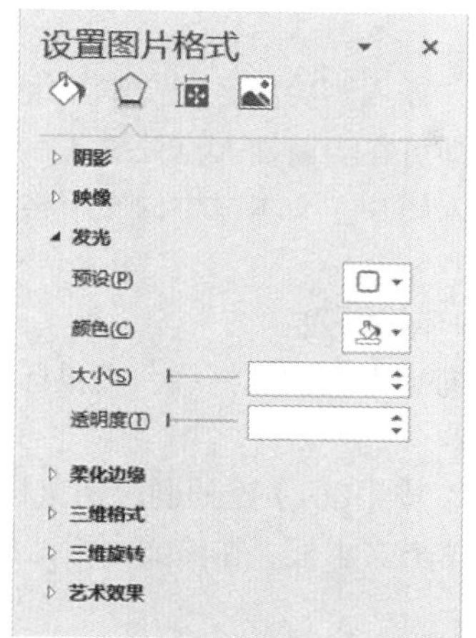

图 4-45 “设置图片格式”任务窗格

4.6.2 艺术字与文本框

艺术字是文档中具有特殊效果的文字，它不是普通的文字，而是图形对象。文本框也是一种图形对象，它作为存放文本或图片的独立窗口可以放在页面中的任意位置。在 Word 2016 中，插入的艺术字及文本框的默认方式均为“浮于文字上方”。

1. 艺术字

艺术字可以有各种颜色及字体，可以带阴影、倾斜、旋转和缩放，还可以转换为特殊的形状效果。在文档中插入艺术字的操作步骤如下：

（1）将插入点定位在文档需要插入艺术字的位置，单击“插入”功能区“文本”组中的“艺术字”下拉按钮，在弹出的下拉列表中选择一种艺术字样式（例如第 1 行第 3 列），在文档中将自动出现一个带有“请在此放置您的文字”字样的文本框。

（2）在文本框中输入需要的文本内容，如输入“武夷学院”，即在文档中插入了艺术字。插入艺术字后，可以根据要求修改艺术字的风格，如艺术字的形状格式、形状样式等，操作步骤为：选择要修改的艺术字，单击“图片工具/格式”功能区“形状样式”组中的按钮，可以进行形状填充、形状轮廓、形状效果的设置，“艺术字样式”组提供了文本填充、文本轮廓、文本效果的设置。例如，对“武夷学院”艺术字设置如下：“文本效果”下“转换”中的“双波形：上下”弯曲效果，文本填充颜色为“红色”，字体为“华文琥珀”，编辑后效果如图 4-46 所示。

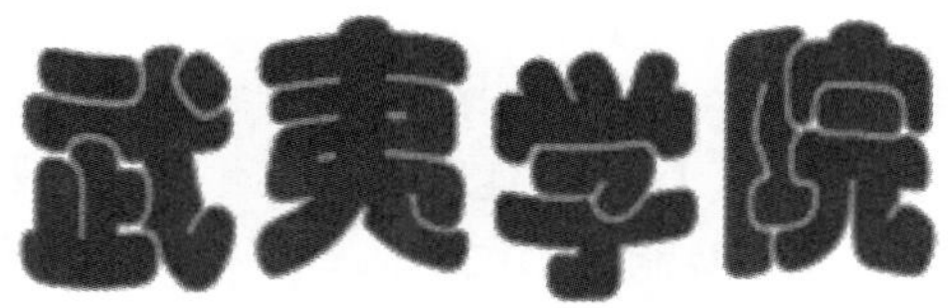

图 4-46 艺术字效果

2. 文本框

文本框是一独立的对象，框中的文字和图片可随文本框移动，它与给文字加边框是不同的概念。文本框分为横排和竖排，可以根据需要进行选择。

1）绘制文本框

如果要绘制文本框，可以单击“插入”功能区“文本”组中的“文本框”按钮，打开文本框下拉列表框，单击所需的文本框，即可在当前插入点处插入一个文本框。将插入点移动至文本框中，可以在文本框中输入文本或插入图片。文本框中的文字格式设置与前述的文字格式设置方法相同。

2）改变文本框的位置、大小和环绕方式

（1）移动文本框：鼠标指针指向文本框的边框线，当鼠标指针变成✥形状时，用鼠标拖动文本框实现移动。

（2）复制文本框：选中文本框，按【Ctrl】键的同时用鼠标拖动文本框实现复制。

（3）改变文本框的大小：首先单击文本框，在该文本框四周出现 8 个控点，向内/外拖动控点可改变文本框的大小。

（4）改变文本框的环绕方式：文本框环绕方式的设定与图片环绕方式的设定基本相同。

3）文本框格式设置

如果想改变文本框边框线的颜色或给文本框填充颜色，可按如下操作步骤：

（1）选定要操作的文本框。

（2）右击，打开“文本框”快捷菜单。

（3）单击“文本框”快捷菜单中“设置形状格式”命令，打开“设置形状格式”任务窗格。

（4）在“设置形状格式”任务窗格中可以使用“填充”、“线条”、“线型”、“阴影”和“三维格式”等命令，为文本框填充颜色，给文本框边框设置线型和颜色，给文本框对象添加阴影或产生立体效果等。

4）文本框链接

编辑排版时可以看到，放入方格或文本框的内容将无法分栏，为了解决这一问题，采用多个文本框互相链接的办法来进行排版，实现分栏效果。具体操作步骤：在页面相应位置分别绘制所需文本框，将所有需放入文本框的文字内容全部选中并复制，插入点移动到第一个文本框中粘贴，单击“绘图工具/格式”功能区“文本”组中的“创建链接”按钮，鼠标指针呈现形状，将鼠标指针移动到第二个文本框中，当鼠标指针变成形状时单击，此时上一个文本框中显示不下的文字就会自动转移到第二个文本框中。同理，再单击“创建链接”按钮，将鼠标指针移动到第三个文本框中，当鼠标指针变成形状时单击，此时上一个文本框中显示不下的文字就会自动转移到第三个文本框中。以此类推，即可实现多个文本框内容的链接

注意

在建立文本框链接的过程中，有时会出现链接错误的情况，Word 2016 将会弹出错误提示框，此时只需按下回车键或【Esc】键取消链接操作。如果要取消两个文本框的链接，只需单击“绘图工具/格式”功能区“文本”组中的“断开链接”按钮即可。

4.6.3 绘制图形

Word 2016 提供了一套绘制图形的工具，利用它可以创建各种图形。只有在页面视图方式下才可以在 Word 2016 文档中插入图形。

单击“插入”功能区“插图”组中的“形状”按钮，打开自选图形单元列表框，可以从中选择所需的图形单元并绘制图形。

绘制好图形后，对其可进行修饰、添加文字、组合、调整叠放次序等操作。与设置图片格式的方法类似，设置图形格式的常用方法也有两种：利用“绘图工具/格式”功能区和利用单击鼠标右键弹出的快捷菜单。

下面介绍利用快捷菜单对图形进行操作。

1. 图形的创建

任何一个复杂的图形总是由一些简单的几何图形组合而成的。单击“插入”功能区“插图”组中的“形状”按钮，在下拉列表框中首先选择绘制基本图形单元，然后加上控制大小和位置等就可组合出复杂的图形。

2. 在图形中添加文字

Word 2016 提供在封闭的图形中添加文字的功能，对绘制示意图很有帮助。具体操作步骤如下：将鼠标指针移动到要添加文字的图形中，右击该图形，弹出快捷菜单；执行快捷菜单中的“添加文字”命令，此时插入点移动到图形内部；在插入点之后键入文字即可。

图形中添加的文字将与图形一起移动。同样，可以用前面所述的方法，对文字格式进行编辑和排版。

3. 图形的颜色、线条、三维效果

选中图形右击，在弹出的快捷菜单中选择“设置形状格式”命令，打开“设置形状格式”任务窗格，在任务窗格中可以使用“填充”、“线条”、“线型”、“阴影”和“三维格式”等命令，为封闭图形填充颜色，给图形的线条设置线型和颜色，给图形对象添加阴影或产生立体效果等。

4. 调整图形的叠放次序

当两个或多个图形对象重叠在一起时，最近绘制的那一个总是覆盖其他的图形。利用快捷菜单中的相应命令可以调整各图形之间的叠放关系。具体操作步骤如下：

（1）选定要确定叠放关系的图形对象。

（2）右击，打开快捷菜单。

（3）单击“置于顶层”（或“置于底层”）右侧的下拉按钮，在下一级菜单中，从“置于顶层”（或“置于底层”）、“上移一层”（或“下移一层”）和“浮于文字上方”（或“衬于文字下方”）三个命令选项中选择所需的一个执行。

利用叠放次序命令可以确定图形与文字之间的叠放次序关系，图形可以覆盖文字，也可以在文字下面。

5. 多个图形的组合

当用许多简单的图形组成一个复杂的图形后，由于每一个简单图形仍是一个独立的对象，所以要同时移动所有图形是非常困难的，而且还可能因操作不当而破坏刚刚构成的复杂图形。此时，利用组合功能可以将许多简单图形组合成一个整体的图形对象，以便图形的移动和旋转。组合操作步骤如下：选定要组合的所有图形对象，如图 4-47（a）所示；右击，打开快捷菜单；选择快捷菜单中的“组合”命令，如图 4-47（b）所示。

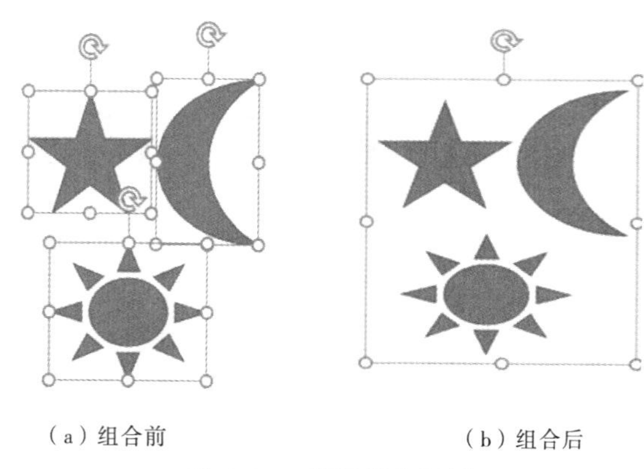

（a）组合前　　　（b）组合后

图 4-47　图形组合示例

图 4-47 展示了组合示例，组合后的所有图形成为一个整个的图形对象，可以整体移动和旋转。

4.7　主控文档与邮件合并

在 Word 2016 中编辑文档内容时，经常会碰到需要的文本或数据来自多个文档的情况，可以利用复制、移动的方法来拷贝这些数据。Word 2016 提供了主控文档和邮件合并功能，实现多种文档之间的数据获取。

4.7.1　主控文档

Word 2016 中系统提供了一种可以包含和管理多个子文档的文档，即主控文档。主控文档可以组织多个子文档，并把它们当作一个文档来处理，可以对它们进行查看、重新组织、格式设置、校对、打印和创建目录等操作。主控文档与子文档是一种链接关系，每个子文档单独存在，子文档的编辑操作会自动反应在主控文档的子文档中，也可以通过主控文档来编辑子文档。

1. 建立主控文档与子文档

利用主控文档组织管理子文档，应先建立或打开作为主控文档的文档，然后在该文档中再建立子文档（子文档必须在标题行才能建立），具体操作步骤如下：

（1）打开作为主控文档的文档，切换到大纲视图模式下，将插入点移动到要创建子文档的标题位置（若在文档中某正文段落末尾处建立子文档，可先回车生成一空段落，然后将此空段落通过大纲的提升功能提升为“1 级”标题级别），单击“大纲”功能区“主控文档”组中的“显示文档”按钮，将展开“主控文档”分组，单击“创建”按钮。

（2）光标所在标题周围出现一个灰色细线边框，其左上角显示一个标记，表示该标题及其下级标题和正文内容为该主控文档的子文档，如图 4-48（a）所示。

（3）在该标题下面空白处输入子文档的正文内容。输入正文内容后，单击“大纲”功能区“主控文档”组中的“折叠子文档”按钮，将弹出是否保存主控文档提示对话框，单击“确定”按钮保存，插入的子文档将以超链接的形式显示在主控文档的大纲视图中，如图 4-48（b）所示。

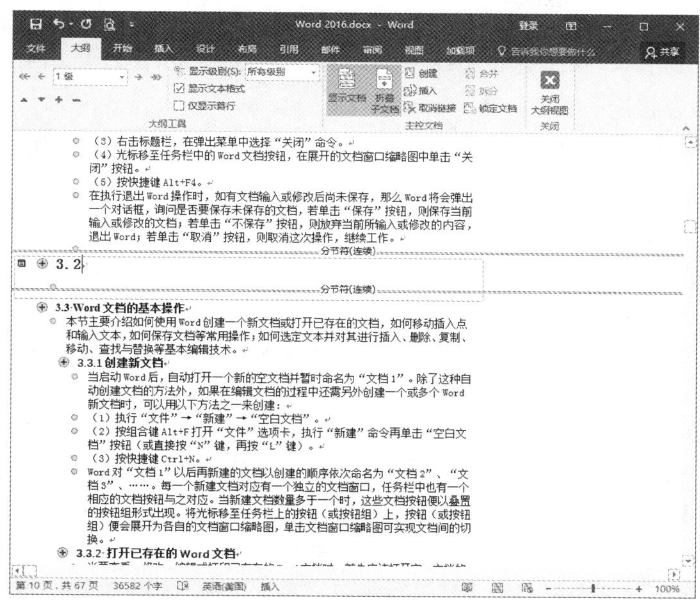

（a）

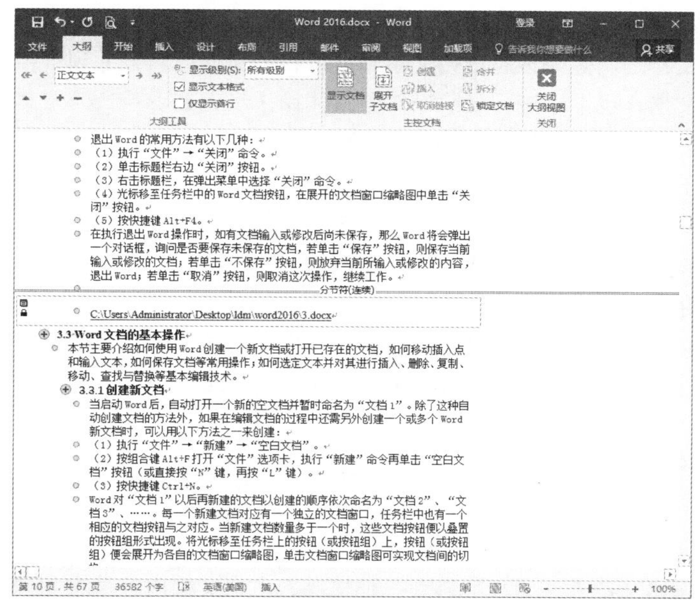

（b）

图 4–48 建立子文档

（4）单击 Word 2016 右上角的“关闭”按钮，系统将弹出是否保存的提示对话框，单击“确定”按钮将自动保存，同时系统会自动保存创建的子文档，且自动为其命名。

（5）按照以上相同步骤，可以在主控文档中建立多个子文档。可以将一个已存在的文档作为子文档插入到已打开的主控文档中，该种操作可以将已存在的若干文档合理组织起来，构成一个长文档。操作步骤为：打开主控文档，并切换到大纲模式下，将光标移动到要插入子文档的位置，单击“主控文档”组中的“显示文档”按钮，然后单击“插入”按钮，打开“插入子文档”对话框，确定子文档的位置及文件名，单击“打开”按钮，选择的文档将作为子文档插入到主控文档中。

2. 打开、编辑及锁定子文档

可以在 Word 2016 中直接打开子文档进行编辑，也可以在编辑主控文档的过程中对子文档进行编辑，操作步骤如下：

（1）打开主控文档，其中的子文档以超链接的形式显示。若要打开某个子文档，按【Ctrl】键的同时单击子文档名称，子文档的内容将自动在 Word 新窗口中显示，可直接对子文档内容进行编辑和修改。

（2）若要在主控文档中显示子文档内容，可将主控文档切换到大纲视图模式下，子文档默认为折叠形式，并以超链接的形式显示，按【Ctrl】键的同时单击子文档名可打开子文档，并对子文档进行编辑。若单击“主控文档”组中“展开子文档”按钮，子文档内容将在主控文档中显示，可直接对其内容时行修改。修改后单击“折叠子文档”按钮，子文档将以超链接形式显示。

（3）单击“主控文档”组中的“展开子文档”按钮，子文档内容将在主控文档中显示并可修改。若不允许修改，可单击“主控文档”组中的“锁定文档”按钮，子文档标记的下方将显示锁形标记，此时不能在主控文档中对子文档进行编辑，再次单击“锁定文档”按钮可解除锁定。对于主控文档，也可以按此方法进行锁定和解除锁定。

3. 合并与删除子文档

子文档与主控文档之间是一种超链接关系，可以将子文档内容合并到主控文档中，而且，对于主控文档中的子文档，也可以进行删除操作。具体操作步骤如下：

（1）打开主控文档，并切换到大纲视图模式下，单击“主控文档”组中的“显示文档”及“展开子文档”按钮，子文档内容将在主控文档中显示出来。

（2）将光标移动到合并到主控文档的子文档中，单击“主控文档”组中的“取消链接”按钮，子文档标记消失，该子文档内容自动成为主控文档的一部分。

（3）单击“保存”按钮进行保存。

若要删除主控文档中的子文档，操作步骤为：在主控文档的大纲视图模式下且子文档为展开状态时，单击要删除的子文档左上角的标记按钮，将自动选中该子文档，按【Delete】键，该子文档将被删除。

在主控文档中删除子文档，只删除了与该子文档的超链接关系，该子文档仍然保留在原来位置。

4.7.2 邮件合并

Word 2016 中编辑文档时，通常会遇到一种情况，多个文档内容基本相同，只是具体数据有所变化，如学生的获奖证书、录取通知书、成绩单等。对于这类文档的处理，可以使用 Word 2016 提供的邮件合并功能，直接从源数据处提取数据，将其合并到 Word 2016 文档中，最终自动生成一系列输出文档。

要实现邮件合并功能，通常需要 3 个关键步骤。

1. 创建数据源

邮件合并中的数据源可以是 Excel 文件、Word 文档、Access 数据库、SQL Server 数据库、Outlook 联系人列表等，该文件包含了合并文档各个副本中的数据。把数据源看作一维表格，则其中的每一列对应一类信息，在邮件合并中称为合并域，如成绩表中的学号；其中的每一行对应合并文档某副本中需要修改的信息，如成绩表中某学生的姓名、思想修养成绩、高等数学成绩等信息。完成合并后，该信息被映射到主文档对应的域名处。

2．创建主文档（模板）

主文档是一个 Word 文档，包含了文档所需的基本内容并设置了符合要求的文档格式。主文档中的文本和图形格式在合并后都固定不变。

3．关联主文档和数据源

利用 Word 2016 提供的邮件合并功能，实现将数据源合并到主文档中的操作，得到最终的合并文档。

4.8　Word 2016 应用

4.8.1　求职信

1．项目描述

小张是一名大四学生，将要参加学校组织的毕业生招聘会，现在急需一份精心制作的求职信。求职信是求职者必备的文档，是将自己推销出去的敲门砖，在设计过程中不仅要体现自己的知识、能力，更要在设计上突出自己的个性，尽量做到与众不同。

求职信要求内容言简意赅，具有针对性和个性化，版面整洁大方，不宜太多空白或太拥挤。小张制作出的求职信效果如图 4-49 所示。

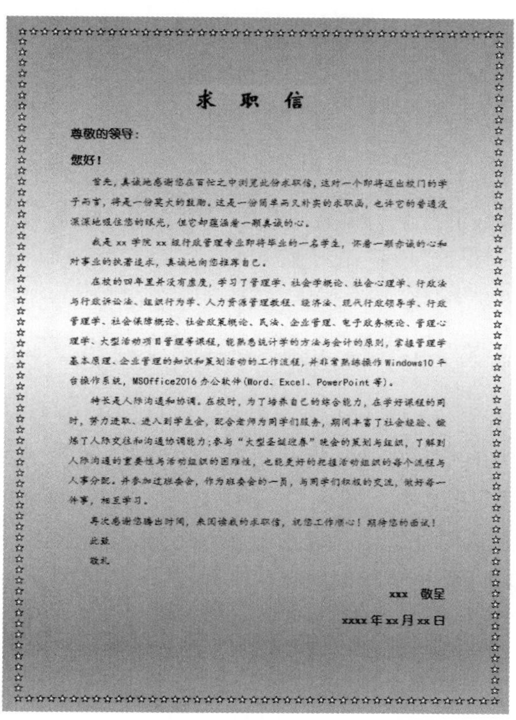

求　职　信

尊敬的领导：

您好！

首先，真诚地感谢您在百忙之中浏览此份求职信，这对一个即将迈出校门的学子而言，将是一份莫大的鼓励。这是一份简单而又朴实的求职函，也许它的普通没深深地吸住您的眼光，但它却蕴涵着一颗真诚的心。

我是 xx 学院 xx 级行政管理专业即将毕业的一名学生，怀着一颗赤诚的心和对事业的执著追求，真诚地向您推荐自己。

在校的四年里并没有虚度，学习了管理学、社会学概论、社会心理学、行政法与行政诉讼法、组织行为学、人力资源管理教程、经济法、现代行政领导学、行政管理学、社会保障概论、社会政策概论、民法、企业管理、电子政务概论、管理心理学、大型活动项目管理等课程，能熟悉统计学的方法与会计的原则，掌握管理学基本原理、企业管理的知识和策划活动的工作流程，并非常熟练操作 Windows10 平台操作系统，MSOffice2016 办公软件(Word、Excel、PowerPoint 等)。

特长是人际沟通和协调。在校时，为了培养自己的综合能力，在学好课程的同时，努力进取、进入到学生会，配合老师为同学们服务，期间丰富了社会经验、锻炼了人际交往和沟通协调能力；参与“大型圣诞迎春”晚会的策划与组织，了解到人际沟通的重要性与活动组织的困难性，也能更好的把握活动组织的各个流程与人事分配。并参加过班委会，作为班委会的一员，与同学们积极的交流，做好每一件事，相互学习。

再次感谢您腾出时间，来阅读我的求职信，祝您工作顺心！期待您的面试！

此致

敬礼

xxx　敬呈

xxxx 年 xx 月 xx 日

图 4-49　求职信效果

2. 项目知识点

(1)字体格式的设置。

(2)段落格式的设置。

(3)查找和替换。

(4)边框和底纹。

(5)页面背景。

(6)页面设置及打印。

3. 项目实现过程

(1)单击“文件”→“新建”→“空白文档”。

(2)在文档中输入图 4–50 所示的求职信文本内容,保存文件名为“求职信.docx”。

求职信

尊敬的领导:

你好!

首先,真诚地感谢你在百忙之中浏览此份求职信,这对一个即将迈出校门的学子而言,将是一份莫大的鼓励。这是一份简单而又朴实的求职函,也许它的普通没深深地吸住你的眼光,但它却蕴涵着一颗真诚的心。

我是 xx 学院 xx 级行政管理专业即将毕业的一名学生,怀着一颗赤诚的心和对事业的执著追求,真诚地向你推荐自己。

在校的四年里并没有虚度,学习了管理学、社会学概论、社会心理学、行政法与行政诉讼法、组织行为学、人力资源管理教程、经济法、现代行政领导学、行政管理学、社会保障概论、社会政策概论、民法、企业管理、电子政务概论、管理心理学、大型活动项目管理等课程,能熟悉统计学的方法与会计的原则,掌握管理学基本原理、企业管理的知识和策划活动的工作流程,并非常熟练操作 Windows10 平台操作系统,MSOffice2016 办公软件(Word、Excel、PowerPoint 等)。

特长是人际沟通和协调。在校时,为了培养自己的综合能力,在学好课程的同时,努力进取、进入到学生会,配合老师为同学们服务,期间丰富了社会经验、锻炼了人际交往和沟通协调能力;参与“大型圣诞迎春”晚会的策划与组织,了解到人际沟通的重要性与活动组织的困难性,也能更好地把握活动组织的每个流程与人事分配。并参加过班委会,作为班委会的一员,与同学们积极的交流,做好每一件事,相互学习。

再次感谢你腾出时间,来阅读我的求职信,祝你工作顺心!期待你的面试!

此致

敬礼

xxx 敬呈

xxxx 年 xx 月 xx 日

图 4–50 “求职信”样文

(3)将插入点移动到文档的开头,单击“开始”功能区“编辑”组中的“替换”按钮,打开“查找和替换”对话框,在“查找内容”栏中键入“你”,“替换为”栏中键入“您”,单击“全部替换”按钮。

(4)文中的标题“求职信”设置为如下格式:“华文新魏、一号、加粗、字符间距为加宽 12 磅”。

(5)文中“尊敬的领导:”、“您好!”、“*** 敬呈”和“****年**月**日”,设置为“幼圆、四号、加粗”格式。文中的“首先……敬礼”等正文内容,设置为如下格式:“楷体、小四”。

(6)文中标题“求职信”的段落设置为 “居中对齐、段后间距 1 行”;正文段落(从“首先”到“敬礼”)设置为“两端对齐、首行缩进 2 个字符、1.5 倍行距”;文中最后两段设置为“右对齐”;倒数第二段的段前间距设置为 0.5 行。

(7)为文中的标题“求职信”文字添加底纹(浅绿色),为页面添加一个边框,页面边框设置如图 4–51 所示。

(8)添加页面背景的颜色(“页面颜色”→“填充效果”,“渐变”选项卡中“预设颜色”为“雨后初晴”)。

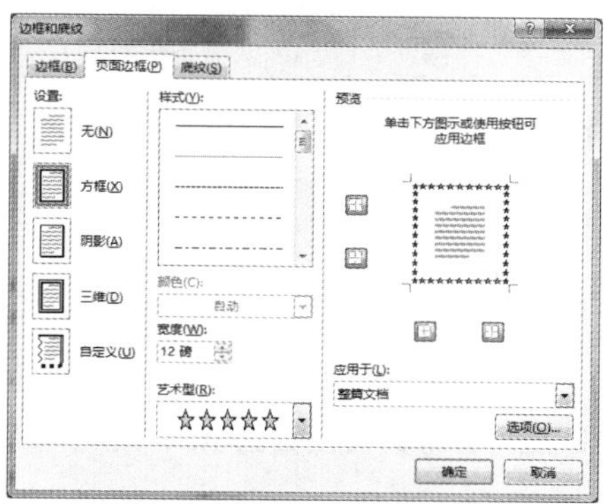

图 4-51　页面边框设置

（9）“求职信.docx”文档页面设置：上、下、左、右页边距为 3 cm，纸张大小为 A4，纵向打印。

（10）打印预览，确认无误。单击“保存”按钮完成操作。

4.8.2　学院周报

1. 项目描述

小张要制作一期武夷学院的周报，要求主题突出，布局美观，图文并茂，别具一格。如何对图片及文字进行合理的布局？如何在一页内设置不同方向的文字排列效果？如何在一个文本框中实现类似分栏的效果，这都是项目中需要解决的问题。

制作学报时，可以将学报的版面用分栏和文本框进行整体布局，规划好后，再按版块进行编辑排版，对图片、艺术字、文本框等进行相应设置等。小张最终制作出的学院周报的样文效果如图 4-52 所示。

学院周报

XUE YUAN ZHOU BAO

2017 年 4 月 20 日
星期四
第 3 期
总第 301 期

开展文学社团交流活动

冬日

絮语

雷锋月总结汇报会

校工会走基层 扎实推进各项工作

图 4-52　学院周报

2．项目知识点

（1）页面设置。

（2）艺术字。

（3）文本框。

（4）绘制图形。

（5）图文混排。

3．项目实现过程

（1）新建文档“学院周报.docx”，将页面设置为A3、横向，“上”“下”“左”“右”边距各为2cm，分“两栏”布局。

（2）插入艺术字，内容为“学院周报”，设置：艺术字样式为第1行第3列，文本填充为红色，文本轮廓为红色，字体为华文行楷，54磅，艺术字大小高度为3 cm，宽度为8.6 cm。

（3）艺术字：内容为“XUE YUAN ZHOU BAO”，设置：艺术字样式为第1行第2列，文本填充为蓝色，形状样式为第5行第4列（中等效果 – 灰色）字体为蓝色，28磅，艺术字大小高度为1.5 cm，宽度为10 cm。

（4）文本框：大小高度为3.5 cm，宽度为5.5 cm，边框线条为黑色实线，3.5磅，内容及对齐方式如图4–52所示。

（5）绘制一条线段，宽度为18 cm，形状轮廓为绿色。

（6）艺术字：内容为“开展文学社团交流活动”，设置：形状样式为第2行第1列，文本填充为红色，文本轮廓为深红色，字体为黑体，一号，艺术字大小高度为2 cm，宽度为17 cm。

（7）插入“活动.jpg”图片，调整高度为8 cm，宽度为11 cm。

（8）如图4–52所示，在相应位置插入三个文本框，复制文字内容，利用文本框“创建链接”来实现三个文本框的链接，文本框边框设置为无填充无线条。

（9）艺术字：内容为“校工会走基层 扎实推进各项工作”，设置：形状样式为第1行第3列，文本填充为红色，文本轮廓为橙色，字体为黑体，小二，艺术字大小高度为1.5 cm，宽度为18 cm。

（10）绘制两个文本框并完成链接操作，文本框边框设置为无填充、无线条。

（11）将插入点移动到页面第二栏内，复制相关文字内容并粘贴。

（12）插入“冬日.jpg”图片，环绕文字为“四周型”，调整高度为8 cm，宽度为11 cm。

（13）绘制一个六边形，文本填充为橙色，调整高度为2.43 cm，宽度为2.73 cm，添加文字“冬”（华文行楷，小初，行距为固定值36磅）。另三个图形操作方法一样，在此不再赘述。

（14）插入艺术字“雷锋月总结汇报会”，设置：形状样式为第1行第1列，文本填充为红色，文本轮廓为深红色，字体为华文新魏，小一号，艺术字大小高度为7.3 cm，宽度为1.85 cm。

（15）分别绘制两个文本框，并复制相应文字内容粘贴至文本框，文本框边框设置为无填充无线条。

（16）插入“背景.jpg”图片，调整高度为7.85 cm，宽度为18.5 cm，将图片移动至图3–52所示位置，设置图片环绕文字为“衬于文字下方”。

（17）打印预览，确认无误再单击“保存”按钮。

4.8.3　班级成绩表

1. 项目描述

一学年结束，张老师要制作一张班级的成绩表，以便对全班同学各科成绩进行统计分析。使用 Word 2016 表格功能，进行绘制表格、输入表格数据，以及对表格数据进行相关计算。为了改变表格的外观，可通过设置表格的边框、单元格底纹，以及修改表格文字的对齐方式等实现。样表效果如图 4-53 所示。

学期 姓名	第一学期				第二学期			
	思想修养	大学英语（一）	高等数学	计算机基础	电子商务	大学英语（二）	教育学	汉语言文学
张小英	85	90	89	92	80	88	89	82
李兴	90	80	79	83	90	80	79	83
陈晓非	95	76	90	78	95	76	80	78
王丽英	82	82	81	85	82	82	81	85
黄玉	75	91	85	93	75	91	85	73
刘果	94	84	80	81	90	84	80	81
张明	80	74	70	76	80	74	90	76
林晓红	88	81	78	86	75	81	78	86
叶云	70	91	94	93	70	91	94	83
陈小飞	83	74	78	80	83	74	78	80
平均分	84.2	82.3	82.4	84.7	82	82.1	83.4	80.7

图 4-53　班级成绩表

2. 项目知识点

（1）创建表格。

（2）编辑表格。

（3）表格数据的统计分析。

3. 项目实现过程

（1）创建一个 15（行）×9（列）的规范表格。

（2）按照图 4-53 所示样表合并相应单元格。

（3）调整表格的行高或列宽。表格中的行高或列宽可以不用设置，在输入文字时会自动根据单元格中的内容进行调整。但在实际应用中，为了表格的整体效果，需要对它们进行适当调整。参照样图表格，将表格的高度和宽度调整到适当值。

（4）绘制斜线表头。单击“表格工具/布局”功能区“绘图”分组中的“绘制表格”按钮完成绘制。

（5）按照样表（见图 4-53）除平均分所在行外，在创建的表格中输入内容，并设置相应单元格中的文字格式。

（6）按照样表（见图 4-53），修改表格的外观。

（7）对表格中的平均分相应单元格进行求平均值计算。

（8）确认无误，单击“保存”按钮，文件可命名为“班级成绩表.docx”。

4.8.4 毕业论文排版

1. 项目描述

小张即将大学毕业，他要完成的最后一项作业就是撰写毕业论文，并按照学校下发的毕业论文格式要求进行编辑排版。

要完成一份符合学校要求毕业论文的编辑排版，首先必须对论文的各级标题设置标题样式，并添加相应的页眉和页脚，最后生成正确的文档目录。小张最终排版好的论文如下图 4-54 所示。

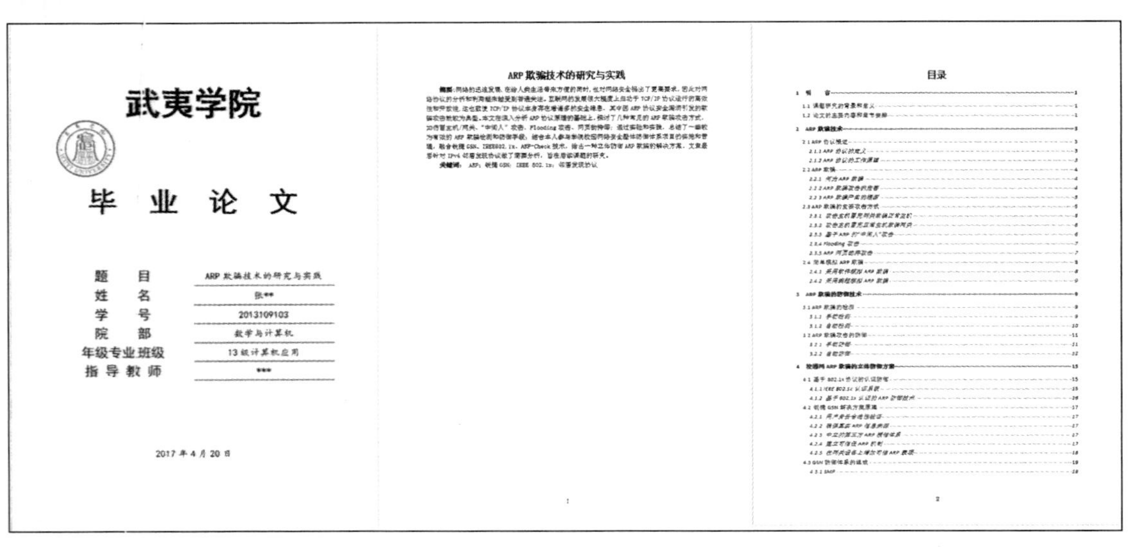

武夷学院

毕 业 论 文

题　目	ARP 欺骗技术的研究与实践
姓　名	张**
学　号	2013109103
院　部	数学与计算机
年级专业班级	13 级计算机应用
指导教师	***

2017 年 4 月 20 日

ARP 欺骗技术的研究与实践

目录

1 引　言

1.1 课题研究的背景和意义

1.2 论文的主要内容和章节安排

图 4-54　毕业论文排版效果

2. 项目知识点

（1）分隔符。

（2）页眉和页脚。

（3）页码。

（4）样式。

（5）目录。

3．项目实现过程

（1）打开素材文件“论文排版.docx”。

（2）将插入点移动到文档开头（ARP 的 A 前），单击“布局”→“分隔符”下拉按钮，选择“分节符（下一页）”选项。

（3）将插入点移动到“1 引言”的前面，单击“布局”→“分隔符”下拉按钮，选择“分节符（下一页）”选项。

（4）将插入点移动到文档开头，在当前页即第 1 节，参照图 4-55 封面效果完成相关操作。

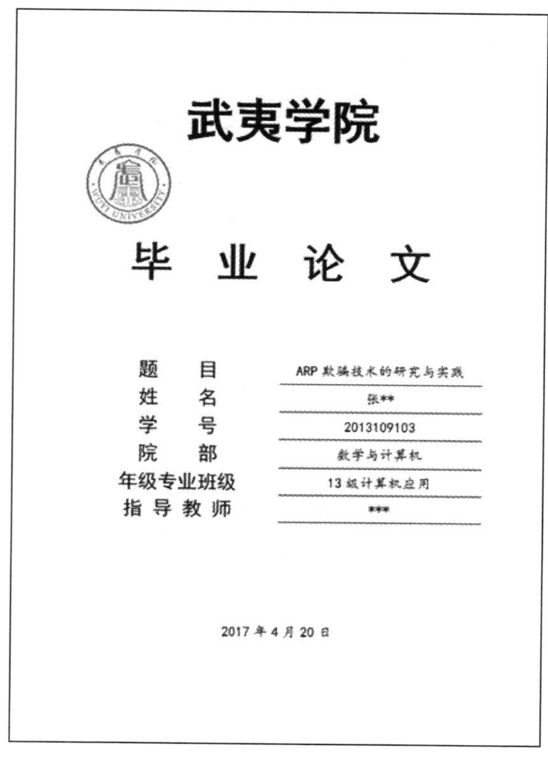

图 4-55　封面效果

（5）分别将“标题 1”的样式修改为“宋体，二号，加粗，居中，段前、段后间距 17 磅，2.5 倍行距”；“标题 2”的样式修改为“宋体，三号，加粗，左对齐，段前、段后间距 13 磅，1.73 倍行距；“标题 3”的样式修改为“宋体，四号，加粗，左对齐，段前、段后间距 13 磅，1.73 倍行距。

（6）“1 引言”“2 ARP 欺骗技术”……“6 结论”“参考文献”等内容应用样式“标题 1”；“1.1 课题研究的背景和意义”“2.1 ARP 协议概述”等内容应用样式“标题 2”；“2.1.1 ARP 协议的定义”“2.1.2 ARP 协议的工作原理”等内容应用样式“标题 3”。

（7）将插入点移动到第 3 节页脚处，设置页码为“1、2、3……”数字格式；页眉设置奇偶页不同，奇数页眉内容为“武夷学院毕业论文”，偶数页页眉内容为“ARP 欺骗技术的研究与实践”。

（8）将插入点移动到“目录”所在页的第二空白段落前，单击“引用”→“目录”下拉按钮，执行“自定义目录”命令，弹出“目录”对话框，如图 4-56 所示进行设置，单击“确定”按钮即插入目录。

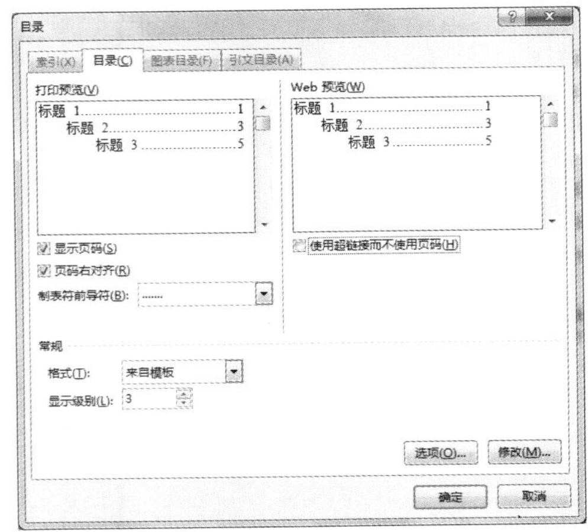

图 4-56 “目录”对话框

（9）第 2 节设置页码为“Ⅰ、Ⅱ、Ⅲ……”数字格式。

（10）确认无误，单击“保存”按钮。

4.8.5 邮件合并

1. 项目描述

学期结束时，班主任陈老师遇到了一个难题：学校要求根据已有的文件“各科成绩表.xlsx”，给每位同学制作一份“成绩单”并发送给各自的家长，让家长及时了解孩子在学校的学习情况，样文如图 4-57 所示。成绩单中主要内容基本都是相同的，只是具体数据有变化而已，应该如何解决？

可以灵活运用“邮件合并”功能，不仅操作简单，而且还可以设置各种格式、打印效果又好，可以满足许多不同的需求。首先创建成绩单中不变化的内容作为模板，选择“各科成绩表.xlsx”作为数据源，再将成绩单中变化的部分即成绩、学生获奖情况等作为合并域。

提示

数据源是一个文件，该文件包含了合并文档各个副本中的数据。把数据源看作一维表格，则其中的每一列对应一类信息，在邮件合并中称为合并域，如成绩表中的学号；其中的每一行对应合并文档某副本中需要修改的信息，如成绩表中某学生的姓名、思想修养成绩、高等数学成绩等信息。完成合并后，该信息被映射到主文档对应的域名处。

数计系 16 应用数学专业

2016-2017 学年第 1 学期期末考试各科成绩表

学号：　20130101　　　　　**姓名：张小英**

科目	成绩	班级平均分
思想修养	90	84.7
大学英语（一）	90	82.3
高等数学	95	83
计算机基础	92	84.7
平均分	91.75	83.68
获奖情况	一等奖奖学金	

图 4-57　成绩单

2. 项目知识点

（1）创建模板。

（2）指定数据源。

（3）邮件合并。

3. 项目实现过程

（1）创建数据源。采用 Excel 文件格式作为数据源，其中，第 1 行为标题行，其他行为记录行，如图 4-58 所示，并以“各科成绩表. xlsx”为文件名进行保存。

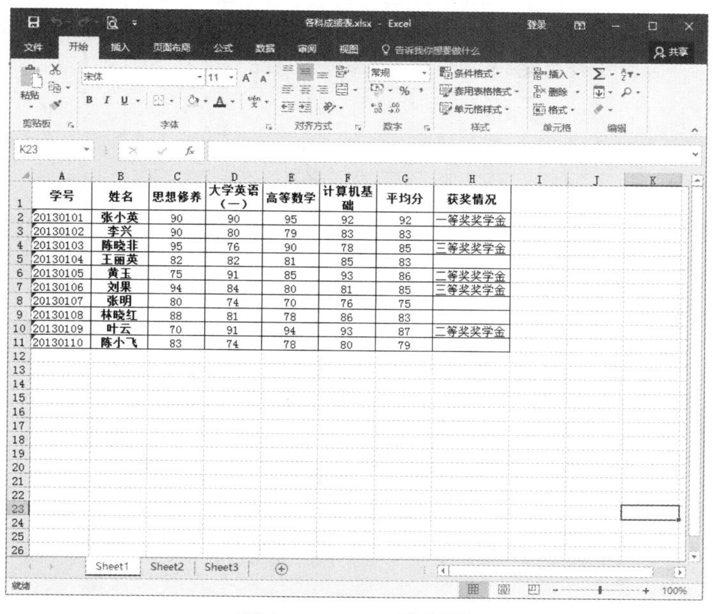

学号	姓名	思想修养	大学英语（一）	高等数学	计算机基础	平均分	获奖情况
20130101	张小英	90	90	95	92	92	一等奖奖学金
20130102	李兴	90	80	79	83	83	
20130103	陈晓非	95	76	90	78	85	三等奖奖学金
20130104	王丽英	82	82	81	85	83	
20130105	黄玉	75	91	85	93	86	二等奖奖学金
20130106	刘果	94	84	80	81	85	三等奖奖学金
20130107	张明	80	74	70	76	75	
20130108	林晓红	88	81	78	86	83	
20130109	叶云	70	91	94	93	87	二等奖奖学金
20130110	陈小飞	83	74	78	80	79	

图 4-58　Excel 数据源

（2）创建主文档（模板文件）。模板文件就是即将输出的界面模板，设计成绩单的内容及版面格式，并预留文档中相关信息的占位符。如图 4-59 所示，以“成绩单模板.docx”为文件名进行保存。

（3）打开已创建好的主文档，单击“邮件”功能区“开始邮件合并”组中“选择收件人”下拉按钮，在下拉列表中选择“使用现有列表”命令，将弹出“选取数据源”对话框。

（4）在对话框中选择已创建好的数据源文件“各科成绩表.xlsx”，单击“打开”按钮。出现“选择表格”对话框，选择数据所在的工作表，默认为表Sheet1，如图4-60所示，单击“确定”按钮将自动返回。

（5）在主文档中选择第一个占位符“学号”，单击“邮件”功能区“编写和插入域”组中“插入合并域”下拉按钮，在弹出的下拉列表中选择要插入的域“学号”。用同样的方法在成绩单的对应位置插入其他的域。所有域插入完成后，成绩单的设置效果如图4-61所示。

（6）单击“邮件合并”功能区“预览结果”组中的“预览结果”按钮，将显示主文档和数据源关联后的第一条数据结果。单击查看记录按钮，可逐条显示各记录对应数据源的数据。

（7）单击“邮件”功能区“完成”组中“完成并合并”下拉按钮，在下拉列表中选择“编辑单个文档”命令，将弹出“合并到新文档”对话框，如图4-62所示。

（8）在对话框中选择“全部”单选按钮，然后单击“确定”按钮，Word 2016将自动合并文档并将全部记录放到一个新文档中，生成一个包含多条信息的长文档。

（9）对新文档进行保存。

数计系16应用数学专业

2016-2017学年第1学期期末考试各科成绩表

学号： **姓名：**

科目	成绩	班级平均分
思想修养		84.7
大学英语（一）		82.3
高等数学		83
计算机基础		84.7
平均分		83.68
获奖情况		

图4-59 成绩单模板

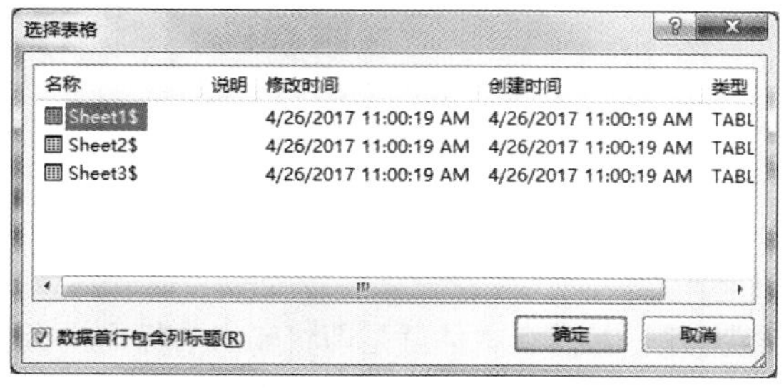

图4-60 “选择表格”对话框

数计系 16 应用数学专业

2016-2017 学年第 1 学期期末考试各科成绩表

学号：«学号»　　　　姓名：«姓名»

科目	成绩	班级平均分
思想修养	«思想修养»	84.7
大学英语（一）	«大学英语（一）»	82.3
高等数学	«高等数学»	83
计算机基础	«计算机基础»	84.7
平均分	«平均分»	83.68
获奖情况	«获奖情况»	

图 4-61　插入域后的效果

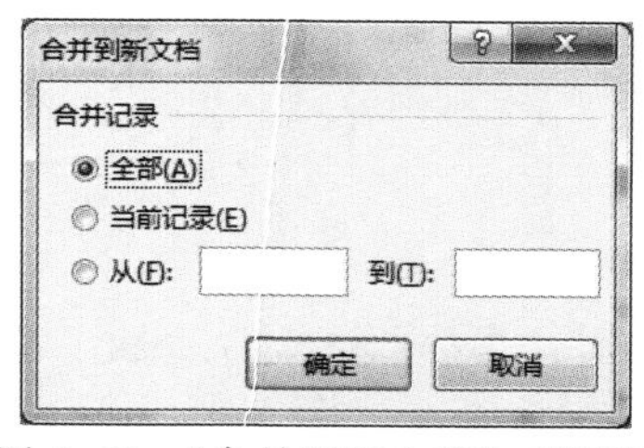

图 4-62　“合并到新文档”对话框

课 后 练 习

1. 制作一份培训公告，样文效果如图 4-63 所示。要求：

（1）标题：字体格式“宋体，二号，加粗，双下画线，段后 0.5 行”。

（2）正文：字体格式“宋体，五号”，各自然段首行宿进 2 字符，第一自然段首字下沉两行。

<u>培训公告</u>

第24-25 期福建省高等学校青年教师岗前培训班报名工作已开始，凡没有取得高校教育理论培训合格证书者，均要参加培训。即日起至 5 月 23 日可到人事处二报名，具体相关事宜请查阅人事处网站工作动态。

时间：

第 24 期 2012 年 7 月 6 日至 7 月 20 日（报到时间：7 月 6 日）。

第 25 期 2012 年 8 月 9 日至 8 月 23 日（报到时间：8 月 9 日）。

地点：福建省高校师资培训中心（福州、厦门教学点）。

参加人员：1994 年 1 月 1 日以后留校或分配到高等学校从事教育教学工作的教师。

培训内容：《高等教育学》、《高等教育心理学》、《高等教育法规概论》和《高等学校教师职业道德修养》。

中心地址：福州市仓山区对湖路 75 号，福建省高校师资培训中心办公室。

联系人：陈××，关××　**联系电话：**（0591）83××××××

传真：（0591）83××××××　　**邮编：**350007

中心网址：http://××.fjnu.edu.cn

E-mail：××@fjnu.edu.cn

图 4-63　题 1 图

2. 绘制课程表，样表效果如图 4-64 所示。

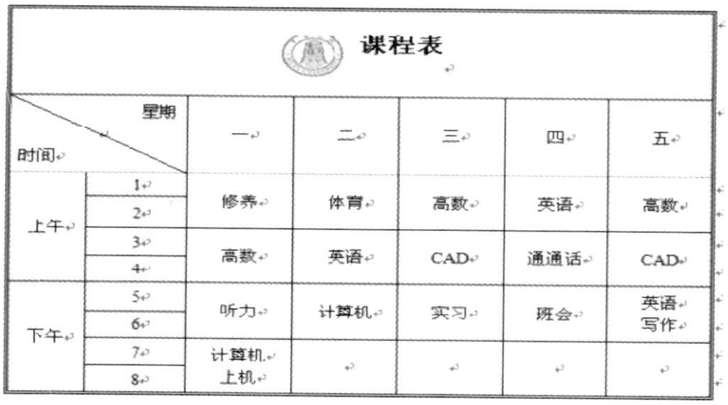

课程表

星期 / 时间		一	二	三	四	五
上午	1	修养	体育	高数	英语	高数
	2					
	3	高数	英语	CAD	通通话	CAD
	4					
下午	5	听力	计算机	实习	班会	英语写作
	6					
	7	计算机上机				
	8					

图 4-64　题 2 图

3. 打开素材文档 Wd1.docx，完成样文效果（见图 4-65）所示操作。

武夷岩茶

武夷岩茶产于福建省北部的武夷山地区，是中国乌龙茶中之极品。中国十大名茶之一。

武夷山多悬崖绝壁，茶农利用岩凹、石隙、石缝，沿边砌筑石岸种茶，有“盆栽式”茶园之称。因为有“岩岩有茶，非岩不茶”之说，岩茶因而得名。武夷岩茶主要分为两个产区：名岩产区和丹岩产区。

大红袍

武夷山坐落在福建省东北部，有“奇秀甲于东南”之誉。群峰相连，峡谷纵横，九曲溪萦回其间，气候温和，冬暖夏凉，雨量充沛。武夷不独以山水之奇而奇，更以茶产之奇而奇。悬崖绝壁，深坑巨谷。茶农利用岩凹、石隙、石缝，沿边砌筑石岸，构筑“盆栽式”茶园。“岩岩有茶，非岩不茶，岩茶因而得名。

$$P=\int_{\frac{1}{4}}^{\frac{3}{4}}(1+\sin^2 x)dx$$

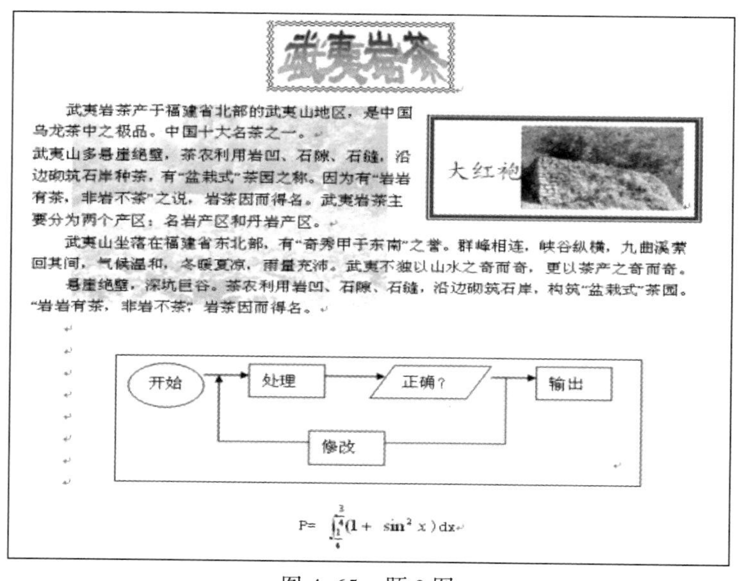

图 4-65　题 3 图

4. 打开素材文件“新生录取通知书.docx”，完成如下操作：

利用当前文档为主文档，以素材文件“录取名单.xlsx”的 Sheet1 工作表为数据源，进行邮件合并，将合并后的结果另存为“录取通知书邮寄.docx”。

5. 打开素材文档 Wd2.docx，完成以下操作，最终效果如图 4-66 所示。

（1）将标题“校训：涵养穷索 致知力行”设置为艺术字，样式选 1 行 2 列，隶书，字号 28、双波形 1，版式为“四周型”、顶端居中、艺术字的填充色为蓝色[自定义 RGB（0，255，255）]。

（2）将正文的所有段落的首行缩进 2 个字符，设置行距为固定值 23 磅，段前、段后均为 0.5 行，字体为“仿宋”、四号。

（3）在正文第 4 段最末一行的“武夷精舍”处插入批注“武夷精舍又称紫阳书院、武夷书院、朱文公祠，位于隐屏峰下平林渡九曲溪畔，是朱熹于宋淳熙十年（1183 年）所建，为其著书立说、倡道讲学之所。有仁智堂、隐求室、止宿寮、石门坞、观善斋、寒栖馆、晚对亭、铁笛亭等建筑，时人称之为“武夷之巨观”。

（4）在文章尾插入分页符。

（5）在第 2 页插入一个 6 行 4 列的表格，每行高 0.9 厘米，每列宽 3.6 厘米，第 1 列的 1、2 行单元格合并为一个单元格，使整个表格水平居中，表格中的所有数据水平、垂直居中。

（6）设置奇页的页眉内容为“校训”，偶页的页眉内容为“表格”。

（7）完成后直接保存，并关闭 Word。

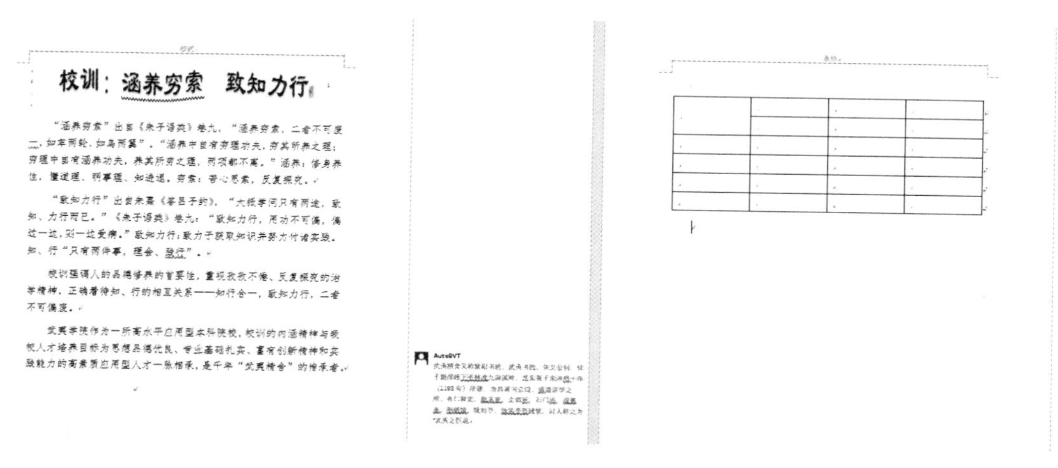

图 4-66　题 5 图

6. 打开素材文档 Wd3.docx，完成如下操作，最终效果如图 4-67 所示。

（1）修改标题 1 的样式为：黑体、小二号、居中、加蓝色（自定义 RGB（0，0，255））双波浪形下画线，并作用于标题。

（2）将除标题外的所有段落设置为：行距为固定值 18 磅，段前、段后均为 0.5 行，字体为“楷体”、小四号，字间距加宽到 1.5 磅。

（3）在第 4 段至第 12 段（“完整的 64 位……很少受病毒攻击”）添加项目编号“1.、2.……”。

（4）在最后一段的文本“Mac OS X v10.7”处插入批注“Mac OS X v10.7 最快在 2011 年 4 月推出。”。

（5）在文档末尾插入图片“Mac os.JPG”，版式为“四周型”、居中、尺寸大小为原来的 120%。

（6）在文本最后一段（“Mac OS X v10.7……功能应用”）段首处插入“下一页”分节符。

（7）设置第 1 节的页眉内容为“大学计算机应用基础”并水平居中，第 2 节的页眉内容为“第二章 操作系统”并水平居中。

（8）完成后直接保存，并关闭 Word。

7. 打开素材文档 Wd4.docx，完成如下操作，最终效果如图 4-68 所示。

（1）设置页面纸张类型为：自定义大小，高 27 厘米，宽 19 厘米；上、下、左、右边距均为 3 厘米。

（2）将“标题 1”的样式修改为：黑体、小一号、居中，段后 18 磅，并应用于标题（即第一段）。

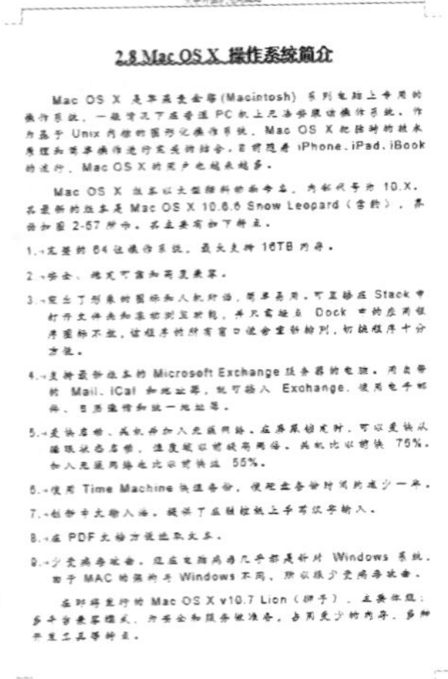

2.8 Mac OS X 操作系统简介

Mac OS X 是苹果麦金塔(Macintosh)系列电脑上专用的操作系统，一般情况下在普通 PC 机上无法安装该操作系统。作为基于 Unix 内核的图形化操作系统，Mac OS X 把独特的技术原理和苹果操作进行完美的结合，目前随着 iPhone、iPad、iBook 的流行，Mac OS X 的用户也越来越多。

Mac OS X 版本以大型猫科动物命名，内部代号为 10.X，最新的版本是 Mac OS X 10.6.6 Snow Leopard（雪豹），界面如图 2-57 所示，其主要有如下特点。

1. 完整的 64 位操作系统，最大支持 16TB 内存。

2. 安全、稳定不容易崩溃。

3. 设立了形象的图标和人机对话，简单易用，可直接在 Stack 中打开文件夹和在切换至功能，并只需点击 Dock 中的应用程序图标不放，该程序的所有窗口就会重新排列，切换程序十分方便。

4. 支持最新版本的 Microsoft Exchange 服务器的电脑，用户带的 Mail、iCal 和地址簿，就可接入 Exchange，使用电子邮件、日历通讯和统一地址簿。

5. 更快启动、关机和加入无线网络，在屏幕锁定时，可以更快从睡眠状态启动，速度提高两倍，关机比以前快 75%，加入无线网络也比以前快达 55%。

6. 使用 Time Machine 快速备份，使初次备份时间约减少一半。

7. 拥有中文输入法，提供了在触控板上手写汉字输入。

8. 在 PDF 文档方便选取文本。

9. 少受病毒攻击，现在电脑病毒几乎都是针对 Windows 系统，由于 MAC 的架构与 Windows 不同，所以很少受病毒攻击。

在即将发行的 Mac OS X v10.7 Lion（狮子），主要体现：多平台兼容模式，为安全和服务做准备，占用更少的内存，多种开发工具等特点。

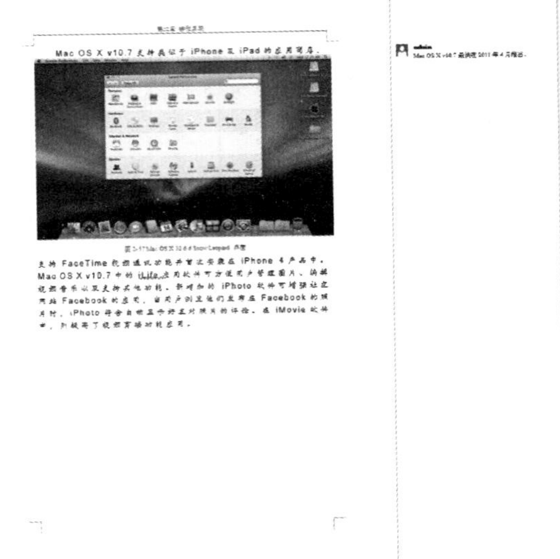

Mac OS X v10.7 支持类似于 iPhone 及 iPad 的应用商店。

图 2-57 Mac OS X 10.6.6 Snow Leopard 界面

支持 FaceTime 视频通讯功能并首次安装在 iPhone 4 产品中。Mac OS X v10.7 中的 iLife 应用软件可方便用户管理图片、编辑视频音乐以及支持其他功能。新增加的 iPhoto 软件可增强社交网站 Facebook 的应用，当用户创建他们在脸书上 Facebook 的照片时，iPhoto 将会自动显示好友对照片的评论。在 iMovie 软件中，升级整了视频剪辑功能应用。

admin Mac OS X v10.7 最终在 2011 年 4 月推出。

图 4-67 题 6 图

（3）将正文所有段落（中文部分）设置字体为仿宋，三号，1.5 倍行距、首行缩进 2 个字符，字间距加宽至 1.3 磅；正文最后一段（英文部分）设置字体为 Calibri,字号 14，行距设置为固定 21 磅，各单词首字母大写。

（4）将正文（除标题）中所有“武夷山”替换成绿色的“武夷山”。

（5）设置第 1 页的页眉内容为“武夷山”，第 2 页的页眉内容为“Mt. Wuyi”。

（6）在正文第 2 段的右边插入“ynf.jpg”图片，版式为“四周型”，图片大小：高度 3.2 厘米，宽度 4.2 厘米。

（7）完成后保存文件，关闭并退出 Word 2016。

武夷山

武夷山自然概况

武夷山位于福建省与江西省的交界处，全长 500 米多公里，平均海拔 1000 米以上。相传唐尧时代的长寿老翁彭祖携二子茹芝饮瀑，隐于此山。其长子曰“武”，次子曰“夷”，二人开山挖河，后人为纪念他们，就把此山称为“武夷山”。另一种说法是，此地原居住有古代闽越族人，其首领名武夷君，故而得名。

武夷山风景区在福建武夷山市南郊、武夷山脉北段东南麓，个区呈长条形，东西宽约 5 公里，南北长约 14 公里，面积 70 平方公里，平均海拔 350 米，

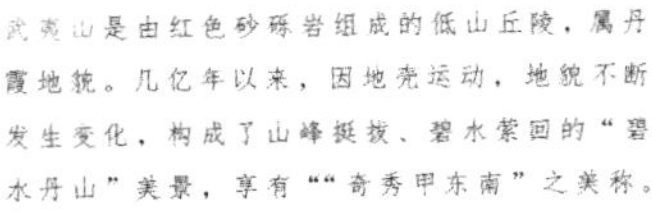

武夷山是由红色砂砾岩组成的低山丘陵，属丹霞地貌。几亿年以来，因地壳运动，地貌不断发生变化，构成了山峰挺拔、碧水萦回的“碧水丹山”美景，享有““奇秀甲东南”之美称。

武夷山集道、佛、儒教于一身，是一座历

Mt. Wuyi

史悠久的文化名山。总面积 999. 75 平方公里，是迄今为止我国已申报的世界遗产中面积第二大的。根据区内资源的不同特征，全区划分为西部生物多样性、中部九曲溪生态、东部自然与文化景观以及城村闽越王遗址四个保护区。

1999 年 12 月，联合国教科文组织将武夷山作为文化和自然双重遗产列入《世界遗产名录》。

Mt. Wuyi Is Located In Fujian Province At Its Boundary With Jiangxi Province Running Along For About 500km At An Average Altitude Of Over 1000m. The Legend Says That In The Era Of Tang Yao，a Senior Man Called Peng Zu Took Hermitage In The Mountain With His Sons Wu And Yi，Who First Developed This Area，Therefore The Mountain Was Referred To As Mt Wuyi In Their Honor. Yet Other Folks Say That This Was Once The Settlement Of The Ancient Minyue People Governed By Their King Wuyi，Hence The Mountain's Name.

图 4-68 题 7 图

第5章

Excel 2016 表格处理软件

Excel 是 Microsoft Office 软件中的主要组件之一。Excel 为用户提供了大量的公式、函数，通过 Excel 可以进行数据管理、统计、分析与预测，可以进行各种表格和图的设计，可以将枯燥的数据更直观地表现出来，因此，Excel 广泛应用于财务、统计、管理等领域，是日常办公中应用最广泛的软件之一。

本章介绍了 Excel 2016 数据输入、格式设置、公式函数及数据分析等方面的知识，并配合了 Excel 实际案例的分析，将 Excel 的基本理论与实际应用联系起来。通过本章的学习，读者可以掌握 Excel 2016 的基本理论知识和实际操作，了解 Excel 2016 的部分高级应用，同时能快速解决实际学习工作中遇到的问题。

5.1 初识 Excel 2016

5.1.1 Excel 2016 开始屏幕

启动 Excel 2016 时，默认会打开一个开始屏幕，如图 5–1 所示，其左侧显示的是最近使用的文档，右侧显示的是常用的模板如“空白工作簿”“现金流分析”“日历见解”等。

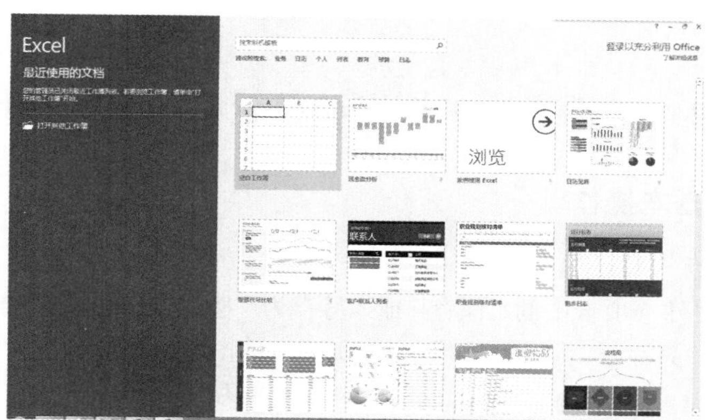

图 5–1　Excel 2016 初始界面

“空白工作簿”模板是最常用的模板，单击开始屏幕中的“空白工作簿”，能够新建一个空白工作簿，进入 Excel 2016 的编辑界面，如图 5–2 所示。如果希望下一次运行 Excel 2016 时，能够直接打开空白工作簿，可以图 5-2 所示打开的工作簿中，单击“文件”选项卡中的“选项”按钮，弹出图 5-3 所示的“Excel 选项”对话框，单击“常规”标签，在“常规”标签右侧的“启动选项”栏中，取消选项“此应用程序启动时显示开始屏幕”复选框中的“√”，然后再单击“确定”按钮即可。

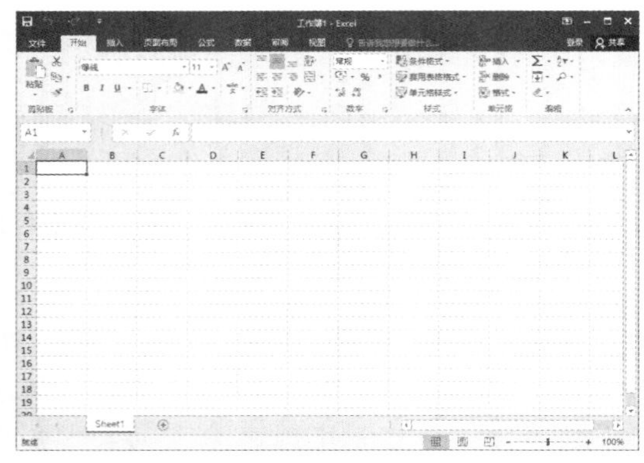

图 5-2　Excel 2016 编辑界面

图 5-3　“Excel 选项”对话框

5.1.2　工作簿、工作表和单元格

1. 工作簿

Excel 文件又称为工作簿，用来计算和存储数据。Excel 2016 工作簿的扩展名为.xlsx，一个工作簿可以包含多张工作表，默认情况下存在 1 张工作表，以 Sheet1 来命名。

2. 工作表

Excel 中的工作表是由行和列构成的，列标用大写英文字母 A、B、C……表示，行号用阿拉伯数字 1、2、3……表示。

3. 单元格

Excel 中存储数据的最小单位，列标与行号组成了单元格的名称，如图 5-2 中的选中的单元格名称为 A1。

5.2　工作簿、工作表和单元格的基本操作

5.2.1　工作簿的基本操作

1. 工作簿的保存

单击“文件”文件选项卡中的“保存”或“另存为”按钮或单击快速访问工具栏上的“保存”按钮，弹出“另存为”界面，如图 5-4 所示。单击存储位置，如“我的文档”，会弹出“另存为”对话框，如图 5-5 所示。此时选择确定的存储位置，输入文件名，并选择保存类型（Excel 较早版本的文件格式、文本文件、PDF 文件或网页等），最后单击“保存”按钮即可。（注意：每次将工作簿另存为其他文件格式时，可能无法保存它的某些格式、数据和功能。）

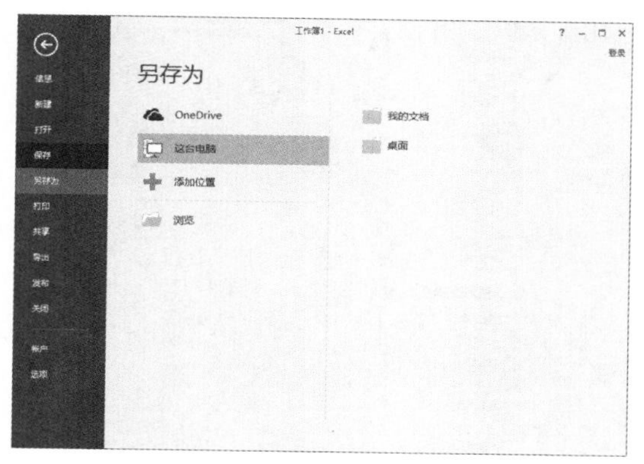

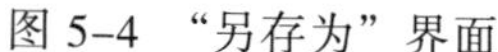

图 5-4　“另存为”界面

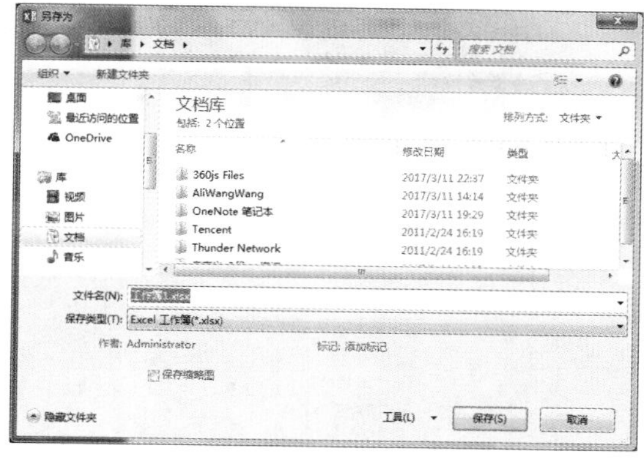

图 5-5　“另存为”对话框

为了方便日后工作簿的保存，避免每次保存工作簿时都需要更改保存类型、字形、字号，可以单击“文件”选项卡中的“选项”按钮，弹出图 5-3 所示的“Excel 选项”对话框，单击“常规”标签，在“常规”标签右侧的“新建工作簿时”栏中设置默认字体、字号，在如图 5-6 所示的“保存”标签右侧的“保存工作簿”栏中设置“将文件保存为此格式”，然后单击“确定”按钮即可。（注意：必须关闭并重新启动 Excel，字体更改才会生效。）

图 5-6　“保存”标签

2．工作簿的新建和关闭

1）工作簿的新建

单击“文件”选项卡中的“新建”按钮，在屏幕右侧显示的模板中，单击“空白工作簿”，新建一个工作簿。

2）工作簿的关闭

Excel 2016 中关闭工作簿就直接退出了 Excel，如果只关闭工作簿而不退出 Excel 应该怎么办呢？

首先，单击快速访问工具栏右侧的下拉按钮，在下拉菜单中选择“其他命令”命令，如图 5-7 所示，弹出“Excel 选项”对话框，默认已选择“快速访问工具栏”项，如图 5-8 所示。然后，在左侧的下拉列表中选择“‘文件’选项卡”，在下方的区域中找到“关闭文件”命令，单击“添加”按钮将其添加到右侧区域中，单击“确定”按钮关闭对话框，回到 Excel 2016 工作表状态，快速访问工具栏右侧就出现了“关闭文件”按钮。最后，如果只关闭工作簿而不退出 Excel，只要单击“关闭文件”按钮即可。

3．工作簿的加密

方法一：单击“文件”选项卡中的“信息”按钮，然后单击右侧界面的“保护工作簿”按钮，选择“用密码进行加密”命令，如图 5-9 所示，在弹出的“加密文档”对话框中，输入密码。

方法二：保存工作簿时，弹出图 5-5 所示的“另存为”对话框，单击“工具”按钮，然后选择“常规选项”命令，弹出图 5-10 所示的“常规选项”对话框，输入密码。

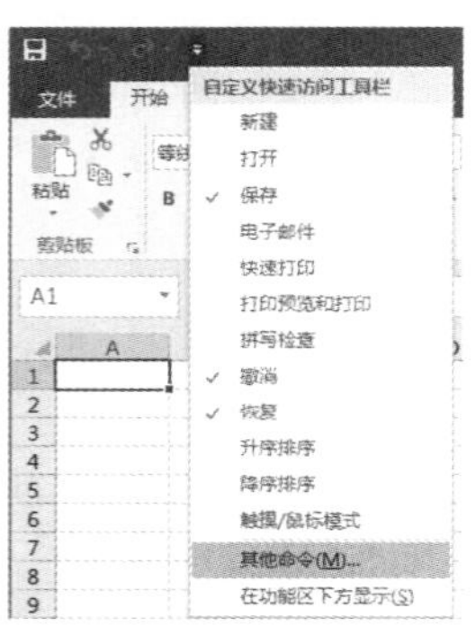

图 5-7 自定义快速访问工具栏

图 5-8 “快速访问工具栏”标签

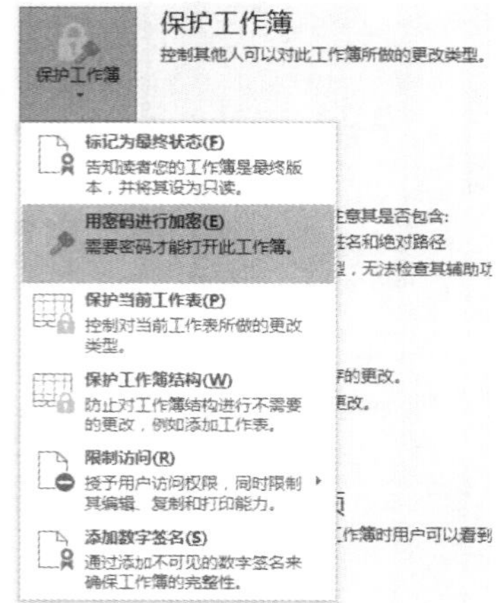

图 5-9 “保护工作簿”按钮

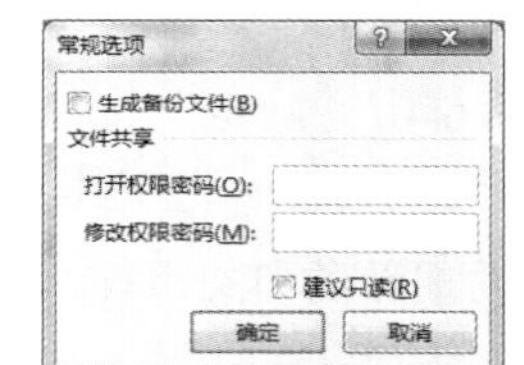

图 5-10 “常规选项”对话框

5.2.2 工作表的基本操作

1. 默认工作表的数量设置

默认情况下，Excel 2016 的一个工作簿存在 1 张工作表，以 Sheet1 来命名。如果想改变默认的工作表数量，可以单击“文件”选项卡中的“选项”按钮，弹出“Excel 选项”对话框，定位至“常规”标签右侧的“新建工作簿时”栏中，在“包含的工作表数”一项中输入默认的工作表数量，如图 5-3 所示，下一次新建工作簿时，默认的工作表数量就会发生相应的改变。

2. 工作表的编辑

工作表的编辑主要有：工作表的插入、删除、重命名、移动或复制等。

插入、删除、重命名工作表时，应该右击选中的工作表名，弹出图 5-11 所示的快捷菜单，分别选择“插入”“删除”“重命名”等命令，完成指定的操作。

移动和复制工作表时，应该右击选中的工作表名，弹出图 5-11 所示的快捷菜单，选择 “移动或复制”等命令，弹出图 5-12 所示的对话框。其中，“建立副本”复选框中未打“√”，表示当前是进行工作表的移动操作；“建立副本”复选框中打“√”，则表示当前是进行工作表的复制操作。

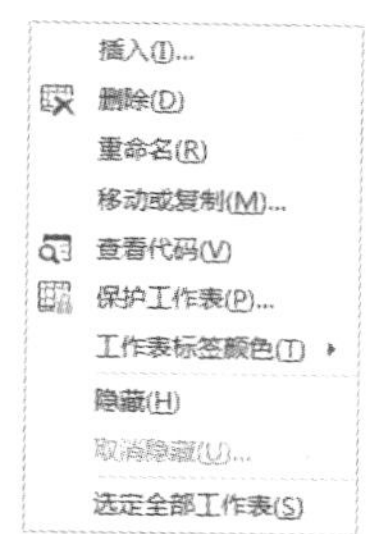

图 5-11 工作表快捷菜单

图 5-12 “移动或复制工作表”对话框

3. 工作表中行和列的编辑

1）行和列的插入

方法一：选择工作表中的指定行或列并右击，在弹出的快捷菜单中选择“插入”命令。

方法二：选择指定行或列中的任意单元格，然后单击“开始”选项卡“单元格”组中的“插入”按钮，选择“插入工作表行”或“插入工作表列”命令。

2）行和列的删除

方法一：选择工作表中的指定行或列并右击，在弹出的快捷菜单中选择“删除”命令。

方法二：选择指定行或列中的任意单元格，然后单击“开始”选项卡“单元格”组中的“删除”按钮，选择“删除工作表行”或“删除工作表列”命令。

3）行和列的隐藏与取消隐藏

方法一：选择工作表中的指定行或列并右击，在弹出的快捷菜单中选择“隐藏”或“取消隐藏”命令。

方法二：选择指定行或列中的任意单元格，然后单击“开始”选项卡“单元格”组中的“格式”按钮，选择“隐藏和取消隐藏”中的“隐藏行”“隐藏列”“取消隐藏行”或“取消隐藏列”命令。

4）行和列转换

工作表中存在如图 5-13 所示的 3 列数据，如果不满意这样的设计，想将表格内容变成横向排列，应该怎么办呢？

首先，选择工作表中的数据区域 A1:C7，右击，在弹出的菜单中选择“复制”命令；然后，将光标定位到要粘贴的区域左上角的第一个单元格，右击，在弹出的快捷菜单中选择“选择性粘贴”命令，弹出“选择性粘贴”对话框，如图 5-14 所示。最后，在“转置”复选框内打“√”，单击“确定”按钮，生成转换后的数据，如图 5-15 所示。

	A	B	C
1	编号	姓名	性别
2	001	杨果	女
3	002	吴华	男
4	003	张艳	女
5	004	黄一琳	女
6	005	李强	男
7	006	王杨杨	男

图 5-13 行列转换前的数据

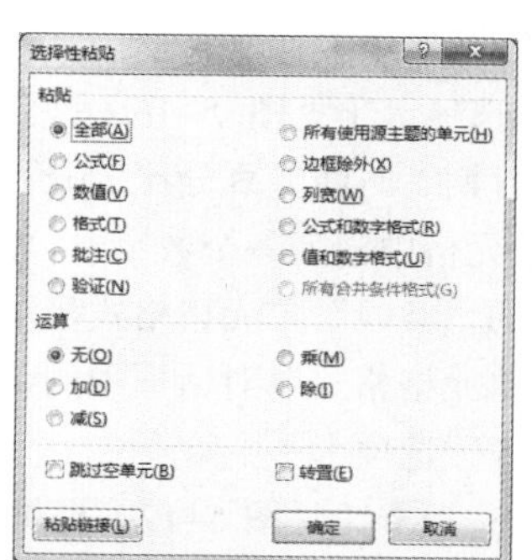

图 5-14 “选择性粘贴”对话框

E	F	G	H	I	J	K
编号	001	002	003	004	005	006
姓名	杨果	吴华	张艳	黄一琳	李强	王杨杨
性别	女	男	女	女	男	男

图 5-15　行列转换后的数据

5）行高和列宽

方法一：选择工作表中的指定行或列并右击，在弹出的快捷菜单中选择“行高”或“列宽”命令，在弹出的“行高”或“列宽”对话框中输入需要的行高或列宽的值，然后单击“确定”按钮。

方法二：选择指定行或列中的任意单元格，然后单击“开始”选项卡“单元格”组中的“格式”按钮，选择“行高”或“列宽”命令，在弹出的“行高”或“列宽”对话框中输入需要的行高或列宽的值，然后单击“确定”按钮。

方法三：选择指定行或列中的任意单元格，然后单击“开始”选项卡“单元格”组中的“格式”按钮，选择“自动调整行高”或“自动调整列宽”命令，自动地调整行高或列宽。

5.2.3　单元格的基本操作

1. 单元格的插入

方法一：选择指定的单元格并右击，在弹出的快捷菜单中选择“插入”命令，在弹出的“插入”对话框中选择“活动单元格右移”或“活动单元格下移”命令，然后单击“确定”按钮。

方法二：选择指定的单元格，然后单击“开始”选项卡“单元格”组中的“插入”按钮，选择“插入单元格”命令，弹出“插入”对话框，接下来的操作和方法一相同。

2. 单元格的删除

方法一：选择指定的单元格并右击，在弹出的快捷菜单中选择“删除”命令，在弹出的“删除”对话框中选择“右侧单元格左移”或“下方单元格上移”命令，然后单击“确定”按钮。

方法二：选择指定的单元格，然后单击“开始”选项卡“单元格”组中的“删除”按钮，选择“删除单元格”命令，弹出“删除”对话框，接下来的操作和方法一相同。

3. 单元格格式设置

首先选择指定的单元格，然后单击“开始”选项卡“单元格”组中的“格式”按钮，选择“设置单元格格式”命令；或者右击选择的单元格，选择“设置单元格格式”命令，两种操作均弹出“设置单元格格式”对话框，在此对话框的 6 个选项卡中分别进行单元格格式设置。

1）“数字”选项卡

“数字”选项卡（见图 5-16）提供了大量的数据格式，并将它们分成：常规、数值、货币、会计专用、日期、时间、百分比、分数、科学记数、文本、特殊和自定义等。

Excel 单元格中输入一个数字时，如果不做设置，这个数字可能不会以输入时的数值形式显示，而将按默认的“常规”单元格格式显示，比如，输入 1.00，最后会显示为 1。要改变它，就必须借助“设置单元格格式”对话框中的“数字”选项卡进行设置。

2）“对齐”选项卡

“对齐”选项卡（见图 5-17）提供了单元格数据的文本对齐方式、文本控制、方向等设置。

“文本对齐方式”包括水平对齐和垂直对齐两个列表框选项。

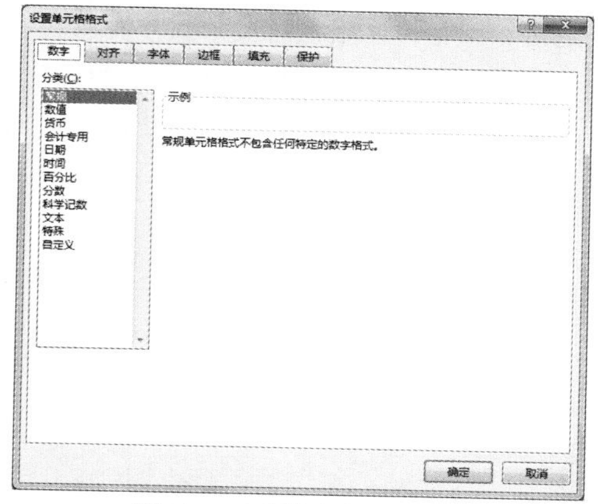

图 5-16 “数字”选项卡

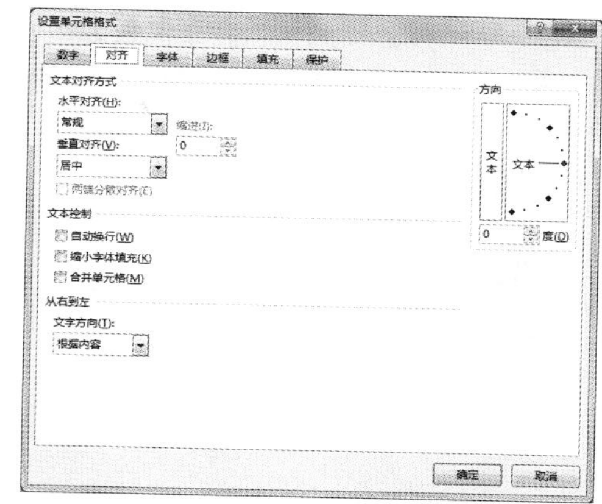

图 5-17 “对齐”选项卡

“文本控制”包括自动换行、缩小字体填充、合并单元格。自动换行可以对输入的数据根据单元格列宽自动调整换行。缩小字体填充可以减小单元格中的字符大小，使数据的宽度与列宽相同。合并单元格可以将相邻的多个单元格合并为一个单元格，合并后仅保留选定区域左上角的内容；如果需要取消单元格的合并，则选定已合并的单元格，取消“合并单元格”复选框的勾选即可。

3）“字体”选项卡

“字体”选项卡（见图 5-18）提供了字体、字形、字号和颜色等设置，这部分的设置和 Word 类似。

4）“边框”选项卡

“边框”选项卡（见图 5-19）提供了线条、预置选项的设置。

“线条”选项可以对边框线条样式、线条颜色进行设置。

“预置”可以为单元格或单元格区域设置“外边框”、“内部”和“边框”，如果要取消已设置的边框，选择“预置”中的“无”即可。

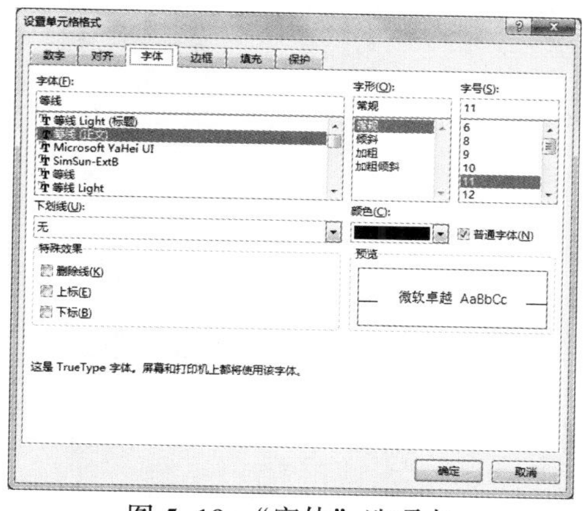

图 5-18 “字体”选项卡

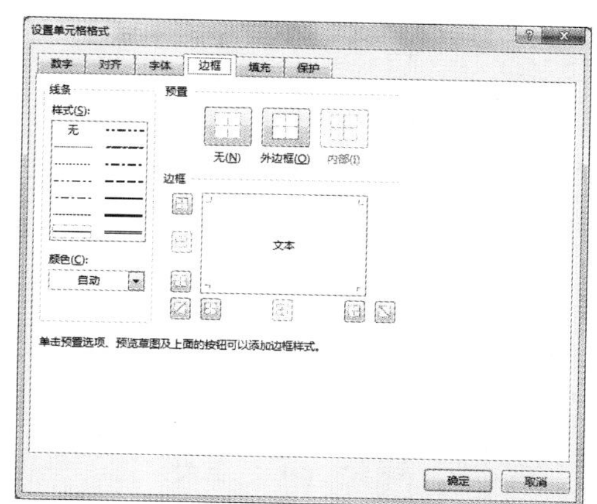

图 5-19 “边框”选项卡

5）“填充”选项卡

“填充”选项卡（见图 5-20）提供了背景色、图案颜色和图案样式等设置，可以对单元格的填充颜色做多样化的设置。

6）“保护”选项卡

“保护”选项卡（见图 5-21）提供了单元格的锁定和隐藏设置，可以防止单元格的内容被误删或更改。需要注意的是：只有在设置了保护工作表之后，锁定单元格或隐藏公式才有效。

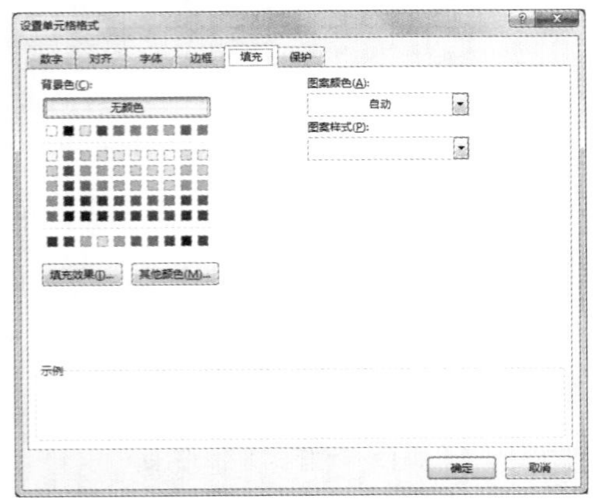

图 5-20 “填充”选项卡

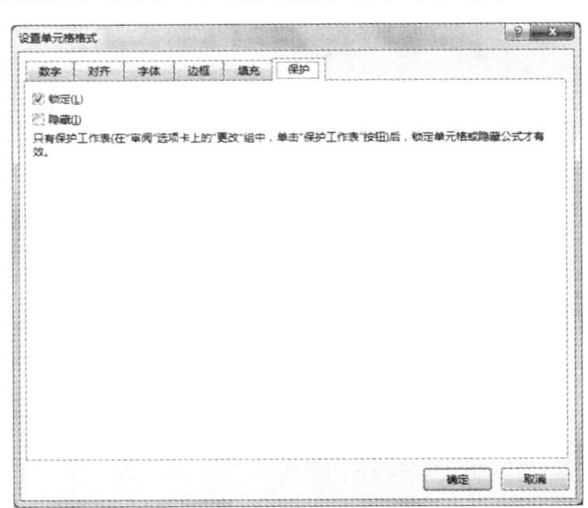

图 5-21 “保护”选项卡

4．条件格式设置

Excel 的条件格式是根据设定的条件，对满足条件的数据设置特定的单元格格式，以达到提醒或者警示作用。

条件格式的设置可以通过“开始”选项卡“样式”组“条件格式”按钮下拉列表的“突出显示单元格规则”“数据条”“色阶”等命令来快速实现满足条件的单元格的格式化。

以图 5-22 所示的数据表为例，要求：将专业为“计算机”的单元格格式设置为浅红色填充。首先，选择要设置格式的单元格区域 D2:D7。然后，选择“开始”选项卡“样式”组“条件格式”按钮下拉列表中的“突出显示单元格规则”命令，选择子菜单中的“等于”命令打开“等于”对话框，设置如图 5-23 所示。最后，单击“确定”按钮，完成条件格式设置，效果如图 5-24 所示。

	A	B	C	D
1	编号	姓名	学历	专业
2	001	杨果	硕士	中文
3	002	吴华	本科	计算机
4	003	张艳	硕士	数学
5	004	黄一琳	专科	英语
6	005	李强	硕士	物理
7	006	王杨杨	本科	计算机

图 5-22 设置条件格式前的效果

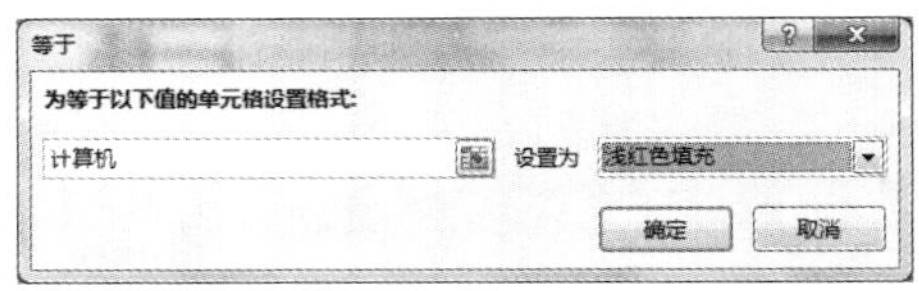

图 5-23 “等于”对话框

	A	B	C	D
1	编号	姓名	学历	专业
2	001	杨果	硕士	中文
3	002	吴华	本科	计算机
4	003	张艳	硕士	数学
5	004	黄一琳	专科	英语
6	005	李强	硕士	物理
7	006	王杨杨	本科	计算机

图 5-24 设置条件格式后的效果

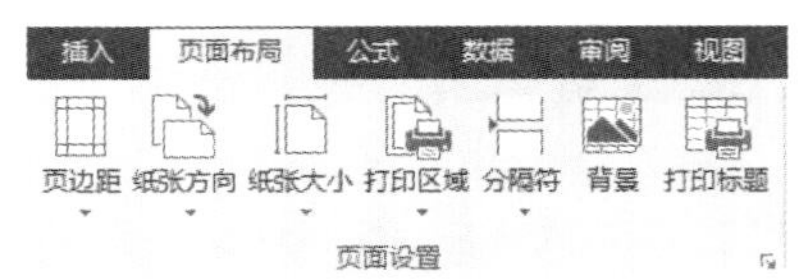

图 5-25 “页面设置”组

5.2.4 工作表页面设置

用户在打印 Excel 表格时，不是内容没居中，就是内容打印不完整，影响阅读，还会出现各式各样的小问题，总是没有办法打印出满意的效果，这是还不了解工作表页面设置的结果。那么怎么进行工作表的页面设置呢？

选择工作表，切换到“页面布局”选项卡，单击图 5-25 的 7 个按钮可进行相应设置。或者单击“页面设置”组右下角的 按钮，在弹出的“页面设置”对话框中，分别在“页面”、“页边距”、“页眉/页脚”和“工作表”选项卡中进行设置。

1）“页面”选项卡

“页面”选项卡（见图 5-26）提供了纸张方向、缩放、纸张大小、打印质量和起始页码的设置。

2）“页边距”选项卡

“页边距”选项卡（见图 5-27）提供了纸张边距大小的设置。在“页面布局”选项卡中的“页面设置”组中的“页边距”按钮，可以设置已经定义好的页边距，而在这里的“页边距”选项卡可以自定义页边距。在“页边距”选项卡的“上”“下”“左”“右”框中分别输入需要的数值可以设置页面中正文部分与页面边界的距离，在“页眉”“页脚”框中输入需要的数值可以设置页眉、页脚与页面边界的距离。

图 5-26 “页面”选项卡

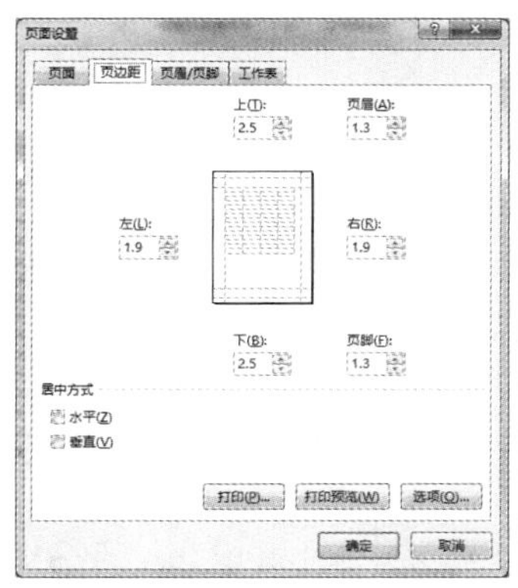

图 5-27 “页边距”选项卡

3）“页眉/页脚”选项卡

“页眉/页脚”选项卡（见图 5-28）中可以选择默认设置的页面和页脚，也可以选择自定义页眉，同时可以对页眉页脚的选项（如“奇偶页不同”“首页不同”等）进行设置。注意 Excel 中的页眉和页脚设置之后，只有在打印或者打印预览的时候才可以看到效果。

在“页眉”“页脚”下拉列表框中可以选择系统已经设定的页眉格式和页脚格式。

单击“自定义页眉”“自定义页脚”按钮，在弹出的“页眉”“页脚”对话框中进行所需设置即可，如图 5-29、图 5-30 所示。

图 5-28 “页眉/页脚”选项卡

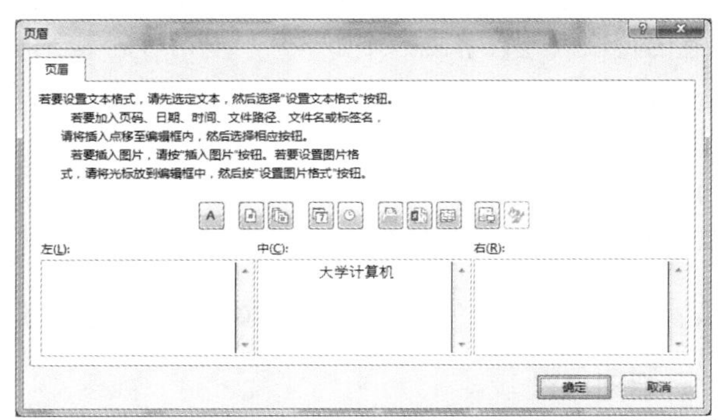

图 5-29 “页眉”对话框

如果要删除页眉或页脚，可以选择对应的工作表，在“页眉”“页脚”下拉列表框中选择“无”。

4）“工作表”选项卡

“工作表”选项卡（见图 5-31）可以对打印区域、打印标题、打印、打印顺序等进行设置。“打印区域”可以利用其右侧的按钮选定打印区域。

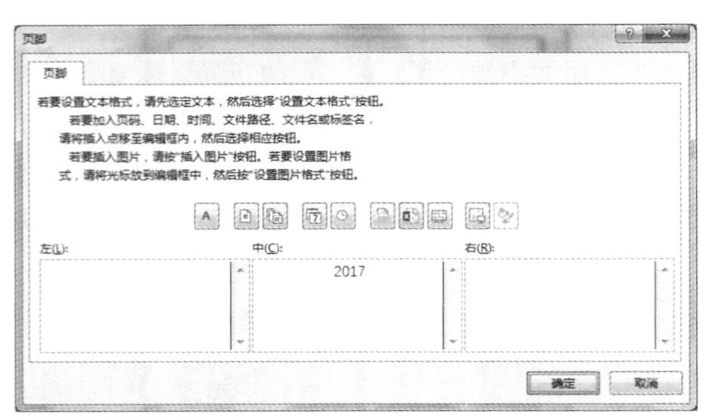

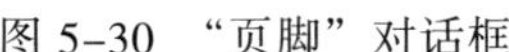

图 5-30 “页脚”对话框

图 5-31 “工作表”选项卡

“打印标题”可以利用其右侧的按钮选定行标题区域或列标题区域，为每页纸张设置打印行标题或列标题。

“打印”可以设置网格线、批注等。

“打印顺序”可以设置“先列后行”还是“先行后列”。

5.3 数据的输入

在 Excel 中可以输入数值、文本、日期和时间等各类型的数据。一般情况下，在输入数据前首先应该选择单元格，然后再输入数据，输入完毕时按【Enter】键确认。

5.3.1 输入常用类型的数据

1）输入数值型数据

数值型数据由 0～9、+、-、（）、/、$、%等构成。

2）输入文本型数据

文本型数据可以是汉字、字母、数字字符、空格及各种符号，是作为字符串处理的数据。值得注意的是输入纯数字文本（如学号、电话号码等）时，必须在输入的数字前加上英文的单引号“'”。例如要输入学号 0100 时，应在对应单元格中输入“'0100”。

3）输入日期和时间

输入日期时，使用“/”或“-”号分隔，如“13/12/31”或“13-12-31”。输入时间是使用“:”分隔，如“9:45”、“9:45 PM”。

5.3.2 自动填充、自定义序列填充和快速填充

1. 自动填充

在 Excel 中如果输入的数据在顺序上遵循某种规律或模式，无须在工作表中手动输入每一个

数据，利用 Excel 的自动填充功能能够实现部分数据快速的输入。用户可以将光标移动至“填充柄”（即选中单元格右下角的小正方形 ），当光标变为黑色加号时按下鼠标左键并拖动鼠标，就能实现序列填充。

1）数值型数据的填充

选中一个单元格（如 ）后直接拖动填充柄，填充的数据不变，相当于复制；选中两个单元格（如 ）后，再拖动填充柄，生成等差数列，步长为这两项之差。

2）文本型数据的填充

选中不含数字的文本单元格（如 ）后直接拖动填充柄，填充的内容不变，相当于复制；选中含数字的文本单元格（如 ）后直接拖动填充柄，填充的数据中数字部分按 1 递增，文字部分不变。

3）序列填充

单击“开始”选项卡“编辑”组中的“填充”按钮，选择“序列”命令，弹出“序列”对话框，如图 5-32 所示，进行序列填充设置。

2. 自定义序列填充

在默认情况下，Excel 中存在一些系统定义的序列，如图 5-27 所示，例如“Sun、Mon、Tue……”、“一月、二月、三月……”等。对于系统未定义而用户又经常使用的序列，用户可以通过自定义序列的方式来添加，添加完成后，在工作表中的单元格内输入序列的任意项，拖动填充柄就完成了自定义序列的填充。添加自定义序列的方法有以下几种：

（1）单击“文件”选项卡中的“选项”按钮，在弹出的“Excel 选项”对话框中，单击“高级”标签，拖动窗口右侧的滚动条，直到出现“常规”栏，如图 5-33 所示。然后，单击“编辑自定义列表”按钮，打开“自定义序列”对话框，如图 5-34 所示。最后，在输入序列中输入自定义的文本，如图 5-35 所示，单击“确定”按钮，可以添加自定义的序列。

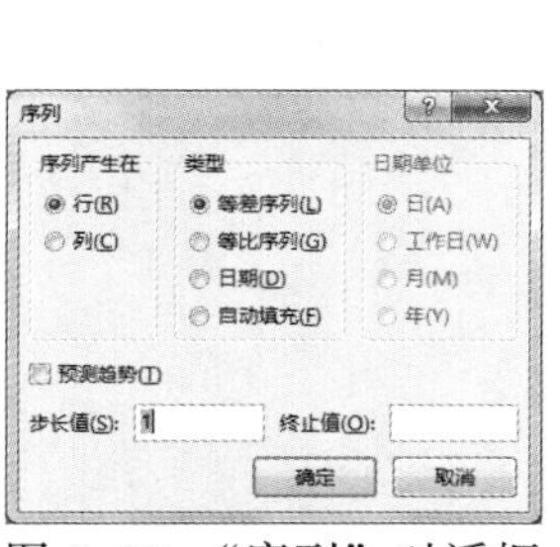

图 5-32 “序列”对话框

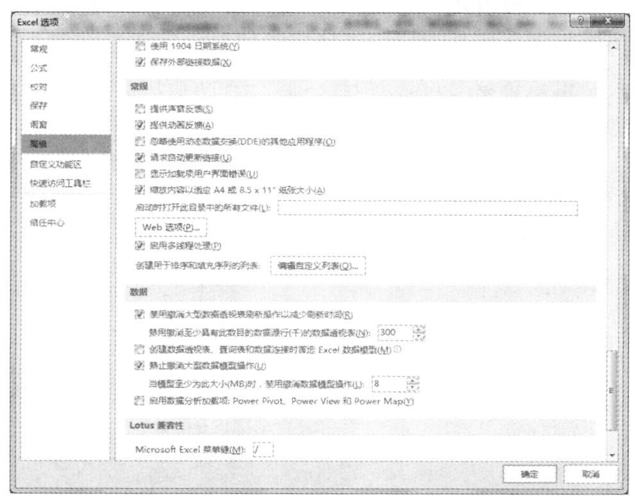

图 5-33 “Excel 选项”中的“高级”标签

（2）在“导入”按钮左边的文本框，也会显示已经选择的自定义序列区域，如图 5-36 所示，单击“导入”按钮，再单击“确定”按钮，选择工作表中数据所在单元格，单击“确定”按钮，也可以添加自定义的序列。

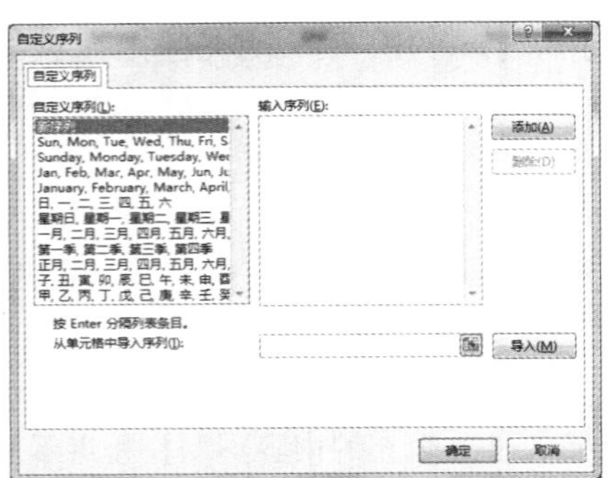

图 5-34 “自定义序列”对话框

图 5-35 自定义序列的添加

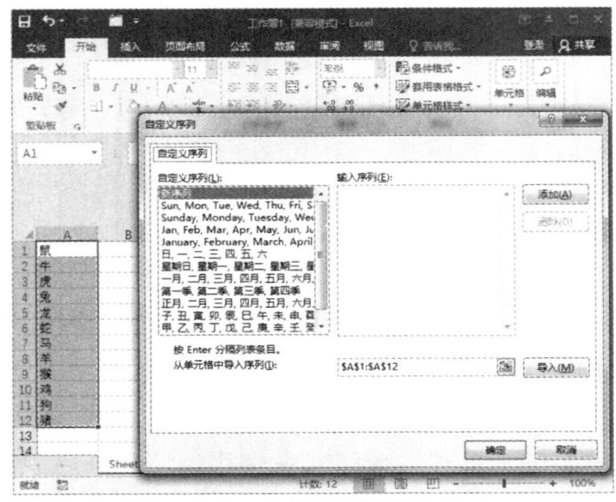

图 5-36 自定义序列的导入

3. 快速填充

Excel 2016 的“快速填充”功能是基于示例进行的数据填充，以所选内容旁边的所有数据作为数据源，所选内容中已经填写的单元格作为示例，可以根据示例对数据源中的数字或字符串进行：批量提取与批量合并、调整字符串的顺序、转换大小写及重组字符串等。“快速填充”的数据源往往不具备内容含义上的明确规律，而“自动填充”的数据源则通常有着一定的规律，因此，“快速填充”不是“自动填充”的升级，而是一种更高效、更智能的填充。

1）提取数字和字符串

“快速填充”功能可以实现对缺乏规律的数据源中的数字和字符串的批量提取。

例如：对图 5-37 所示的工作表中的原始数据列进行分析，分别提取编号、姓名和性别等内容。

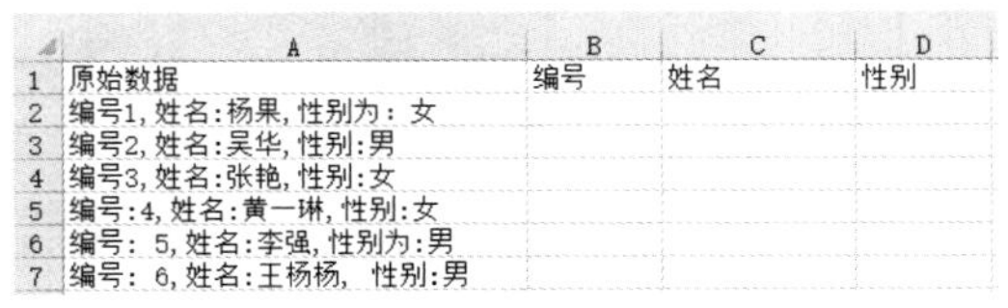

	A	B	C	D
1	原始数据	编号	姓名	性别
2	编号1，姓名：杨果，性别为：女			
3	编号2，姓名：吴华，性别：男			
4	编号3，姓名：张艳，性别：女			
5	编号：4，姓名：黄一琳，性别：女			
6	编号：5，姓名：李强，性别为：男			
7	编号：6，姓名：王杨杨，性别：男			

图 5-37 快速填充的原始数据

（1）“编号”列的提取：首先在 B2 单元格手工输入“1”，然后选中需要填充的目标单元格 B2:B7，最后在“开始”选项卡“编辑”组中选择“填充”按钮下拉列表中的“快速填充”命令，完成“编号”数据的提取。

（2）“姓名”列的提取：首先在 C2 单元格手工输入“杨果”，然后选中需要填充的目标单元格 C2:C7，最后在“开始”选项卡“编辑”组中选择“填充”按钮下拉列表中的“快速填充”命令，初次填充效果如图 5-38 所示。我们发现 C5:C7 单元格的内容提取有误，把 C5 单元格的内容手动修改为正确内容：黄一琳，然后按下【Enter】键，发现 C6:C7 的内容自动完成正确提取，这个过程称为“快速填充修订”，结果如图 5-39 所示。需要注意的是“快速填充修订”并不是总能得到正确的结果。

（3）“性别”列的提取方法完全相同，不再重复。

	A	B	C	D
1	原始数据	编号	姓名	性别
2	编号1, 姓名:杨果, 性别为：女	1	杨果	
3	编号2, 姓名:吴华, 性别:男	2	吴华	
4	编号3, 姓名:张艳, 性别:女	3	张艳	
5	编号:4, 姓名:黄一琳, 性别:女	4	4, 姓名:黄一琳	
6	编号: 5, 姓名:李强, 性别为:男	5	5, 姓名:李强	
7	编号: 6, 姓名:王杨杨, 性别:男	6	6, 姓名:王杨杨	

图 5-38 “姓名”列初次提取

	A	B	C	D
1	原始数据	编号	姓名	性别
2	编号1, 姓名:杨果, 性别为：女	1	杨果	
3	编号2, 姓名:吴华, 性别:男	2	吴华	
4	编号3, 姓名:张艳, 性别:女	3	张艳	
5	编号:4, 姓名:黄一琳, 性别:女	4	黄一琳	
6	编号: 5, 姓名:李强, 性别为:男	5	李强	
7	编号: 6, 姓名:王杨杨, 性别:男	6	王杨杨	

图 5-39 “姓名”列最终提取效果

2）提取并合并

“快速填充”功能不仅可以实现批量提取的效果，而且还可以在提取数据的同时将两列单元格的不同内容合并起来。

例如：对图 5-40 所示的工作表中的原始数据列进行分析，分别提取人员的姓名和学历进行合并，如单元格 A2、D2 提取合并的结果为“杨果硕士”。

首先在 E2 单元格手工输入“杨果硕士”，然后选中需要填充的目标单元格 E2:E7，最后在“开始”选项卡的“编辑”组选择“填充”按钮下的“快速填充”命令，完成数据的提取合并，效果如图 5-41 所示。

	A	B	C	D
1	人员	性别	出生年月	学历
2	001杨果	女	1985/5/9	硕士
3	002吴华	男	1986/10/20	本科
4	003张艳	女	1984/3/11	硕士
5	004黄一琳	女	1989/6/12	专科
6	005李强	男	1986/1/6	硕士
7	006王杨杨	男	1987/7/4	本科

图 5-40 提取合并的原始数据

	A	B	C	D	E
1	人员	性别	出生年月	学历	
2	001杨果	女	1985/5/9	硕士	杨果硕士
3	002吴华	男	1986/10/20	本科	吴华本科
4	003张艳	女	1984/3/11	硕士	张艳硕士
5	004黄一琳	女	1989/6/12	专科	黄一琳专科
6	005李强	男	1986/1/6	硕士	李强硕士
7	006王杨杨	男	1987/7/4	本科	王杨杨本科

图 5-41 提取合并后的效果

3）调整顺序

“快速填充”功能还可以调整数据的先后顺序。在输入数据时，排列的先后顺序发生错误，如果重新输入可能会花不少时间，有了“快速填充”功能,可以快速调整顺序至正确的状态。

例如：对如图 5-42 所示的工作表中的原始数据列进行分析，人员列中编号和姓名顺序对调，并在中间加上一个空格，如单元格 A2 调整顺序后的结果为“杨果 001”。

首先在 B2 单元格手工输入“杨果 001”，然后选中需要填充的目标单元格 B2:B7，最后在“开始”选项卡“编辑”组选择“填充”按钮下拉列表中的“快速填充”命令，完成数据的调整，效果如图 5-43 所示。

	A	B
1	人员	
2	001杨果	
3	002吴华	
4	003张艳	
5	004黄一琳	
6	005李强	
7	006王杨杨	

图 5-42 原始数据

	A	B
1	人员	
2	001杨果	杨果 001
3	002吴华	吴华 002
4	003张艳	张艳 003
5	004黄一琳	黄一琳 004
6	005李强	李强 005
7	006王杨杨	王杨杨 006

图 5-43 调整顺序后的效果

5.3.3 数据验证

数据验证是对单元格或单元格区域输入的内容从数据类型及数据值上的验证，防止误输入。对于符合条件的数据，允许输入；对于不符合条件的数据，则禁止输入，从而防止非法数据的输入。

设置数据验证，首先在输入数据前应该选择设置数据验证的单元格区域，然后在“数据”选项卡“数据工具”组中单击“数据验证”按钮下拉列表中的“数据验证”命令，弹出“数据验证”对话框，在“设置”、“输入信息”、“出错警告”和“输入法模式”4 个选项卡中，进行数据验证设置即可。

1）“设置”选项卡

“设置”选项卡（见图 5-44）用来设置验证条件，即单元格或单元格区域允许输入的数据范围。

2）“输入信息”选项卡

“输入信息”选项卡（见图 5-45）用来设置显示信息，即选定单元格时会显示已经设置的输入提示信息。

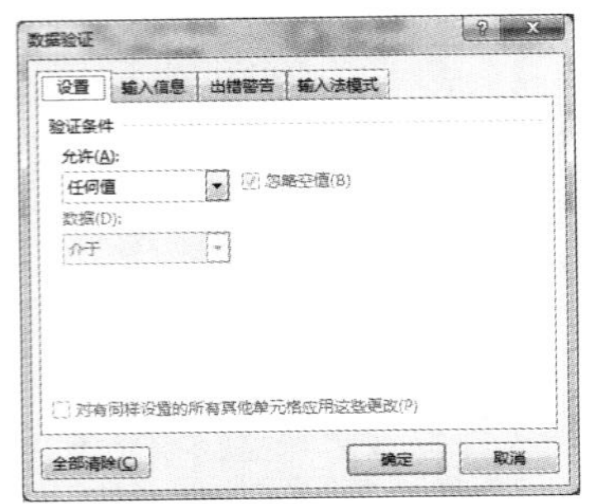

图 5-44 “设置”选项卡

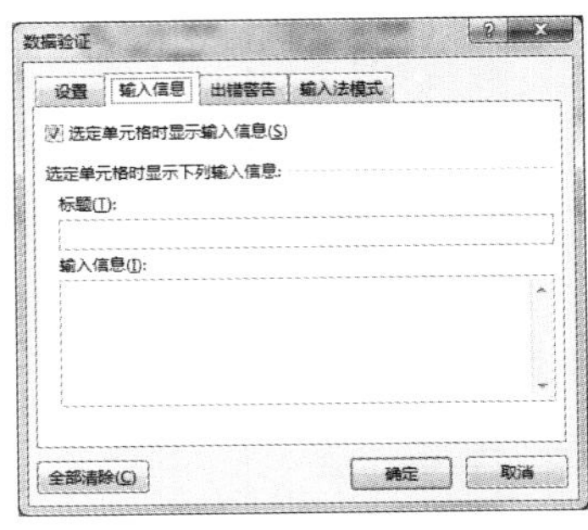

图 5-45 “输入信息”选项卡

3）“出错警告”选项卡

“出错警告”选项卡（见图 5-46）用来设置出错警告信息，即在单元格或单元格区域输入无效数据时显示已经设置的出错警告信息。

4）“输入法模式”选项卡

“输入法模式”选项卡（见图 5-47）用来设置输入法的模式，即可以根据单元格或单元格区域输入的内容选择相应的输入法。

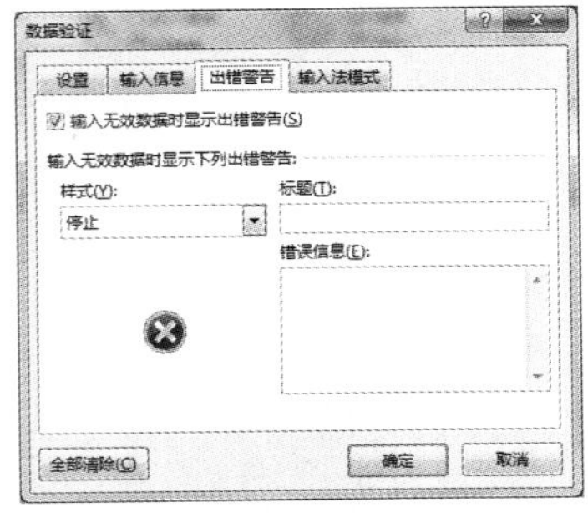

图 5-46 “出错警告”选项卡

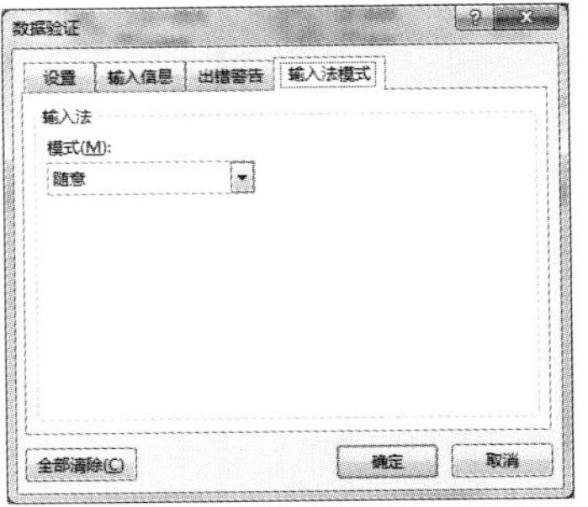

图 5-47 “输入法模式”选项卡

经过“输入法模式”设置之后，用鼠标分别在设定的区域中选中单元格，中、英文输入法可以自动切换，用户只需根据需要，直接输入相应类型的内容即可。

例如：如图 5-48 所示的工作表中的“性别”列，输入时能够直接从下拉列表中选择输入。单击输入框时，提示“请输入性别”；输入无效时，提示“输入有误”并出现警告样式图标。

	A	B	C	D
1	编号	姓名	性别	出生年月
2	001	杨果		1985/5/9
3	002	吴华		1986/10/20
4	003	张艳		1984/3/11
5	004	黄一琳		1989/6/12
6	005	李强		1986/1/6
7	006	王杨杨		1987/7/4

图 5-48　数据验证原始数据

操作步骤：

（1）选择 C2:C7 单元格区域，在“数据”选项卡“数据工具”组中单击“数据验证”按钮下拉列表中的“数据验证”命令，弹出“数据验证”对话框。

（2）打开“设置”选项卡，在“允许”下拉列表框中选择“序列”选项，在“来源”文本框中输入“男,女”（这里为英文的逗号），如图 5-49 所示。

（3）打开“输入信息”选项卡，在“输入信息”框输入提示信息“请输入性别”，如图 5-50 所示。

图 5-49　“设置”选项卡

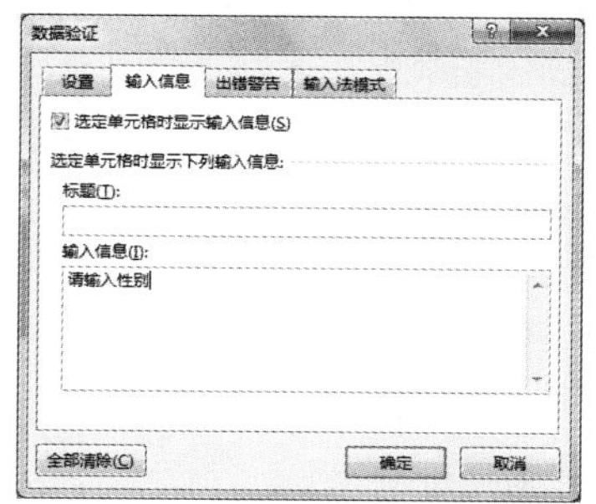

图 5-50　“输入信息”选项卡

（4）打开“出错警告”选项卡，在“样式”下拉列表中选择“警告”，在“错误信息”框输入提示信息“输入有误”即可，如图 5-51 所示。最终效果如图 5-52 所示。

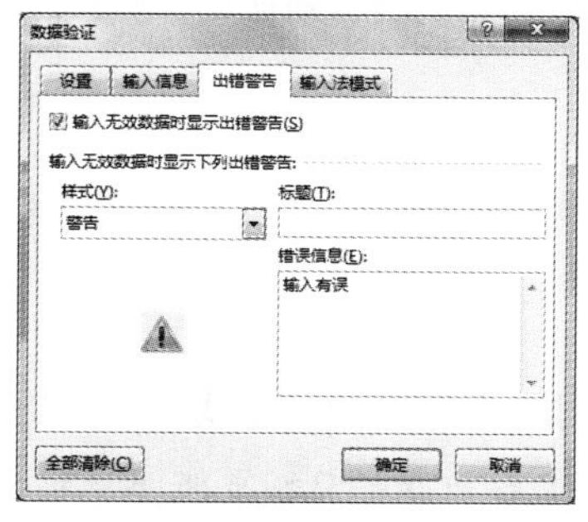

图 5-51　“出错信息”选项卡

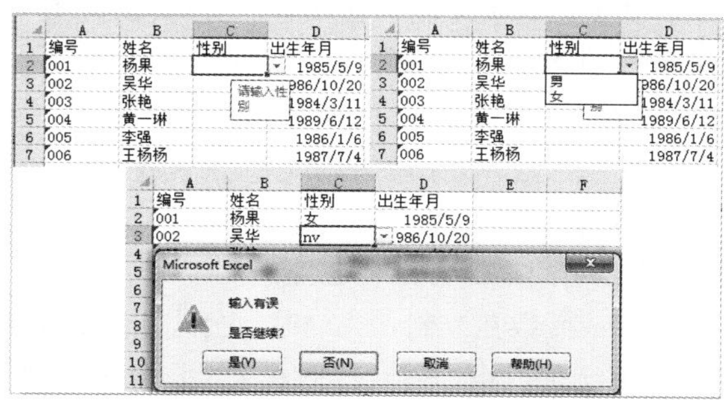

图 5-52　最终效果

5.4　公式与函数

Excel 提供了用户自定义公式的方式，也提供了系统内置的各类函数，帮助用户解决各类计算需求。只有充分掌握并了解公式与函数的基本概念，才能更好地运用公式与函数为用户服务。

5.4.1 基本概念

1．公式

公式是由用户自行设计并对单元格的数据进行计算的算式。

输入公式与输入一般数据不同。输入公式时，首先选择存放计算结果的单元格，然后单击编辑栏，在编辑栏中先输入等号“=”后再输入公式内容，最后单击编辑栏中的 ✓ 按钮或按【Enter】键确认输入的内容。

2．函数

函数是 Excel 预先定义的处理数据任务的内置公式，它是通过引用参数接收数据，并返回结果。

以常用的求平均值函数 AVERAGE 为例，它的语法是“AVERAGE(number1, [number2], ...)”。其中“AVERAGE”称为函数名，“number1”“number2”等称为参数，其功能为求“number1”“number2”等各参数的平均值。

一个函数只有唯一的名称，它决定了函数的功能和用途。调用函数的方法如下：

方法一：首先选择存放计算结果的单元格，单击“公式”选项卡中的“插入函数”按钮 fx，或者单击编辑栏上的 fx 按钮，弹出“插入函数”对话框，如图 5-53 所示，然后在“选择函数”列表框或者“或选择类别”下拉列表框找到相应函数，单击“确定”按钮，最后在弹出的“函数参数”对话框中进行相应设置。

方法二：如果需要输入嵌套关系的函数，利用编辑栏直接输入函数内容更加快捷。

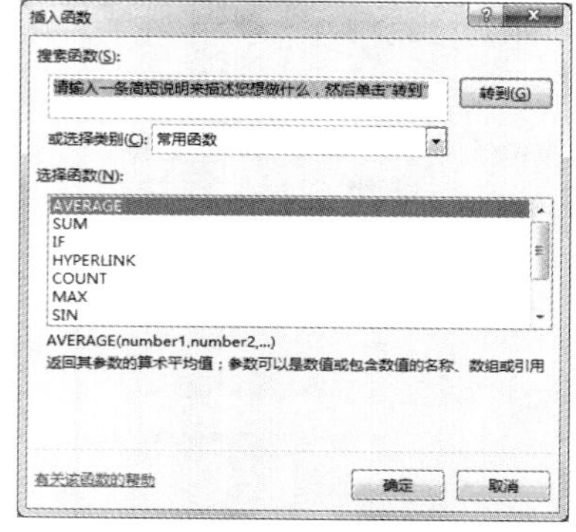

图 5-53 “全部函数”选项卡

3．单元格地址引用

在公式或函数的使用中，经常用填充柄复制公式或函数，这种操作的本质就是单元格地址引用，Excel 中有 3 种单元格地址的引用方式。

1）相对引用（又称相对地址）

指公式或函数在复制、移动时，公式或函数中引用单元格的地址会自动调整。默认状态都是相对地址，如 A3、B1:D2 等。

2）绝对引用（又称绝对地址）

指公式或函数在复制、移动时，公式或函数中引用单元格的地址会保持不变。绝对地址的写法是行号和列号前都加了“$”符号，如$A$3、$B$1;$D$2 等。

3）混合引用（又称混合地址）

指公式或函数在复制、移动时，公式或函数中引用单元格的行或列会自动调整（也就是绝对列相对行和绝对行相对列两种形式）。混合地址的写法是只有行号或只有列号前加“$”符号，如$A3、A$3 等。

4）跨工作表和跨工作簿引用

跨工作表单元格引用：=工作表名!单元格地址。

跨工作簿单元格引用：=[工作簿名]工作表名!单元格地址。

4．名称

名称是一个特殊的简略表示法，可以为工作表、单元格区域、函数、常量定义名称。

1）名称的创建

在 Excel 中，有时需要反复使用某个单元格区域，如果每次都要重新选定同一个单元格区域，操作过程烦琐，可以通过创建名称的方式来简化操作过程。

名称是先创建后使用，常用的名称创建方法有：

方法一：首先选定要命名的区域，然后单击编辑栏上的“名称”框并输入一个名称，最后按【Enter】键创建名称。

方法二：首先选定要命名的区域，然后单击“公式”选项卡“定义的名称”组中的“定义名称”按钮，打开“新建名称”对话框进行相关设置，最后单击“确定”按钮。

例如：如图 5-54 所示的工作表中，请把 B2:B7 单元格区域创建名称为“姓名”。

	A	B	C	D
1	学号	姓名	性别	成绩
2	001	杨果	女	85
3	002	吴华	男	78
4	003	张艳	女	90
5	004	黄一琳	女	81
6	005	李强	男	75
7	006	王杨杨	男	56

图 5-54　“创建名称”原始数据

操作步骤：

（1）方法一：选定 B2:B7 单元格区域，单击编辑栏上的“名称”框输入“姓名”，如图 5-55 所示，最后按回车键，即为 B2:B7 单元格区域创建名称“姓名”。

（2）方法二：选定 B2:B7 单元格区域，然后单击“公式”选项卡“定义的名称”组中的“定义名称”按钮，打开“新建名称”对话框，如图 5-56 所示，在“名称”文本框中输入“姓名”，最后单击“确定”按钮，即为 B2:B7 单元格区域创建名称“姓名”。

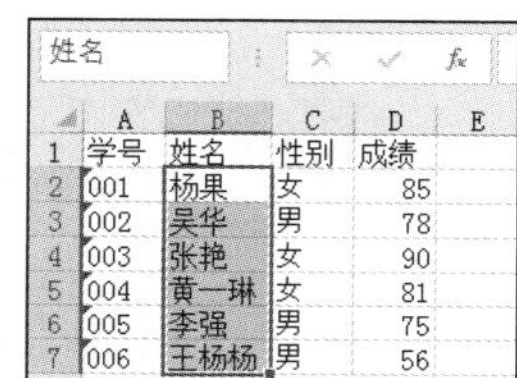

图 5-55　“创建名称”方法一

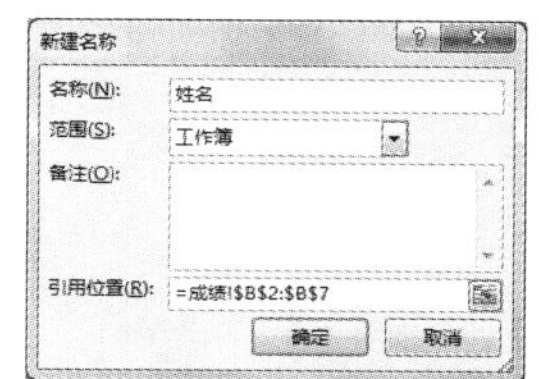

图 5-56　“新建名称”对话框

2）名称的管理

名称创建后，如果需要对名称进行修改、删除等操作，可以通过“名称管理器”来实现。如何打开“名称管理器”呢？可以通过单击“公式”选项卡“定义的名称”组中的“名称管理器”按钮，打开“名称管理器”对话框，如图 5-57 所示。在“名称管理器”对话框中可以看到已经创建的名称，还可以看到“新建”“编辑”“删除”按钮，利用这三个按钮可以对名称进行新建、编辑和删除。

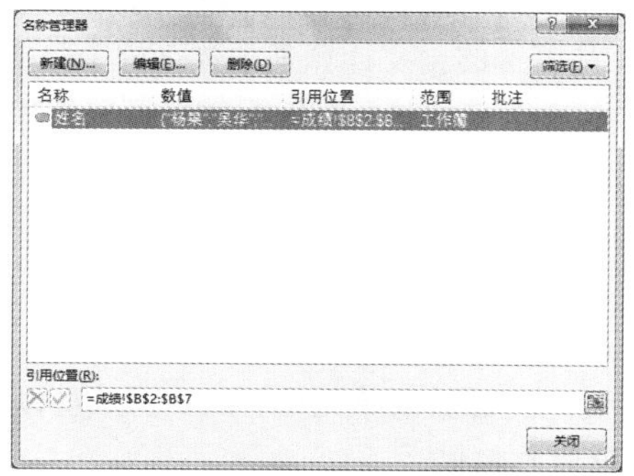

图 5-57　“名称管理器”对话框

5.4.2 常用函数

1. 统计函数

1）平均值函数 AVERAGE

格式：AVERAGE(number1, [number2], ...)

功能：返回一组数值中的平均值。

参数说明：number1 是必需的，后续参数 number2，...是可选的。

例如：如果求 A1:A3 区域的平均值，可以使用公式 “=AVERAGE(A1:A3)”。

2）条件平均值函数 AVERAGEIF

格式：AVERAGEIF(range,criteria,[average_range])

功能：返回某个区域内满足给定条件的所有单元格的算术平均值。

参数说明：

（1）range 是必需的，是根据条件进行计算平均值的单元格区域。criteria 是必需的，是指定的条件，用于决定哪些单元格参加计算平均值。

（2）average_range 是可选的，计算平均值的实际单元格，如果省略，则使用 range。

例如：求图 5-58 表中硕士的目标月薪平均值，可以在打开的“函数参数”对话框里设置，如图 5-59 所示，也可以使用公式“=AVERAGEIF(C2:C7,"硕士",E2:E7)”。

	A	B	C	D	E
1	编号	姓名	学历	专业	目标月薪
2	001	杨果	硕士	中文	3500
3	002	吴华	本科	计算机	4000
4	003	张艳	硕士	数学	3300
5	004	黄一琳	专科	英语	2500
6	005	李强	硕士	物理	3000
7	006	王杨杨	本科	计算机	3000

图 5-58 数据表

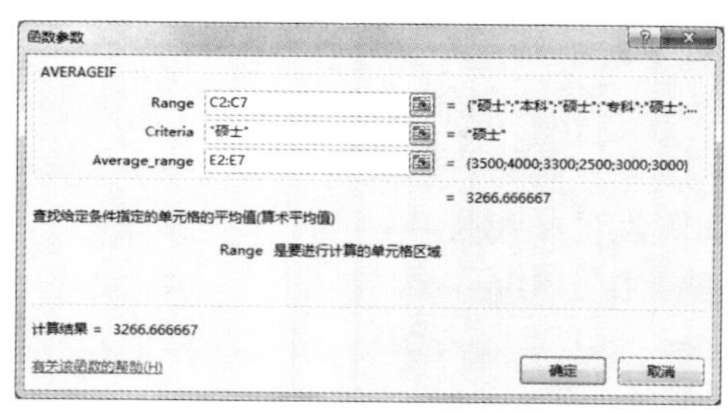

图 5-59 AVERAGEIF“函数参数”对话框设置

3）计数函数 COUNT

格式：COUNT(value1, [value2], ...)

功能：计算区域中包含数字的单元格的个数。

参数说明：

（1）value 1 是必需的，要计算其中数字的个数的第一项、单元格引用或区域。

（2）后续参数 number2，...是可选的，要计算其中数字的个数的其他项、单元格引用或区域。

例如：计算 A1:A3 区域中包含数字的单元格的个数，可以使用公式“= COUNT (A1:A3)”。

4）条件计数函数 COUNTIF

格式：COUNTIF(range, criteria)

功能：计算某个区域内满足给定条件的单元格的个数。

参数说明：

（1）range 是必需的，是需要进行计数的单元格区域，区域可以包括数字、数组、命名区域或包含数字的引用，空白和文本值将被忽略。

（2）criteria 是必需的，是指定的条件，用于决定要统计哪些单元格的数量。

例如：统计工作表中 A1:A3 区域内包含“优秀”的单元格的个数，可以使用公式“=COUNTIF(A1:A3,"优秀")”。

5）最大值函数 MAX

格式：MAX(number1, [number2], ...)

功能：返回一组数值中的最大值。

参数说明：number1 是必需的，后续参数 number2，...是可选的。

例如：如果求 A1:A3 区域的最大值，可以使用公式“=MAX(A1:A3)”。

6）最小值函数 MIN

格式：MIN (number1, [number2], ...)

功能：返回一组数值中的最小值。

参数说明：number1 是必需的，后续参数 number2，...是可选的。

例如：如果求 A1:A3 区域的最小值，可以使用公式“=MIN(A1:A3)”。

2．数学与三角函数

1）取整函数 INT

格式：INT(number)

功能：将数字向下舍入到最接近的整数。

参数说明：number 是必需的，是需要进行向下舍入取整的实数。

例如：A1 单元格存放着 7.5，B1 单元格存放着-7.5，如图。使用公式“=INT(A1)”得到的值为 7，使用公式“=INT(B1)”得到的值为-8。

2）四舍五入函数 ROUND

格式：ROUND(number, num_digits)

功能：将数字四舍五入到指定的位数。

参数说明：

（1）number 是必需的，是需要四舍五入的数。

（2）num_digits 是必需的，进行四舍五入运算的位数。若 num_digits>0，则数字四舍五入到指定的小数位数；若 num_digits=0，则数字四舍五入到最接近的整数；若 num_digits<0，则小数点左侧数字的相应位数四舍五入。

例如：使用公式“=ROUND(7.578,1)”得到的值为 7.6，使用公式“=ROUND(7.578,0)”得到的值为 8，使用公式“=ROUND(7.578,-1)”得到的值为 10，使用公式“=ROUND(117.578,-2)”得到的值为 100。

3）求和函数 SUM

格式：SUM(number1, [number2], ...)

功能：返回单元格区域中所有数值的和。

参数说明：number1 是必需的，后续参数 number2，...是可选的。

例如：如果求 A1:A3 区域的和，可以使用公式“=SUM(A1:A3)”。

4）条件求和函数 SUMIF

格式：SUMIF(range,criteria,[sum_range])

功能：返回单元格区域中满足给定条件的所有数值的和。

参数说明：

（1）range 是必需的，是根据条件进行计算的单元格的区域。

（2）criteria 是必需的，是指定的条件，用于决定哪些单元格参加计算。

（3）sum_range 是可选的，参加求和计算的实际单元格，如果省略，则使用 range。

例如：

① 如图 5-60 所示，计算表中玩具进价大于 30 元的玩具进价总额，可以在打开的“函数参数”对话框里设置，如图 5-61 所示，也可以使用公式“=SUMIF(D2:D9,">30")”。这个例子中 sum_range 区域省略，说明 range 区域 D2:D9 既是条件区域又是求和的数据区域。

	A	B	C	D	E
1	编号	玩具名称	单位	进价	售价
2	1	100粒桶装橡木积木	桶	40.00	50.00
3	2	80粒桶装橡木积木	桶	30.00	40.00
4	3	100块早教计算积木	桶	58.00	69.00
5	4	80块早教计算积木	桶	48.00	60.00
6	5	发条玩具七彩毛毛虫	只	0.90	1.50
7	6	各款发条小玩具	个	0.50	0.90
8	7	儿童户外玩具回旋镖	个	7.00	11.50
9	8	小老虎儿童电子琴	个	15.80	25.00

图 5-60 函数 SUMIF 示例的数据表

② 如图 5-60 所示，计算表中桶装玩具的进价总额，可以在打开的“函数参数”对话框里设置，如图 5-62 所示，也可以使用公式“=SUMIF(C2:C9,"桶",D2:D9)”。

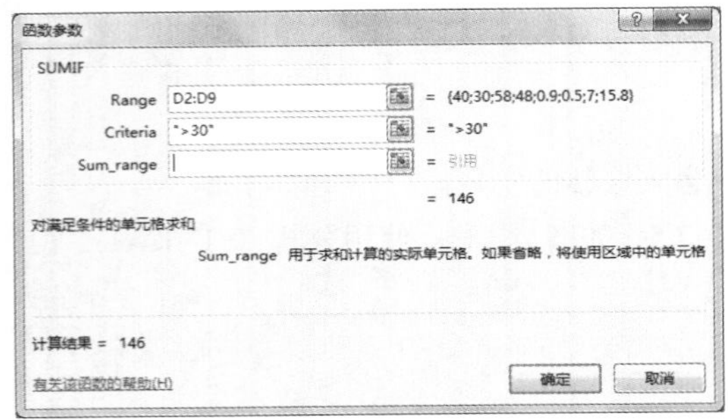

图 5-61 SUMIF“函数参数”对话框设置 1

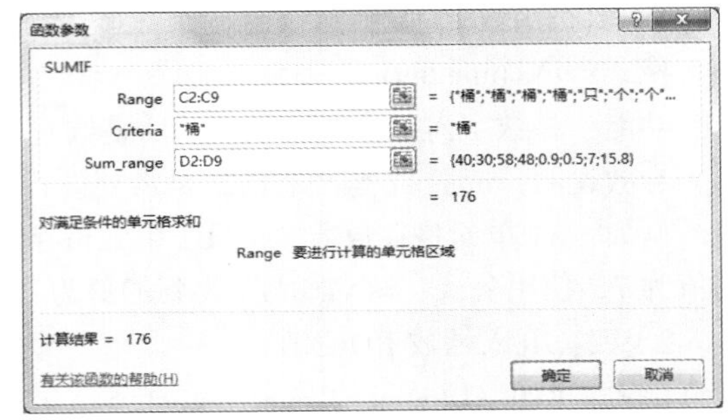

图 5-62 SUMIF“函数参数”对话框设置 2

3. 逻辑函数

1）逻辑与函数 AND

格式：AND(logical1，[logical2]，...)

功能：各参数进行与运算，返回逻辑值。如果所有参数的值均为“逻辑真（TRUE）”，则返回“逻辑真（TRUE）”，否则返回“逻辑假（FALSE）”。

参数说明：

（1）logical1 是必需的，是第一个想要测试且计算结果可为 TRUE 或 FALSE 的条件。

（2）logical2, ... 是可选的，其他想要测试且计算结果可为 TRUE 或 FALSE 的条件。

2）逻辑或函数 OR

格式：OR(logical1，[logical2]，...)

功能：各参数进行或运算，返回逻辑值。所有参数中只要有一个逻辑值为“逻辑真（TRUE）”，则返回“逻辑真（TRUE）”。

参数说明：

（1）logical1 是必需的，是第一个想要测试且计算结果可为 TRUE 或 FALSE 的条件。

（2）logical2, ... 是可选的，其他想要测试且计算结果可为 TRUE 或 FALSE 的条件。

3）条件判断函数 IF

格式：IF(logical_test, value_if_true, [value_if_false])

功能：判断是否满足某个条件，如果满足即条件为真，该函数将返回一个值；如果不满足即条件为假，函数将返回另一个值。

参数说明：

（1）logical_test 是必需的，是要测试的条件。

（2）value_if_true 是必需的，logical_test 的结果为 TRUE 时，希望返回的值。

（3）value_if_false 是可选的，logical_test 的结果为 FALSE 时，希望返回的值。

在遇到复杂条件时，可以使用 IF 函数的嵌套来实现，最多允许嵌套 64 个不同的 IF 函数。

例如：

① 如图 5-63 中成绩小于 60，评级为不合格，否则评级为合格。单击 E2 单元格，单击 f_x 按钮，在打开的“函数参数”对话框里设置，如图 5-64 所示，也可以在 E2 单元格输入公式“=IF(D2<60,"不合格","合格")”，然后利用自动填充功能完成 E3:E7 区域的填充。

② 如图 5-63 中成绩小于 60，评级为不合格；大等于 60 且小于 80，评级为合格；大等于 80，评级为良好；可以在 E2 单元格输入公式 “=IF(D2<60,"不合格",IF(D2<80,"合格","良好"))”，然后利用自动填充功能完成 E3:E7 区域的填充，效果如图 5-65 所示。

	A	B	C	D	E	F
1	学号	姓名	性别	成绩	评级	排名
2	001	杨果	女	85		
3	002	吴华	男	78		
4	003	张艳	女	90		
5	004	黄一琳	女	81		
6	005	李强	男	75		
7	006	王杨杨	男	56		

图 5-63　函数 IF 示例的数据表

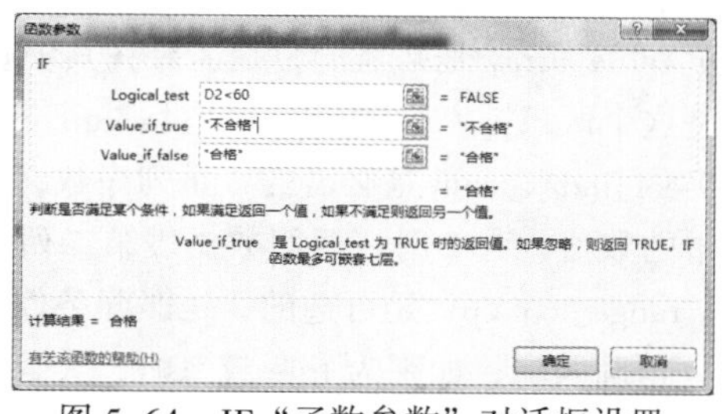

图 5-64　IF“函数参数”对话框设置

4．兼容性函数

排位函数 RANK

格式：RANK(number,ref,[order])

功能：返回某数字在一列数字中相对于其他数值的大小排位。

参数说明：

（1）number 是必需的，是要查找排位的数字。

（2）ref 是必需的，是一组数或对一个数据列表的引用，非数字值将被忽略。

（3）order 是可选的，是指定排位方式的数字，如果 order 为 0 或忽略，是降序排列，如果 order 不为 0，则是升序排列。

例如：如图 5-53 所示，根据“成绩”列计算“排名”列的值。单击 F2 单元格，单击 f_x 按钮，在打开的“函数参数”对话框里设置，如图 5-66 所示，也可以在 F2 单元格输入公式“=RANK(D2,$D$2:$D$7)”，然后利用自动填充功能完成 F3:F7 区域的填充。

注意

例子中的 ref 参数的区域要求是固定不变的，所以应该使用绝对地址。

	A	B	C	D	E	F
1	学号	姓名	性别	成绩	评级	排名
2	001	杨果	女	85	良好	
3	002	吴华	男	78	合格	
4	003	张艳	女	90	良好	
5	004	黄一琳	女	81	良好	
6	005	李强	男	75	合格	
7	006	王杨杨	男	56	不合格	

图 5-65　函数 RANK 示例的数据表

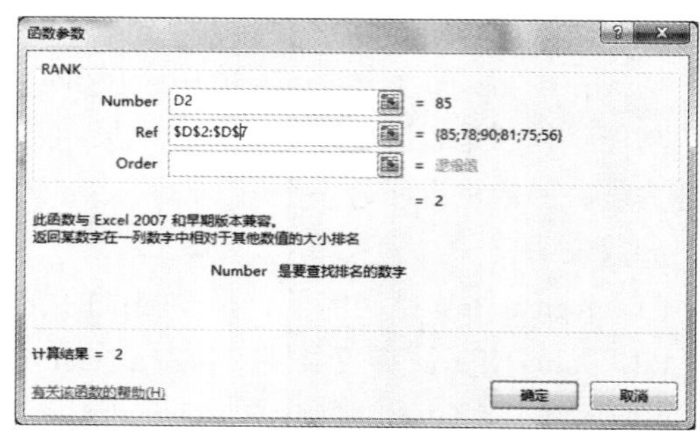

图 5-66　RANK“函数参数”对话框设置

5．查找与引用函数

1）按列查找函数 VLOOKUP

格式：VLOOKUP (lookup_value, table_array, col_index_num, [range_lookup])

功能：查找数据表区域首列满足条件的元素，确定并由此返回数据表当前行中指定列的匹配值。

参数说明：

（1）lookup_value 是必需的，是要查找的值，要查找的值必须位于 table-array 中指定的单元格区域的第一列中。

（2）Table_array 是必需的，是需要在其中查找 lookup_value 和返回值的单元格区域，特别要注意的是这个区域第一列的值必须是 lookup_value 查找的值。

（3）col_index_num 是必需的，是列序数，是待返回的匹配值的列序号。为 1 时，返回数据表第一列中的数值；为 2 时，返回数据表第二列中的数值，依此类推。

（4）range_lookup：是可选的，是匹配条件，指定在查找时要求精确匹配还是大致匹配。如果为 false，精确匹配；如果为 true 或忽略，大致匹配。

例如：数据表如图 5-67 所示，根据已给的数据找出排名前三位的人员姓名。

在这个例子中查找的值为排名，返回的值为与排名对应的人员姓名，由于“姓名”在“排名”列之前，无法满足 VLOOKUP 函数中查找区域第一列的值必须是查找的值的要求，因此在使用函数前，应该先 B2:B7 区域的数据复制到 G2:G7 区域，如图 5-68 所示。

	A	B	C	D	E	F	G
1	学号	姓名	性别	成绩	评级	排名	
2	001	杨果	女	85	良好	2	
3	002	吴华	男	78	合格	4	
4	003	张艳	女	90	良好	1	
5	004	黄一琳	女	81	良好	3	
6	005	李强	男	75	合格	5	
7	006	王杨杨	男	56	不合格	6	
8							
9				前三名			
10				排名	姓名		
11				1			
12				2			
13				3			

图 5-67　函数 VLOOKUP 示例的数据表 1

	A	B	C	D	E	F	G
1	学号	姓名	性别	成绩	评级	排名	姓名
2	001	杨果	女	85	良好	2	杨果
3	002	吴华	男	78	合格	4	吴华
4	003	张艳	女	90	良好	1	张艳
5	004	黄一琳	女	81	良好	3	黄一琳
6	005	李强	男	75	合格	5	李强
7	006	王杨杨	男	56	不合格	6	王杨杨
8							
9				前三名			
10				排名	姓名		
11				1			
12				2			
13				3			

图 5-68　函数 VLOOKUP 示例的数据表 2

单击 E11 单元格，单击 *fx* 按钮，在打开的“函数参数”对话框里设置如图 5-69 所示，也可以在 E11 单元格输入公式 “=VLOOKUP(D11,$F$2:$G$7,2,FALSE)”，然后利用自动填充功能完成 F12:F13 区域的填充，效果如图 5-70 所示。注意：例子中的 Table_array 参数的区域是要求固定不变的，所以应该使用绝对地址。

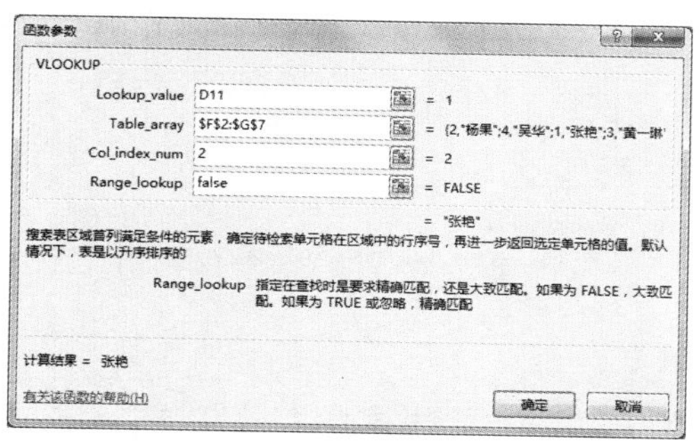

图 5-69　VLOOKUP“函数参数”对话框设置

	A	B	C	D	E	F	G
1	学号	姓名	性别	成绩	评级	排名	姓名
2	001	杨果	女	85	良好	2	杨果
3	002	吴华	男	78	合格	4	吴华
4	003	张艳	女	90	良好	1	张艳
5	004	黄一琳	女	81	良好	3	黄一琳
6	005	李强	男	75	合格	5	李强
7	006	王杨杨	男	56	不合格	6	王杨杨
8							
9				前三名			
10				排名	姓名		
11				1	张艳		
12				2	杨果		
13				3	黄一琳		

图 5-70　函数 VLOOKUP 示例的效果图

2）按行查找函数 HLOOKUP

格式：HLOOKUP(lookup_value, table_array, row_index_num, [range_lookup])

功能：查找数据表区域首行满足条件的元素，确定并由此返回数据表当前列中指定列的匹配值。

参数说明：

（1）lookup_value 是必需的，是要查找的值，要查找的值必须位于 table-array 中指定的单元格区域的第一行中。

（2）table_array 是必需的，是需要在其中查找 lookup_value 和返回值的单元格区域，特别要注意的是这个区域第一行的值必须是 lookup_value 查找的值。

（3）row_index_num 是必需的，是行序数，是待返回的匹配值的行序号。

（4）range_lookup：是可选的，是匹配条件，指定在查找时要求精确匹配还是大致匹配。如果为 false，精确匹配；如果为 true 或忽略，大致匹配。

HLOOKUP 函数的使用方法与 VLOOKUP 函数类似。

5.4.3　使用函数帮助

Excel 中存在许多函数，本书不可能一一作详细介绍，用户在学习时也不可能一次就掌握，那么如果遇到没学过的函数应该怎么办呢？

1）借助“函数参数”对话框提示信息

现在以 PMT 函数为例，单击编辑栏上的 f_x 按钮，弹出“插入函数”对话框，在“选择函数”列表中选择 PMT 函数，列表下方就会出现 PMT 函数的格式与功能介绍，如图 5-71 所示，这可以帮助用户了解函数的基本作用。之后单击“确定”按钮，弹出“函数参数”对话框，选择对应该参数的输入选择框，下方就会显示简单的帮助信息。例如，单击 Rate 参数输入框，下方就会显示“各期利率。例如……”内容，如图 5-72 所示。通过“函数参数”对话框的帮助信息，用户可以快速理解并找到每个参数的区域，完成函数的正确使用。

2）帮助文档

如果在方法一的帮助下，用户还是无法完成函数的使用，那么还可以借助 Excel 的帮助文档。函数的帮助文档中会更加详细地介绍函数的语法和使用说明并举例，相信在这样的帮助下，一定能够完成函数的正确使用。如何打开函数的帮助文档呢？用户可以单击图 5-71 所示的“插入函数”对话框左下角的“有关该函数的帮助”超链接。

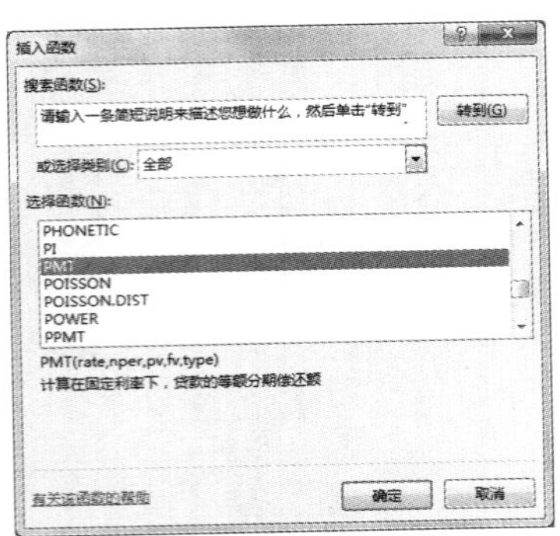

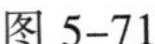

图 5-71

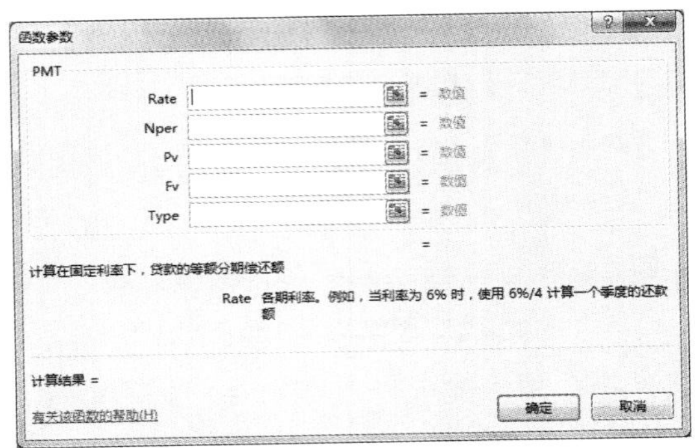

图 5-72 PMT“函数参数”对话框

5.5 数 据 图 表

Excel 除了强大的计算功能外，还能将数据或统计结果以各类型图表的形式表现出来，由此用户可以更直观、更形象地表达数据的大小、变化规律等情况，从而方便用户比对和分析数据。

5.5.1 图表的创建

Excel 为用户提供了标准图表类型，每一种图表类型又分为多个子类型，常见的图表类型有：柱形图、折线图、饼图、条形、面积图等，用户可以根据实际需要来选择适合的图表。那么，如何创建图表呢？

首先，选择需要创建图表的数据区域，如图 5-73 所示。注意：数据区域存在连续数据区域和非连续数据区域两种情况。①选择连续数据区域时，只需要选定数据区域最左上角的单元格，按下鼠标左键不放，拖动鼠标至数据区域最右下角的单元格即可。例如，选择图 5-73 中的 B1:D7 数据区域，只需要选定数据区域最左上角的单元格 B1，按下鼠标左键不放，拖动鼠标至数据区域最右下角的单元格 D7 即可。②选择不连续数据区域时，先选定某个单元格或某个单元格区域，然后按下【Ctrl】键不放，再选择不连续的其他单元格或其他单元格区域，直至全部选定。例如，选择图 5-73 中的 B1:B7，D1:D7 数据区域，先选定 B1:B7 单元格区域，然后按下【Ctrl】键不放，再选择 D1:D7 单元格区域即可，选择效果如图 5-73 所示。

然后，单击“插入”选项卡“图表”组右下角的“查看所有图表”按钮，弹出“插入图表”对话框，如图 5-74 所示。

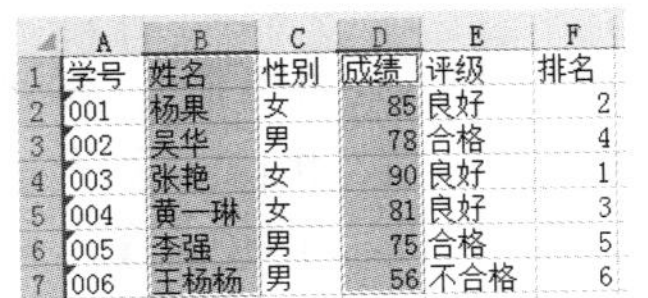

	A	B	C	D	E	F
1	学号	姓名	性别	成绩	评级	排名
2	001	杨果	女	85	良好	2
3	002	吴华	男	78	合格	4
4	003	张艳	女	90	良好	1
5	004	黄一琳	女	81	良好	3
6	005	李强	男	75	合格	5
7	006	王杨杨	男	56	不合格	6

图 5-73 图表数据区域的选择

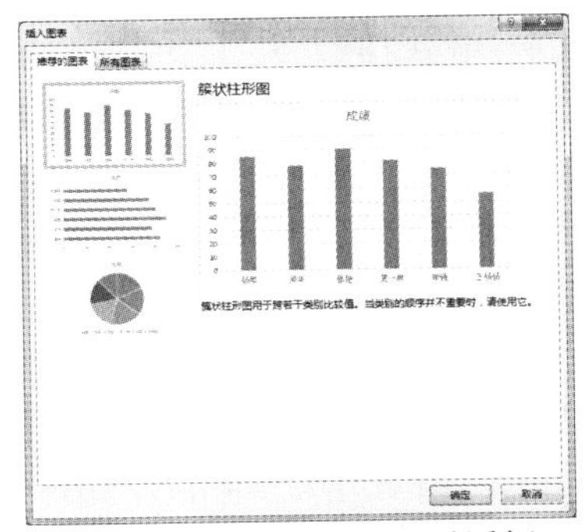

图 5-74 “插入图表”对话框

最后，可以在推荐的图表中选择相应的图表，也可以根据需要在“所有图表”选项卡中选择其他图表，如图 5-75 所示，单击“确定”按钮，插入对应图表，效果如图 5-76 所示。

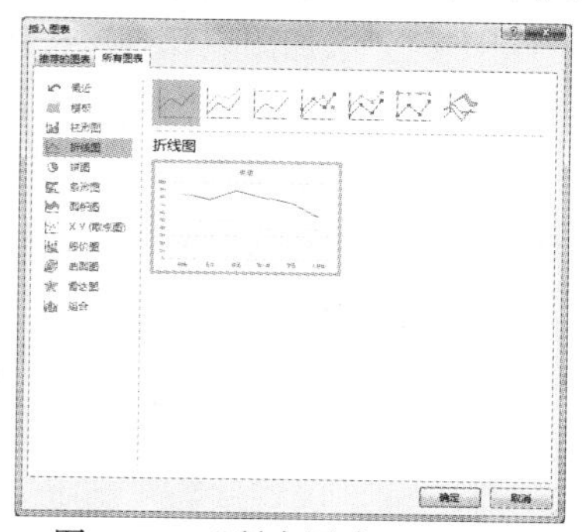

图 5-75　“所有图表”选项卡

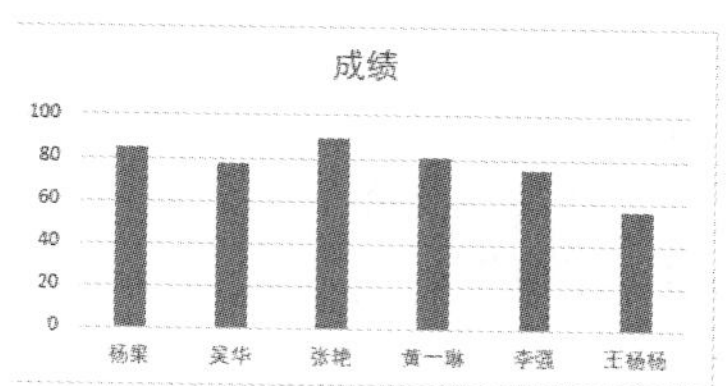

图 5-76　“插入图表”效果图

5.5.2　图表的编辑

图表的编辑是指对已有图表的源数据、图表类型及图表元素的编辑。如何进行图表编辑呢？可以单击图表，然后选择“图表工具”区的“设计”和“格式”选项卡进行设置。

1．图表类型的更改

不同的数据适合不同的图表类型，如果发现选择的图表类型并不合适，那么如何对已有图表的类型进行更改呢？

方法一：选择图表，右击，选择快捷菜单中的“更改图表类型”命令，弹出“更改图表类型”对话框，如图 5-77 所示，选择需要的图表类型即可。

方法二：选择图表，单击“设计”选项卡“类型”组中的“更改图表类型”按钮，弹出“更改图表类型”对话框，选择需要的图表类型即可。

2．图表数据的编辑

图表创建后，图表与创建图表之间的数据就建立了联系，如果源数据发生变化，图表中的对应数据也自动更新。如何对已有图表的源数据进行添加、编辑、删除呢？

方法一：选择图表，右击，选择快捷菜单中的“选择数据”命令，弹出“选择数据”对话框，如图 5-78 所示。分别单击“添加”“编辑”“删除”按钮进行图表数据的添加、编辑、删除。

方法二：选择图表，单击“设计”选项卡“数据”组中的“选择数据”按钮，弹出“选择数据”对话框，其他操作与方法一相同。

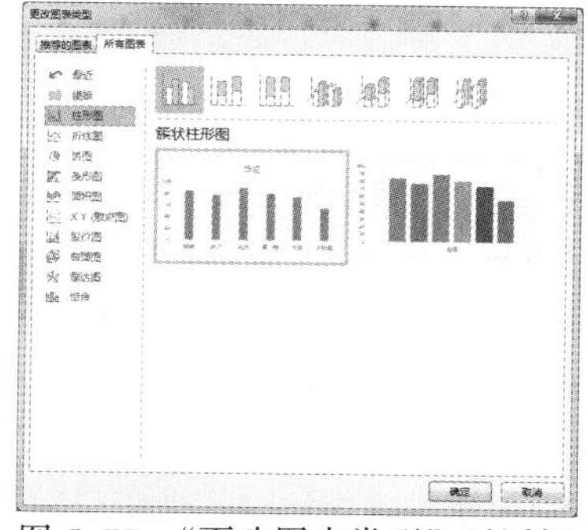

图 5-77　“更改图表类型”对话框

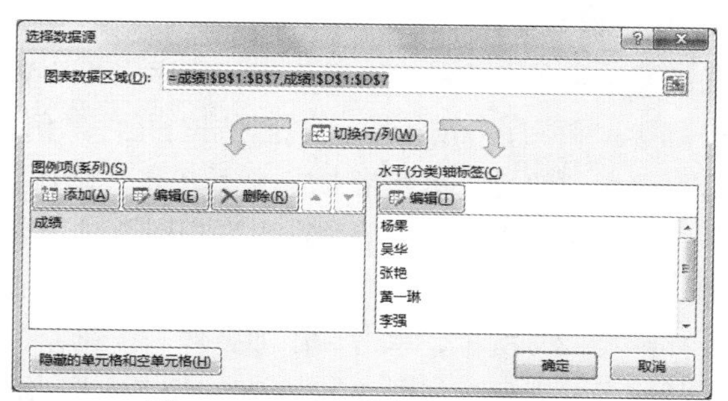

图 5-78　“选择数据源”对话框

3. 图表元素的编辑

图表中包含的许多图表选项就是图表元素，如图表标题、坐标轴与坐标轴标题、图例、数据标签等。可以选择图表，单击“设计”选项卡“图表布局”组中的“添加图表元素”按钮，在弹出的下拉菜单中选择对应的图表元素命令进行编辑，如图 5-79 所示。

4. 图表的格式化

图表的格式化是指设置图表中各元素的格式，包括字体、字号、颜色等。双击图表中的各元素，Excel 界面右侧会出现相应元素的格式设置窗格。例如，双击图 5-76 中的标题“成绩”，Excel 界面右侧会显示“设置图表标题格式”窗格，如图 5-80 所示。除此之外，还可以单击图表，然后选择“图表工具”的“格式”选项卡进行设置。

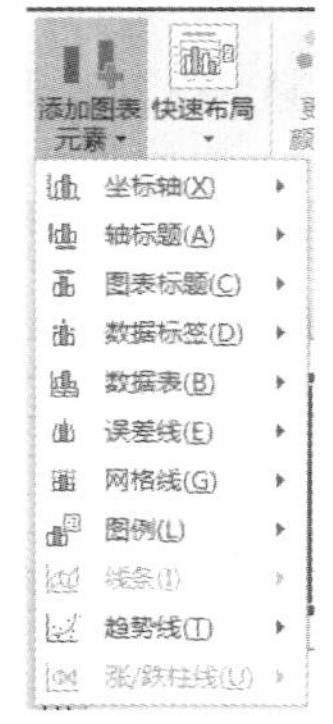

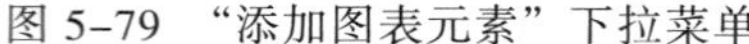
图 5-79 “添加图表元素”下拉菜单

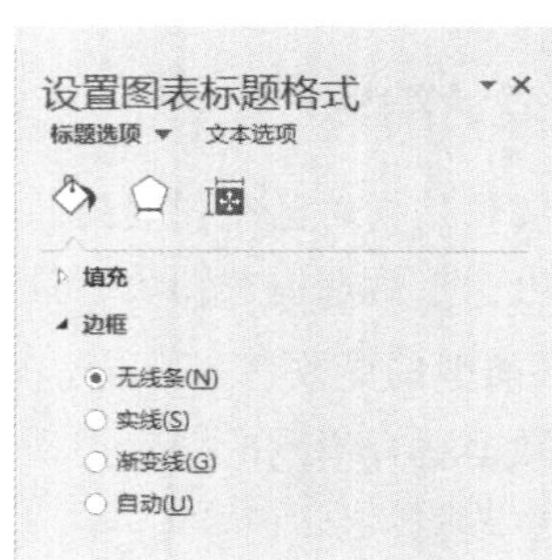

图 5-80 “设置图表标题格式”窗格

5.6 数据管理与分析

Excel 可以帮助用户存储数据，可以帮助用户进行简单的计算，还可以对数据进行分析，其中的数据分析可以帮助用户建立直观、形象的数据表现形式。Excel 2016 为用户提供了大量实用有效的数据分析工具，如排序、筛选、分类汇总和数据透视表等

5.6.1 数据排序

数据排序是将数据记录单按需要进行排列。建立数据记录时，数据只是按照输入的先后顺序排列，往往不存在有规律的排序。Excel 中，用户可以根据实际需要对数据按行升序或降序、按列升序或降序、自定义序列排序等。

1. 按关键字排序

如果要根据单个关键字对数据进行排序，可以单击“数据”选项卡“排序和筛选”组中的“升序”按钮、“降序”按钮，快速地进行排序。例如，如图 5-81 的数据表中对学历进行降序排列。可以选择“学历”单元格 E1，然后单击“降序”按钮，效果如图 5-82 所示。

在上述例子中排序字段的数据出现相同值时，谁先谁后，通过单个关键字的快速排序是无法解决的。这时候可以单击“数据”选项卡“排序和筛选”组中的“排序”按钮，打开“排序”对话框，如图 5-83 所示，单击“添加条件”按钮，在“次要关键字”“排序依据”“次序”列表中进行相应设置即可，如图 5-84 所示。图 5-84 所示是将数据按学历降序排序，学历相同再按专业的升序排列。如果再次出现相同值，可以继续单击“添加条件”按钮，再次添加一个“次要关键字”。

编号	姓名	性别	出生年月	学历	专业	英语等级	计算机等级	目标月薪
001	杨果	女	1985/5/9	硕士	中文	6	1	3500
002	吴华	男	1986/10/20	本科	计算机	4	4	4000
003	张艳	女	1984/3/11	硕士	数学	6	2	3300
004	黄一琳	女	1989/6/12	专科	英语	6	0	2500
005	李强	男	1986/1/6	硕士	物理	4	2	3000
006	王杨杨	男	1987/7/4	本科	计算机	0	3	3000
007	周琴琴	女	1988/5/15	本科	英语	8	0	4000
008	白兴明	男	1986/3/21	硕士	中文	4	1	3500
009	郑小敏	女	1988/2/17	本科	计算机	0	3	3000
010	林妙	女	1984/11/28	本科	物理	4	2	3200
011	刘婷	女	1987/8/29	专科	中文	0	1	2500
012	陈贤	男	1989/12/20	专科	物理	0	2	2500
013	方勇杰	男	1983/1/24	硕士	化学	4	1	3500
014	赵军	男	1984/9/22	本科	计算机	4	3	3500
015	唐月月	女	1985/10/3	专科	中文	4	1	2700

图 5-81　排序数据表

编号	姓名	性别	出生年月	学历	专业	英语等级	计算机等级	目标月薪
004	黄一琳	女	1989/6/12	专科	英语	6	0	2500
011	刘婷	女	1987/8/29	专科	中文	0	1	2500
012	陈贤	男	1989/12/20	专科	物理	0	2	2500
015	唐月月	女	1985/10/3	专科	中文	4	1	2700
001	杨果	女	1985/5/9	硕士	中文	6	1	3500
003	张艳	女	1984/3/11	硕士	数学	6	2	3300
005	李强	男	1986/1/6	硕士	物理	4	2	3000
008	白兴明	男	1986/3/21	硕士	中文	4	1	3500
013	方勇杰	男	1983/1/24	硕士	化学	4	1	3500
002	吴华	男	1986/10/20	本科	计算机	4	4	4000
006	王杨杨	男	1987/7/4	本科	计算机	0	3	3000
007	周琴琴	女	1988/5/15	本科	英语	8	0	4000
009	郑小敏	女	1988/2/17	本科	计算机	0	3	3000
010	林妙	女	1984/11/28	本科	物理	4	2	3200
014	赵军	男	1984/9/22	本科	计算机	4	3	3500

图 5-82　按学历降序排列

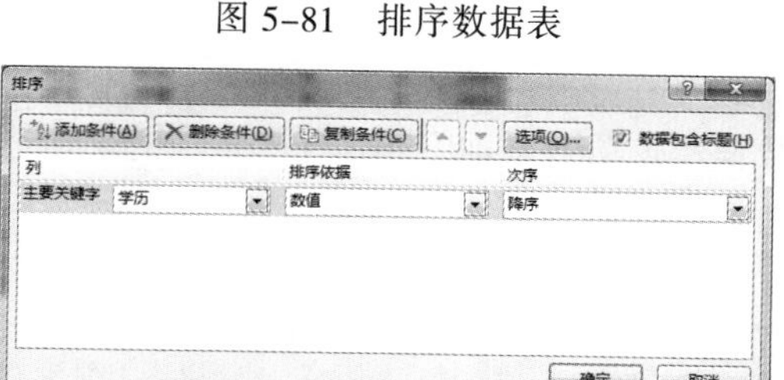

图 5-83　“排序”对话框

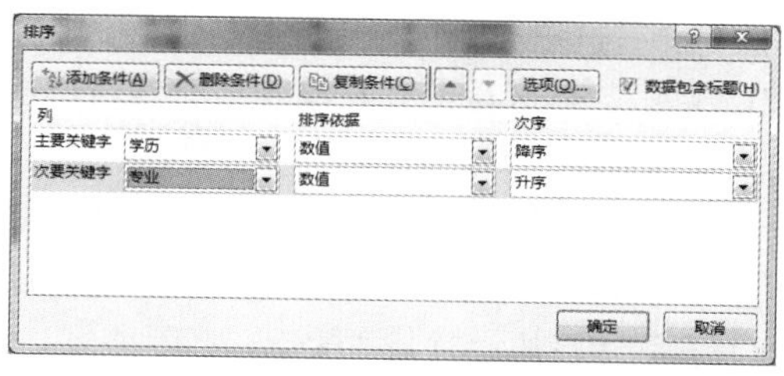

图 5-84　添加条件

2．按自定义序列排序

如果对数据进行排序时，关键字无论按数值、拼音等排序依据，都无法排出用户需要的效果，这时可以使用自定义序列排序方式。例如，如图 5-81 的数据表中对学历按硕士、本科、专科的顺序排序。

首先，单击“文件”选项卡中的“选项”按钮，在弹出的窗口中单击“高级”标签，在右侧“常规”栏中单击“编辑自定义列表”按钮，打开“自定义序列”对话框，在“输入序列”列表框内输入硕士、本科、专科，单击“添加”按钮，如图 5-85 所示，单击“确定”按钮，即建立一个自定义序列。

然后，单击数据区域的任意单元格，单击“数据”选项卡“排序和筛选”组中的“排序”按钮，打开“排序”对话框，设置主关键字为“学历”，排序依据为“数值”，次序为“自定义序列”，弹出“自定义序列”对话框，选择添加的序列，如图 5-86 所示，单击“确定”按钮。

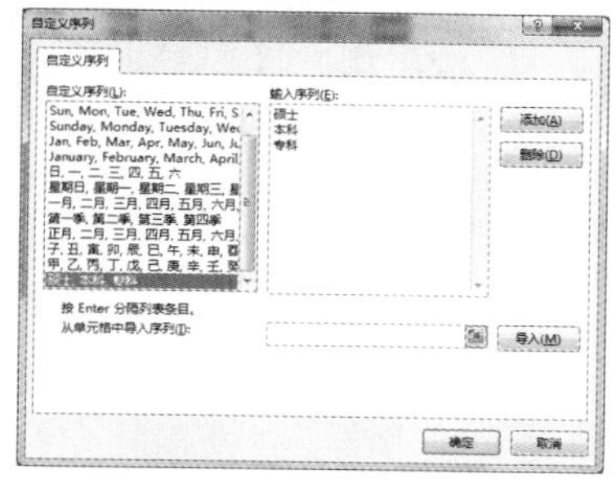

图 5-85　添加自定义序列

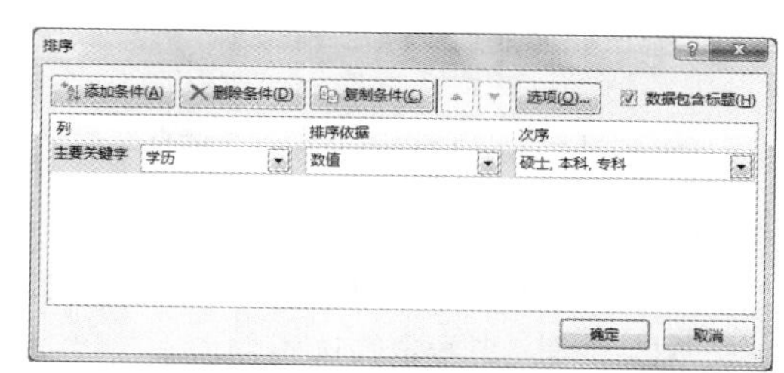

图 5-86　“排序”对话框

5.6.2　数据筛选

数据筛选是将数据记录单中满足条件的记录行进行显示，不满足条件的记录行进行隐藏。数据筛选分为自动筛选和高级筛选。

1. 自动筛选

自动筛选是一种简单便捷的筛选方式，它是对单个字段建立筛选，多个字段之间的筛选是"逻辑与"的关系，即条件并存的状态。

如何创建和删除自动筛选呢？首先，单击数据区域的任意单元格；然后，单击"数据"选项卡"排序和筛选"组中的"筛选"按钮，每个字段右侧会出现一个下拉按钮，如图 5-87 所示；最后，单击下拉按钮，在弹出的下拉列表框中进行设置即可。

如果要删除自动筛选的结果，只需要再次单击"数据"选项卡"排序和筛选"组中的"筛选"按钮即可。

例如，筛选出学历为硕士且目标月薪大于 3 300 的人员。

① 单击数据区域的任意单元格，然后单击"数据"选项卡"排序和筛选"组中的"筛选"按钮，每个字段右侧会出现一个下拉按钮。

② 单击"学历"字段右侧的下拉按钮，在弹出的下拉列表框（见图 5-88）中选择"文本筛选"下的"自定义筛选"命令，打开"自定义自动筛选方式"对话框，做如图 5-89 所示的设置。"目标月薪"字段的设置与"学历"字段类似，不再重复。自动筛选完成后的效果如图 5-90 所示。

图 5-87 自动筛选示意图

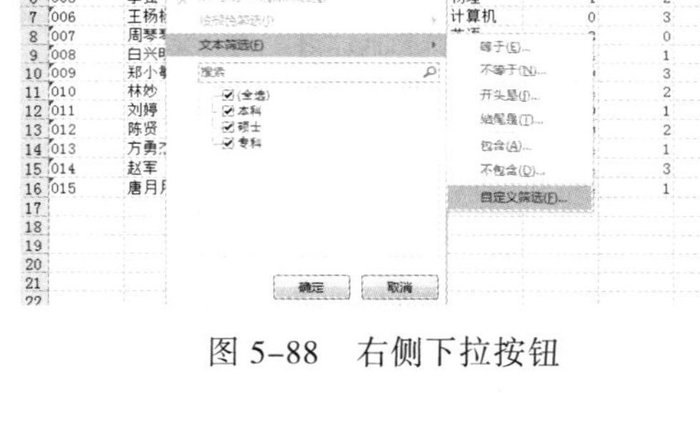

图 5-88 右侧下拉按钮

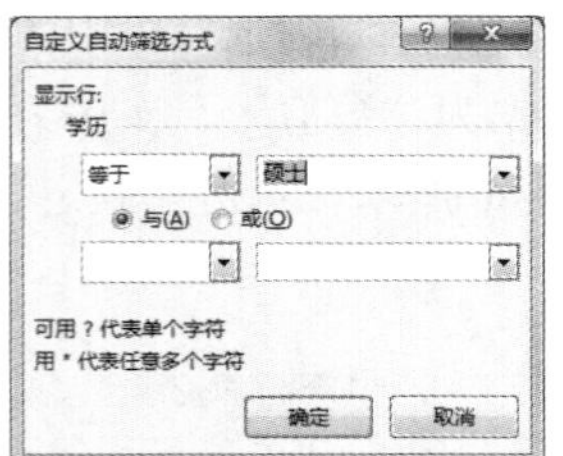

图 5-89 "自定义自动筛选方式"对话框

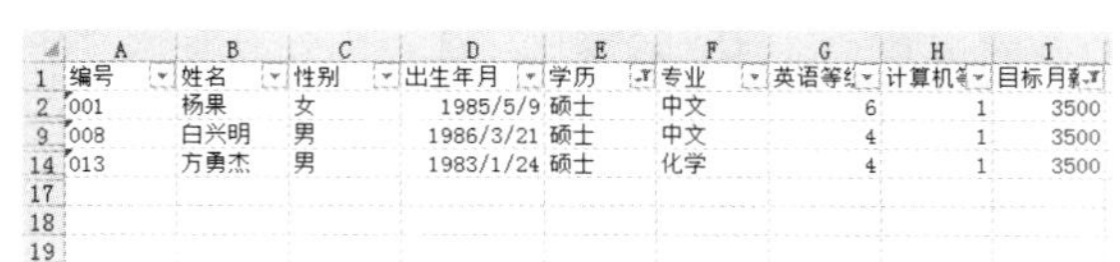

图 5-90 自动筛选效果图

2. 高级筛选

当自动筛选无法满足用户的筛选要求时，可以使用高级筛选，高级筛选是对复杂条件的筛选，需要建立条件区域，来指定筛选条件。

如何创建高级筛选呢？首先选择需要高级筛选的数据单元格区域；然后单击"数据"选项卡的"排序和筛选"组中的"高级"按钮，如图 5-91 所示。其中"列表区域"为要进行高级筛选的数据单元格区域；"条件区域"为设置的筛选条件所在单元格区域，筛选条件通常要手动输入；"复制到"为筛选结果存放的单元格区域。

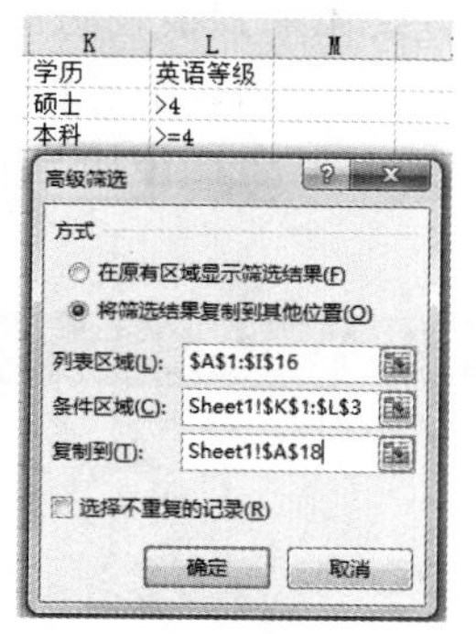

图 5-91 “高级筛选”对话框

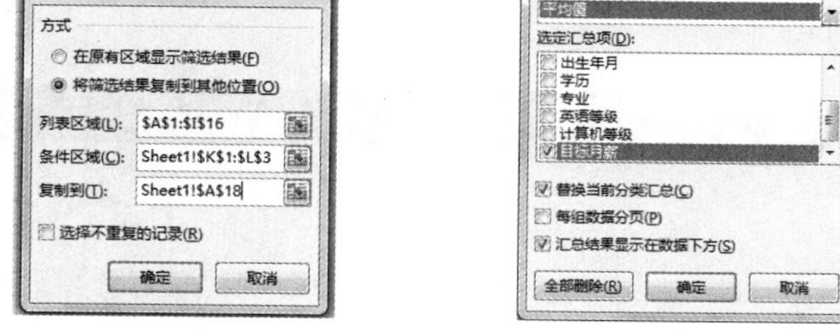

图 5-92 “分类汇总”对话框 1

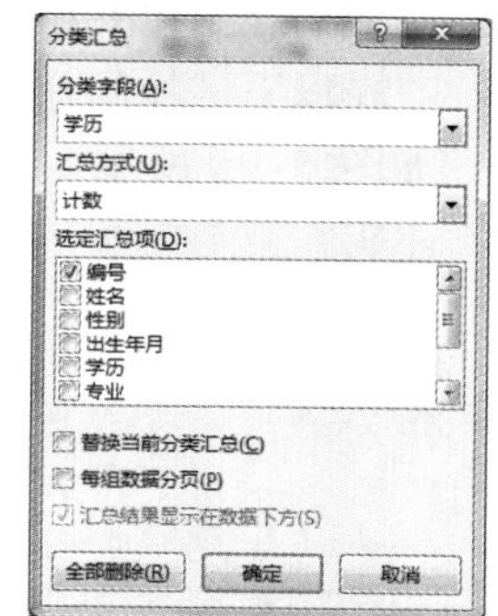

图 5-93 “分类汇总”对话框 2

5.6.3 分类汇总

分类汇总是数据记录单按照某一字段进行分类，将字段值相同的连续记录作为一类，进行求和、最大、最小、平均或计数等汇总运算，分为简单汇总和嵌套汇总。

1. 简单汇总

简单汇总是只对数据记录单中的某一个字段进行一种方式的汇总。

建立简单汇总的步骤：首先选择要进行分类汇总的数据单元格区域，按照分类字段进行排序；然后单击“数据”选项卡“分组显示”组中的“分类汇总”按钮，弹出“分类汇总”对话框，如图 5-92 所示，分别对“分类字段”“汇总方式”“选定汇总项”等进行相应设置。

如果要清除分类汇总的结果，可单击“全部删除”按钮。

2. 嵌套汇总

嵌套汇总是对数据记录单中的一个字段进行多种方式的汇总。

建立嵌套汇总的步骤：首先选择要进行分类汇总的数据单元格区域；然后单击“数据”选项卡“分组显示”组中的“分类汇总”按钮，在弹出的“分类汇总”对话框中分别对“分类字段”“汇总方式”“选定汇总项”等进行相应设置，嵌套汇总特别注意的是一定不能选择“替换当前分类汇总”复选框，如图 5-93 所示。

如果要清除分类汇总的结果，可单击“全部删除”按钮。

注意

分类汇总前必须先按照分类字段进行排序。

5.6.4 数据透视表

数据透视表是一种交互式的表，可以进行数据计算，实现按多个字段进行分类并汇总。数据透视表可以灵活地改变它们的版面布局，以便按照不同方式分析数据。

如何建立数据透视表呢？建立数据透视表的步骤如下：

（1）首先选择要建立数据透视表的数据单元格区域；然后单击“插入”选项卡“表格”组中的“数据透视表”按钮，弹出“创建数据透视表”对话框，如图 5-94 所示。

（2）选择“新工作表”后单击“确定”按钮，在新工作表中创建数据透视表，单击数据透视表区域内任意单元格，在右侧“数据透视表字段”窗格中的“选择要添加到报表的字段”列表、“在以下区域间拖动字段”中“筛选器”、“列”、“行”和“值”列表中进行相应设置，如图 5-95 所示。选择“现有工作表”除了创建位置在原工作表，其余操作均与上述相同，不再重复。

图 5-94 “创建数据透视表”对话框

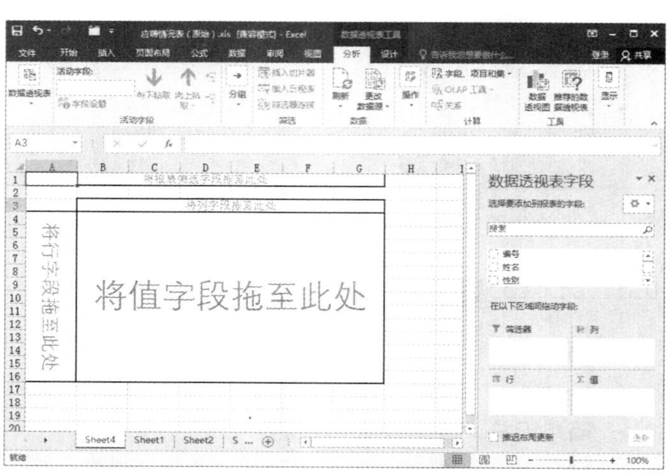

图 5-95 数据透视表设置

5.7 Excel 2016 应用案例

本节介绍了 Excel 2016 的 3 个案例项目，分别是“应聘情况表的制作”“应聘情况表的统计与分析”“玩具店销售数据分析”，由简到繁、由易到难，逐步将前面介绍的理论知识应用到实际操作中，让读者进一步熟悉和掌握 Excel 2016 的知识，同时能够解决实际生活中遇到的各类问题。

5.7.1 应聘情况表的制作与分析

1. 项目描述

公司近日招聘新员工，小江在公司的人事部门工作，部门主管要求收集应聘人员的基本信息，并制作成 Excel 表格，便于以后的统计分析。小江根据部门主管的要求，开始收集信息并着手制作应聘情况表。

2. 项目知识点

（1）工作簿、工作表及单元格的概念与基本操作。

（2）各种类型数据的输入。

（3）工作表的编辑、单元格格式设置。

（4）工作簿和工作表的保护。

（5）工作表的页面设置和打印。

3. 项目实现过程

1）新建 Excel 工作簿

新建 Excel 工作簿，以“应聘情况表.xlsx”为文件名保存在 D:\小江。

操作步骤：启动 Microsoft Excel 2016，单击快速访问工具栏上的“保存”按钮，弹出“另存为”界面，单击存储位置，弹出“另存为”对话框，选择保存路径 D:\小江，输入文件名“应聘情况表”，并选择保存类型“Excel 工作簿(*.xlsx)”，最后单击“保存”按钮即可。

2）数据输入与工作表重命名

在“应聘情况表.xlsx”的 Sheet1 工作表中输入图 5-96 所示的数据，并将 Sheet1 工作表重命名为“应聘信息”。

操作步骤：在输入“编号”列时可采用“自动填充”功能，而不需要完全手动输入。单击工作表 Sheet1 中的 A2 单元格输入“'001”后，将鼠标移到 A2 单元格右下角的填充柄上，当光标变为黑色加号时按下鼠标左键并拖动鼠标，实现“编号”列内容的填充，其他各种数据的输入在数据的输入一节中已详细介绍。内容输入完毕后，双击工作表 Sheet1 名称，将工作表 Sheet1 重命名为“应聘信息”。

3）表格格式化

在最后一张工作表的后面，建立“应聘信息”工作表的副本，并将副本工作表重命名为“信息备份”。

在“应聘信息”工作表的第一行前插入一个空行，合并 A1:I1 单元格并居中，输入“应聘情况表”。设置字体为隶书、20 号；设置字体颜色为蓝色，个性色 1。设置行高为 21 磅。

将出生年月列格式更改为“mm/dd/yy”。

将各列的宽度调整至最适合列宽。

将 A2:I2 单元格设置为水平、垂直居中；设置填充背景色为灰色-50%，个性色 3，淡色 40%；设置行高为 21 磅。

将 A2:I17 设置边框：上下外框线为双实线；左右外框线为最粗实线；内框线为最细实线。格式化后最终效果如图 5-97 所示。

编号	姓名	性别	出生年月	学历	专业	英语等级	计算机等纟	目标月薪
001	杨果	女	1985/5/9	硕士	中文	6	1	3500
002	吴华	男	1986/10/20	本科	计算机	4	4	4000
003	张艳	女	1984/3/11	硕士	数学	6	2	3300
004	黄一琳	女	1989/6/12	专科	英语	6	0	2500
005	李强	男	1986/1/6	硕士	物理	4	2	3000
006	王杨杨	男	1987/7/4	本科	计算机	0	3	3000
007	周琴琴	女	1988/5/15	本科	英语	8	0	4000
008	白兴明	男	1986/3/21	硕士	中文	4	1	3500
009	郑小敏	女	1988/2/17	本科	计算机	0	3	3000
010	林妙	女	1984/11/28	本科	物理	4	2	3200
011	刘婷	女	1987/8/29	专科	中文	0	1	2500
012	陈贤	男	1989/12/20	专科	物理	0	2	2500
013	方勇杰	男	1983/1/24	硕士	化学	4	1	3500
014	赵军	男	1984/9/22	本科	计算机	4	3	3500
015	唐月月	女	1985/10/3	专科	中文	4	1	2700

图 5-96　应聘情况表

应聘情况表

编号	姓名	性别	出生年月	学历	专业	英语等级	计算机等级	目标月薪
001	杨果	女	05/09/85	硕士	中文	6	1	3500
002	吴华	男	10/20/86	本科	计算机	4	4	4000
003	张艳	女	03/11/84	硕士	数学	6	2	3300
004	黄一琳	女	06/12/89	专科	英语	6	0	2500
005	李强	男	01/06/86	硕士	物理	4	2	3000
006	王杨杨	男	07/04/87	本科	计算机	0	3	3000
007	周琴琴	女	05/15/88	本科	英语	8	0	4000
008	白兴明	男	03/21/86	硕士	中文	4	1	3500
009	郑小敏	女	02/17/88	本科	计算机	0	3	3000
010	林妙	女	11/28/84	本科	物理	4	2	3200
011	刘婷	女	08/29/87	专科	中文	0	1	2500
012	陈贤	男	12/20/89	专科	物理	0	2	2500
013	方勇杰	男	01/24/83	硕士	化学	4	1	3500
014	赵军	男	09/22/84	本科	计算机	4	3	3500
015	唐月月	女	10/03/85	专科	中文	4	1	2700

图 5-97　应聘情况表格式化效果

操作步骤：

（1）对着工作表名“应聘信息”右击，在弹出的快捷菜单中选择“移动或复制”命令，在弹出的对话框中按要求进行设置，如图 5-98 所示，单击“确定”按钮后，复制工作表，然后将生成的工作表重命名为“信息备份”。

（2）选中“应聘信息”工作表的第一行并右击，选择“插入”命令。选择 A1:I1 单元格，然后单击“开始”选项卡“对齐方式”组中的“合并后居中”按钮，最后在该单元格输入“应聘情况表”，并按要求设置字体格式。最后，选择第一行并右击，在弹出的快捷菜单中选择“行高”命令，在弹出的“行高”对话框中输入 21。

（3）首先选择 D3:D17 单元格，然后右击，在弹出的快捷菜单中选择“设置单元格格式” 命令，弹出“设置单元格格式”对话框，设置日期格式如图 5-99 所示。

图 5-98 “移动或复制工作表”对话框

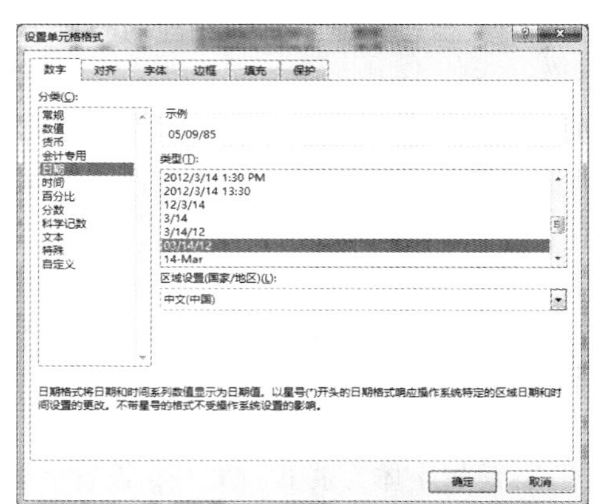

图 5-99 “设置单元格格式”对话框

（4）选择列 A 到列 I，单击“开始”选项卡“单元格”组中的“格式”按钮，在下拉菜单中选择“自动调整列宽”，将各列的宽度调整至最适合列宽。

（5）首先，选择 A2:I2 单元格，右击，选择“设置单元格格式”命令，在弹出的“设置单元格格式”对话框中选择“对齐”选项卡，将文本对齐方式的“水平对齐”和“垂直对齐”均设置为居中。然后，单击“开始”选项卡的“填充颜色”按钮进行填充色设置。最后，再设置行高，步骤与上述相同，不再重复。

（6）选择 A2:I17 单元格，与上述方法相同，打开“设置单元格格式”对话框，选择“边框”选项卡（见图 5-19），进行相应设置。

4）设置工作表密码

为了让应聘相关情况不被随意读取，对“应聘情况表.xlsx”设置密码“abc123”。

操作步骤：单击“文件”选项卡中的“信息”按钮，然后单击右侧界面的“保护工作簿”按钮，选择“用密码进行加密”命令，在弹出的“加密文档”对话框中，输入密码“abc123”。

5）页面设置

将工作表“应聘信息”页面设置为“纵向”、上下页边距为 2、居中页眉为“2017 应聘情况”后打印。

操作步骤：选择“应聘信息”工作表，单击“页面布局”选项卡“页面设置”组中的“页面设置”按钮，弹出“页面设置”对话框，分别在“页面”选项卡中设置“纵向”，在“页边距”选项卡设置上下页边距为 2，在“页眉/页脚”选项卡中“自定义页眉”进行设置，如图 5-100 和图 5-101 所示。预览无误后，单击“打印”按钮打印即可。

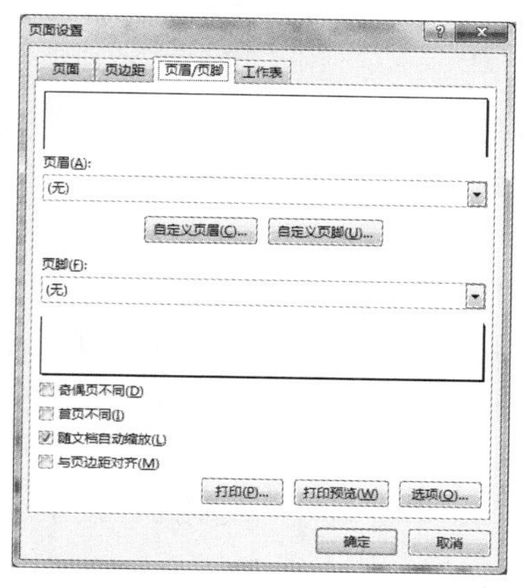

图 5-100　页眉设置 1

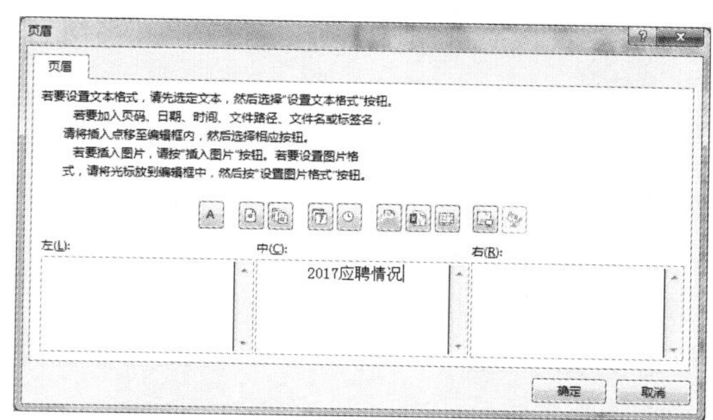

图 5-101　页眉设置 2

5.7.2　应聘情况表的统计与分析

1. 项目描述

公司要求在已收集的应聘情况信息基础上，根据应聘人员的英语等级和计算机等级情况进行初次筛选录用，然后再根据笔试成绩、面试成绩和相关情况对初次录用的人员进行二次筛选，最后录用总分前五名的人员。

同时，为了下次招聘的需要，公司希望对硕士的目标月薪、英语等级、计算机等级等情况进行统计分析。

2. 主要知识点

（1）求最大值函数 MAX、求最小值函数 MIN 和求平均值函数 AVERAGE。

（2）条件判断函数 IF 及其嵌套、条件计数函数 COUNTIF。

（3）不连续单元格的数据复制。

（4）排位函数 RANK、公式和单元格的绝对引用。

（5）图表。

（6）自动筛选和高级筛选。

3. 具体要求和实现过程

1）数据输入与最大、最小、平均值计算

在“应聘信息”工作表中输入“最高”“最低”“平均”“录用人数”“是否录用”等内容，并统计最高、最低的英语等级和计算机等级以及平均目标月薪，如图 5-102 所示。

操作步骤：

（1）打开“应聘情况表.xlsx”，在“应聘信息”工作表中 A18:A21 单元格中分别输入“最高”“最低”“平均”“录用人数”等文字，在“目标月薪”后插入一列“是否录用”。

（2）选中 G18 单元格，输入“=MAX(G3:G17)”，单击编辑栏左侧的 按钮，向右拖动填充柄至 H18 单元格，完成其他单元格的填充。

（3）选中 G19 单元格，输入“=MIN(G3:G17)”，单击编辑栏左侧的 按钮，向右拖动填充柄至 H19 单元格，完成其他单元格的填充。

（4）选中 I20 单元格，输入“=AVERAGE(I3:I17)”，单击编辑栏左侧的✓按钮。

2）录用人数统计

在“应聘信息”工作表的“是否录用”列中，英语过 4 级且计算机过 1 级的应聘人员显示为“录用”，否则为“不录用”，并在 J21 单元格统计初次录用人数，如图 5-103 所示。

操作步骤：

（1）选中 J3 单元格，输入“=IF(G3>=4,IF(H3>=1,"录用","不录用"),"不录用")”，单击编辑栏左侧的✓按钮，向下拖动填充柄至 J17 单元格，完成其他单元格的填充。或者选中 J3 单元格，输入“=IF(AND(G3>=4,H3>=1),"录用","不录用")”，单击编辑栏左侧的✓按钮，向下拖动填充柄至 J17 单元格，完成其他单元格的填充。

（2）选中 J21 单元格，输入“=COUNTIF(J3:J17,"录用")”，单击编辑栏左侧的✓按钮。

应聘情况表

编号	姓名	性别	出生年月	学历	专业	英语等级	计算机等级	目标月薪	是否录用
001	杨果	女	05/09/85	硕士	中文	6	1	3500	
002	吴华	男	10/20/86	本科	计算机	4	4	4000	
003	张艳	女	03/11/84	硕士	数学	6	2	3300	
004	黄一琳	女	06/12/89	专科	英语	6	0	2500	
005	李强	男	01/06/86	硕士	物理	4	2	3000	
006	王杨杨	男	07/04/87	本科	计算机	0	3	3000	
007	周琴琴	女	05/15/88	本科	英语	8	0	4000	
008	白兴明	男	03/21/86	硕士	中文	4	1	3500	
009	郑小敏	女	02/17/88	本科	计算机	0	3	3000	
010	林妙	女	11/28/84	本科	物理	4	2	3200	
011	刘婷	女	08/29/87	专科	中文	0	1	2500	
012	陈贤	男	12/20/89	专科	物理	0	2	2500	
013	方勇杰	男	01/24/83	硕士	化学	4	1	3500	
014	赵军	男	09/22/84	本科	计算机	4	3	3500	
015	唐月月	女	10/03/85	专科	中文	4	1	2700	
最高						8	4		
最低						0	0		
平均								3180	
录用人数									

应聘信息 Sheet2 Sheet3 信息备份

图 5-102 “应聘信息”表统计效果 1

应聘情况表

编号	姓名	性别	出生年月	学历	专业	英语等级	计算机等级	目标月薪	是否录用
001	杨果	女	05/09/85	硕士	中文	6	1	3500	录用
002	吴华	男	10/20/86	本科	计算机	4	4	4000	录用
003	张艳	女	03/11/84	硕士	数学	6	2	3300	录用
004	黄一琳	女	06/12/89	专科	英语	6	0	2500	不录用
005	李强	男	01/06/86	硕士	物理	4	2	3000	录用
006	王杨杨	男	07/04/87	本科	计算机	0	3	3000	不录用
007	周琴琴	女	05/15/88	本科	英语	8	0	4000	不录用
008	白兴明	男	03/21/86	硕士	中文	4	1	3500	录用
009	郑小敏	女	02/17/88	本科	计算机	0	3	3000	不录用
010	林妙	女	11/28/84	本科	物理	4	2	3200	录用
011	刘婷	女	08/29/87	专科	中文	0	1	2500	不录用
012	陈贤	男	12/20/89	专科	物理	0	2	2500	不录用
013	方勇杰	男	01/24/83	硕士	化学	4	1	3500	录用
014	赵军	男	09/22/84	本科	计算机	4	3	3500	录用
015	唐月月	女	10/03/85	专科	中文	4	1	2700	录用
最高						8	4		
最低						0	0		
平均								3180	
录用人数									9

图 5-103 “应聘信息”表统计效果 2

3）建立“二次评选”工作表与计算附加分

对初次录用的人员进行二次评选，选出前五名作为最后录用人员。将初次录用的应聘人员编号、姓名、学历、专业、英语等级、计算机等级列复制到 Sheet2 表中，添加图 5-104 所示的各列及数据，各列设置最适合列宽，将 Sheet2 工作表重命名为“二次评选”。计算各初次录用人员的附加分（百分制），附加分规则为：英语过四级加 1 分，过六级加 2 分；计算机过 1 级加 0.5 分，过 2 级加 1 分，过 3 级加 1.5 分，过 4 级加 2 分，“附加分”列取两位小数。（得到的附加分必须转为百分制即在满分为 100 分的情况下附加分的得分）。

编号	姓名	学历	专业	英语等级	计算机等级	笔试	面试	附加分	总成绩	名次
001	杨果	硕士	中文	6	1	80	85			
002	吴华	本科	计算机	4	4	82	80			
003	张艳	硕士	数学	6	2	85	70			
005	李强	硕士	物理	4	2	86	82			
008	白兴明	硕士	中文	4	1	78	88			
010	林妙	本科	物理	4	2	81	83			
013	方勇杰	硕士	化学	4	1	87	78			
014	赵军	本科	计算机	4	3	89	81			
015	唐月月	专科	中文	4	1	80	82			

应聘信息 二次评选 Sheet3 信息备份

图 5-104 “二次评选”工作表录入效果

操作步骤：

（1）选中“应聘信息”工作表中录用人员的编号、姓名、学历、专业、英语等级、计算机等级列的数据进行复制，切换到 Sheet2 表，选中 A1 单元格后右击，在弹出的快捷菜单中选择“粘贴”命令。

（2）添加“笔试”“面试”“附加分”“总成绩”“名次”列和对应数据，如图 5-104 所示。

（3）选择 A 至 K 列，将鼠标移到 K 列和 L 列列标题中间，当鼠标变为双向箭头时，双击鼠标使其设置为最适合列宽。

（4）双击 Sheet2 工作表名将工作表重命名为“二次评选”。

（5）在 I2 单元格中输入“=(IF(E2=6,2,1)+IF(F2=1,0.5,IF(F2=2,1,IF(F2=3,1.5,2)))) *25”，单击编辑栏左侧的✓按钮，向下拖动填充柄至 H10 单元格，完成其他单元格的填充。将 I2:I10 单元格的数据设置为小数点后保留两位数，具体操作前面已经介绍，此处不再赘述。

4）计算成绩并排名

计算各初次录用人员的总成绩（百分制），总成绩中笔试占 65%，面试占 31%，附加分占 4%，“总成绩”列取两位小数。使用 RANK 函数对初次录用人员的总成绩进行排名。

操作步骤：

（1）选中的 J2 单元格，输入“=G2*0.65+H2*0.31+I2*0.04”，然后单击编辑栏左侧的✓按钮，最后双击填充柄，完成其他单元格的填充。将 J2:J10 单元格的数据设置为小数点后保留两位数，操作不再重复。

（2）选中的 K2 单元格，输入“=RANK(J2,$J$2:$J$10)”，然后单击编辑栏左侧的✓按钮，最后双击填充柄，完成其他单元格的填充。排名结果如图 5-105 所示。

	A	B	C	D	E	F	G	H	I	J	K
1	编号	姓名	学历	专业	英语等级	计算机等级	笔试	面试	附加分	总成绩	名次
2	001	杨果	硕士	中文	6	1	80	85	62.50	80.85	5
3	002	吴华	本科	计算机	4	4	82	80	75.00	81.10	4
4	003	张艳	硕士	数学	6	2	85	70	75.00	79.95	7
5	005	李强	硕士	物理	4	2	86	82	50.00	83.32	2
6	008	白兴明	硕士	中文	4	1	78	88	37.50	79.48	8
7	010	林妙	本科	物理	4	2	81	83	50.00	80.38	6
8	013	方勇杰	硕士	化学	4	1	87	78	37.50	82.23	3
9	014	赵军	本科	计算机	4	3	89	81	62.50	85.46	1
10	015	唐月月	专科	中文	4	1	80	82	37.50	78.92	9
11											

应聘信息　二次评选　Sheet3　信息备份

图 5-105　排名结果

5）创建总成绩图表

在“二次评选”工作表中，为各人员的总成绩创建一个图 5-107 所示的簇状柱形图，图表标题为“初次录用人员总成绩”，显示数据标签，生成的图表放在 A12:K23 单元格内。图表边框设置成 2 磅蓝色实线，图表标题设置为幼圆、字号 12。

操作步骤：

（1）选择需要创建图表的数据区域 B1:B10，J1:J10，然后单击“插入”选项卡“图表”组右下角的“查看所有图表”按钮，弹出“插入图表”对话框，在“所有图表”选项卡中选择簇状柱形图，如图 5-106 所示，两种簇状柱形图中选择右侧的图表，单击“确定”按钮，插入对应图表。

（2）单击图表中的“图表标题”字样，将其更改为“初次录用人员总成绩”。单击图表，选择“图表工具/设计”选项卡，在“图表布局”组中单击“添加图表元素”按钮，然后选择“数据标签”命令的“其他数据标签选项”，在右侧的“设置数据标签格式”窗格中选择“标签选项”下“标签包含”的“值”复选框。将生成的图表放置于 A12:K23 单元格区域内。

（3）双击图表，右侧出现“设置图表区格式”窗格，单击“填充与线条”按钮，在边框列表中，设置“实线”、颜色为“蓝色”、宽度为“2 磅”。单击图表标题，然后切换至“开始”选项卡，分别选择“字体”组中的“字体”“字号”下拉列表，设置字体为幼圆、字号为 12，效果如图 5-107 所示。

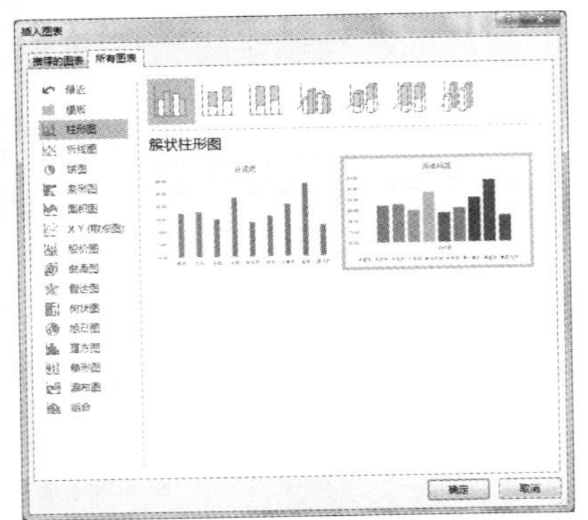

图 5-106 “插入图表”对话框

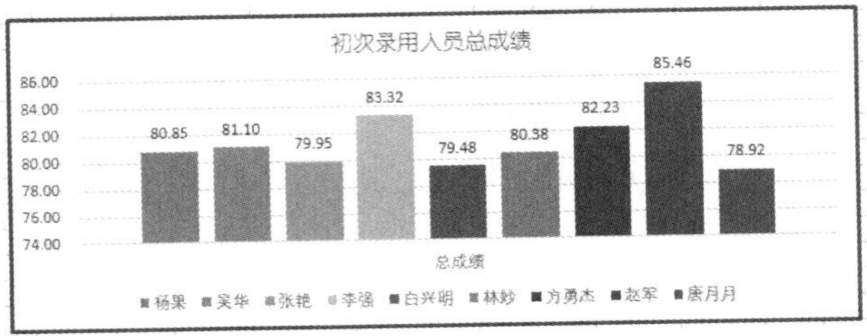

图 5-107 图表效果

6）创建自动筛选与高级筛选

复制“信息备份”工作表生成两张新工作表，并将两张新工作表分别命名为“自动筛选”和“高级筛选”。在“自动筛选”工作表中筛选出学历为硕士的人员的目标月薪等基本信息。在“高级筛选”工作表中筛选出过英语 4 级以上（不包括 4 级）的硕士或至少过英语 4 级的本科生基本信息。

操作步骤：

（1）对着工作表名“信息备份”右击，选择“移动或复制”命令，打开“移动或复制工作表”对话框，选择“建立副本”，单击“确定”按钮，将新生成的工作表重命名为“自动筛选”。“高级筛选”工作表的创建类似，不再重复。

（2）打开“自动筛选”工作表，单击自动筛选数据区域的任意单元格；然后，单击“数据”选项卡“排序和筛选”组中的“筛选”按钮，每个字段右侧会出现一个下拉按钮；最后，单击下拉按钮，在弹出的下拉列表框中选择“文本筛选”中的“自定义筛选”，在弹出的“自定义自动筛选方式”对话框中进行设置即可，如图 5-108 所示。

（3）选择需要高级筛选的数据单元格区域；然后单击“数据”选项卡“排序和筛选”组中的“高级”按钮 高级，在弹出的对话框中进行相应设置，如图 5-109 所示。

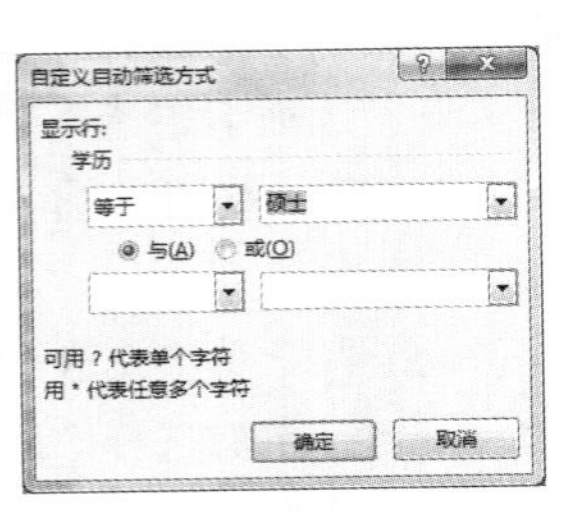

图 5-108 “自定义自动筛选方式”对话框

	A	B	C	D	E	F	G	H	I	J	K	L
1	编号	姓名	性别	出生年月	学历	专业	英语等级	计算机等级	目标月薪		学历	英语等级
2	001	杨果	女	1985/5/9	硕士	中文	6	1	3500		硕士	>4
3	002	吴华	男	1986/10/20	本科	计算机	4	4	4000		本科	>=4
4	003	张艳	女	1984/3/11	硕士	数学	6	2	3300			
5	004	黄一琳	女	1989/6/12	专科	英语	6	0	2500			
6	005	李强	男	1986/1/6	硕士	物理	4	2	3000			
7	006	王杨杨	男	1987/7/4	本科	计算机	0	3	3000			
8	007	周琴琴	女	1988/5/15	本科	英语	8	0	4000			
9	008	白兴明	男	1986/3/21	硕士	中文	4	1	3500			
10	009	郑小敏	女	1988/2/17	本科	计算机	0	3	3000			
11	010	林妙	女	1984/11/28	本科	物理	4	2	3200			
12	011	刘婷	女	1987/8/29	专科	中文	0	1	2500			
13	012	陈贤	男	1989/12/20	专科	物理	0	2	2500			
14	013	方勇杰	男	1983/1/24	硕士	化学	4	1	3500			
15	014	赵军	男	1984/9/22	本科	计算机	4	3	3500			
16	015	唐月月	女	1985/10/3	专科	中文	4	1	2700			
17												
18												

图 5-109 “高级筛选”设置

5.7.3　玩具店销售数据分析

1. 项目描述

张总的玩具店在某市设有 3 个分店，平常为了方便管理，他都使用 Excel 来记录各种销售数据。现在张总想要知道各分店 11 月的销售情况，希望能利用各分店销售清单（见图 5-110）的基础数据进行统计分析，分析出 11 月最畅销玩具（销售额最大）、最滞销玩具（销售额最小）、各分店的玩具销售额、各分店玩具总销售排名等，并利用图表表示各分店玩具销售额、毛利润等。

11月销售清单

分店名	玩具名称	数量	单位	进价	售价	销售额	毛利润
分店1	100粒桶装橡木积木	30	桶	40	50		
分店2	100块早教计算积木	16	桶	58	69		
分店3	100块早教计算积木	48	桶	58	69		
分店3	100粒桶装橡木积木	26	桶	40	50		
分店1	180粒朵拉花形串珠玩具	34	套	12.8	26.6		
分店1	20片拼图玩具	25	件	2.2	3.5		
分店2	20片拼图玩具	71	件	2.2	3.5		
分店3	20片拼图玩具	26	件	2.2	3.5		
分店1	24片卡通动物拼图	27	件	4.5	6.4		
分店2	24片卡通动物拼图	27	件	4.5	6.4		
分店3	24片卡通动物拼图	18	件	4.5	6.4		
分店1	80块早教计算积木	30	桶	48	60		
分店2	80块早教计算积木	53	桶	48	60		
分店3	80块早教计算积木	16	桶	48	60		
分店2	80粒桶装橡木积木	25	桶	30	40		
分店3	80粒桶装橡木积木	33	桶	30	40		
分店1	9片拼图玩具	8	件	1.3	2.4		
分店2	9片拼图玩具	42	件	1.3	2.4		
分店3	9片拼图玩具	37	件	1.3	2.4		
分店1	DIY农场城市积木拼装	2	套	41	73		
分店1	百变车模齿轮组合	16	套	23.4	49		

图 5-110　各分店销售清单

2. 主要知识点

（1）公式。

（2）数据透视表。

（3）按列查找函数 VLOOKUP。

（4）条件求和函数 SUMIF。

（5）排序和分类汇总。

（6）为分类汇总后的数据制作图表。

3. 具体要求和实现过程

1）计算销售额和毛利润

使用公式计算出“各分店销售清单”工作表中销售额和毛利润两列的数据，计算公式为：销售额=售价*数量、毛利润=（售价-进价）*数量。将进价、售价、销售额和毛利润四列的计算结果设置为货币型并保留两位小数。

操作步骤：

（1）选中 G3 单元格，输入“=F3*C3”，如图 5-111 所示。单击编辑栏左侧的✓按钮，最后双击填充柄，完成其他单元格的填充。

（2）选中 H3 单元格，输入“=(F3-E3)*C3”，如图 5-112 所示。单击编辑栏左侧的✓按钮，最后双击填充柄，完成其他单元格的填充。

VLOOKUP　=F3*C3

	A	B	C	D	E	F	G	H
1	11月销售清单							
2	分店名	玩具名称	数量	单位	进价	售价	销售额	毛利润
3	分店1	100粒桶装橡木积木	30	桶	40	50	=F3*C3	
4	分店2	100块早教计算积木	16	桶	58	69		
5	分店3	100块早教计算积木	48	桶	58	69		
6	分店3	100粒桶装橡木积木	26	桶	40	50		

图 5-111　G3 单元格公式

VLOOKUP　=(F3-E3)*C3

	A	B	C	D	E	F	G	H
1	11月销售清单							
2	分店名	玩具名称	数量	单位	进价	售价	销售额	毛利润
3	分店1	100粒桶装橡木积木	30	桶	40	50	1500	=(F3-E3)*C3
4	分店2	100块早教计算积木	16	桶	58	69	1104	
5	分店3	100块早教计算积木	48	桶	58	69	3312	
6	分店3	100粒桶装橡木积木	26	桶	40	50	1300	

图 5-112　H3 单元格公式

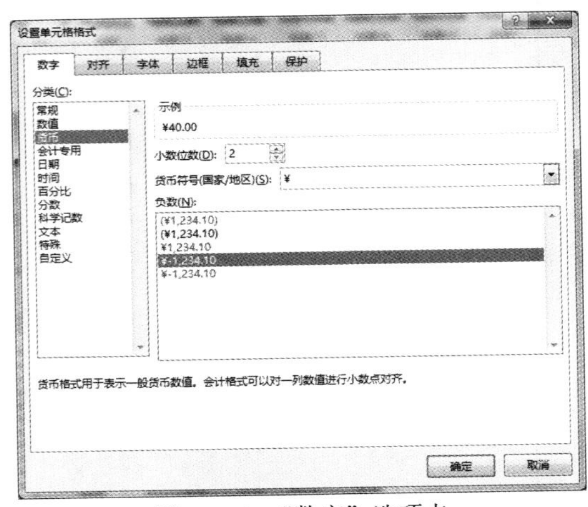

图 5-113　“数字”选项卡

（3）选中 E3:H173 单元格并右击，在弹出的快捷菜单中选择“设置单元格格式”命令，在弹出的对话框中选择“数字”选项卡，选择“货币”分类，进行图 5-113 所示的设置，单击“确定”按钮。

2）查找最畅销和最滞销玩具

在“各分店销售清单”工作表中，使用数据透视表分析各个分店售出玩具的销售额，并找到最畅销玩具和最滞销玩具。

操作步骤：

（1）选中“各分店销售清单”工作表数据区中 A2:H173 单元格，单击“插入”选项卡“表格”组中的“数据透视表”按钮，在弹出的“创建数据透视表”对话框中单击“确定”按钮，生成新工作表。

（2）将工作表改名为“数据透视表”，如图 5-114 所示。

（3）将右侧窗格中的“分店名”字段添加至列区域；“玩具名称”字段添加至行区域；“销售额”字段添加至数值区域，生成图 5-115 所示的数据透视表。双击“行标签”并重命名为“玩具名称”，双击“列标签”并重命名为“分店名”，如图 5-116 所示。

图 5-114　工作表重命名

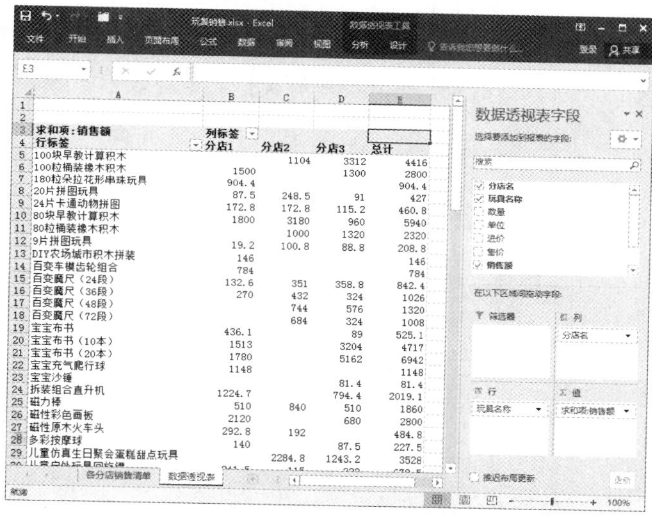

图 5-115　行、列区域设置

（4）在 H3:I7 单元格输入图 5-116 所示的内容。

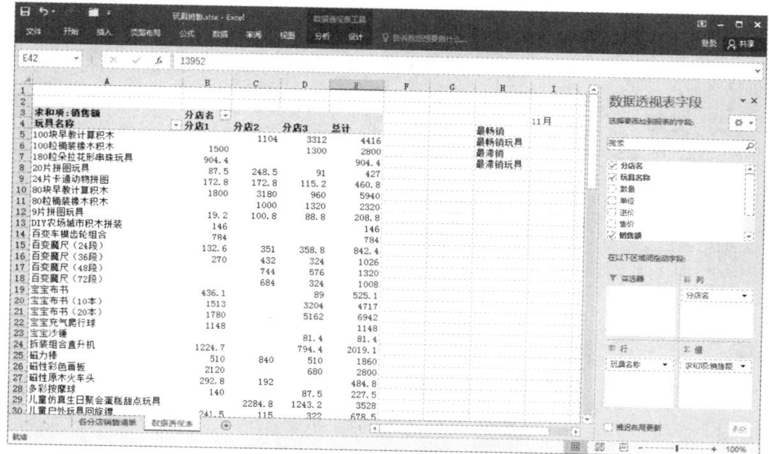

图 5-116　数据透视表

（5）使用 MAX 函数计算出“最畅销”（即 11 月总计销售额最大）的玩具：选中 I4 单元格，输入“=MAX(E5:E96)”，单击编辑栏左侧的✓按钮。

（6）使用 MIN 函数计算出“最滞销”（即 11 月总计销售额最大）的玩具：选中 I6 单元格，输入“=MIN(E5:E96)”，单击编辑栏左侧的✓按钮。

（7）将 A4:A96 区域的数据复制到 F4:F96 区域。为什么要这么做呢？因为要使用 VLOOKUP 函数查找最畅销玩具、最滞销玩具时，要查找的对象是 11 月份总计销售额，VLOOKUP 函数查找时要求查找的对象一定要定义在查找区域的第 1 列，所以必须将玩具名称一列复制至总计列之后。

（8）为了方便 VLOOKUP 函数搜索数据的区域能够快速输入，可以在使用函数前，先将搜索数据的区域 E4:F96 命名为“玩具名称”。首先，选择 E4:E96 单元格区域，在名称框中输入“玩具名称”，按【Enter】键。

（9）选中 I5 单元格，插入函数 VLOOKUP，在弹出的对话框中输入图 5-117 所示的内容，或者在 I5 单元格内输入公式“=VLOOKUP(I4,玩具名称,2,FALSE)”，单击编辑栏左侧的✓按钮，找到“最畅销玩具。“最滞销玩具”的查找方式与步骤类似。最终效果如图 5-118 所示。

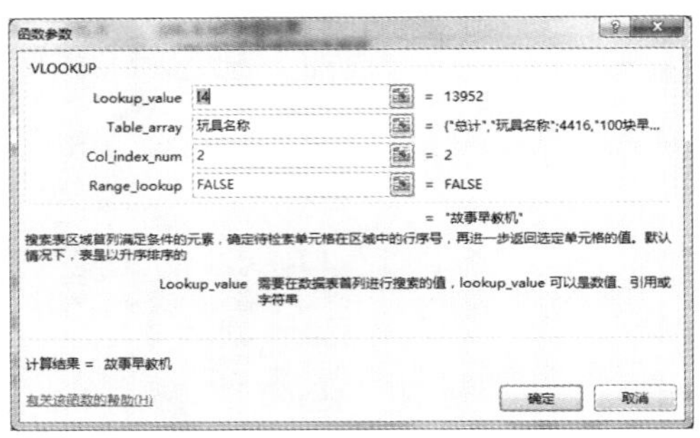

图 5-117 “VLOOKUP 函数参数”设置

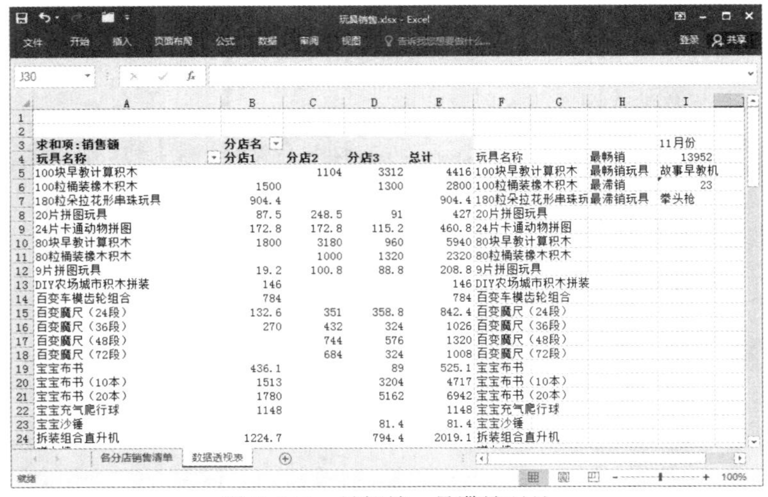

图 5-118 最畅销、最滞销玩具

3）计算毛利润

复制“各分店销售清单”工作表，创建副本，重命名为“分类汇总”。打开“各分店销售清单”工作表，复制在 J3、J4 单元格分别输入“最畅销玩具毛利润”和“最滞销玩具毛利润”。根据图 5-118 中的最畅销玩具和最滞销玩具，使用函数 SUMIF 计算最畅销玩具毛利润和最滞销玩具毛利润。为 J、K 两列设置最适合列宽。

操作步骤：

（1）对着工作表名“各分店销售清单”右击，在弹出的快捷菜单中选择“移动或复制”命令，勾选“建立副本”复选框，单击“确定”按钮后，复制工作表，然后将生成的工作表重命名为“分类汇总”。

（2）打开“各分店销售清单”工作表，选择 J3 单元格输入“最畅销玩具毛利润”。选择 J4 单元格输入“最滞销玩具毛利润”。

（3）选择 K3 单元格，插入函数 SUMIF，在弹出的对话框中输入图 5-119 所示的内容，或者在 K3 单元格内输入公式“=SUMIF(B3:B173,"故事早教机",H3:H173)”，单击编辑栏左侧的✓按钮。选择 K3 单元格，输入公式“=SUMIF(B3:B173,"拳头枪",H3:H173)”，单击编辑栏左侧的✓按钮。

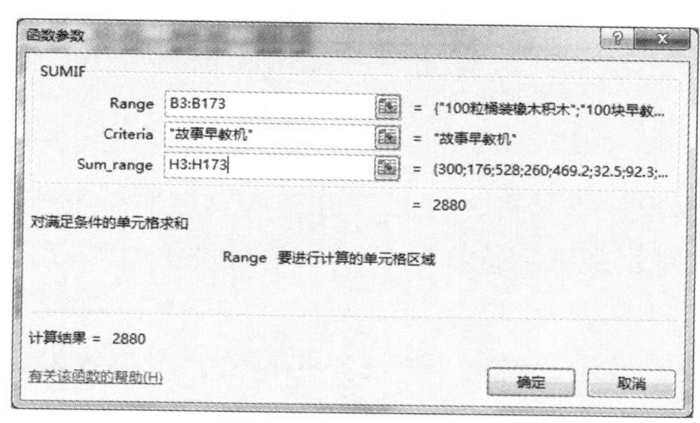

图 5-119　“SUMIF 函数参数”设置

（4）选择 J、K 两列，单击“开始”选项卡“单元格”组中的“格式”按钮，选择“自动调整列宽”命令。最终效果如图 5-120 所示。

	A	B	C	D	E	F	G	H	I	J	K
1	11月销售清单										
2	分店名	玩具名称	数量	单位	进价	售价	销售额	毛利润			
3	分店1	100粒桶装橡木积木	30	桶	¥40.00	¥50.00	¥1,500.00	¥300.00		最畅销玩具毛利润	2880
4	分店2	100块早教计算积木	16	桶	¥58.00	¥69.00	¥1,104.00	¥176.00		最滞销玩具毛利润	13.8
5	分店3	100块早教计算积木	48	桶	¥58.00	¥69.00	¥3,312.00	¥528.00			
6	分店3	100粒桶装橡木积木	26	桶	¥40.00	¥50.00	¥1,300.00	¥260.00			
7	分店1	180粒朵拉花形串珠玩具	34	套	¥12.80	¥26.60	¥904.40	¥469.20			
8	分店1	20片拼图玩具	25	件	¥2.20	¥3.50	¥87.50	¥32.50			
9	分店2	20片拼图玩具	71	件	¥2.20	¥3.50	¥248.50	¥92.30			
10	分店3	20片拼图玩具	26	件	¥2.20	¥3.50	¥91.00	¥33.80			
11	分店1	24片卡通动物拼图	27	件	¥4.50	¥6.40	¥172.80	¥51.30			
12	分店2	24片卡通动物拼图	27	件	¥4.50	¥6.40	¥172.80	¥51.30			
13	分店3	24片卡通动物拼图	18	件	¥4.50	¥6.40	¥115.20	¥34.20			
14	分店1	80块早教计算积木	30	桶	¥48.00	¥60.00	¥1,800.00	¥360.00			
15	分店2	80块早教计算积木	53	桶	¥48.00	¥60.00	¥3,180.00	¥636.00			
16	分店3	80块早教计算积木	16	桶	¥48.00	¥60.00	¥960.00	¥192.00			
17	分店2	80粒桶装橡木积木	25	桶	¥30.00	¥40.00	¥1,000.00	¥250.00			
18	分店3	80粒桶装橡木积木	33	桶	¥30.00	¥40.00	¥1,320.00	¥330.00			
19	分店1	9片拼图玩具	8	件	¥1.30	¥2.40	¥19.20	¥8.80			
20	分店2	9片拼图玩具	42	件	¥1.30	¥2.40	¥100.80	¥46.20			
21	分店3	9片拼图玩具	37	件	¥1.30	¥2.40	¥88.80	¥40.70			
22	分店1	DIY农场城市积木拼装	2	套	¥41.00	¥73.00	¥146.00	¥64.00			

图 5-120　最畅销、最滞销玩具的毛利润

4）分类汇总

打开“分类汇总”工作表，根据销售清单计算各分店玩具总的销售额和毛利润，同时，在此

基础上统计 11 月各分店出售的玩具种类数，最后将“分店名”列设置为最适合列宽。

操作步骤：

（1）打开“分类汇总”工作表，选择 A2:H173 单元格区域，单击“数据”选项卡“排序和筛选”组中的“排序”按钮，在弹出“排序”对话框中设置“主要关键字”为“分店名”、“排序依据”为“数值”、“次序”为“升序”。

（2）单击“数据”选项卡“分级显示”组中的“分类汇总”按钮，在弹出的“分类汇总”对话框中进行设置，如图 5-121 所示，然后单击“确定”按钮，结果如图 5-122 所示。

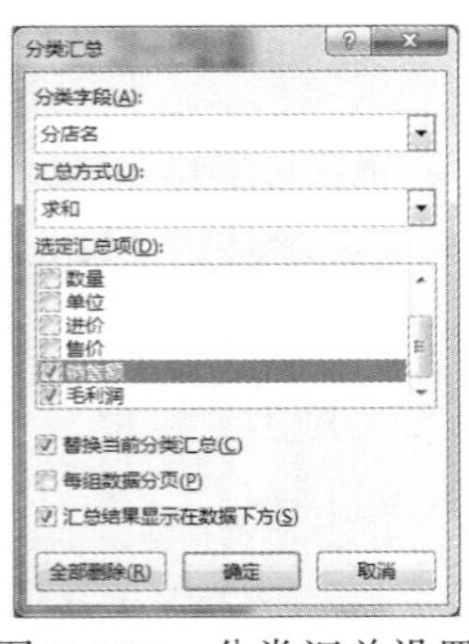

图 5-121　分类汇总设置

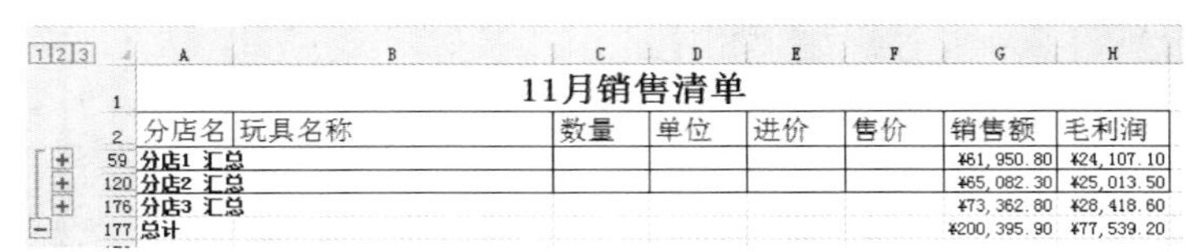

	A	B	C	D	E	F	G	H
1	11月销售清单							
2	分店名	玩具名称	数量	单位	进价	售价	销售额	毛利润
59	分店1 汇总						¥61,950.80	¥24,107.10
120	分店2 汇总						¥65,082.30	¥25,013.50
176	分店3 汇总						¥73,362.80	¥28,418.60
177	总计						¥200,395.90	¥77,539.20

图 5-122　分类汇总效果

（3）再次选择数据区域任意单元格，打开“分类汇总”对话框进行设置，如图 5-123 所示（注意：由于是嵌套汇总，因此这里不选择“替换当前分类汇总”复选框），最后单击“确定”按钮。

（4）将“分店名”列设置最适合列宽，方法不再重复，最终效果如图 5-124 所示。

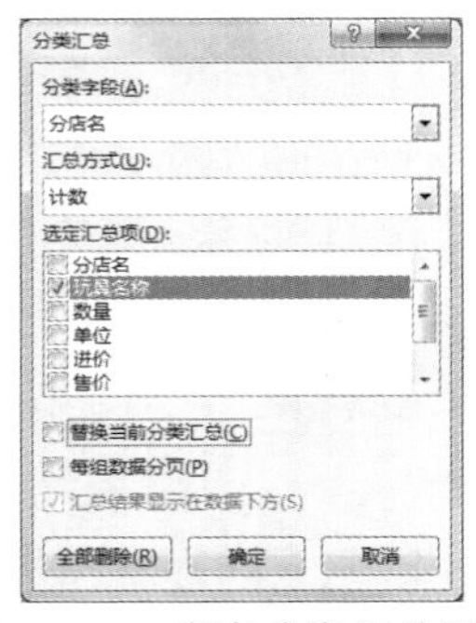

图 5-123　嵌套分类汇总设置

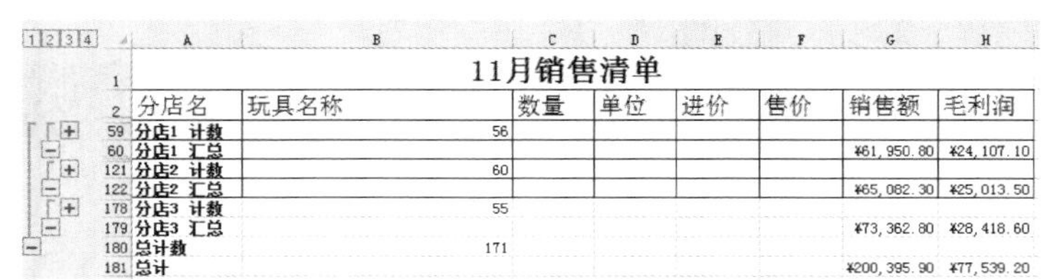

	A	B	C	D	E	F	G	H
1	11月销售清单							
2	分店名	玩具名称	数量	单位	进价	售价	销售额	毛利润
59	分店1 计数	56						
60	分店1 汇总						¥61,950.80	¥24,107.10
121	分店2 计数	60						
122	分店2 汇总						¥65,082.30	¥25,013.50
178	分店3 计数	55						
179	分店3 汇总						¥73,362.80	¥28,418.60
180	总计数	171						
181	总计						¥200,395.90	¥77,539.20

图 5-124　嵌套分类汇总结果

5）创建图表

打开“分类汇总”工作表，为各个分店出售玩具的销售额和毛利润创建“带数据标记的折线图”，选择图表样式 9，将图表放置在 A183:F198 位置。

操作步骤：

（1）打开“分类汇总”工作表，选择 A2:A179, G2:H179 单元格区域，单击“插入”选项卡的“图表”组右下角的“查看所有图表”按钮，弹出“插入图表”对话框，在“所有图表”选项卡中选择“折线图”的“带数据标记的折线图”，如图 5-125 所示，单击“确定”按钮，插入对应图表，效果如图 5-126 所示。

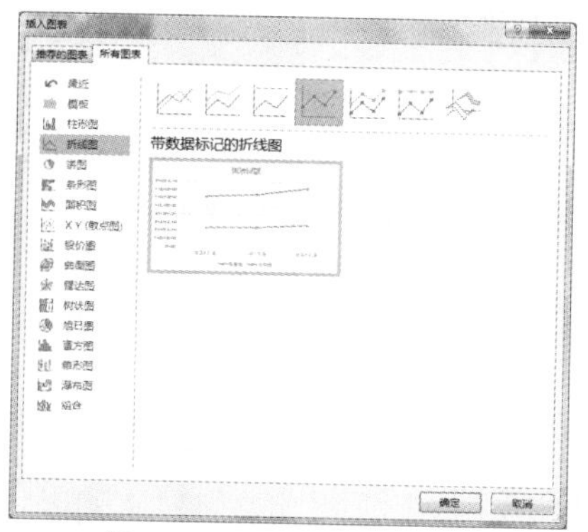

图 5-125 选择图表类型

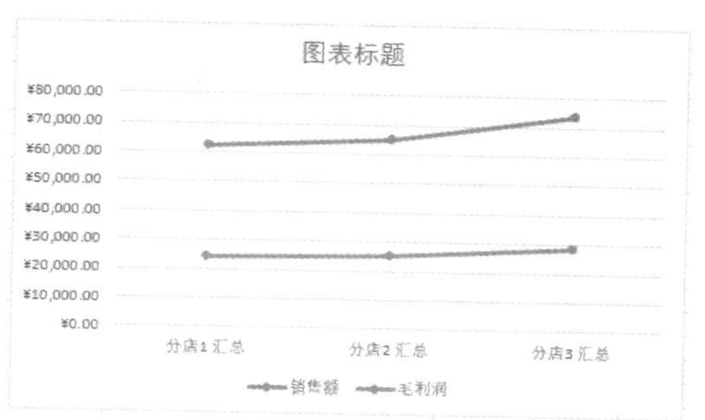

图 5-126 图表初步效果

（2）单击生成的图表，选择“图表工具/设计”选项卡，在“图表样式”组中选择“样式 9”，最终效果如图 5-127 所示。

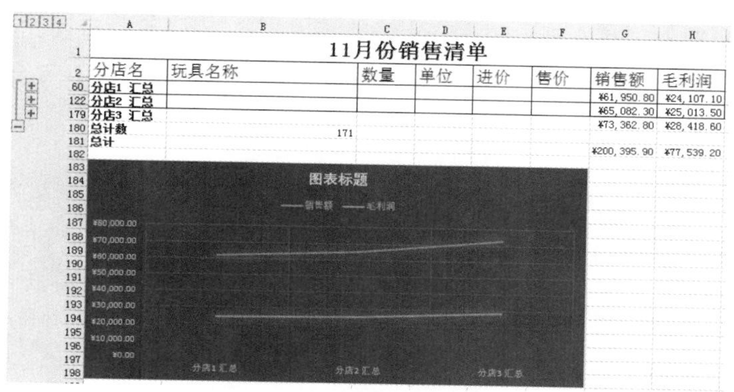

图 5-127 图表最终效果

课 后 练 习

1．学生成绩表的分析

学校将各班级成绩的 Excel 表格发给各班班主任，并要求各班班主任用已发的数据对班上学生的各科成绩进行统计分析，以得到各学生的评级、整个班级各科成绩的及格率、排名等情况。张老师是某班的班主任，拿到的成绩表如图 5-128 所示。同时张老师希望能通过输入学号快速查询到学生的相关考试信息。

	A	B	C	D	E	F	G	H
1	学号	姓名	性别	高等数学	英语	计算机基础	总分	评级
2	001	吴贞	女	85	88	95		
3	002	李双	女	78	83	90		
4	003	王洪	男	90	95	96		
5	004	张杨	女	81	92	86		
6	005	康林	男	75	72	82		
7	006	杨果	女	56	61	62		
8	007	俞小美	女	92	90	98		
9	008	叶双双	女	93	89	97		
10	009	林陈	男	81	85	88		
11	010	胡小月	女	78	83	78		

图 5-128 原始成绩表

请您帮助张老师完成以下任务：

（1）打开“成绩表.xlsx”的“成绩”工作表。

（2）利用公式计算总分一列的值，总分=高等数学+英语+计算机基础。

（3）利用 IF 函数计算评级一栏：总分大于等于 270 评级为优，总分大于等于 260 且小于 270 评级为良，总分大于等于 230 且小于 260 评级为中，总分小于 230 评级为差。

（4）在评级后添加一列“排名”，用 RANK 函数计算总分排名，并使用自动填充功能。

（5）在 A12:A14 单元格依次输入“最高分”“最低分”“优秀人数”。用 MAX、MIN、COUNTIF 函数分别进行统计。

（6）将 A1:I11 区域边框设置为蓝色双实线，A1:I1 单元格设置填充效果为图案样式 12.5%、图案颜色为:蓝色,个性色 1,深色 50%，效果如图 5-129 所示。

	A	B	C	D	E	F	G	H	I
1	学号	姓名	性别	高等数学	英语	计算机基础	总分	评级	排名
2	001	吴贞	女	85	88	95	268	良	4
3	002	李双	女	78	83	90	251	中	7
4	003	王洪	男	90	95	96	281	优	1
5	004	张杨	女	81	92	86	259	中	5
6	005	康林	男	75	72	82	229	差	9
7	006	杨果	女	56	61	62	179	差	10
8	007	俞小美	女	92	90	98	280	优	2
9	008	叶双双	女	93	89	97	279	优	3
10	009	林陈	男	81	85	88	254	中	6
11	010	胡小月	女	78	83	78	239	中	8
12	最高分						281		
13	最低分						179		
14	优秀人数							3	

图 5-129 “成绩”工作表效果

（7）将 A2:A11 区域的名称命名为“学号项”。

（8）打开“查询”工作表，在 B1 单元格使用“数据验证”设置为只可以选择“成绩”工作表中学生的“学号”。

（9）将 A2:I11 区域的名称命名为“学生信息”。使用 VLOOKUP 函数填写“查询”工作表的 B2:B8 区域，使得选择学生学号后能自动显示学生的“姓名”“高等数学”“英语”等相关信息。函数使用过程中请使用名称“学生信息”和自动填充功能，效果如图 5-130 所示。

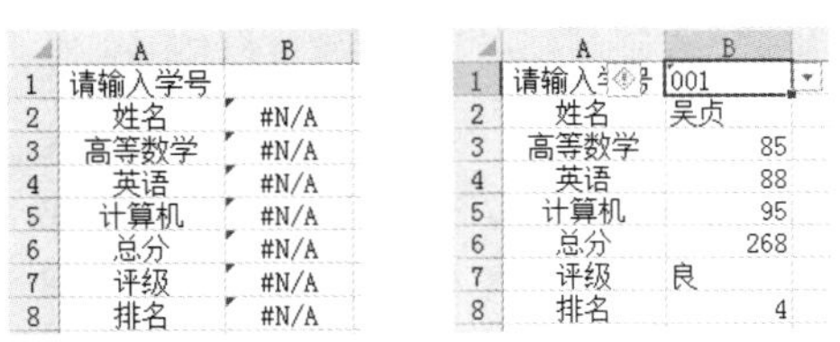

	A	B
1	请输入学号	
2	姓名	#N/A
3	高等数学	#N/A
4	英语	#N/A
5	计算机	#N/A
6	总分	#N/A
7	评级	#N/A
8	排名	#N/A

	A	B
1	请输入学号	001
2	姓名	吴贞
3	高等数学	85
4	英语	88
5	计算机	95
6	总分	268
7	评级	良
8	排名	4

图 5-130 “查询”工作表效果

（10）复制“成绩”工作表生成副本，将副本重命名为“分类汇总”，放在“查询”工作表后。

（11）打开“分类汇总”工作表，统计各性别各科的平均成绩，效果如图 5-131 所示。

（12）保存退出。

2. 商场销售数据分析

小王是某商场某省负责人，该商场在某省有 10 个销售点，总公司要求小王提交 2012 年上半年商场在该省的销售情况，包括该省内各销售点的销售量、所占份额、销售排名等具体情况。

为了统计方便，小王将十个销售点的基本销售情况录入 Excel 中，如图 5-132 所示。

	A	B	C	D	E	F	G	H	I
1	学号	姓名	性别	高等数学	英语	计算机基础	总分	评级	排名
2	003	王洪	男	90	95	96	281	优	1
3	005	康林	男	75	72	82	229	差	9
4	009	林陈	男	81	85	88	254	中	6
5			男 平均值	82	84	88.66666667			
6	001	吴贞	女	85	88	95	268	良	4
7	002	李双	女	78	83	90	251	中	7
8	004	张杨	女	81	92	86	259	中	5
9	006	杨果	女	56	61	62	179	差	10
10	007	俞小美	女	92	90	98	280	优	2
11	008	叶双双	女	93	89	97	279	优	3
12	010	胡小月	女	78	83	78	239	中	8
13			女 平均值	80.42857	83.71429	86.57142857			
14			总计平均	80.9	83.8	87.2			
15	最高分						281		
16	最低分						179		
17	优秀人数							3	

图 5-131 “分类汇总”工作表效果

	A	B	C	D	E	F
1	各销售点统计表					
2	销售点	一季度销售额（万元）	二季度销售额（万元）	上半年销售额（万元）	所占比例	销售额排名
3	1	43	53			
4	2	160	87			
5	3	77	100			
6	4	189	137			
7	5	200	261			
8	6	130	196			
9	7	110	127			
10	8	127	62			
11	9	170	106			
12	10	198	155			
13	总销售额					

图 5-132 原始销售表

小王制定了如下解决方案：

在已有 Excel 表格中使用公式、各种函数进行分析（其中销售额进行排名使用 RANK 函数进行计算，可自动生成相关名次），使用数据透视表和图表方式将销售具体情况表现出来。

（1）利用公式计算销售额，上半年销售额=一季度销售额+二季度销售额，利用函数计算一季度、二季度和上半年的总销售额。

（2）利用公式计算“所占比例”列，所占比例=某销售点上半年销售额÷上半年总销售额，请用自动填充功能，E3:E12 单元格设置成“百分比，小数位数两位”。

（3）利用 RANK 函数计算“销售额排名”列，即上半年销售额的排名，请用自动填充功能，效果如图 5-133 所示。

	A	B	C	D	E	F
1	各销售点统计表					
2	销售点	一季度销售额（万元）	二季度销售额（万元）	上半年销售额（万元）	所占比例	销售额排名
3	1	43	53	96	3.57%	10
4	2	160	87	247	9.19%	6
5	3	77	100	177	6.58%	9
6	4	189	137	326	12.13%	3
7	5	200	261	461	17.15%	1
8	6	130	196	326	12.13%	3
9	7	110	127	237	8.82%	7
10	8	127	62	189	7.03%	8
11	9	170	106	276	10.27%	5
12	10	198	155	353	13.13%	2
13	总销售额	1404	1284	2688		

图 5-133 排名效果

（4）复制“销售”工作表，建立两个副本“销售（2）”“销售（3）”。

（5）在“销售”工作表中，利用条件格式将上半年销售大等于 300 的单元格底纹设置为绿色，个性色 6。

（6）在“销售”工作表中，将标题区域（A1:F1）合并居中，将 A2:F2 单元格文字设置为绿色，并将其内容设置为水平垂直居中，如图 5-134 所示。

	A	B	C	D	E	F
1	各销售点统计表					
2	销售点	一季度销售额（万元）	二季度销售额（万元）	上半年销售额（万元）	所占比例	销售额排名
3	1	43	53	96	3.57%	10
4	2	160	87	247	9.19%	6
5	3	77	100	177	6.58%	9
6	4	189	137	326	12.13%	3
7	5	200	261	461	17.15%	1
8	6	130	196	326	12.13%	3
9	7	110	127	237	8.82%	7
10	8	127	62	189	7.03%	8
11	9	170	106	276	10.27%	5
12	10	198	155	353	13.13%	2
13	总销售额	1404	1284	2688		

图 5-134 “销售”工作表效果

（7）打开“销售（2）”工作表，重命名为“筛选”。筛选出上半年销售额排名前三名且销售额大于 300 万元的销售点记录，如图 5-135 所示。

	A	B	C	D	E	F
1	各销售点统计表					
2	销售点	一季度销售额（万元	二季度销售额（万元	上半年销售额（万元	所占比例	销售额排名
6	4	189	137	326	12.13%	3
7	5	200	261	461	17.15%	1
8	6	130	196	326	12.13%	3
12	10	198	155	353	13.13%	2

图 5-135 “筛选”工作表效果

（8）打开“销售（3）”工作表，重命名为“图表”。为各销售点创建数据透视表，计算“上半年销售”的平均值、最大值和最小值，行标签重命名为“销售点”，生成的新工作表命名为“数据透视表”，效果如图 5-136 所示。

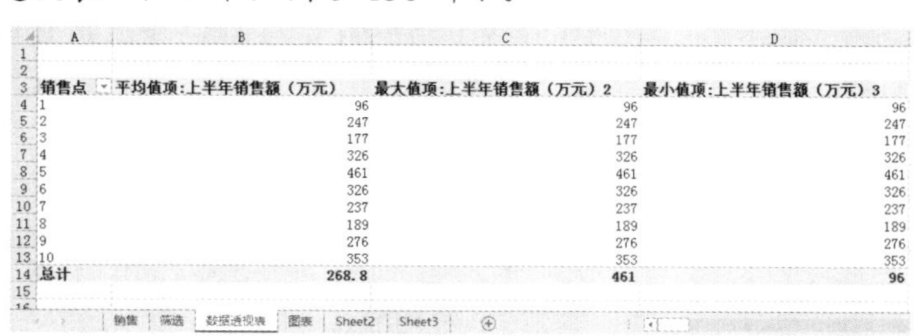

	A	B	C	D
3	销售点	平均值项:上半年销售额（万元）	最大值项:上半年销售额（万元）2	最小值项:上半年销售额（万元）3
4	1	96	96	96
5	2	247	247	247
6	3	177	177	177
7	4	326	326	326
8	5	461	461	461
9	6	326	326	326
10	7	237	237	237
11	8	189	189	189
12	9	276	276	276
13	10	353	353	353
14	总计	268.8	461	96

销售 | 筛选 | 数据透视表 | 图表 | Sheet2 | Sheet3

图 5-136 “数据透视表”工作表效果

（9）打开“图表”工作表，为各销售点所占比例建立三维饼图，选择图表样式 6，其中图例位于底部，数字标签为“数据标注”，其他默认，产生的图表放置在 A15:F27 单元格区域，效果如图 5-137 所示。

（10）保存退出。

3. 工资管理

小吴是某公司的财务，负责管理公司人员的工资。2017 年她将公司人员的基本工资信息和标准制作成 Excel 表格，并想通过 Excel 自动计算出公司人员的工资和应缴纳金额等信息。她制定了如下解决方案：

（1）打开“工资.xlsx”中的“基本工资信息”工作表（见图 5-138），使用 YEAR、TODAY

函数计算工龄。

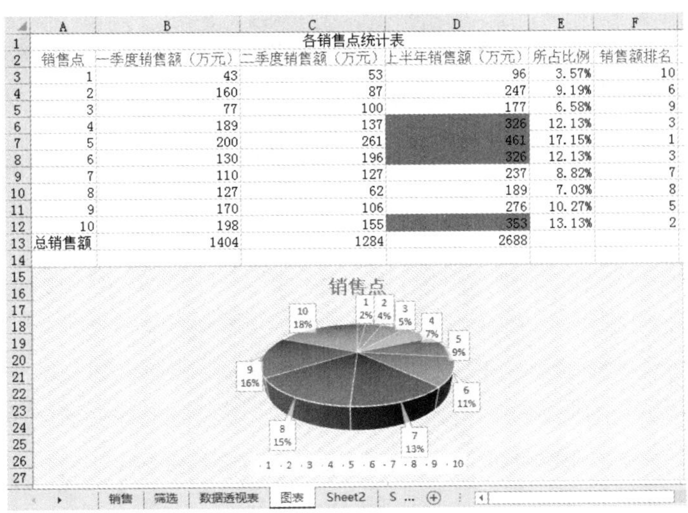

销售点	一季度销售额（万元）	二季度销售额（万元）	上半年销售额（万元）	所占比例	销售额排名
各销售点统计表					
1	43	53	96	3.57%	10
2	160	87	247	9.19%	6
3	77	100	177	6.58%	9
4	189	137	326	12.13%	3
5	200	261	461	17.15%	1
6	130	196	326	12.13%	3
7	110	127	237	8.82%	7
8	127	62	189	7.03%	8
9	170	106	276	10.27%	5
10	198	155	353	13.13%	2
总销售额	1404	1284	2688		

图 5-137 “图表”工作表效果

员工编号	姓名	性别	工作日期	学历	部门	职务	考核	工龄	职务工资	学历工资	基本工资
001	林陈	男	1990/5/9	研究生	技术部	工程师	合格				
002	李百	男	2003/10/20	本科	业务部	普通员工	合格				
003	连心	女	1988/3/11	研究生	销售部	部门经理	良好				
004	陈歌	男	1999/6/12	专科	财务部	普通员工	合格				
005	刘雨	男	1998/1/6	研究生	技术部	工程师	合格				
006	王红	女	2003/7/4	本科	业务部	普通员工	合格				
007	吴方	男	2008/5/15	本科	销售部	普通员工	优秀				
008	张树	男	1993/3/21	研究生	财务部	部门主管	合格				
009	林杰	女	2008/2/17	本科	技术部	助理工程师	合格				
010	黄树	男	2007/11/28	本科	业务部	普通员工	良好				
011	刘云	女	2006/8/29	专科	销售部	业务员	良好				
012	张颖	女	2001/12/20	专科	财务部	文员	合格				
013	唐洪	男	1992/1/24	研究生	技术部	部门主管	良好				
014	方仪	女	2004/9/22	本科	业务部	普通员工	合格				
015	李序	女	2010/7/2	专科	销售部	业务员	良好				

图 5-138 “基本工资信息”工作表

（2）打开工作表“工资标准”（见图 5-139），给 A1:B8、E1:F4、E9:F12 这 3 个单元格区域分别定义名称为“职务工资”“学历工资”和“奖金”。

职务	职务工资
部门经理	3000
部门主管	2500
工程师	2000
助理工程师	1500
普通员工	1000
文员	1000
业务员	800

学历	学历工资
研究生	1100
本科	800
专科	500

考核	奖金
优秀	2000
良好	1500
合格	1000

图 5-139 “工资标准”工作表

（3）打开工作表“基本工资信息”，利用 VLOOKUP 函数找到每个人员的“职务工资”“学历工资”，请使用自动填充功能。

（4）利用公式计算“基本工资”列，基本工资=50*工龄+职务工资+学历工资，效果如图 5-140 所示。

（5）打开工作表“个人缴纳金”，利用 VLOOKUP 函数找到每个人员的“基本工资”，请使用自动填充功能。

（6）利用 VLOOKUP 函数找到每个人员的“奖金”，请使用自动填充功能。（注意：奖金标准和考核情况在另外两张工作表上，需要使用 VLOOKUP 函数的嵌套）

员工编号	姓名	性别	工作日期	学历	部门	职务	考核	工龄	职务工资	学历工资	基本工资
001	林陈	男	1990/5/9	研究生	技术部	工程师	合格	27	2000	1100	4450
002	李百	男	2003/10/20	本科	业务部	普通员工	合格	14	1000	800	2500
003	连心	女	1988/3/11	研究生	销售部	部门经理	良好	29	3000	1100	5550
004	陈歌	男	1999/6/12	专科	财务部	普通员工	合格	18	1000	500	2400
005	刘雨	男	1998/1/6	研究生	技术部	工程师	合格	19	2000	1100	4050
006	王红	女	2003/7/4	本科	业务部	普通员工	合格	14	1000	800	2500
007	吴方	男	2008/5/15	本科	销售部	普通员工	优秀	9	1000	800	2250
008	张树	男	1993/3/21	研究生	财务部	部门主管	合格	24	2500	1100	4800
009	林杰	女	2008/2/17	本科	技术部	助理工程师	合格	9	1500	800	2750
010	黄树	男	2007/11/28	本科	业务部	普通员工	良好	10	1000	800	2300
011	刘云	女	2006/8/29	专科	销售部	业务员	良好	11	800	500	1850
012	张颖	女	2001/12/20	专科	财务部	文员	合格	16	1000	500	2300
013	唐洪	男	1992/1/24	研究生	技术部	部门主管	良好	25	2500	1100	4850
014	方仪	女	2004/9/22	本科	业务部	普通员工	合格	13	1000	800	2450
015	李序	女	2010/7/2	专科	销售部	业务员	良好	7	800	500	1650

图 5-140 “基本工资信息”工作表最后效果

（7）养老保险=基本工资*8%；医疗保险=基本工资*2%；失业保险=基本工资*1%；住房公积金=基本工资*7%，扣三险一金=基本工资+奖金-养老保险-医疗保险-失业保险-住房公积金，请用公式计算这几列数据。

（8）参照图 5-141 的方法结合使用 IF 函数计算每个人员的“个人所得税”的值。用公式计算实发工资，实发工资=扣三险一金-个人所得税，效果如图 5-142 所示。

个税税率表

级数	扣除三险一金后月收入（元）	税率（%）	速算扣除数（元）
1	<4500	5	0
2	4500~7500	10	75
3	7500~12000	20	525
4	12000~38000	25	975
5	38000~58000	30	2725
6	58000~83000	35	5475
7	>83000	45	13475

应纳税额=本人月收入（扣除三险一金后）—个税起征点（3500 元）

个人所得税=应纳税额*对应的税率—速算扣除数

图 5-141 个税税率表

员工编号	基本工资	奖金	养老保险	医疗保险	失业保险	住房公积金	扣三险一金	个人所得税	实发工资
001	4450	1000	356	89	44.5	311.5	4649	39.9	4609.1
002	2500	1000	200	50	25	175	3050	0	3050
003	5550	1500	444	111	55.5	388.5	6051	180.1	5870.9
004	2400	1000	192	48	24	168	2968	0	2968
005	4050	1000	324	81	40.5	283.5	4321	41.05	4279.95
006	2500	1000	200	50	25	175	3050	0	3050
007	2250	2000	180	45	22.5	157.5	3845	17.25	3827.75
008	4800	1000	384	96	48	336	4936	68.6	4867.4
009	2750	1000	220	55	27.5	192.5	3255	0	3255
010	2300	1500	184	46	23	161	3386	0	3386
011	1850	1500	148	37	18.5	129.5	3017	0	3017
012	2300	1000	184	46	23	161	2886	0	2886
013	4850	1500	388	97	48.5	339.5	5477	122.7	5354.3
014	2450	1000	196	49	24.5	171.5	3009	0	3009
015	1650	1500	132	33	16.5	115.5	2853	0	2853

图 5-142 “个人缴纳金”工作表最后效果

（9）复制工作表“基本工资信息”生成两个副本，工作表“基本工资信息（2）”重命名为“分类汇总”。打开“分类汇总”工作表，统计各学历的平均基本工资，然后在已统计的基础上统计各学历的人数，如图 5-143 所示。

（10）打开工作表“基本工资信息（3）”，将“基本工资信息（3）”重命名为“筛选”。请用高级筛选功能筛选出男研究生且基本工资大于 4000 元的记录，筛选出的记录放至 A22 开始的单元格区域，如图 5-144 所示。

（11）保存退出。

员工编号	姓名	性别	工作日期	学历	部门	职务	考核	工龄	职务工资	学历工资	基本工资
002	李百	男	2003/10/20	本科	业务部	普通员工	合格	14	1000	800	2500
006	王红	女	2003/7/4	本科	业务部	普通员工	合格	14	1000	800	2500
007	吴方	男	2008/5/15	本科	销售部	普通员工	优秀	9	1000	800	2250
009	林杰	女	2008/2/17	本科	技术部	助理工程师	合格	9	1500	800	2750
010	黄树	男	2007/11/28	本科	业务部	普通员工	良好	10	1000	800	2300
014	方仪	女	2004/9/22	本科	业务部	普通员工	合格	13	1000	800	2450
6				**本科 计数**							
001	林陈	男	1990/5/9	研究生	技术部	工程师	合格	27	2000	1100	4450
003	连心	女	1988/3/11	研究生	销售部	部门经理	良好	29	3000	1100	5550
005	刘雨	男	1998/1/6	研究生	技术部	工程师	合格	19	2000	1100	4050
008	张树	男	1993/3/21	研究生	财务部	部门主管	合格	24	2500	1100	4800
013	唐洪	男	1992/1/24	研究生	技术部	部门主管	良好	25	2500	1100	4850
5				**研究生 计数**							
004	陈歌	男	1999/6/12	专科	财务部	普通员工	合格	18	1000	500	2400
011	刘云	女	2006/8/29	专科	销售部	业务员	良好	11	800	500	1850
012	张颖	女	2001/12/20	专科	财务部	文员	合格	16	1000	500	2300
015	李序	女	2010/7/2	专科	销售部	业务员	良好	7	800	500	1650
4				**专科 计数**							
15				**总计数**							

图 5-143 “分类汇总”效果

员工编号	姓名	性别	工作日期	学历	部门	职务	考核	工龄	职务工资	学历工资	基本工资
001	林陈	男	1990/5/9	研究生	技术部	工程师	合格	27	2000	1100	4450
002	李百	男	2003/10/20	本科	业务部	普通员工	合格	14	1000	800	2500
003	连心	女	1988/3/11	研究生	销售部	部门经理	良好	29	3000	1100	5550
004	陈歌	男	1999/6/12	专科	财务部	普通员工	合格	18	1000	500	2400
005	刘雨	男	1998/1/6	研究生	技术部	工程师	合格	19	2000	1100	4050
006	王红	女	2003/7/4	本科	业务部	普通员工	合格	14	1000	800	2500
007	吴方	男	2008/5/15	本科	销售部	普通员工	优秀	9	1000	800	2250
008	张树	男	1993/3/21	研究生	财务部	部门主管	合格	24	2500	1100	4800
009	林杰	女	2008/2/17	本科	技术部	助理工程师	合格	9	1500	800	2750
010	黄树	男	2007/11/28	本科	业务部	普通员工	良好	10	1000	800	2300
011	刘云	女	2006/8/29	专科	销售部	业务员	良好	11	800	500	1850
012	张颖	女	2001/12/20	专科	财务部	文员	合格	16	1000	500	2300
013	唐洪	男	1992/1/24	研究生	技术部	部门主管	良好	25	2500	1100	4850
014	方仪	女	2004/9/22	本科	业务部	普通员工	合格	13	1000	800	2450
015	李序	女	2010/7/2	专科	销售部	业务员	良好	7	800	500	1650

性别	学历	基本工资
男	研究生	>4000

员工编号	姓名	性别	工作日期	学历	部门	职务	考核	工龄	职务工资	学历工资	基本工资
001	林陈	男	1990/5/9	研究生	技术部	工程师	合格	27	2000	1100	4450
005	刘雨	男	1998/1/6	研究生	技术部	工程师	合格	19	2000	1100	4050
008	张树	男	1993/3/21	研究生	财务部	部门主管	合格	24	2500	1100	4800
013	唐洪	男	1992/1/24	研究生	技术部	部门主管	良好	25	2500	1100	4850

图 5-144 “筛选”效果

4. 在 Excel 中打开 Excel01.xlsx 工作簿并完成操作

（1）在“成绩”工作表中，将 A1:F1 单元格区域合并居中，同时将标题设置为“黑体、16 磅、红色”。将标题行的行高设置为 30，其余行高设置为 23。

（2）利用公式计算综合成绩，综合成绩=期中成绩 × 30%+期末成绩 × 70%。

利用 IF 函数判断是否需要补考，如果综合成绩小于 60 分，“补考否”列显示“补考”，否则为空白。

（3）将（A2:F12）区域中的数据复制到 Sheet2 表（A1:F11）单元格区域中，并将其重命名为“补考统计”。在“补考统计”表 A1:F11 所构成的数据清单中，按照“补考否”升序排列，再按“补考否”段进行分类汇总，统计补考人数，将汇总的结构显示在数据下方。

（4）在“成绩”表中，利用自动筛选功能选择期中成绩和期末成绩都在 85 分以上（包含 85 分）的学生记录。

（5）在“成绩”工作表中以姓名为系列，为步骤（4）中筛选结果的期中成绩和期末成绩两列数据建立“簇状柱形图”图表，系列产生在列，图表标题为“成绩图表”，其余为默认设置。

（6）保存工作簿，效果如图 5-145、图 5-146 所示。

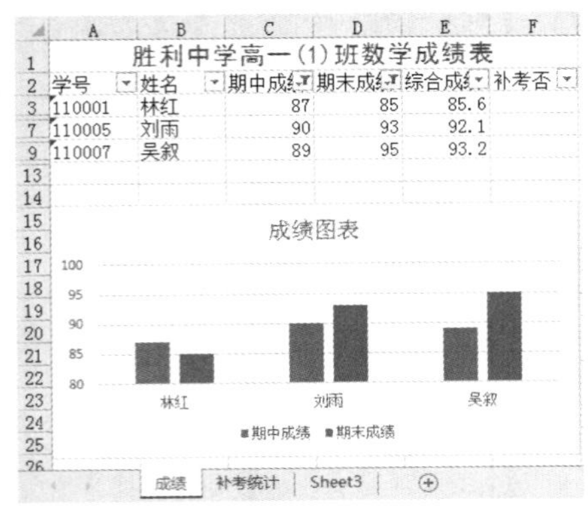

	A	B	C	D	E	F
1	胜利中学高一(1)班数学成绩表					
2	学号	姓名	期中成绩	期末成绩	综合成绩	补考否
3	110001	林红	87	85	85.6	
7	110005	刘雨	90	93	92.1	
9	110007	吴叙	89	95	93.2	

图 5-145 “成绩”工作表效果

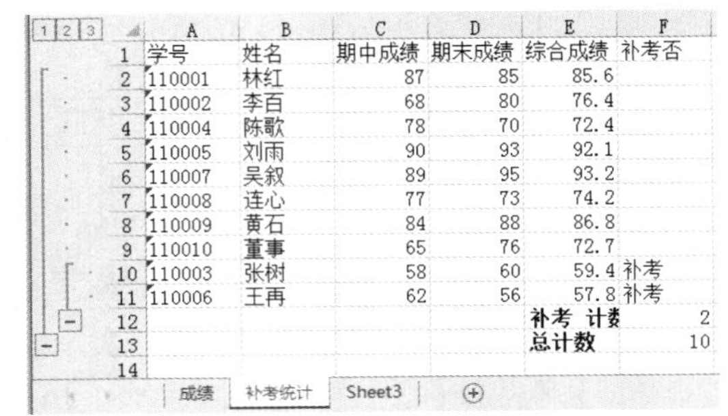

	A	B	C	D	E	F
1	学号	姓名	期中成绩	期末成绩	综合成绩	补考否
2	110001	林红	87	85	85.6	
3	110002	李百	68	80	76.4	
4	110004	陈歌	78	70	72.4	
5	110005	刘雨	90	93	92.1	
6	110007	吴叙	89	95	93.2	
7	110008	连心	77	73	74.2	
8	110009	黄石	84	88	86.8	
9	110010	董事	65	76	72.7	
10	110003	张树	58	60	59.4	补考
11	110006	王冉	62	56	57.8	补考
12					补考 计数	2
13					总计数	10

图 5-146 “补考统计”工作表效果

5. 在 Excel 中打开 Excel02.xls 工作簿，“销售”工作表存放朝阳公司第一季度的销售数据并完成操作：

（1）在“销售”工作表中，给单元格区域（A1:E6）设置最细实线内外边框，并将（A1:E1）单元格区域底纹设置为 12.5%灰色图案（图案样式的第一行第 5 列样式），图案颜色为红色。

（2）用公式法计算各商品“实际销售金额”，公式为：实际销售金额=平均单价×数量×(1-折价率)，保留两位小数。

（3）在单元格 F2 中使用函数法得出所有商品实际销售总金额，并在单元格 F2 中插入批注，批注内容为：实际销售金额=平均单价×数量×(1-折价率)。

（4）将“销售”工作表的 A、B、C、E 列复制到“统计”工作表的头四列，将“统计”工作表中 B、D 列设置为“最适合的列宽”，并在“统计”工作表单元格区域（A1:D6）所构成的数据清单中，利用自动筛选功能筛选出不含电冰箱商品的记录。

（5）在“统计”工作表中按各商品的实际销售金额制作饼图，系列产生在列，数据标签包含值，图表标题为“实际销售金额”，其他为默认设置，产生的图表放置在“统计”工作表中的（A8:E20）单元格区域内。

（6）保存工作簿，效果如图 5-147、图 5-148 所示。

	A	B	C	D	E	F
1	品名	平均单价(元)	数量	折价率	实际销售金额(元)	
2	电冰箱	2350	242	0.05	540265.00	1797910.18
3	电视机	3468	102		336049.20	
4	录像机	4200	60	0.06	236880.00	
5	洗衣机	1886	89	0.07	156104.22	
6	数码相机	2466	233	0.08	528611.76	

Administrator:
实际销售金额=平均单价×数量×(1-折价率)

销售　统计　Sheet3

图 5-147 “销售”工作表效果

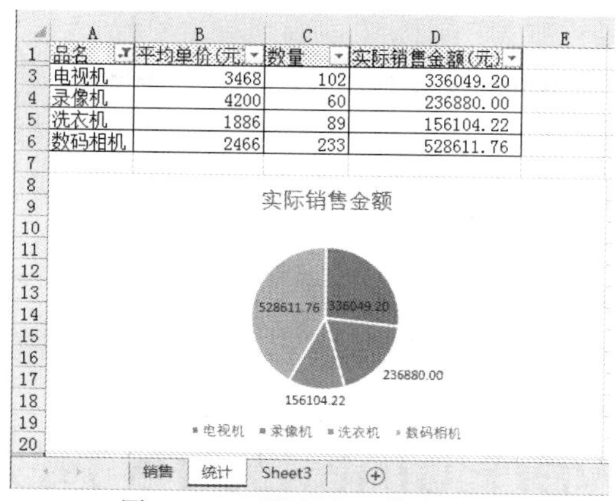

品名	平均单价(元)	数量	实际销售金额(元)
电视机	3468	102	336049.20
录像机	4200	60	236880.00
洗衣机	1886	89	156104.22
数码相机	2466	233	528611.76

图 5-148 “统计”工作表效果

6．在 Excel 中打开 Excel03.xls 工作簿并完成操作。

（1）在“成绩”工作表中，使用公式计算每个学生的平均成绩，结果保留 1 位小数。使用函数求出最高平均成绩和最低平均成绩，分别置于单元格 G14 和 G15 中。

（2）将（A2:B12，G2:G12）区域中的数据复制到 Sheet2 表（A1:C11）单元格区域中，表名改为“统计”，在 A1:C11 所构成的数据清单中，按“性别”列升序排序，然后用分类汇总的方法计算男、女生“平均成绩”的平均值，汇总结果显示在数据下方；

（3）将“成绩”表中的“姓名”列和“性别”互换位置（即“性别”为第一列，“姓名”为第二列）。

（4）在“成绩”工作表单元格区域（A2:G12）所构成的数据清单中，利用自动筛选功能筛选平均成绩为 80～90 分（包括 80 分，不包括 90 分）的男生记录。

（5）将“成绩”工作表（A1:G1）单元格区域合并居中，将单元格底纹图案设置为 25%灰色（图案样式中第 1 行第 4 列的样式），背景色为黄色。

（6）在“成绩”工作表中为筛选后学生的四门课程的成绩制作簇状柱形图，系列产生在列，图标标题为“四门成绩图表”，图例位于底部，其他为默认值。

（7）保存工作簿，效果如图 5-149、图 5-150 所示。

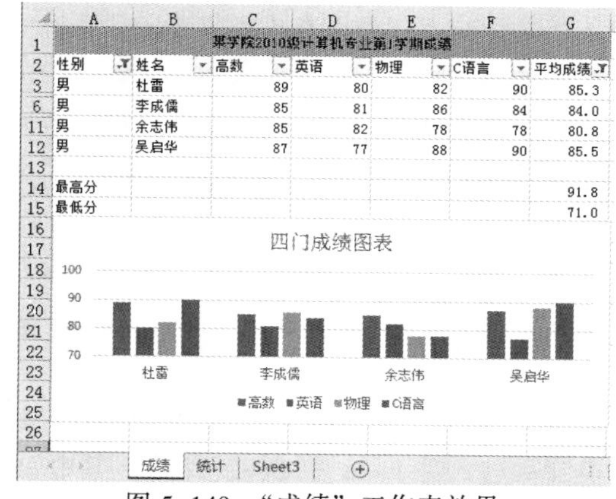

某学院2010级计算机专业第1学期成绩

性别	姓名	高数	英语	物理	C语言	平均成绩
男	杜雷	89	80	82	90	85.3
男	李成儒	85	81	86	84	84.0
男	余志伟	85	82	78	78	80.8
男	吴启华	87	77	88	90	85.5
最高分						91.8
最低分						71.0

图 5-149 “成绩”工作表效果

姓名	性别	平均成绩
杜雷	男	85.3
李成儒	男	84.0
刘锦华	男	73.3
邓旭飞	男	90.5
余志伟	男	80.8
吴启华	男	85.5
	男 平均值	83.2
庞娟	女	76.5
廖红	女	91.8
董洁	女	71.0
吴玉莲	女	81.5
	女 平均值	80.2
	总计平均值	82.0

图 5-150 “统计”工作表效果

第 6 章

PowerPoint 2016 演示文稿软件

PowerPoint 2016 是微软办公自动化软件 Microsoft Office 2016 家族中的主要成员之一。它可以制作包括文字、图片、声音、图形和动画等具有多种媒体元素的演示文稿，是目前最流行的演示文稿制作和播放软件之一，被广泛地应用于教育、企事业单位的各个部门，如，制作教学课件、产品介绍发布、工作汇报等演示文稿。

本章首先介绍了演示文稿的设计原则和技巧、幻灯片中多媒体元素的使用、演示文稿的设计与美化、动画效果设置、导航设置以及幻灯片的放映设置，然后依托“毕业论文答辩稿制作”项目，讲解了相关技巧的应用，培养读者解决实际问题的能力。

6.1 演示文稿的设计原则和制作过程

要制作出一个专业并引人注目的演示文稿，在使用 PowerPoint 2016 设计和制作过程中，必须要遵循一些基本的设计原则。

6.1.1 演示文稿的设计原则

PowerPoint 2016 是制作和演示幻灯片的软件，能够制作出集文字、图形、图像、声音以及视频剪辑等多媒体元素于一体的演示文稿，把自己所要表达的信息组织在一组图文并茂的画面中，可以用于产品的介绍、成果的展示及教学内容的组织等。用户不仅可以在投影仪或者计算机上进行演示，也可以将演示文稿打印出来，制作成胶片，以便应用到更广泛的领域中。诚然，做出一个演示文稿也是很容易的事情，套用一个模板，加上背景和文字就好了。但是，要做出一个成功的演示文稿绝对不是件容易的事情，如果设计的演示文稿逻辑混乱、文本过多、不美观，那么就不能成为一个吸引人的演示文稿。

要想他人通过演示文稿的演示理解你所表达的思路，那么，在设计和制作演示文稿的过程中需要把握以下几个原则。

1. 强调重点的原则

强调重点是幻灯片内容设计的核心原则。在设计幻灯片时，要谨记：每张幻灯片都要有鲜明的观点，重点要非常突出。PowerPoint 是幻灯片的英文写法，由 Point 和 Power 组成，其中 Point 意为“点”，Power 指“有能量、重量”，概括起来就是“有重量的点”，即“重点”。PowerPoint 软件的特点就是观点鲜明（Point）、突出重点（Power）。也就是说，只有把 Power 和 Point 都做好，才能称之为真正的幻灯片。

关于 PowerPoint 2016 的重点的原则，需要注意以下几点：

（1）一张幻灯片只表达一个核心主题，不要试图在一张幻灯片面面俱到。

（2）不要把过多的文字搬到幻灯片，只要提纲即可，内容越精简越好。

（3）一张幻灯片的文字行数不超过 7 行，每行不多于 20 个字。

制作幻灯片一定要考虑观众的感受，学会换位思考，从而达到重点突出的效果。

2. 形象生动的原则

形象生动原则的特点在于：简短、简洁，便于观众记忆。所谓便于记忆，是指让人们记住幻灯片的观点和重点。在设计幻灯片时，如果文字量非常大，是不方便观众记忆的，只有把幻灯片做得简洁简短，观点才能更加明确和突出。须知相比冷冰冰的文字，人更愿意看形象生动的事物。

如图 6–1 所示，内容同样是“自我评价：我是哪一类”，左边幻灯片以文字内容为主题进行设计展示，更多的是一种“视觉朗读”，这种设计方法是不可取的。正确的做法应该是，在放映幻灯片的同时，通过图片等形象的素材，让观众的思路跟随演讲者而动，使观众时刻牢记演示文稿的观点，而只有形象生动才能够吸引观众，让人记忆犹新，进而达到“视觉展示”的效果，如右边的幻灯片。

自我评价：我是哪一类

•讨好型——最大特点是不敢说“不”，凡事同意，总感觉要迎合别人，活得很累，不快活。

•责备型——凡事不满意，总是指责他人的错误，总认为自己正确，但指责了别人，自己仍然不快乐。

•电脑型——对人满口大道理，却像电脑一样冷冰冰的缺乏感情。

•打岔型——说话常常不切题，没有意义，自己觉得没趣，令人生厌。

•表里一致型——坦诚沟通，令双方都感觉舒服，大家都很自由，彼此不会感到威胁，所以不需要自我防卫。

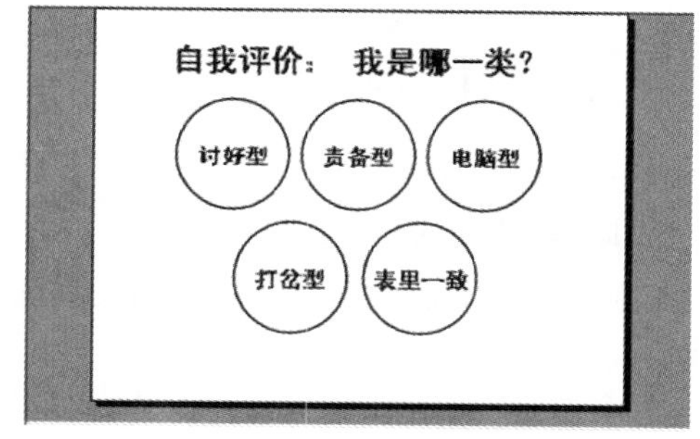

图 6–1　文字与图形的对比

3. 把握细节的原则

细节决定成败，把握细节很重要。很多幻灯片无法达到优秀等级，实际上就是因为没有把握好细节，比如，文字的位置、形状、大小以及颜色配合，线的直度，网格的平均分布等。

幻灯片的制作除了注意细节外，还要在幻灯片规划构建的基础上做到：一是逻辑缜密，有条有理；二是让观众的视线随演讲人的思路移动。

4. 结合原则

PowerPoint 2016 是一款很灵活的软件，原则上可以实施多种形式的具体操作，因此在操作中要遵循结合原则。结合原则包括两方面特点：一是设计新颖，动静结合；二是文本、图像、图标、多媒体等元素有机结合。

通过结合原则可以做多种形式的设计，除了插入文字图形图表、flash 动画或者音乐、视频等多媒体对象外，还能做出阴影、三维等丰富的效果，当然，即使做出多种效果，没有进行有效结合，也不算真正的幻灯片。

5. 统一原则

统一原则是指幻灯片结构清晰，风格一致，包括统一的配色、文字格式、图形使用的方式和位置等，在幻灯片中形成一致的风格。幻灯片一般要做到三个统一：内容统一、格式统一和动画统一。

（1）内容统一：公司的 Logo、名称、网址、电话、演讲者联系方式等信息不应该在幻灯片中出现，可以在母版中体现。

（2）格式统一：进入“母版”，用光标点击标题，该标题用来做“编辑母版标题样式”格式美化效果，在其中打字是无效的，要想每张幻灯片都有相同文字，需要插入新的文本框，更改文字颜色、格式和字体，每一级文字都可以根据需要进行分别调整，一般来说，只需做大标题和一级文本即可。回到幻灯片后会发现，每张幻灯片的标题或者新建幻灯片的标题，无论字体、格式、颜色都会和母版保持绝对统一。

很多人都习惯输入文字后就进行字体、字号和颜色等方面的更改，事实上，一旦手动更改了这些格式，这张幻灯片和母版就永远不会再保持同步。须知手动优先级是第一，其与编辑母版无法统一，手动更改后，PowerPoint 2016 就不会对其进行默认设置。因此通常在幻灯片的片头片尾或者文本框的文字做完后，就马上做格式美化。如果是用占位符文本，就不用再做格式美化，因为其是用母版或模板做的。这就体现了母版内容与格式的统一。

（3）动画统一：在“母版”中可以选中文字，在“自定义动画”中为文字框标题做统一动画，回到幻灯片后每张幻灯片标题动画都是统一的。这种效果显然很单调，所以想使每张幻灯片都呈现不同的效果，通常不在母版中做动画。

6.1.2 演示文稿的制作流程

演示文稿的制作，一般分为以下几个流程：

1. 明确主题，提炼大纲

在制作演示文稿之前，必须明确文稿的主题，我们一般通过以下 3 个问题来明确文稿的主题：

（1）演示文稿是给别人看的还是给别人讲的？

这个问题决定了你要制作的是演讲型的演示文稿还是阅读型的演示文稿，而这两种文档最明显的区别就是：一个字少，一个字多。演讲型的演示文稿作用是辅助演讲者进行表达的，所以在幻灯片上的文字相对来说会比较少，甚至没有。而阅读型的演示文稿作用则是向阅读这份演示文稿的人清晰完整地呈现你的想法，由于没有人讲述，所以做这样的演示文稿要求表达完整，也就是说使用的字数比较多。

（2）演示文稿的受众是谁？

这个问题决定了你要使用怎样的语言风格。如果你的受众是你的上司，他们是比较看重结果的，所以你在语言上要尽可能地使用数据来表达你的能力。如果你的受众是消费者，他们消费是比较感性的，那么你在语言上就要有煽动性，跟他们讲故事，而不是给他们看一堆数据。你要学会站在受众的角度，去考虑他们是怎样的一群人，有哪些特征，用怎样的语言去跟他们沟通更有效。

（3）演示文稿讲的是什么？

这个问题决定了 PPT 内容制作的大方向。你是要做一份推广策划方案，还是要做一份产品的介绍呢？如果你要做的是市场的推广方案，那么制作这份 PPT 的目标就是向上级清晰地传达你的推广计划和思路。如果你要做的是产品的介绍，那么你的目标就是向消费者清晰地传达这件产品的卖点以及消费者使用它能得到什么好处。

明确了以上 3 个问题后，接下来就需要为整个内容构建起一个框架，即为演示文稿提炼大纲，并在框架之上去填充你想要表达的内容。

2. 确定方案，准备素材

根据演示文稿的主题和拟定的大纲，需要确定一个幻灯片的整体方案，包括表现风格、内容展现形式等。准备素材包括两方面的内容，一是文字内容的提炼；二是辅助素材的搜集和制作，包括图片、动画、视频等。

3. 初步制作，充实内容

有了演示文稿的基本框架，就可以充实每一张幻灯片的内容了。在制作过程中，可能会有新的内容填充，则可以调整大纲，在合适的位置添加新的页面。

接下来把演示文稿中适合用图片、图标、表格等元素表现的文字进行替换更新，使文档内容更加充实、新颖。

4. 装饰处理，美化页面

这个过程主要做两件事情：一是通过主题、模板或母版来统一幻灯片的整体风格，包括颜色、字体和效果等；二是通过放置一些图片、调整字体颜色、美化表格等操作对个别页面进行修饰美化，展示幻灯片个性化的一面。

5. 预演播放，逐步求精

在这个过程中，主要完成两件事情：一是查看幻灯片整体效果是否满足预期效果；二是检查幻灯片中是否有错误或纰漏。在这个环节上需要注意以下几个问题：

（1）文字内容要设定内容，逐步显示，一方面有利于讲解，另一方面有利于吸引听众的注意力。

（2）动画效果、幻灯片切换不宜太花哨。

（3）幻灯片中不要出现错别字。

6.2 幻灯片的基本操作

6.2.1 认识 PowerPoint 2016 操作界面

在学习使用任何一款软件之前，首先必须熟悉其操作环境，为了让读者阅读更加清晰，在此对 PowerPoint 2016 的操作界面相关模块做统一说明，如图 6–2 所示。

文件菜单：包含了 PowerPoint 2016 的一些基本操作命令，如新建、保存、导出等。

快速访问工具栏：可以将一些常用的操作命令按钮放置在此处，方便快速操作，该处的命令按钮可以自行调整。

标题栏：显示都是当前演示文稿的文件名称。

功能区：包括了选项卡和命令按钮组两部分内容，如“插入”选项组包含了“剪贴板、幻灯片、字体……”等一系列命令按钮组。

幻灯片工作区：幻灯片的编辑区域，用户对幻灯片的编辑和加工均在此区域进行处理。

幻灯片缩略图窗格：一个完整的演示文稿，一般都包含若干张幻灯片，此区域为所有幻灯片的导航视图区，通过这里可以随意切换幻灯片进行处理。

状态栏：状态栏中包含了演示文稿的一些基本数据，以及视图切换和批注面板的打开等。

占位符：其作用是能起到规划幻灯片结构，包括内容、图片及表格等占位符，占位符在编辑视图下可以看到，幻灯片放映视图下看不到。

图 6–2 PowerPoint 2016 工作界面

6.2.2 PowerPoint 2016 基本操作

1. 幻灯片的视图模式

在进行幻灯片设计之前，首先需要了解一下演示文稿的视图模式：

（1）普通视图：默认的视图模式，只能显示一张幻灯片。普通视图集成了“幻灯片”和“大纲两种”视图。大纲视图标签仅显示演示文稿的文本内容，幻灯片视图可以查看幻灯片的基本外观。

（2）浏览视图：幻灯片浏览视图可以同时显示多张幻灯片，方便对幻灯片进行移动、复制和删除等操作。

（3）阅读视图：可以方便地在屏幕上阅读文档，而不显示功能选项卡。

（4）放映视图：幻灯片放映视图用于放映幻灯片。

2. 新建演示文稿

PowerPoint 2016 新建演示文稿一般有两种：空白演示文稿和基于模板和主题的演示文稿。空白演示文稿既没有格式也没有内容，需要用户从头做起；基于模板和主题的演示文稿，系统已经定义好统一的格式，用户只需要填充相关内容，做小范围个性化调整即可。

PowerPoint2016 提供了丰富的联机在线模板和主题，用户根据设计需要搜索相关模板，直接应用即可，大大提高了演示文稿的制作效率。

选择“文件”→“新建”命令，弹出图 6-3 所示的窗口，窗口中包括了模板和主题搜索文本框、建议搜索导航条（只需点击相关主题，PowerPoint 2016 会自动搜索相关主题）、模板和主题效果展示区。

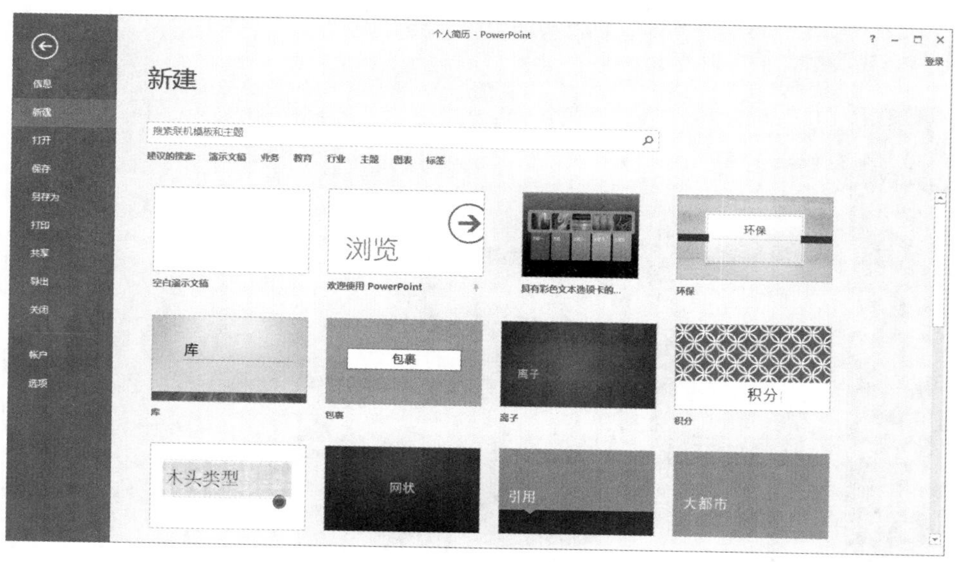

图 6-3 “新建”窗口

（1）创建空白演示文稿：在模板和主题效果展示区中，选择“空白演示文稿”，则就会创建空白的演示文稿，如图 6-4 所示，文档只包含了一张空白的标题幻灯片，里面既没有格式设置，也没有任何内容填充。

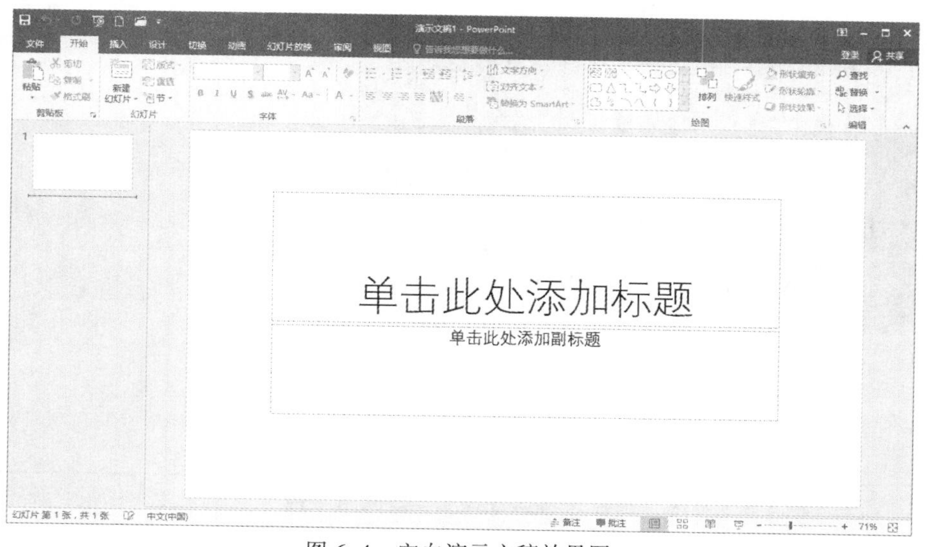

图 6-4 空白演示文稿效果图

（2）创建基于模板和主题的演示文稿：首先要根据某个主题进行搜索，如单击模板导航条中的“教育”，将会出现图 6–5 所示的窗体。展示区域将显示联机搜索到关于“教育”为主题的所有模板和主题，窗体右侧则为“分类”列表，单击相关主题也可以进行搜索。

单击“大学课程的学术演示文稿（宽屏）”，则弹出图 6–6 所示界面。单击【创建】按钮，PowerPoint 2016 将会从网络上下载该模板，并创建一个基于此模板主题的演示文稿，如图 6–7 所示。从图中可以看出，基于模板创建的演示文稿，已经有了统一的标准格式，用户只需要填充相关内容即可完成演示文稿的制作。

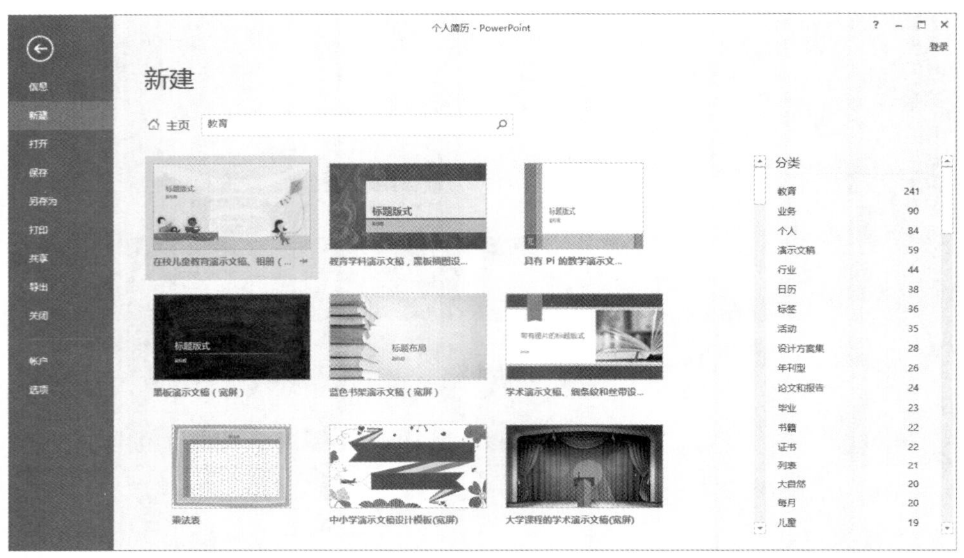

图 6–5 “教育”联机模板和主题

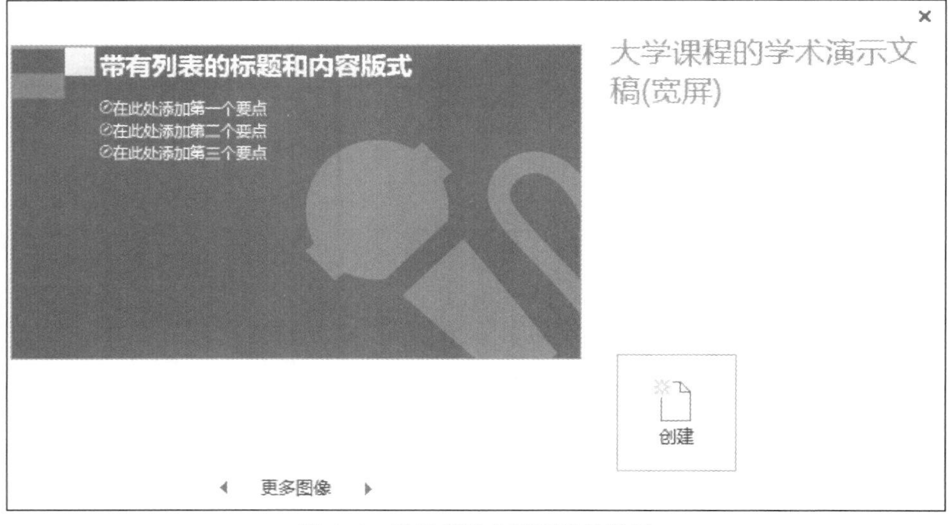

图 6–6 联机模板主题下载效果图

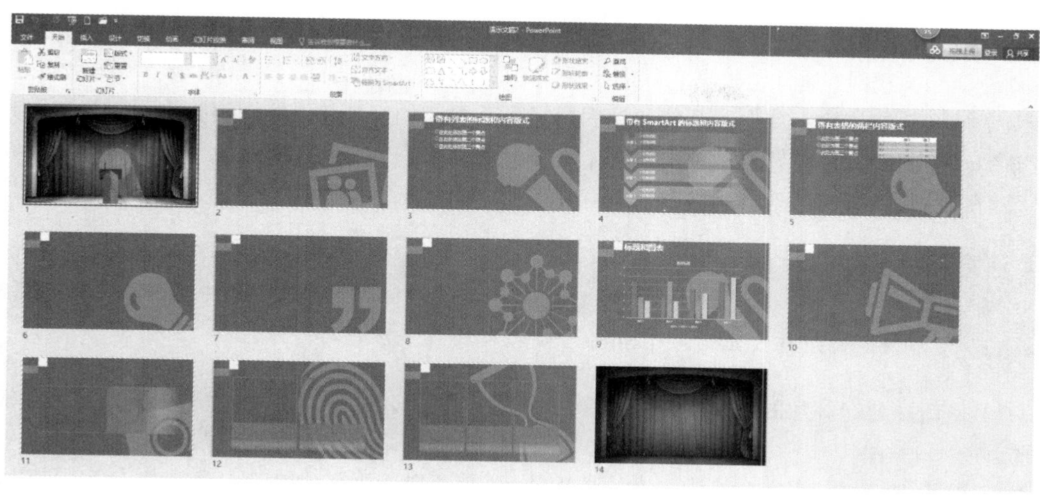

图 6-7 基于联机模板主题创建的演示文稿效果图

3. 保存演示文稿

选择“文件”→“保存”命令，弹出图 6-8 所示的窗口，然后单击“浏览” 按钮，选择路径和文件扩展名即可保存。

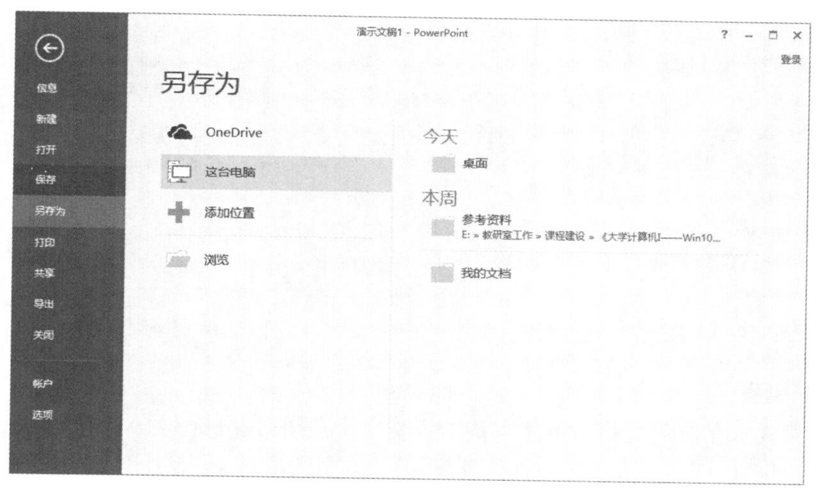

图 6-8 “另保存”对话框

注意

（1）“保存”和“另存为”的区别：对于一个新建文档来说，两者没有区别，均弹出“另存为”对话框进行保存；对于已经保存的文档来说，两者是有区别的，“保存”是将当前的修改覆盖原文档，而“另存为”是指对当前编辑的文档重新保存为一个文件。

（2）为文档命名时，尽量做到“见名知意”，方便日后管理和维护。

（3）在编辑文档时，应养成经常保存文档的习惯，以免因死机或突然断电造成数据丢失。

4. 幻灯片的操作

创建演示文稿时，通常会根据实际需要插入新幻灯片、重新排列幻灯片的顺序和删除幻灯片。

（1）插入新幻灯片：首先，在普通视图模式下，左侧的幻灯片缩略图窗格中，单击要在其后放置新幻灯片的幻灯片；然后，单击“开始”→“幻灯片”→“新建幻灯片”按钮，如图 6–9 所示；最后，在版式库中，单击所需的新幻灯片的版式，即可在演示文稿中插入一张新幻灯片。

注意

插入新幻灯片还有一种比较简单的方法，在左侧的幻灯片缩略图窗格中，首先单击要在其后放置新幻灯片的幻灯片，然后按【Enter】键即可插入一张新幻灯片。

（2）重新排列幻灯片的顺序：在左侧窗格中，单击要移动的幻灯片的缩略图，然后将其拖动到新位置。

（3）删除幻灯片：在左窗格中，右击要删除 （若要删除多张幻灯片，请按住【Ctrl】键选择多张幻灯片）的幻灯片缩略图，在弹出的快捷菜单中选择“删除幻灯片”命令，如图 6–10 所示。

图 6–9　插入新幻灯片示意图

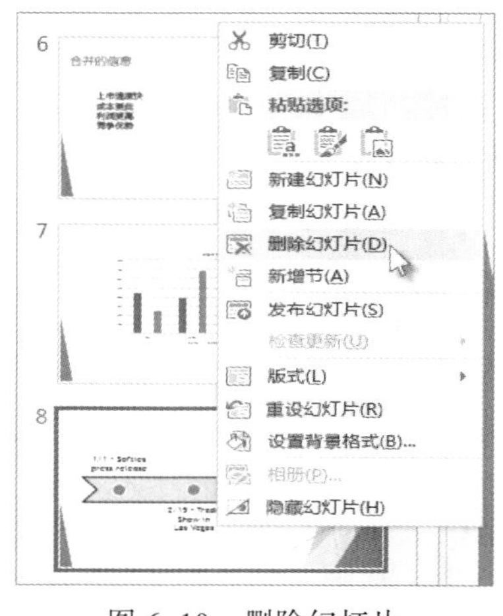

图 6–10　删除幻灯片

5. 文本的编辑

（1）文字录入：在演示文稿中不能直接输入文字，必须通过选择文本占位符（见图 6–11）或插入文本框（见图 6–12）的方式才能录入文字。

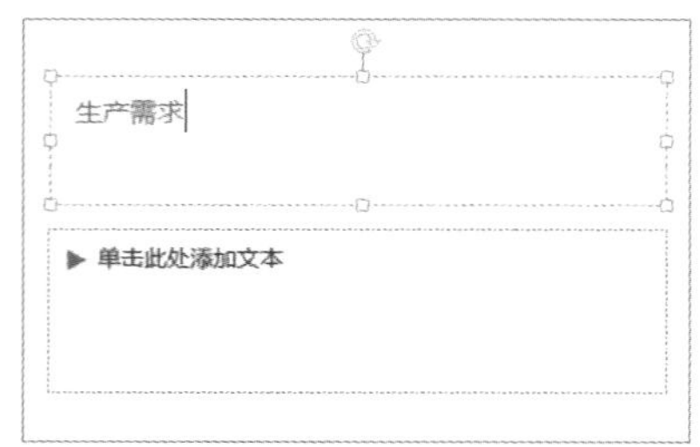

图 6–11　占位符录入文字

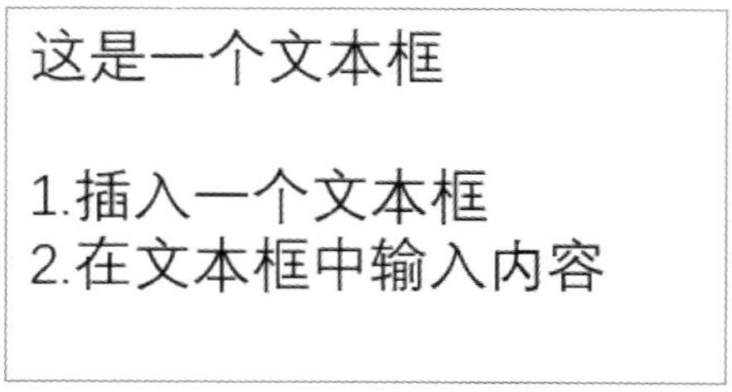

这是一个文本框

1.插入一个文本框
2.在文本框中输入内容

图 6–12　文本中录入文字

（2）文字内容格式设置：文字格式设置主要包括两部分内容：字体格式和段落格式设置，在“开始”选项卡的“字体”组和“段落”组分别进行设置即可，如图 6–13 所示。如果需要更丰富的设置，可以单击右下角的对话框启动器按钮，将会弹出对应的对话框，进行设置，如图 6-14、图 6-15 所示。

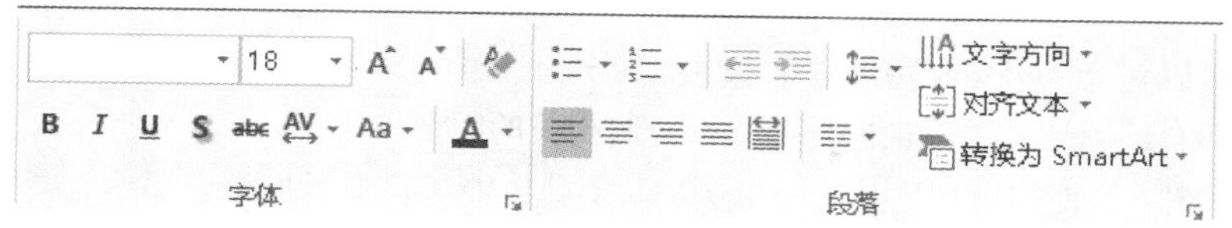

图 6-13　字体和段落命令按钮组

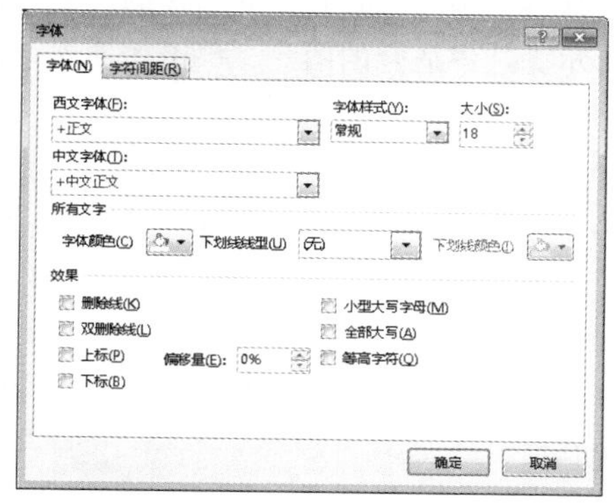

图 6-14　“字体”对话框

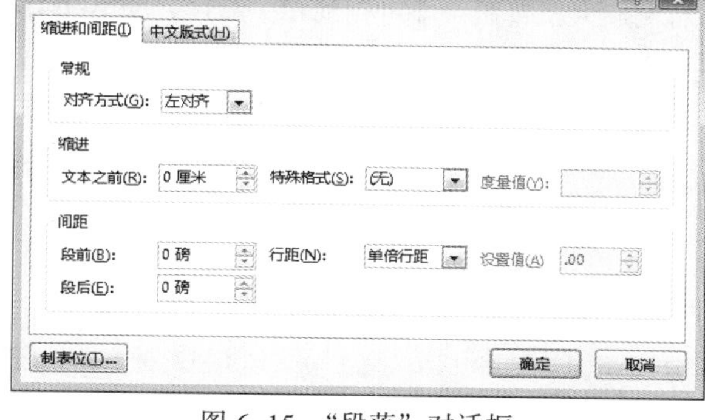

图 6-15　“段落”对话框

6.3　幻灯片中使用多媒体元素

在一个演示文稿中，适当地加入图片、声音、视频和动画等多媒体元素能够产生更大的视觉冲击力，也能够使页面更加简洁、美观，本节将介绍 PowerPoint 2016 中使用图片、声音、视频和动画的技巧。

6.3.1　PowerPoint 2016 中使用图片

PowerPoint 2016 中可以使用多种图片，包括剪贴画、图片文件、自绘图形及 Smart 图等，下面就关于图片的使用技巧进行逐一介绍。

1. 插入图片

使用“插入”选项卡“图像”和“插图”组的命令按钮，可以在幻灯片中插入各类图形元素，如图 6-16 所示。

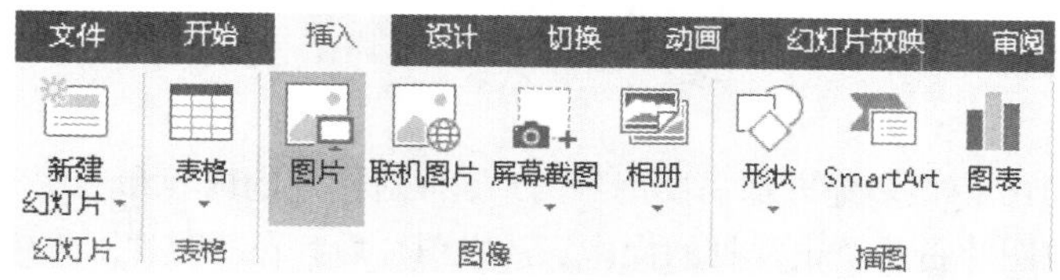

图 6-16　插入图像元素

PowerPoint 2016 中有多种图形元素，包括：

- 图片：本地磁盘中存储的独立图片文件。

- 联机图片：通过联机搜索网络上的图片文件，进行下载插入。
- 屏幕截图：PowerPoint 2016 提供了截屏的功能，可以直接将截屏以图片的方式直接插入演示文稿。
- 相册：可以在 PowerPoint 2016 中直接生成格式统一的电子相册。
- 形状：即自绘图形，用户根据需要自行绘制相关的图形。
- SmartArt 图：智能图形相比其他图形更加智能化，能够自动添加相应形状。
- 图表：PowerPoint 2016 可以对图表进行处理。

如点击“联机图片”，会弹出图 6-17 所示界面，在搜索框中输入要查找的图片的关键字，单击右侧放大镜按钮，即可查到相关图片，如图 6-18 所示。选中适合的图片，单击“插入”按钮即可将图片插入到幻灯片中。

图 6-17 插入联机图片对话框

图 6-18 “武夷山”联机搜索图片

2. 图片常用编辑

1）图片的裁剪

在 PowerPoint 2016 中很多地方都需要用到图片，但对图片的内容和形状却经常根据需要有不同的要求，因此裁剪图片是一个很常见的操作。选中图片后，在“图片工具/格式”选项卡中，单击“大小”组“裁剪”的下拉按钮，会出现图 6-19 所示的下拉列表。选择“裁剪”命令，则选中图形的四周会出现裁剪框，如图 6-20 所示。将鼠标指针移到裁剪框处，按下并拖动鼠标即可进行裁剪，效果如图 6-21 所示。

图 6-19　裁剪下拉列表

图 6-20　裁剪边框

图 6-21　裁剪效果图

选择“裁剪为形状”命令，可以根据需要选择相应的形状，即可把图片裁剪成指定的形状。分别把面图片裁剪为“圆角矩形”、“椭圆”和“心形”，效果分别如图 6-22（a）、（b）、（c）所示。

（a）　（b）　（c）

图 6-22　裁剪为形状效果图

2）删除图片背景

PowerPoint 2016 中提供了删除图片背景的功能，可以利用此功能快速而精确地删除图片中不需要的部分。

例如，在一张深色背景的幻灯片中，插入一张“武夷学院校徽”的图片，校徽为圆形，边缘为白色，插入幻灯片后，校徽的白色背景显得非常突兀，如图 6-23 所示，此时就需要将图片的背景删除，使图片与幻灯片背景更为协调。

选中图片后，在“图片工具/格式”选项卡中，单击“调整”组的“删除背景”按钮，出现图 6-24 所示的“背景消除”选项卡。

图 6-23　插入原图效果

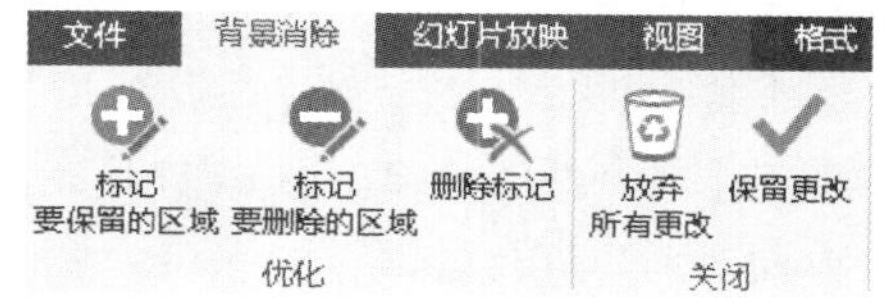

图 6-24　“背景消除”选项卡

此时，计算机会自动识别，进行选择，如图 6-25(a)所示，淡紫色部分为要删除的部分，原色部分为要保留的部分，单击“背景消除”选项卡“关闭”组中的“保留更改”按钮，就会将淡紫色部分删除，如图 6-25（b）所示。

（a）

（b）

图 6-25　自动识别删除范围及效果

显然，系统删除了更多的内容，所以在单击“保留更改”按钮之前，可以通过拖动背景删除边界框和单击“标记要保留的区域”“标记要删除的区域”按钮进行删除背景区域的调整，如图 6-26（a）所示，单击“保留更改”命令，效果如图 6-26（b）所示。

（a）

（b）

图 6-26　调整后的删除范围及效果

3）显示效果的调整

插入图片后，为了达到与幻灯片背景融为一体的效果，PowerPoint 2016 也提供了对图片显示效果的设置。

选中图片后，切换到“图片工具/格式”选项卡，“调整”组包括了“更正”“颜色”“艺术效果”三个命令按钮。

单击【更正】命令按钮，弹出图 6-27 所示的下拉列表框，可以从“锐化/柔化”和“亮度/对比度”两个方面对图片进行设置。

单击【颜色】命令按钮，弹出图 6-28 所示的下拉列表框，可以从“颜色饱和度”“色调”“重新着色”三个方面对图片进行设置。

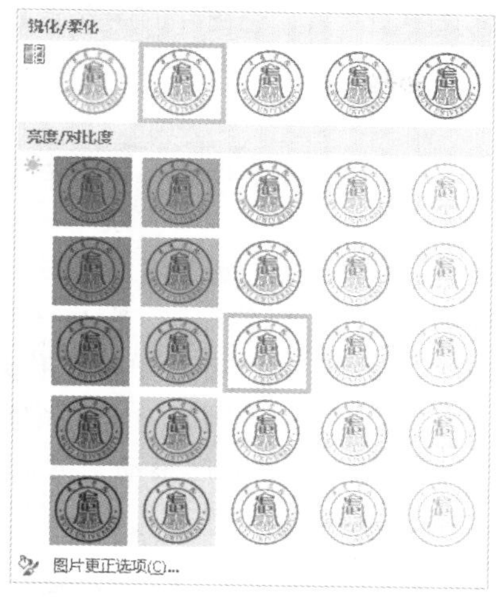

图 6-27　“更正”下拉列表框

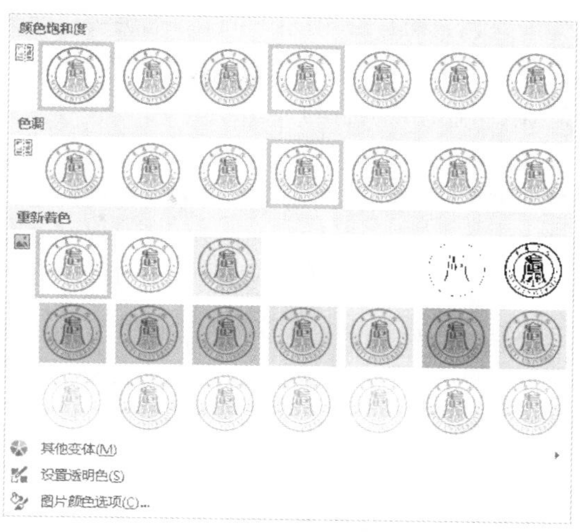

图 6-28　“颜色”下拉列表框

单击【艺术效果】命令按钮，弹出显示效果的下拉列表框，如图 6-29 所示，可以从列表中选择合适的效果进行设置（将鼠标指针放到效果图上方稍等片刻，将会显示效果名称）。如选择“发光边缘”效果，则显示图 6-30 所示的效果。

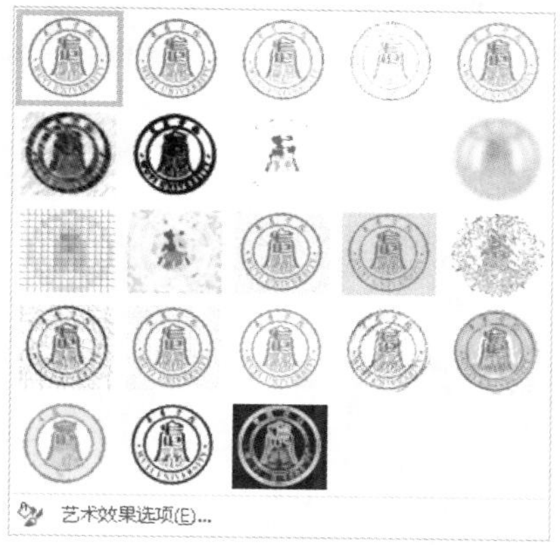

图 6-29　“艺术效果”下拉列表框

图 6-30　“发光边缘”效果图

4）图片边框和旋转增加图片显示效果

有时候为了使图片不呆板和生硬，可以给演示文稿中的图片添加一些特殊的边框，如图 6-31 所示。在 PowerPoint 2016 中，要给图片加边框，首先选中图片，然后在“图片工具/格式”选项卡的“图片样式”组中选择合适的样式，也可以单击“图片样式”组中的“图片边框”下拉按钮对图片边框的粗细、颜色等进行设置。

图 6-31　图片边框和旋转的应用

如果要调整图片的角度，可以通过旋转功能来实现，选中图片后，在图片的上方会出现一个小圆圈，按住鼠标，拖动控制点就可以旋转选定的图片。

5）图片做背景的技巧

许多情况下，在幻灯片中使用图片作为幻灯片的背景，由于图片具有颜色，很可能文字与图片的对比度不够，从而造成文字模糊不清的问题，如图 6-32（a）所示。

解决文字和背景图片的对比度问题，可以通过设置文本的背景颜色和透明度来解决，效果如图 6-32（b）所示。首先通过“插入”选项卡“文本”组中的“文本框”命令，插入一个大小合适的文本框；然后选中文本框，在“图片工具/格式”选项卡“形状样式”组中单击“形状填充”下拉按钮，弹出图 6-33 所示的下拉列表框，并单击“其他填充颜色”选项，弹出“颜色”对话框如图 6-34 所示，选择一种与背景图片主体色彩接近的颜色，并将透明度滚动条的值设置为 50%（可根据实际情况进行调整）；最后在文本框中输入文本内容。

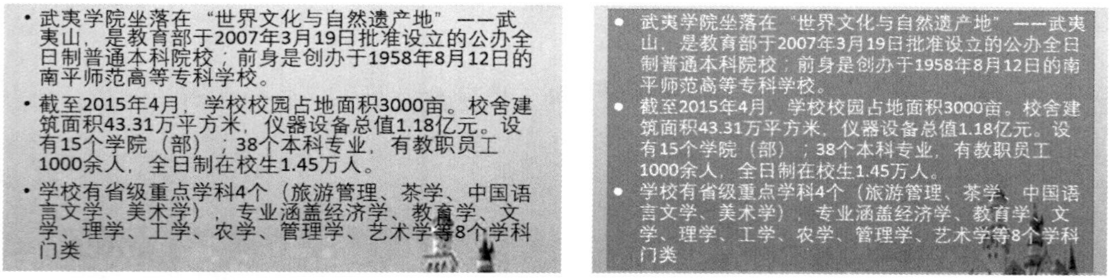

• 武夷学院坐落在“世界文化与自然遗产地”——武夷山，是教育部于2007年3月19日批准设立的公办全日制普通本科院校；前身是创办于1958年8月12日的南平师范高等专科学校。
• 截至2015年4月，学校校园占地面积3000亩。校舍建筑面积43.31万平方米，仪器设备总值1.18亿元。设有15个学院（部）；38个本科专业，有教职员工1000余人，全日制在校生1.45万人。
• 学校有省级重点学科4个（旅游管理、茶学、中国语言文学、美术学），专业涵盖经济学、教育学、文学、理学、工学、农学、管理学、艺术学等8个学科门类

（a）

• 武夷学院坐落在“世界文化与自然遗产地”——武夷山，是教育部于2007年3月19日批准设立的公办全日制普通本科院校；前身是创办于1958年8月12日的南平师范高等专科学校。
• 截至2015年4月，学校校园占地面积3000亩。校舍建筑面积43.31万平方米，仪器设备总值1.18亿元。设有15个学院（部）；38个本科专业，有教职员工1000余人，全日制在校生1.45万人。
• 学校有省级重点学科4个（旅游管理、茶学、中国语言文学、美术学），专业涵盖经济学、教育学、文学、理学、工学、农学、管理学、艺术学等8个学科门类

（b）

图 6-32　增强文字与背景的对比度

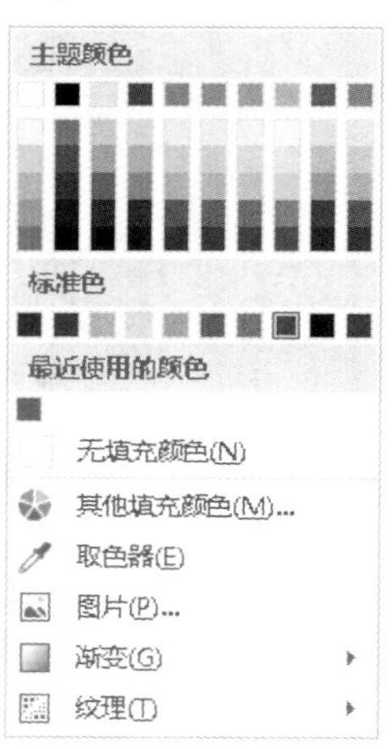

图 6-33　形状填充

图 6-34　“颜色”对话框

3. 自绘图形

1）插入自绘图形

可以在幻灯片中插入自绘图形，即形状，单击“插入”选项卡“插入”组中的“图形”按钮，弹出“图形”下拉列表框，如图 6-35 所示。选择某种图形并单击，然后在幻灯片中按下并拖动鼠标进行绘制，即可插入，如图 6-36 所示。

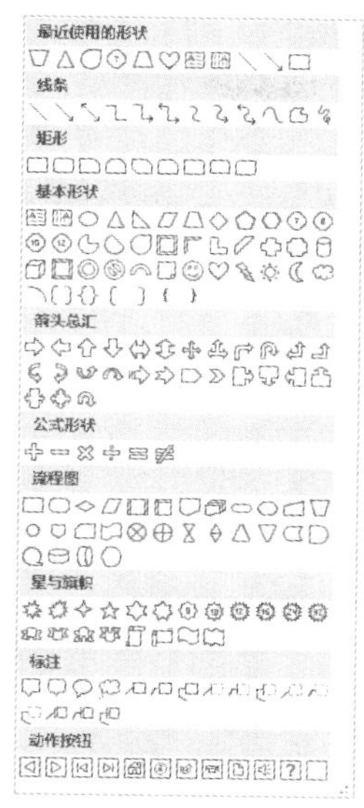

图 6-35　图形种类

图 6-36　插入图形效果

2）自绘图形中的文本

在自绘图形中可以输入文字，选中图形后右击，在弹出的快捷菜单中选择“编辑文字”命令，此时光标将会出现在图形中，即可录入文本。

录入文字内容后，可以通过“插入”选项卡中的“文字”“段落”组对文字进行基本设置，也可以通过“绘图工具/格式”的“艺术字样式”组中的“文本填充”“文字轮廓”“文本效果”命令对文字内容进行艺术字效果设置。

3）编辑自绘图形

（1）图形组合：可以将多个图形组合为一个整体，选中多个图形后，右击，在弹出的快捷菜单中选择“组合”命令，即可将多个图形组合为一个图形。

（2）合并形状：在 PowerPoint 2016 中，增加了“合并形状”的功能，选中多个图形后，在“绘图工具/格式”选项卡的“插入形状”组中单击“合并形状”的下拉按钮，弹出图 6-37 所示的下拉列表，选中其中一个列表项，则选中的多个图形将会按照命令效果进行处理并组合为一个图形，如图 6-38 所示。

图 6-37　合并形状

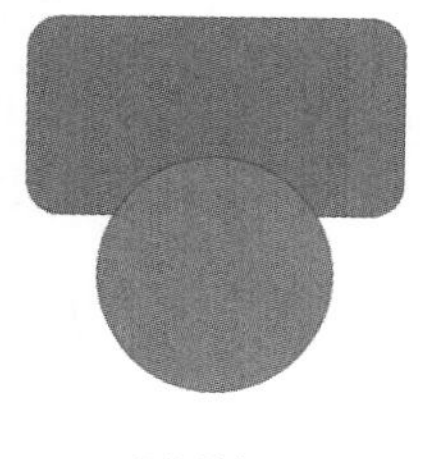

原图效果

联合效果

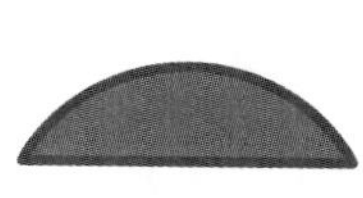

相交效果

图 6-38　合并效果

（3）形状样式：选中图形，切换到“绘图工具/格式”选项卡的“形状样式”组，如图 6-39 所示，可以通过“形状样式”一步到位设置，也可以通过“形状填充”、“形状轮廓”和“形状效果”分步进行设置。

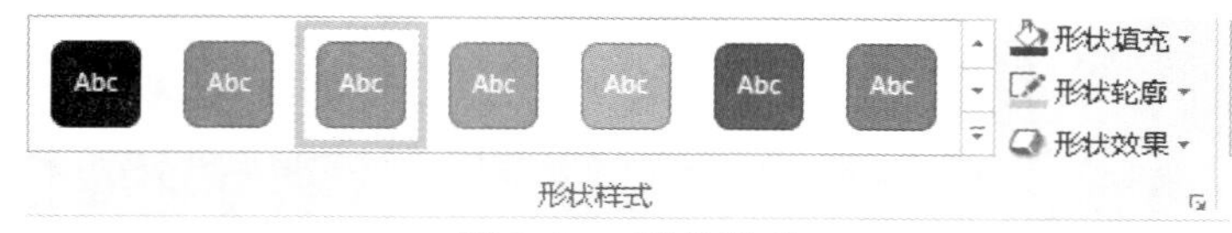

图 6-39　形状样式

（4）利用自绘图形布局图片：图形的样式众多，可以通过使用图片来填充图形的方式，使图片显示样式更加丰富，还可以通过旋转图形的方式进行多张图片的花式显示，如图 6-40 所示。制作过程如下：

① 首先插入一个“减去单角的矩形”，插入时按住【Shift】键，使插入的图形为正方形，并调整好大小。

② 复制 3 个同样大小的图形，通过“旋转”变化，移动位置，使四个图形的位置如图 6-40 所示。

③ 通过“绘图工具/格式”选项卡“形状样式”组中的“形状填充”命令，分别将四个图形填充为 4 张图片，如图 6-41 所示。

④ 从图 6-41 中看出，随着图形的旋转，背景图像也会随之旋转。单击“形状样式”组右下方的对话框启动器按钮，弹出图 6-42 所示的窗格。选择第一项“填充与线条”，在窗口的最下方，将“与形状一起旋转”的复选框按钮设置为未选中状态。此时，图片将还原为图 6-40 的样式。

图 6-40　图片布局效果图

图 6-41　图片随图形旋转

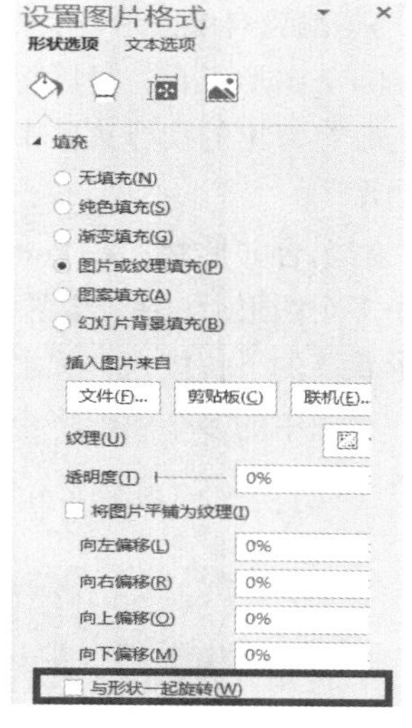

图 6-42　图片格式设置窗口

4．SmartArt 图形

虽然插图和图形比文字更有助于读者理解和回忆信息，但大多数人没有专业的设计水平。创建具有设计师水准的插图很困难。早期版本的 PowerPoint 可能需要花费大量时间进行以下操作：

使各个形状大小相同并且适当对齐；使文字正确显示；手动设置形状的格式以符合文档的总体样式。使用 SmartArt 图形，只需单击几下，即可创建具有设计师水准的插图。

1）插入 SmartArt 图形

插入 SmartArt 图形有两种方式，一种通过“插入”选项卡“插图”组中的“SmartArt”按钮；另一种可以将文字直接转换为 SmartArt 图形，选中要转换的文字，右击，在弹出的快捷菜单中选择“转换为 SmartArt”命令，然后在弹出的 SmartArt 图列表中选择适合的样式单击即可插入，如图 6-43 所示。

- 显特色
- 强工科
- 宽共享

图 6-43 文本转化为 SmartArt 图效果

2）SmartArt 图形编辑

SmartArt 图形的编辑可以从两个方面进行，一是通过“SmartArt 工具/格式”选项卡对普通的图形进行编辑，包括形状修改、形状样式、艺术字样式、排列和大小，如图 6-44 所示；二是通过“SmartArt 工具/设计”选项卡进行编辑，如 6-45 所示

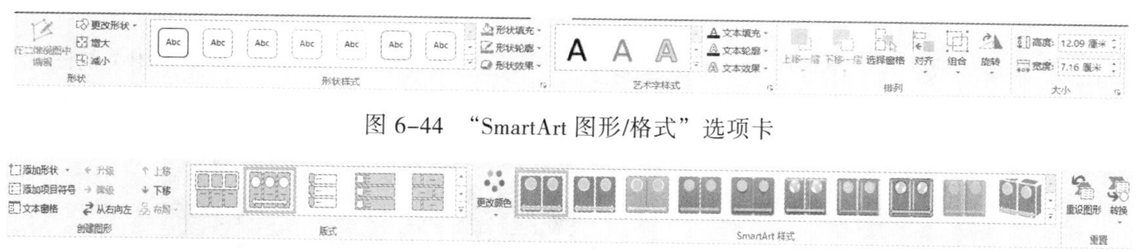

图 6-44 “SmartArt 图形/格式”选项卡

图 6-45 “SmartArt 图形/设计”选项卡

（1）添加、删除形状：可以自动为 SmartArt 图形添加形状，如图 6-46 所示，可以添加同级别的形状，如果是层次结构图，也可以添加上级和下级图；若要删除 SmartArt 图中的形状，那么选中形状后按【Delete】键即可删除。

（2）文本窗格：弹出窗口如图 6-47 所示，可以在窗口中对 SmartArt 图中的文字进行编辑。

（3）升级、降级：可以对层次结构图中的各形状进行升级和降级操作。

（4）上移、下移：可以移动个图形的顺序。

（5）版式：可以对 SmartArt 的版式进行重新选择。

（6）更改颜色：可以在“SmartArt 图形/格式”选项卡“形状样式”组中的“形状填充”和“形状轮廓”命令来修改 SmartArt 图中各形状的颜色；在“SmartArt 图形/设计”选项卡“SmartArt 样式”组中单击“更改颜色”按钮，系统会根据当前幻灯片的配色方案自动进行配色，弹出的列表框如图 6-48 所示。

（7）SmartArt 样式：可以修改 SmartArt 图形的整体显示效果，系统会提供“文档的最佳匹配对象”和“三维”两类样式供用户选择，如图 6-49 所示。

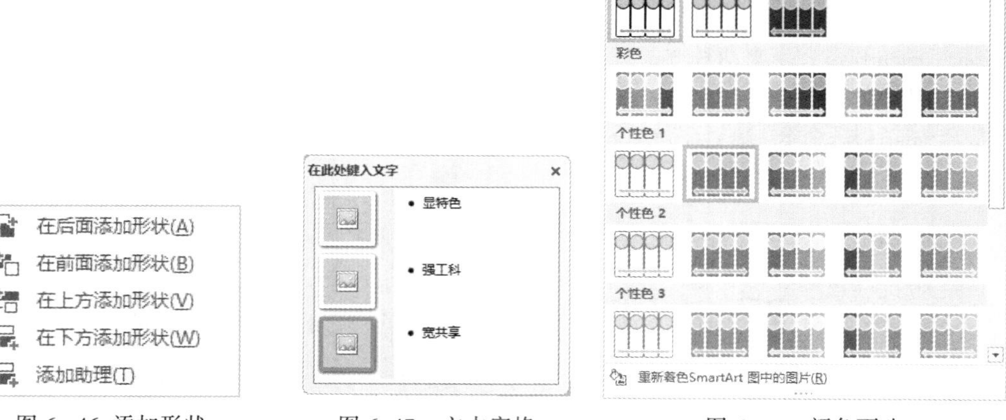

图 6-46 添加形状　　图 6-47 文本窗格　　图 6-48 颜色更改

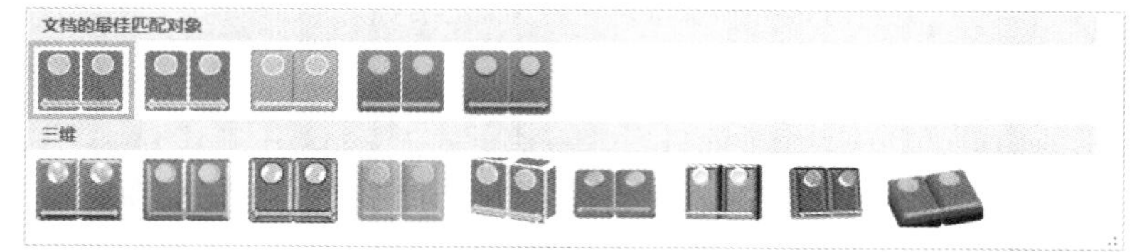

图 6-49 SmartArt 样式

（8）其他修改：为了使某些 SmartArt 图形效果更贴近主题，需要进一步为其设置相关的图片，如图 6-50 所示。

图 6-50 设置图片前后对比图

5. 图表

根据需要，可以将数据通过图表的方式进行展示，会更加形象，更有说服力和吸引力，在“插入”选项卡的“插图”组中单击“图表”按钮，将弹出“插入图表”对话框，如图 6-51 所示，选择一种适合自己的图表，单击“确定”按钮，即可插入，效果如图 6-52 所示。

需要对插入的图表进一步编辑，如图表样式、图表数据等，选择“图表工具/设计”选项卡，如图 6-53 所示。

（1）添加图表元素：可以为图表添加如标题、坐标轴等辅助说明元素。

（2）快速布局：PowerPoint 2016 中提供了已经设计好的图表布局，只需进行选择即可，不需要通过添加图表元素逐步完成。

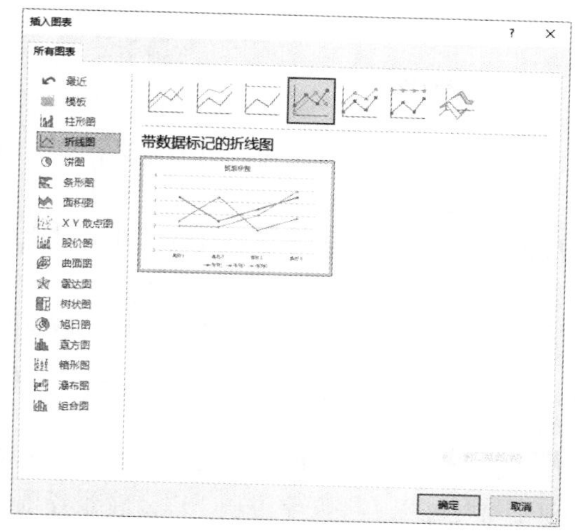

图 6-51　插入图表对话框

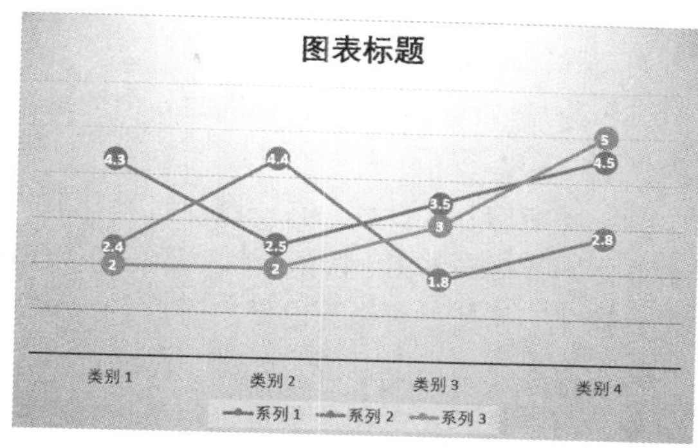

图 6-52　图表效果图

（3）图表样式：PowerPoint 2016 中提供了部分样式，可以直接选择某一种符合幻灯片效果的样式应用，也可以通过“图表/格式”选项卡进行个性化定义。

（4）“数据”组：可以修改在图表中要显示的数据。

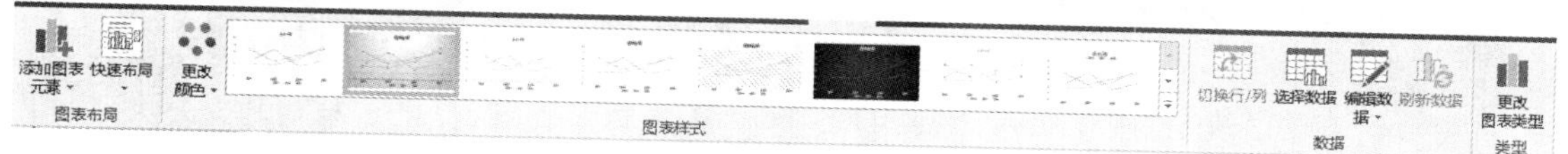

图 6-53　“图表工具/设计”选项卡“数据”组

6. 电子相册

如果要在幻灯片中进行图片展示，可以通过电子相册的功能来实现，在 PowerPoint 2016 中可以很轻松地制作出专业级的电子相册。

在“插入”选项卡的“图像”组中单击“相册”下拉按钮，并选择“新建相册”命令，弹出图 6-54 所示的对话框。

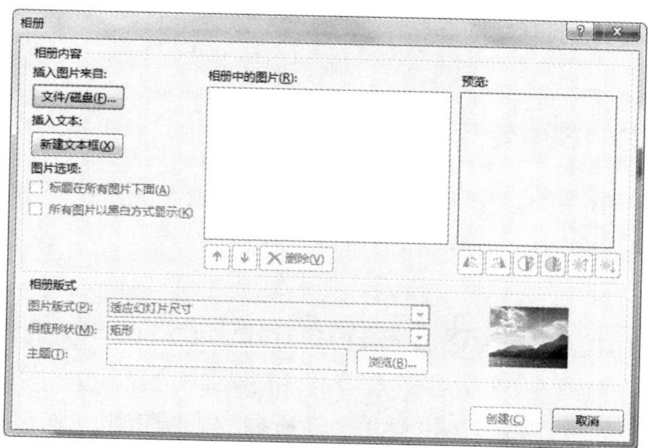

图 6-54　“相册”对话框

（1）在对话框中单击“文件/磁盘”按钮，选择要插入相册的图片，也可以单击“新建文本框”按钮插入一个独立文本框。

（2）插入图片后，即可在“相册中的图片”框中看到插入的图片文件名称，单击文件名称，可以在“预览”框中看到图片效果。选中图片后，可以通过 ↑ ↓ × 删除(V) 三个按钮对图片进行位置的上下调整和删除操作。

（3）通过“预览”框下方提供的 6 个按钮，还可以旋转选中的图片，以及改变图片的对比度和亮度等。

（4）相册的版式设计。在“图片版式”下拉列表框中，可以指定每张幻灯片中图片的数量和是否显示图片标题；在“相框形状”下拉列表框中，可以为相册中的每一张图片指定相框的形状；单击“浏览”按钮，可以为电子相册指定一个合适的主题。

（5）设置完毕后，单击“创建”按钮，PowerPoint 就会自动生成一个电子相册，如图 6-55 所示。如果需要进一步对相册效果进行美化，还可以对幻灯片辅以一些文字说明，以及背景音乐、过渡效果等。

图 6-55 相册局部效果图

6.3.2 PowerPoint 2016 中使用声音

可以向 PowerPoint 2016 演示文稿中添加音频，如音乐、 旁白或声音剪辑。若要录制和收听音频，您的计算机必须配备声卡、 话筒和扬声器。

1. 插入音频文件

（1）在“普通”视图中，单击要添加声音的幻灯片；（2）在“插入”选项卡“媒体”组中，单击“音频”下拉按钮，如图 6-56 所示；（3）从列表项中选择其中一项：要从计算机或网络共享添加声音，单击“PC 上的音频”，找到并选择所需的音频剪辑，然后单击插入。若要录制和添加自己的音频，单击“录制音频”，然后在录制音频框中，单击“录制声音”按钮，开始发言或播放自己的音频。（4）插入音频后，幻灯片上显示的音频图标和控件如图 6-57 所示。

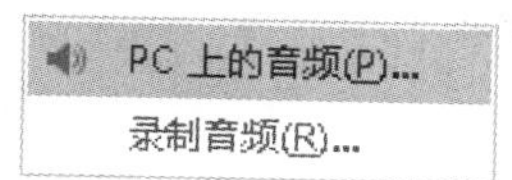

图 6-56 插入音频列表选项

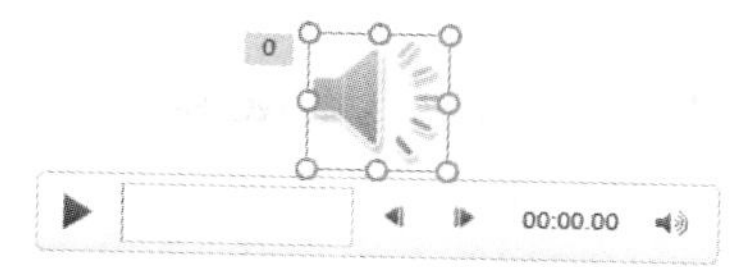

图 6-57 音频图标和控件

2. 设置播放选项

在幻灯片上选择音频剪辑图标，切换到“音频工具/播放”选项卡，如图 6-58 所示，即可对插入的音频对象进行设置。

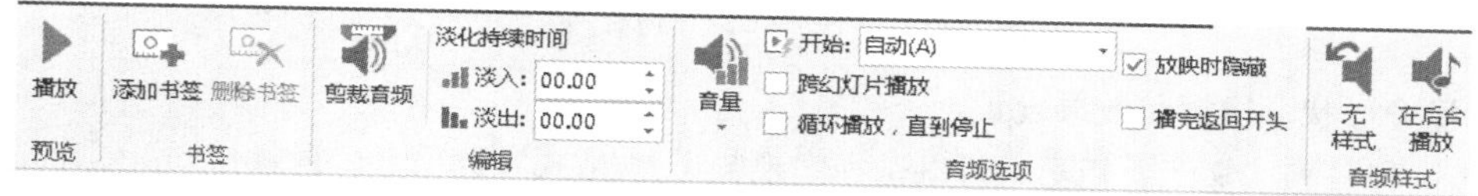

图 6-58 “音频工具/播放”选项卡

（1）播放：单击▶按钮，即可试听播放效果。

（2）书签：如果在播放音频文件时，需要快速跳进到某个位置时，可以通过设置书签的方式达到这个效果。将鼠标定位到要跳转的位置，单击“添加书签”按钮，便会出现黄色的书签圆点，可以根据需要添加多个书签。在播放音频文件时，只需要单击书签就可以实现快速跳转。如果想要删除书签，先选中书签，然后单击“删除书签”按钮即可。

（3）裁剪音频：可以对声音文件进行简单的裁剪，单击“剪裁音频”按钮，弹出图 6-59 所示的对话框，拖动开始时间和结束时间标尺（也可以在时间文本框直接设置）对音频文件进行剪裁。

图 6-59 “剪裁音频”对话框

（4）淡化持续时间：可以通过“淡入”和“淡出”时间框设置播放声音的过渡效果，在淡入时间内声音逐步变为最大，在淡出时间内声音逐步变为最小。

（5）开始播放模式：播放模式有两种，“自动播放”表示幻灯片进入放映模式时，音频文件自动播放；“单击播放”则需要用户单击声音文件按钮才会播放。

（6）跨幻灯片播放：默认情况下，插入的音频文件只在当前幻灯片放映时播放，当切换幻灯片时候音频文件则停止。如果插入的音频文件用于作为演示文稿的背景音乐时，则需要演示文稿在播放过程中均处于播放状态，此时需要将“跨幻灯片播放”设置为选中状态即可。

（7）循环播放，直到停止：默认状态下，音频文件只播放一次则停止，如果要循环播放，则需要将此选项设置为选中状态。

（8）放映时隐藏：如果选中此选项，则放映音频文件时，音频图标不会显示。

6.3.3 PowerPoint 2016 中使用视频

在演示文稿中添加一些视频并进行相应的处理，可以使演示文稿更加美观。PowerPoint 2016 中提供了丰富的视频处理功能。

1. 插入视频

单击“插入”选项卡“媒体”组“视频”下拉按钮，从下拉列表中选择“PC 上的视频”，从打开的“插入视频文件”对话框中选择要插入幻灯片的视频文件，然后调整视频大小。

为进一步设置视频，可以选中视频对象，选择“视频工具/播放”选项卡，如图 6-60 所示，视频的编辑与音频文件相似，在此不再赘述。

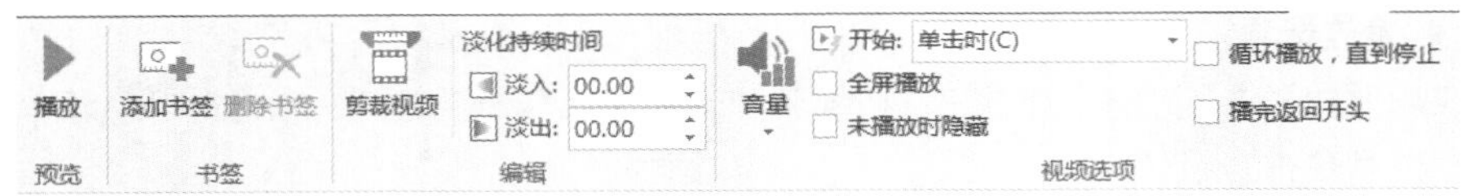

图 6-60 “视频工具/播放”选项卡

2. 视频形状、边框和效果设置

插入的视频默认显示为矩形，可以选择“视频工具/格式”选项卡“视频样式”组中的“视频形状”、“视频边框”和“视频效果”命令进行设置，如图 6-61 所示。

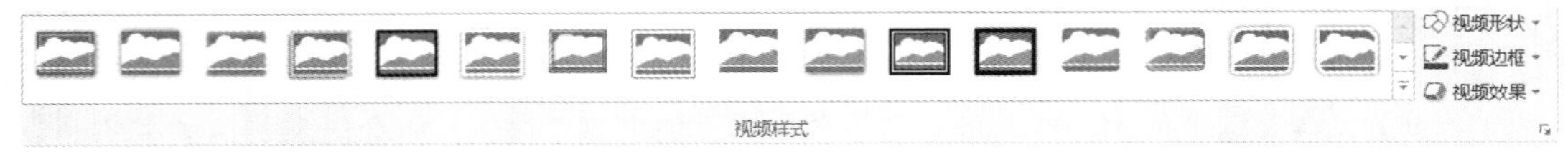

图 6-61 “视频样式”组

3. 为视频添加封面

在幻灯片中插入视频时，一般默认显示的是黑色的屏幕，看起来十分突兀。为了使幻灯片与整体风格更加搭配，可以根据需要为插入的视频设计一个显示封面。视频的封面可以使用设计好的一张图片，也可以使用当前视频中的某一帧画面。

选中视频对象，切换到“视频工具/格式”选项卡“调整”组，如图 6-62 所示。单击“标牌框架”按钮，弹出的下拉列表如图 6-63 所示。

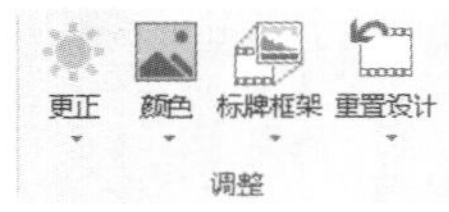

图 6-62 “调整”组

图 6-63 “标牌框架”下拉列表

如果视频封面为设计好的图片，选中视频对象后，在“标牌框架”下拉列表中直接选择“文件中的图像”选项，在弹出的对话框中选择保存好的图片即可；如果视频封面为某一帧画面，选中视频后，首先必须将视频定位到该帧画面，然后单击“当前框架”，否则“当前框架”列表项显示为不可用状态。视频封面设置前后对比如图 6-64 所示。

图 6-64 视频封面设置前后对比图

6.3.4 PowerPoint 2016 中使用 Flash 动画

Flash 是一款功能强大的动画制作软件，利用它可以制作出图文并茂、有声有色的 Flash 动画，在幻灯片中插入 Flash 动画将会使演示文稿增色不少。

1. 直接插入 Flash 动画

单击“插入”选项卡“媒体”组“视频”下拉按钮，从下拉列表中选择“PC 上的视频”，在打开的“插入视频文件”对话框中把文件类型设置为“Adobe Flash Media（*.*）”选择要插入幻灯片的 Flash 文件，如图 6-65 所示。

图 6-65 “插入视频文件”对话框

“插入”下拉按钮有两个选项：“插入”和“链接到文件”。“插入”方式将使外部 Flash 文件嵌入到演示文稿中，作为一个整体，即使 Flash 文件丢失，也不影响演示文稿的播放，但演示文稿将会变得庞大；“链接到文件”则是通过超链接的方式将两个文件相互关联，优点是演示文稿容量较小，缺点是两个文件独立存在，在一起才能正常播放。

2. 利用控件插入 Flash 动画

如果通过插入视频的方式插入的 Flash 动画不能正常播放，则可以利用“Shockwave Flash Object”控件插入，具体操作过程如下：

切换到“开发工具”选项卡，如图 6-66 所示。

图 6-66 “开发工具”选项卡

在“控件”组中单击“其他控件”按钮，弹出“其他控件”对话框，如图 6-67 所示，选择“Shockwave Flash Object”，单击“确定”按钮。在幻灯片上拖出一块合适大小的矩形区域，该区域就是 Flash 的播放窗口，如图 6-68 所示。

选中该区域，右击，在弹出的快捷菜单中选择“属性”命令，弹出图 6-69 所示的“属性”

设置面板，对以下属性进行设置。

（1）“Movie”属性：输入插入的 Flash 动画的文件名称。需要注意的是，插入的 Flash 动画必须是“.swf”格式，而且插入的 Flash 动画必须和演示文稿放在同一个目录下，即同一个文件夹中。

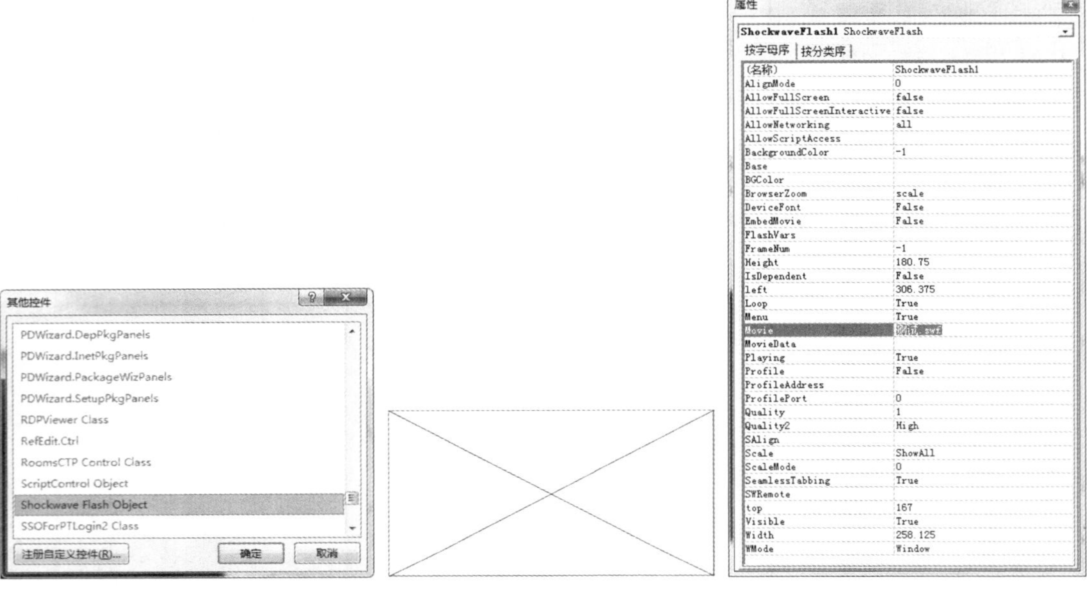

图 6-67 “其他控件”对话框　　图 6-68 Flash 动画播放区域　　图 6-69 “属性”设置面板

（2）“Playing”属性：True 表示 Flash 自动播放，False 表示 Flash 将处于第一帧状态，需要手动继续。

（3）“EmbedMovie”属性：True 表示 Flash 动画文件完全嵌入到演示文稿中，False 表示插入文件链接。

6.4 演示文稿的修饰

在制作演示文稿时，可以通过主题、幻灯片母版来统一幻灯片的风格和效果，达到快速修饰演示文稿的目的。为了使幻灯片更加协调、美观，还可以对幻灯片进行一些美化，如背景设置等。

6.4.1 主题

PowerPoint 2016 主题是一组已经设置好的格式，包括主题颜色、主题字体、主题效果等内容。利用设计主题，可以快速对演示文稿进行外观效果设置。PowerPoint 2016 提供了一些内置主题供用户直接使用，用户也可以在主题的基础上进一步进行调整，以满足需求。

1. 主题的应用

切换到“设计”选项卡，如图 6-70 所示，在“主题”组中选择合适的主题即可，也可以单击“其他”按钮打开图 6-71 所示的主题库，进行选择。

图 6–70　“设计”选项卡

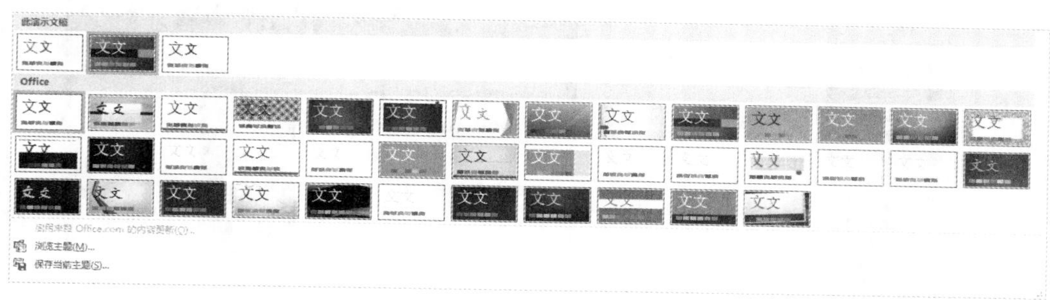

图 6–71　PowerPoint 2016 主题库

在应用主题前可以进行实时预览，只需要将指针停留在主题库的缩略图上，即可看到应用了该主题后的演示文稿的效果。

一般情况下，一个演示文稿使用一个主题，如果要改变某张幻灯片的主题，选中幻灯片后，右击“主题”组中合适的主题，弹出的快捷菜单如图 6–72 所示，选择“应用于选定幻灯片”命令即可，效果如图 6–73 所示。

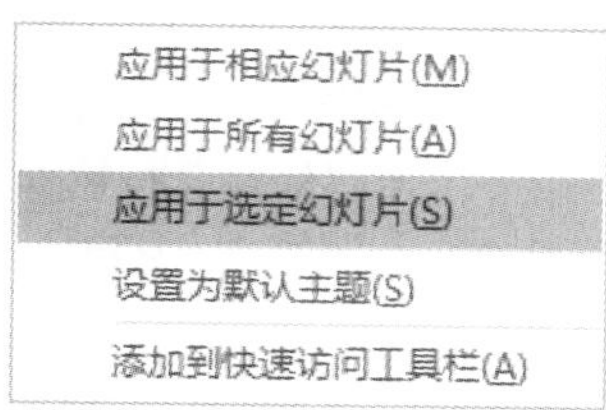

图 6–72　主题应用快捷菜单

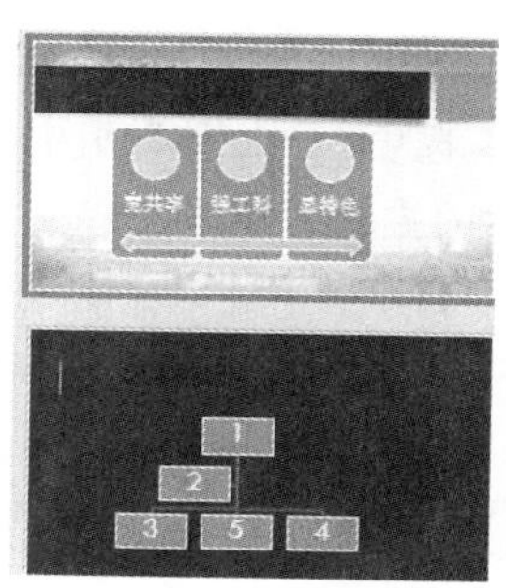

图 6–73　两个主题

2. 主题颜色设置

主题颜色包含了文本、背景、文字强调和超链接等颜色。在应用主题之后，可以通过修改主题颜色快速调整演示文稿的整体色调。

选择“设计”选项卡，在“变体”组中系统会自动生成与幻灯片应用主题相应的变化样式，直接选择其中一种即可改变主题的颜色、字体、效果等。如果只是要改变主题颜色，则单击“变体”组的“其他”按钮，在弹出的菜单中单击“颜色”下拉按钮，打开图 6–74 所示的主题颜色库。显示了内置主题中的所有颜色组，单击其中的某个主题颜色即可改变演示文稿的整体配色。

PowerPoint 2016 中也支持用户个性化设置，可以创建自定义主题颜色，单击图 6–74 所示的主题颜色库的下方“自定义颜色”超链接，弹出图 6–75 所示的“新建主题颜色”对话框，共有 12 种颜色可以设置。

3. 主题字体设置

在幻灯片设计中，对整个文档使用一种字体始终是一种美观且安全的设计选择，当需要营造对比效果时，可以使用两种字体。在 PowerPoint 2016 中，每个内置主题均定义了两种字体：一种用于标题，一种用于正文文本。更改主题文字可以快速地对演示文稿中的所有标题和正文文本字体进行更新。

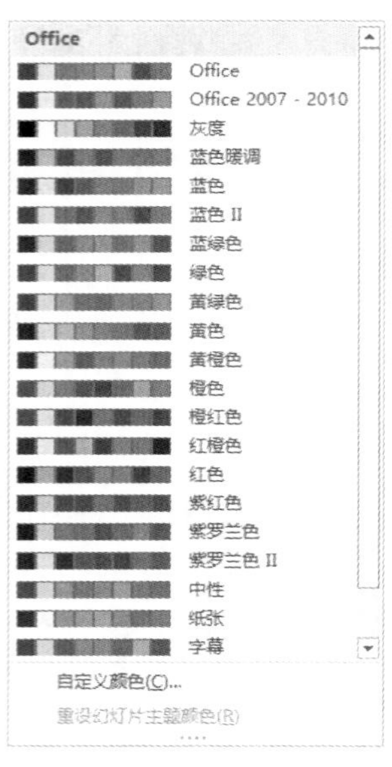

图 6-74 主题颜色库

图 6-75 “新建主题颜色”对话框

单击“设计”选项卡“变体”组中的“其他”按钮，在弹出的菜单中单击“字体”下拉按钮，打开图 6-76 所示的主题字体库。

若要创建用户自定义字体，可以选择主题字体库中的“新建主题字体”命令，弹出图 6-77 所示的“新建主题字体”对话框，设置好标题文字和正文字体后，单击“保存”按钮即可完成设置。

图 6-76 主题字体库

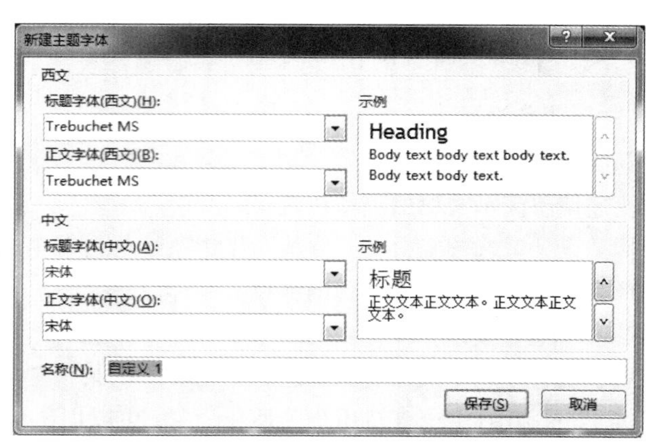

图 6-77 “新建主题文字”对话框

4．主题效果设置

主题效果主要用于设置图形类元素的图形线条和填充效果，如图表、SmartArt 图形、形状、图片、表格及艺术字等。通过使用主题效果库，可以替换不同的效果以快速更改这些对象的外观。

单击“设计”选项卡“变体”组中的“其他”按钮，在弹出的菜单中单击“效果”下拉按钮，打开图 6-78 所示的主题效果库，单击其中某种应用效果即可。

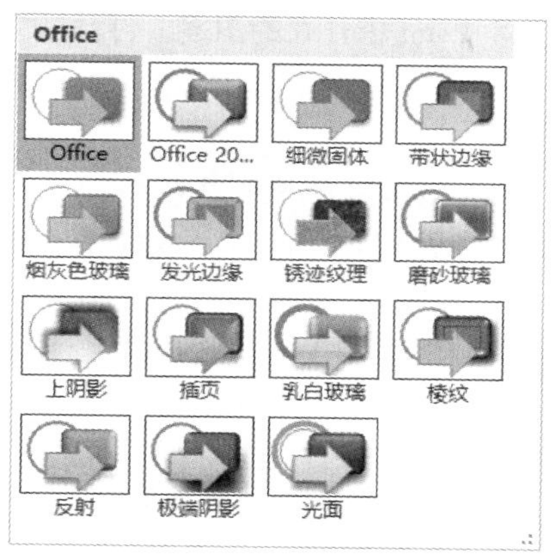

图 6-78　主题效果库

6.4.2　背景

PowerPoint 2016 中，也可以通过背景来设置幻灯片的效果，用户可以使用颜色、填充图案、纹理或图片作为幻灯片背景的格式。

单击“设计”选项卡“自定义”组中的“设置背景格式”按钮，在幻灯片设计区域的右侧会出现“设置背景格式”窗格，如图 6-79 所示。

可以根据自身的需要对幻灯片背景样式进行选择，背景填充样式包括纯色填充、渐变填充、图片或纹理填充及图案填充，设置面板如图 6-79 所示。

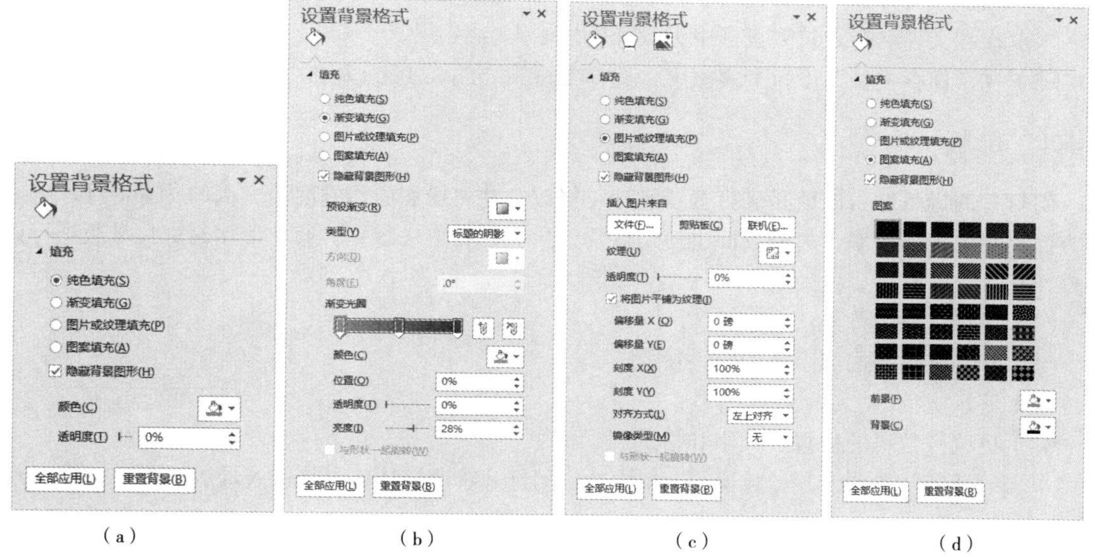

(a)　(b)　(c)　(d)

图 6-79　“设置背景格式”窗格

（1）纯色填充：使用某一种颜色作为演示文稿的背景色，这有利用增强背景与文字之间的对比度，如将幻灯片做成“黑板”效果，采用黑色纯色背景加白色字体的设计方案。

（2）渐变填充：设置几种颜色，通过某种类型进行背景的渐变填充。

（3）图片或纹理填充：可以使用设计好的图片文件，或者某种纹理效果来填充背景。

（4）图案填充：可以选择 PowerPoint 中存在的图案，再设置与幻灯片风格一致的前景色和背景色来填充背景。

注意

如果演示文稿已经采用了某种主题或整体背景已经设置完毕，而要设置某一张幻灯片的背景时，一定要将“设置背景格式”窗格中的“隐藏背景图形”的选项选中，否则，看不到预想的效果。

6.4.3 模板

模板是一种用来快速制作幻灯片的已有文件，其扩展名为“.potx”，它可以包含演示文稿的版式、主题颜色、主题字体、主题效果和背景样式等。使用模板的好处是可以方便、快速地创建风格一致的演示文稿。

用户若想要根据已有模板生成演示文稿，可以应用 PowerPoint 2016 的内置模板、自己创建的模板和网络下载模板。

在演示文稿制作过程中，直接应用微软提供的模板固然方便，但容易千篇一律，失去新意，一个自己设计的、清新别致的模板更加容易给受众留下深刻印象，创建自定义模板的过程如下：

（1）打开现有的演示文稿或模板。

（2）根据自身需要，对演示文稿的外观、字体等进行修改。

（3）选择“文件”→“另存为”命令。

（4）在“文件名”下拉列表框中为设计模板输入名字

（5）在“保存类型”下拉列表框中，选择类型为“PowerPoint 模板（*.potx）”。

6.4.4 母版

幻灯片的母版的目的就是进行全局设计、修改，并将操作应用到演示文稿的所有幻灯片中。一方面提高了工作效率，另一方面也使幻灯片效果更加完整、统一。通常使用幻灯片母版进行如下操作：

（1）设计统一的背景。

（2）标题字体及内容字体的统一设置。

（3）演示文稿的 Logo 设置。

（4）更改占位符的位置、大小和格式。

单击“视图”选项卡“母版视图”组中的“幻灯片母版”按钮，将进入母版视图，如图 6-80 所示。

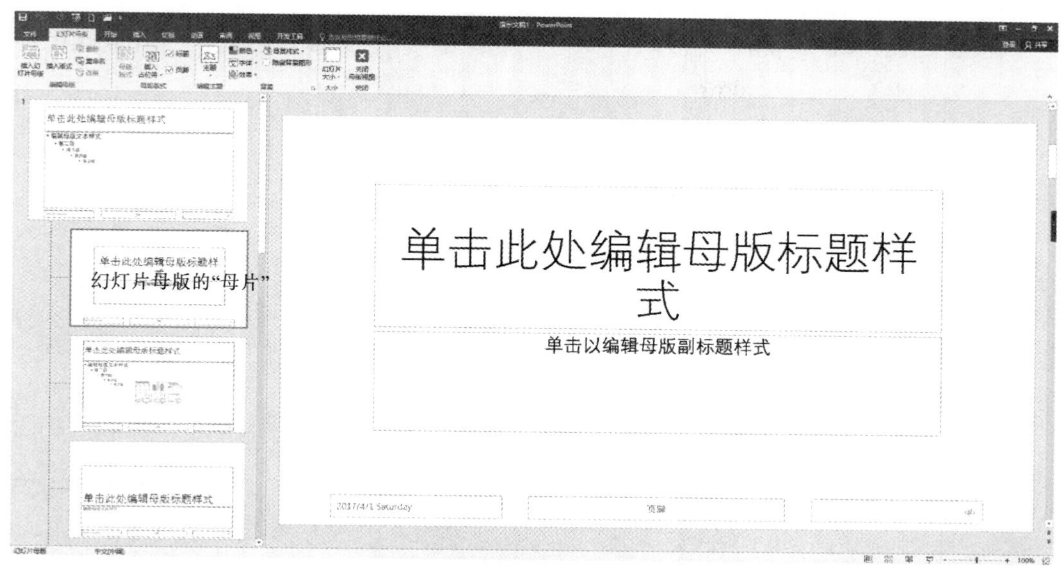

图 6-80 幻灯片母版视图

图 6-80 中，左侧是母版缩略图窗格，右侧是母版编辑区。在母版缩略图窗格的顶部有数字编号“1”和一张较大的幻灯片母版，其中，“1”表示幻灯片母版的编号，在 PowerPoint 2016 中一个演示文稿中可以插入多个幻灯片母版；较大的幻灯片母版相当于所有幻灯片母版的“母片”，在这个“母片”的下方是各类版式的母版，各类版式的母版将继承“母片”的格式。

选择幻灯片母版视图后，切换到“幻灯片母版”选项卡，如图 6-81 所示，可以对幻灯片母版进行相关设置。

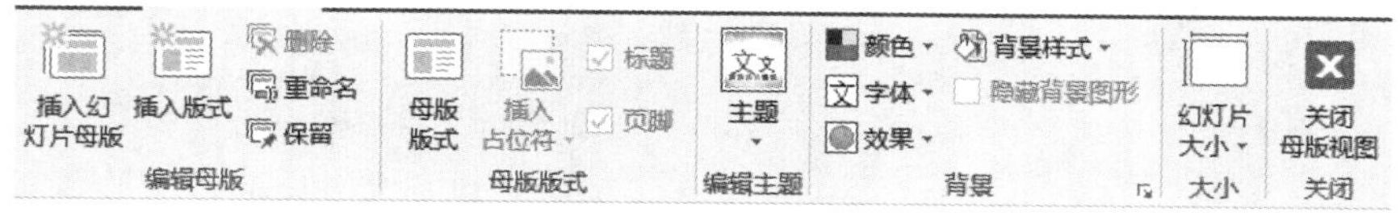

图 6-81 “幻灯片母版”选项卡

1. 编辑母版

PowerPoint 2016 中，可以设置多个幻灯片母版，单击“编辑母版”组中的“插入幻灯片母版”按钮，即可插入一个新的幻灯片母版，如图 6-82 所示（注意：幻灯片母版的编号为 2）。幻灯片母版中包括了日常所用的幻灯片版式，如标题幻灯片、标题和内容、两栏内容等，系统已经为其设置好相关的占位符，如果要重新定义新的版式，则单击“插入版式”按钮即可。插入的幻灯片母版和版式均可重命名，选中插入的对象后，单击“重命名”按钮，在弹出的对话框中进行命名。如把新插入的幻灯片母版命名为“美丽的母版”，将插入的版式命名为“个性化版式”。

定义好母版及版式后，就可以直接应用了。切换到“普通视图”，在“开始”选项卡“幻灯片”组中单击“新建幻灯片”下拉按钮，在弹出的幻灯片版式下拉列表中即可看到刚才定义好的“美丽的母版”及“个性化版式”，如图 6-83 所示，即可插入应用。

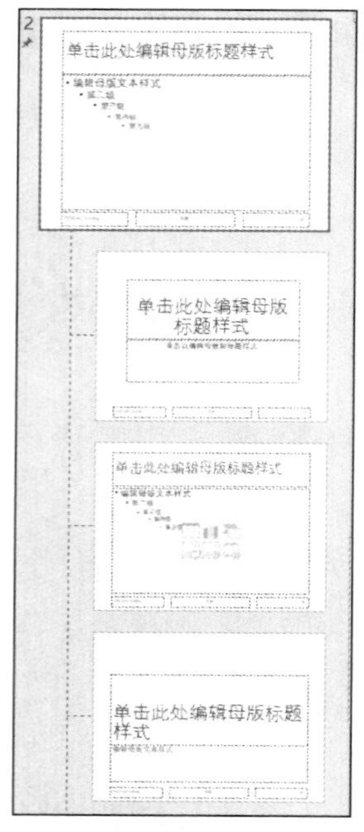

图 6-82 新幻灯片母版

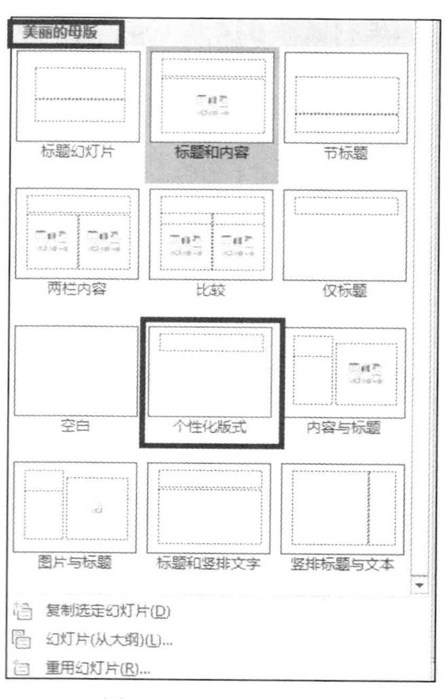

图 6-83 母版和版式

2. 母版版式

“母版版式”是用来设置母版的“母片”，选中幻灯片母版“母片”后，单击“母版版式”按钮，弹出图 6-84 所示的对话框，可以根据需要进行选择。选中各类版式的母版后，单击“插入占位符”下拉按钮，弹出图 6-85 所示的下拉列表，可以根据需要，在母版中插入相应的占位符，布局各类版式。

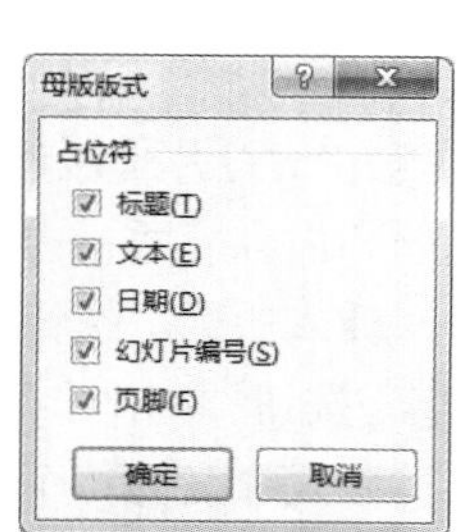

图 6-84 “母版版式”对话框

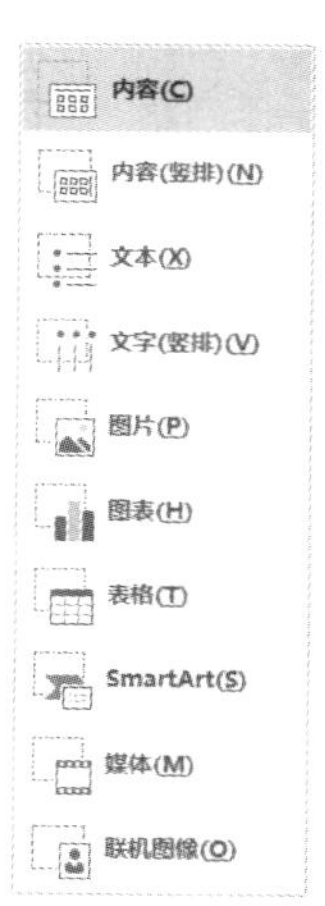

图 6-85 占位符

3. 设置幻灯片统一背景

选中幻灯片母版的“母片”，右击，弹出的快捷菜单如图 6-86 所示，选择“设置背景格式”命令，弹出“设置背景格式”窗格，如图 6-87 所示，将事先设计好的背景图片设置为母片的背景，下方所有版式的母版均继承了母片的背景格式，如图 6-88、图 6-89 所示。如果某种版式的背景格式不同于其他版式，则选中该版式的母版进行设置即可。如选中“标题幻灯片版式”母版，将其设置为某种渐变效果，则只有“标题幻灯片”版式的背景发生变化，其他保持不变。

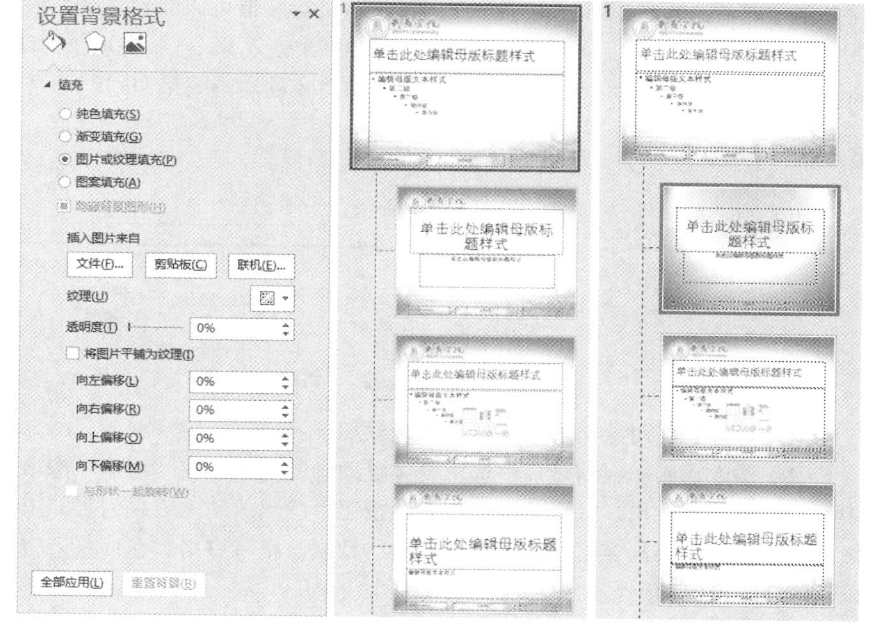

图 6-86　快捷菜单　图 6-87　“设置背景格式”窗格　图 6-88　设置效果　图 6-89　不同效果

4. 幻灯片大小设置

在 PowerPoint 2016 中，系统会根据硬件自动调整其大小，也可以直接定义其大小，单击“幻灯片大小”下拉按钮，下拉列表如图 6-90 所示，可以直接设置为 4:3 或者是 16:9。除了默认大小之外，也可以选择“自定义幻灯片大小”选项，弹出“幻灯片大小”对话框，如图 6-91 所示，根据演示终点进行相关设置即可。

设置时一定要考虑演示文稿的终端屏幕比例。假如，做演示文稿的电脑屏幕为 16:9 宽屏，而投影仪的分辨率为 4:3，那么设计过程中，必须要把演示文稿的大小定义为 4:3，才能在播放过程中显示出更好的效果。

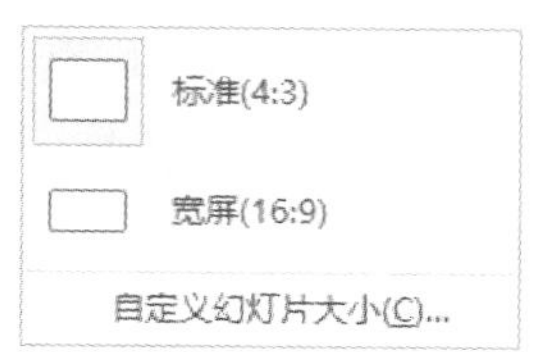

图 6-90　“幻灯片大小”下拉列表

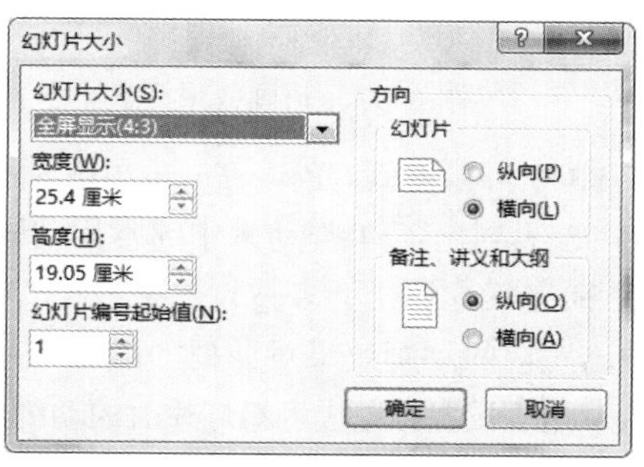

图 6-91　自定义幻灯片大小

6.5 动画设计

制作演示文稿是为了有效地沟通。设计精美、赏心悦目的演示文稿更能有效地表达作者的想法。通过排版、配色、插图等手段对演示文稿进行装饰可以起到立竿见影的效果，而为这些对象配上合适的动画可以有效增强演示文稿的动态效果，为演示文稿的设计锦上添花。在PowerPoint 2016中，动画设计包括了幻灯片中对象的动画效果和幻灯片之间的切换效果。

6.5.1 动画效果

切换到“动画”选项卡，如图6-92所示。

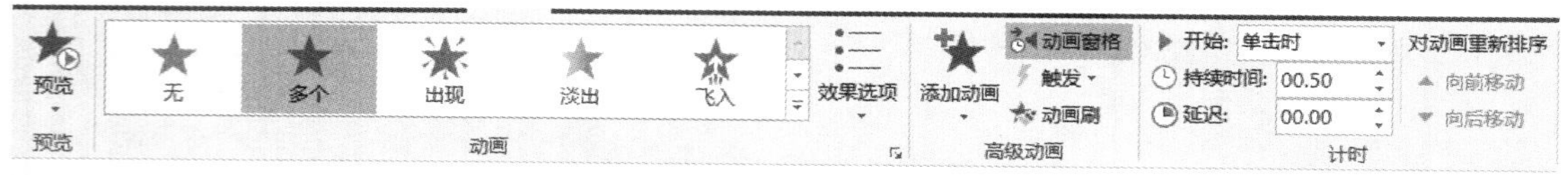

图6-92 “动画”选项卡

对幻灯片中的对象添加动画效果的步骤如下：

（1）插入动画：在幻灯片中选中要设置动画的对象，在“动画”选项卡“动画”组的动画库中选择一个动画效果，或者单击“更多”按钮，弹出的动画效果列表如图6-93所示。单击“高级动画”组的“动画窗格”按钮，将弹出“动画窗格”窗格，在窗格列表中将显示已经添加的动画，如图6-94所示。

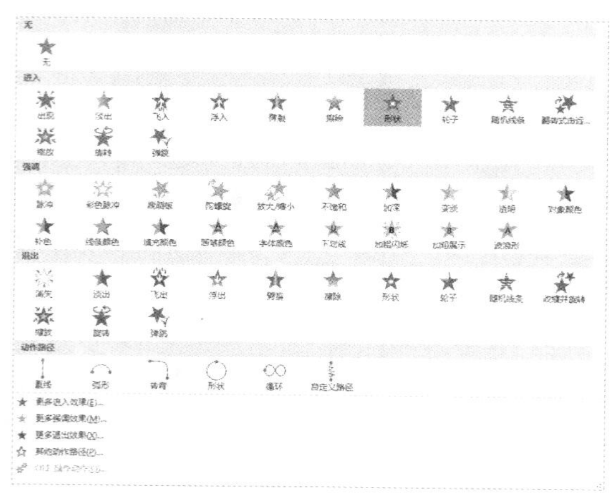

图6-93 动画效果列表

图6-94 “动画窗格”窗格

从图6-93中可以看到，PowerPoint 2016动画库中，提供了进入、强调、退出和动作路径四类动画，图6-93只列出了4类动画中的常用动画效果，如果要使用更丰富的动画效果，可以选择“动画效果”列表下方的“更多进入效果”、“更多强调效果”、“更多退出效果”和“其他动作路径”，弹出对应的动画效果对话框如图6-95所示。

- 进入：用于设置对象进入幻灯片时的动画效果。
- 强调：用于强调幻灯片上的对象而设置的动画效果。
- 退出：用于设置对象离开幻灯片时的动画效果。

图 6-95　更多动画效果

- 动作路径：用于设置按照一定路线运动的动画效果。

（2）效果设置：为对象添加为动画效果后，还可以对动画效果进行进一步设置，在“计时”组中，可以对“开始”条件、持续时间、延迟等进行设置。如果要进行更多设置，可以在“动画窗格”窗格中双击添加的动画，在弹出的对话框中进行设置。

例如，为文本设置了“进入”动画效果中的“旋转”效果，双击“动画窗格”窗格的该效果后，弹出对话框如图 6-96 所示。

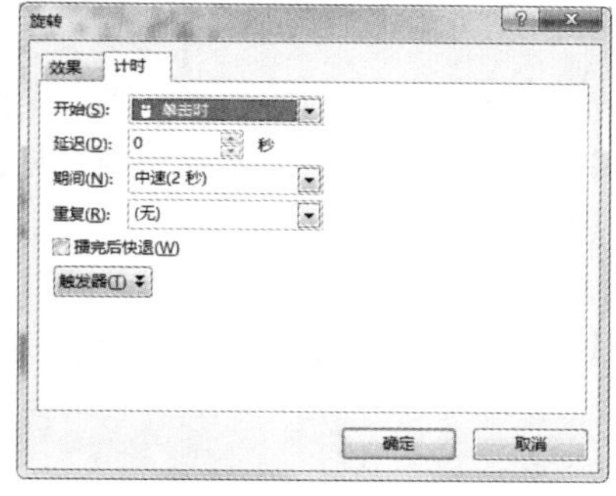

（a）“计时”选项卡

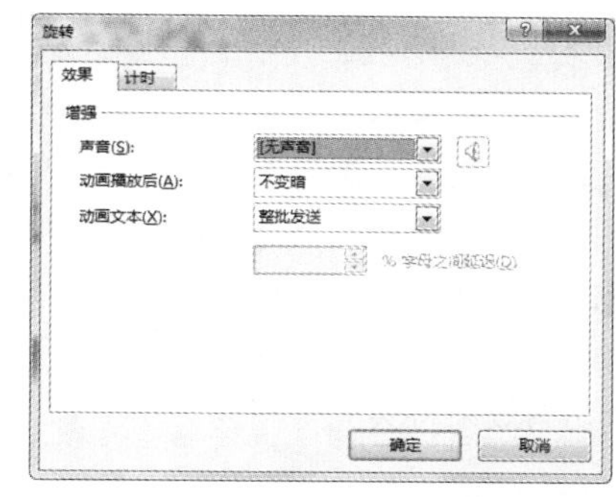

（b）“效果”选项卡

图 6-96　动画效果设置窗口

图 6-96（a）图中，可以设置动画播放过程中添加声音效果；动画播放后是否添加变色的后续效果；动画文本可以设置文本是作为整体一起出现还是按照字母逐一出现。

图 6-96（b）图中，可以设置动画开始的条件，默认是单击时播放动画，也可以设置为“与上一动画同时”或“上一动画之后”的自动播放的形式；动画是否延迟；动画播放的速度；动画是否要重复播放等。

（3）为一个对象添加多个动画效果：在 PowerPoint 2016 中可以为某一个对象添加多种动画效果，如为文本添加进入的效果、强调的效果及退出的效果。选中对象后，首先为其添加“进入”的动画效果，然后继续选中该对象，单击“高级动画”组中的“添加动画”下拉按钮，在动画效果下拉列表中继续添加强调和退出动画效果即可，最后为后续添加强调和退出动画效果设置播放开始条件为“上一动画之后”。

（4）对动画重新排序：如图 6–97 所示的幻灯片上有多个动画效果，在每个动画对象上显示一个数字，表示对象的动画播放顺序。可以根据需要对动画进行重新排序，可以通过“动画”选项卡“计时”组中的“向前移动”和“向后移动”命令进行先后调整；也可以通过动画窗格面板中的上下按钮进行调整。

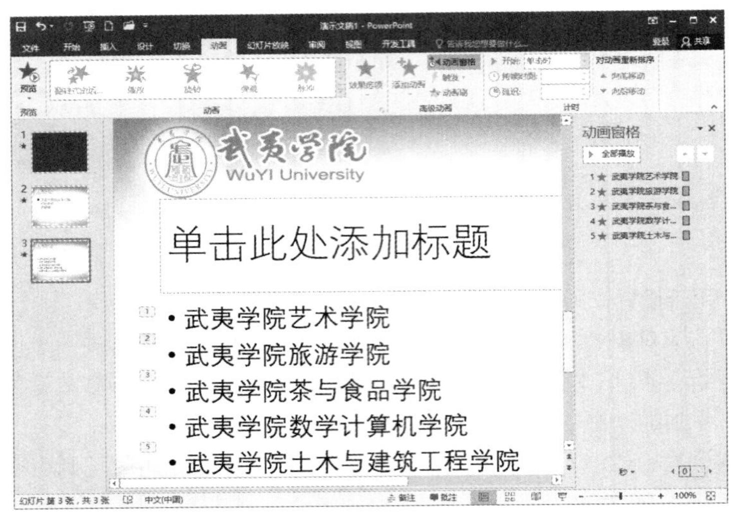

图 6–97　含有多个动画的幻灯片

（5）动画刷：在演示文稿制作过程中，会有很多对象需要设置相同的动画，实际操作中用户不得不大量重复相同的动画设置。在 PowerPoint 2016 中，提供了一个类似格式刷的工具，即动画刷。利用动画刷可以轻松、快速地复制动画效果，并应用到其他对象。

动画刷的用法和格式刷类似，选择已经设置了动画效果的某个对象，单击“动画”选项卡中的“高级动画”组中的“动画刷”按钮，复制动画格式，然后单击想要应用相同动画效果的某个对象，两个动画效果将会完全相同。

6.5.2　切换效果

幻灯片的切换动画，顾名思义就是在幻灯片放映过程中，每一张幻灯片在切换时的过渡效果。用户把演示文稿的幻灯片设置成统一的切换方式，也可以设置为不同的切换方式。选择 “切换”选项卡，如图 6–98 所示。

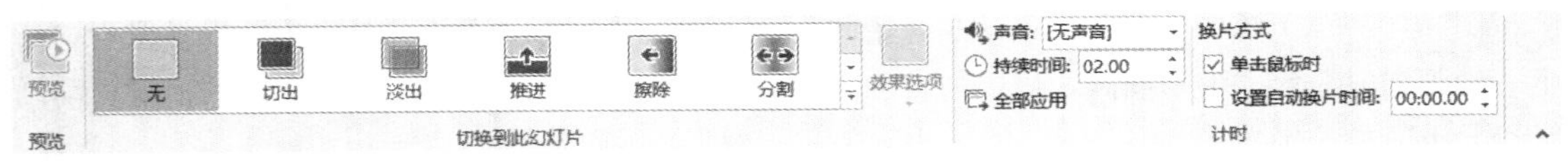

图 6–98　“切换”选项卡

（1）添加切换效果：在“切换”选项卡的“切换到此幻灯片”中的幻灯片切换效果框中单击“其他”按钮，弹出图 6–99 所示的切换效果列表框，选择某种效果即可。

（2）其他设置：在“计时”组中“声音”选项用来设置切换过程是否加入音效；“持续时间”

用来设置切换动画播放的时间长度；设置了某种切换效果后，单击“应用到全部”按钮，则所有幻灯片使用该种切换效果，否则只应用到某张幻灯片；“换片方式”有两种，一种是“单击鼠标时”，一种是“设置自动换片时间”。

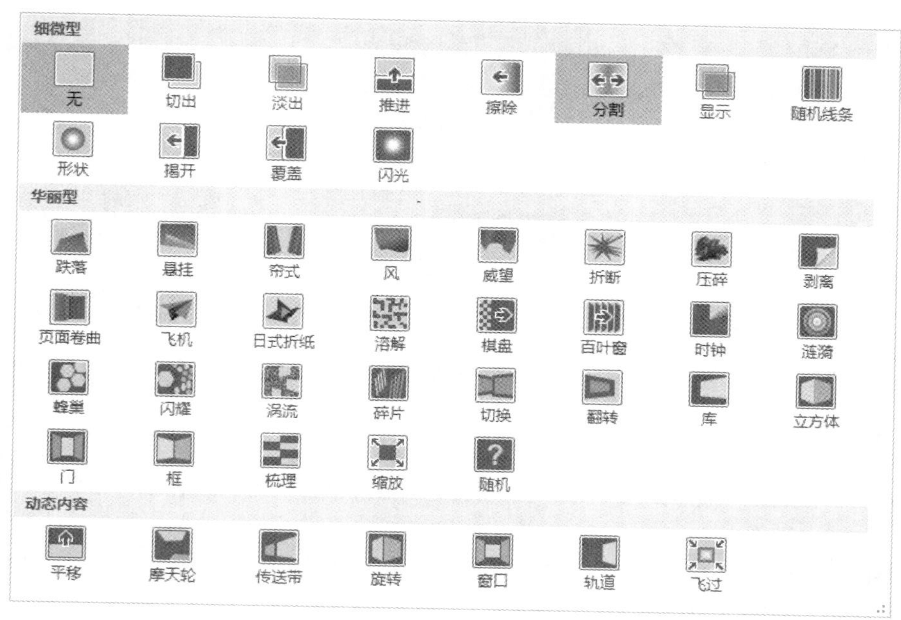

图 6-99　幻灯片切换效果列表

6.6　导 航 设 置

在演示文稿设计过程中，为了放映方便，有时候需要为演示文稿添加一些导航功能，PowerPoint 2016 中导航一般通过超链接和动作按钮进行设置。

超链接：超级链接的简称，是指由一张幻灯片跳转另一张幻灯片、文件或网址等内容的导航方式，跳转的起点为源，跳转的终点成为目标。

动作按钮：PowerPoint 2016 中提供了工作按钮的功能，可以通过动作按钮来执行另一个程序，也可以利用其进行幻灯片导航。

6.6.1　超链接

选中要设置超链接的对象（如文本和图片等），右击，弹出图 6-100 所示的快捷菜单，选择“超链接”命令，弹出图 6-101 所示的“插入超链接”对话框。

幻灯片中链接目标有四种方式：链接到外部文件，选择“现有文件或网页”后，选择要链接的文件即可；链接到某个网站，选择“现有文件或网页”后，在地址文本框中输入链接的目标网址；链接到某一张幻灯片，选择“本文档中的位置”后，选择其中一张幻灯片；链接到电子邮件，选择“电子邮件地址”后，在电子邮件文本框中输入电子邮件地址。

设置完毕的超链接，也可以进行编辑或删除，选择要编辑的超链接文本，右击，在弹出的快捷菜单中，选择“编辑超链接”或“取消超链接”即可编辑或删除超链接。

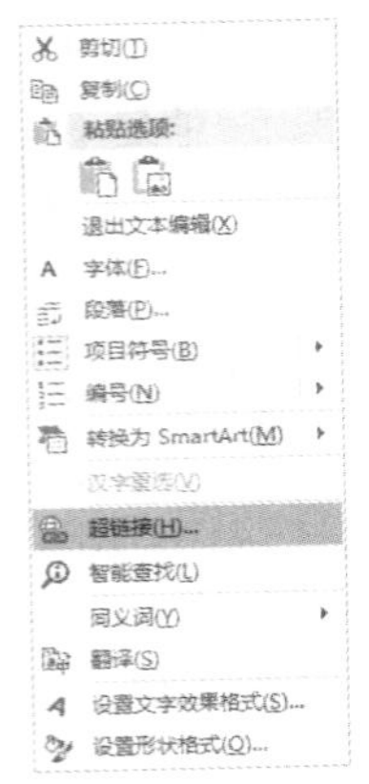

图 6-100　快捷菜单

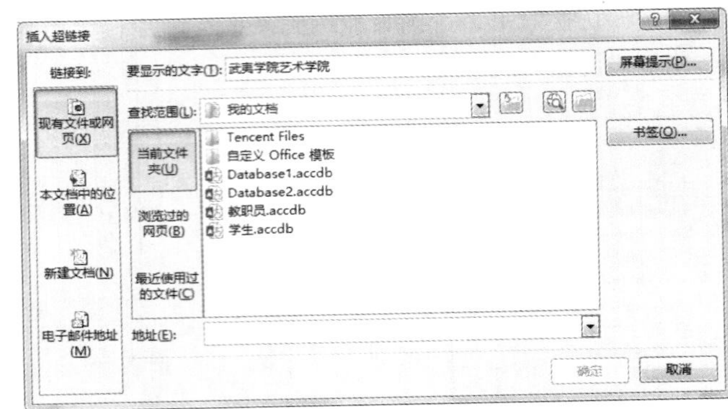

图 6-101　“插入超链接”对话框

需要注意的是，设置完毕的超链接需要切换到放映模式才能看到效果。

6.6.2　动作

“动作”的作用是为所选的对象添加一个动作，以指定单击该对象或将鼠标指针移动到对象上面时，执行的某个操作。

选中要设置动作的对象，在“插入”选项卡“链接”组中单击“动作”按钮，便会弹出“操作设置”对话框，如图 6-102 所示。

“单击鼠标”选项卡用来设置文稿放映时，用鼠标单击该对象时发生的动作；“鼠标悬停”指文稿放映时，鼠标悬停到对象时发生的动作，两个选项卡设置内容一致，在此以“单击鼠标”为例来说明。

“无动作”表示单击时没有任何动作；“超链接到”的效果与上述讲的超链接效果一致，可以链接到某一张幻灯片；“运行程序”可以打开 Windows 的应用程序；“运行宏”表示可以运行首先录制好的宏；“播放声音”复选框用来设置动作运行时是否需要音效。

在 PowerPoint 2016 中，除了可以直接插入“动作”，还可以使用“动作按钮”，单击“插入”选项卡“插图”组中的“形状”下拉按钮，在弹出的列表框最下方为“动作按钮”，如图 6-103 所示。选择某一个动作按钮在幻灯片上进行绘制，绘制完毕后，将弹出图 6-102 所示的“操作设置”对话框。

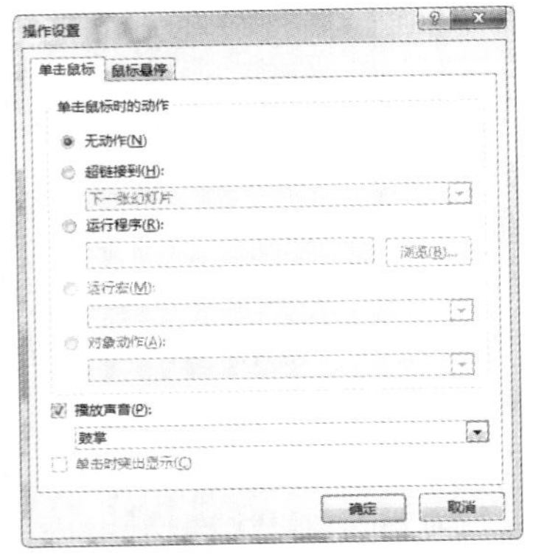

图 6-102　“操作设置”对话框

图 6-103　动作按钮

6.7 演示文稿的放映与输出

演示文稿制作完毕后，最终要展示给观众，读者可以根据演示文稿的用途、环境和受众需求，选择不同的放映形式或输出方式进行播放或输出。

6.7.1 演示文稿的放映

在不同的场合、不同需求情况下，演示文稿需要有不同的放映方式，可以通过设置放映方式进行设置，切换到“幻灯片放映”选项卡，如图 6-104 所示。

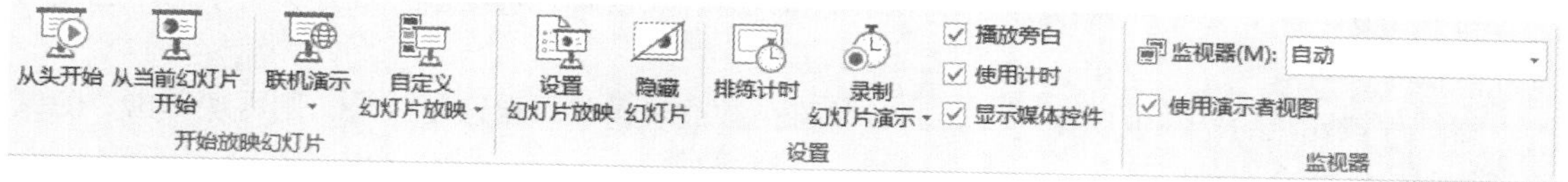

图 6-104 “幻灯片放映”选项卡

单击“设置”组的“设置幻灯片放映”按钮，弹出图 6-105 所示的对话框。

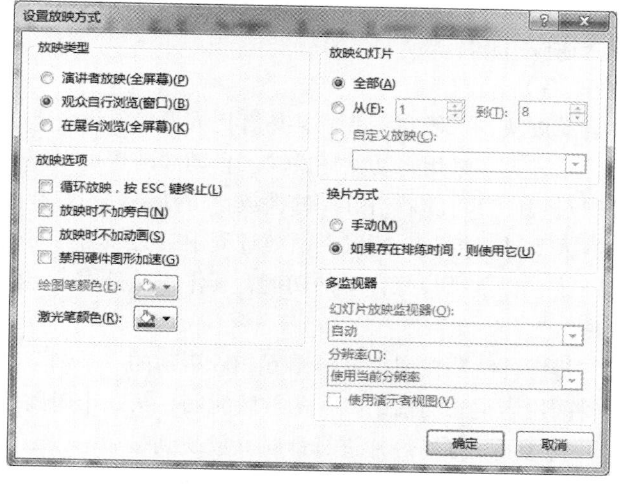

图 6-105 “设置放映方式”对话框

1. 幻灯片的放映类型

1）演讲者放映（全屏幕）

这种放映类型也称手动放映，是最常用的一种放映方式，放映过程中，演示文稿的内容以全屏的模式进行展示，幻灯片的切换等操作需要演讲者手动进行控制，这种放映模式下一些常用的操作包括以下几种：

（1）手动放映模式常用快捷键：

- 切换到下一张幻灯片：单击鼠标左键、【→】键、【↓】键、空格键、【Enter】键及【N】键。
- 切换到上一张幻灯片：【←】键、【↑】键、【BackSpace】键及【P】键。
- 跳转到第一张幻灯片：【Home】键。
- 跳转到最后一张幻灯片：【End】键。
- 精确跳转到某一张幻灯片：【数字+Enter】组合键。

- 演讲过程中黑屏/白屏切换：【B】键/【W】键，按【Esc】键返回正常演示。
- 清除屏幕上临时图画内容：【E】键。

（2）绘图笔的使用：

在幻灯片播放过程中，有时需要对幻灯片进行一些解释，这可以通过绘图笔来实现，在放映过程中，右击幻灯片，在弹出的快捷菜单中选择“指针选项”→“笔”，就可以在幻灯片上进行标记或画图了。要擦除屏幕上的痕迹，按【E】键即可。

（3）隐藏幻灯片：

如果演示文稿中某些幻灯片不需要放映，但又不想删除，以备后用，则可以隐藏这些幻灯片。在普通视图模式下，选中要隐藏的幻灯片，单击“幻灯片放映”选项卡“设置”组中的“隐藏幻灯片”按钮即可。

幻灯片被隐藏后，在放映演示文稿时，就不会被放映，如果要恢复放映，则再次单击“隐藏幻灯片”按钮就会取消隐藏。

2）观众自行浏览（窗口）

此放映方式使用于小规模的演示，幻灯片显示在小窗口内，该窗口提供相应的操作命令，允许移动、复制、编辑和打印幻灯片。通过该窗口中的滚动条，可以从一张幻灯片自动到另一张幻灯片，同时还可以打开其他应用程序。

3）在站台浏览（全屏幕）

这种放映类型也称自动放映，一般在一些公共场合无人看管的设备上，此放映方式自动放映演示文稿，不需要人工控制，大多采用自动循环放映。自动放映也可以用于广播式的讲解场合，提前录制播放音频，放映过程中，将随着幻灯片的播放，自动讲解幻灯片的内容。

因自动放映模式没有人为进行控制，所以在播放过程中，必须为每张幻灯片的播放时间进行设置，在 PowerPoint 2016 中，提供了排练计时的功能，其作用就是用来记录每张幻灯片浏览所用时间，供自动放映时使用。

单击“设置”中的“排练计时”按钮，弹出图 6-106 所示的“录制”对话框，在该对话框中有时间记录器，第一个时间用来记录当前幻灯片的放映时间，第二个时间用来记录幻灯片播放的总时间。单击“➔”即可进入下一张幻灯片进行计时。放映到最后一张幻灯片时，屏幕上会显示一个确认的消息框，如图 6-107 所示，单击“是”按钮，演示文稿将记录预演时间。

图 6-106 “录制”对话框

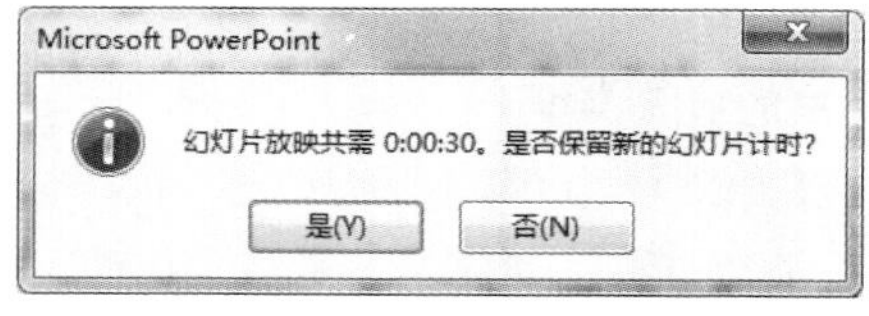

图 6-107 确认排练时间对话框

预演结束后切换到“幻灯片浏览”视图下，可以看到每张幻灯片的播放时间，如图 6-108 所示。

2．幻灯片的放映选项

（1）循环放映，按【Esc】键终止：表示当放映完最后一张幻灯片后，再次切换到第一张幻灯片继续进行放映，若要退出，可按【Esc】键。一般自动放映模式下，要选中此选项。

（2）放映时不加旁白：表示放映幻灯片时，自动隐藏伴随幻灯片的旁白，但不删除旁白。

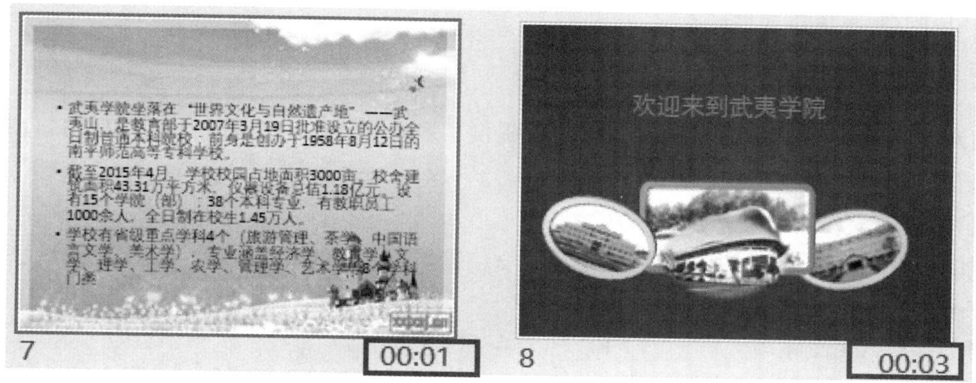

图 6-108　幻灯片浏览视图中的排练

（3）放映时不加动画：表示放映幻灯片时，将隐藏幻灯片上对象的动画效果，但不删除动画效果。

3．设置幻灯片的放映范围

在图 6-105 中，“放映幻灯片”栏中，如果选择“全部”单选按钮，则放映演示文稿中的所有幻灯片；如果选择“从”单选按钮，则可以在“从”和“到”数值框中指定放映的幻灯片的起始和结束幻灯片编号；如果要进行自定义放映，则可以选择“自定义放映”单选按钮，然后在下拉列表框中选择自定义放映的名称。

4．自定义放映设置

自定义放映是指用户可以对演示文稿中的幻灯片进行选择性放映，创建自定义放映的过程如下：

（1）单击“幻灯片放映”选项卡“开始放映幻灯片”组中的“自定义幻灯片放映”下拉按钮，在下拉列表中选择“自定义放映”命令，弹出图 6-109 所示的对话框。

（2）单击“新建”按钮，弹出“定义自定义放映”对话框，如图 6-110 所示。在对话框的左边列出了演示文稿中包含的所有幻灯片序号和标题。

图 6-109　“自定义放映”对话框

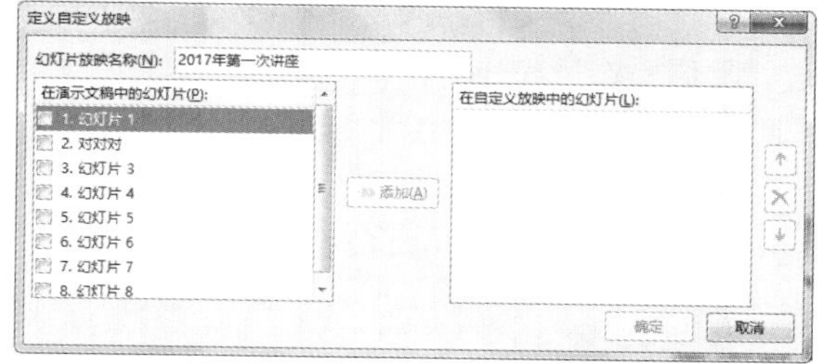

图 6-110　“定义自定义放映”对话框

（3）选择要添加到自定义放映的幻灯片后，单击“添加”按钮，这时选定的幻灯片就出现在右边列表框中。当右边列表框中出现多个幻灯片时，可以通过右侧的上、下箭头调整顺序，也可以通过删除按钮将其移除。

（4）在“幻灯片放映名称”文本框中输入幻灯片放映名称，单击“确定”按钮即可完成设置。

（5）当放映演示文稿时，在“幻灯片放映”选项卡中，单击“开始放映幻灯片”组中的“自定义幻灯片放映”按钮即可。

6.7.2 演示文稿的输出

演示文稿制作完成以后，PowerPoint 2016 提供了多种输出方式，可以将演示文稿打包成 CD，转换为视频、PDF 等。

1. 将演示文稿导出为 PDF 或 XPS 格式

有时需要将演示文稿对外发布，又想保护文稿设计者的一些细节元素，可以将演示文稿导出为 PDF 再发布。具体步骤如下：

（1）选择“文件”→“导出”命令，如图 6-111 所示。

（2）单击“创建 PDF/XPS”按钮，将弹出保存文件对话框，选择路径、填写文件名、选择文件类型 PDF 或 XPS，单击“确定”按钮既可将演示文稿导出为对应的文件类型。

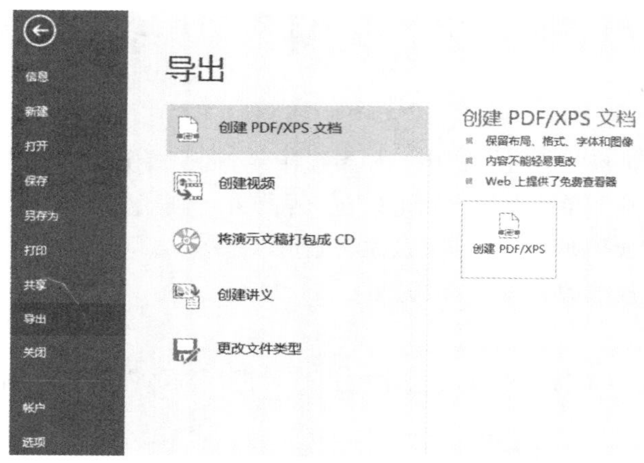

图 6-111 导出演示文稿为 PDF/XPS

2. 将演示文稿打包成 CD

为了便于在未安装 PowerPoint 2016 的计算机上播放演示文稿，需要把演示文稿打包输出，包括所有连接的外部文档，以及 PowerPoint 2016 播放程序，刻录到 CD 光盘后，可以通过光驱自动播放。具体操作过程如下：

（1）将空白可写的 CD 放入刻录光驱。

（2）在图 6-111 所示的界面中，单击“将演示文稿打包成 CD”，如图 6-112 所示，单击“打包成 CD”按钮，弹出图 6-113 所示的对话框。

图 6-112 将演示文稿打包成 CD

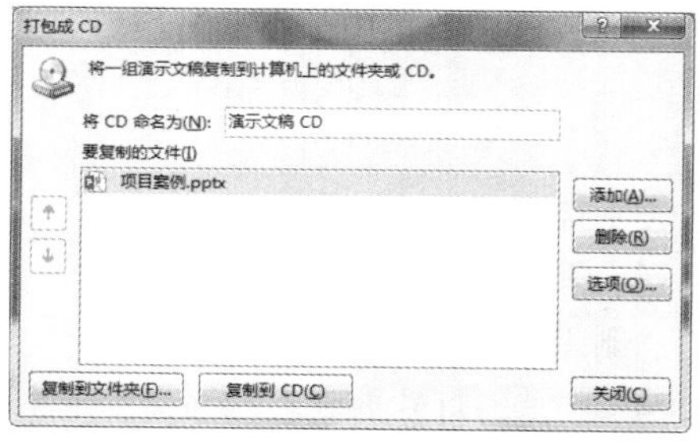

图 6-113 “打包成 CD”对话框

（3）在“将 CD 命名为”文本框中输入 CD 名称。

（4）若要添加其他演示文稿或其他不能自动包含的文件，可以单击“添加”按钮。默认情况下，演示文稿被设置为按照“要复制的文件”列表框中的顺序进行播放，若要更改播放顺序，可以选择一个演示文稿，然后通过向上和向下按钮，将其移动到列表中的新位置。若要删除演示文稿，选中后单击“删除”按钮。

（5）设置完毕后，单击“复制到 CD”按钮，即可将演示文稿刻录到 CD 中。

3. 将演示文稿导出为视频

在 PowerPoint 2016 中，可以把演示文稿导出为直接播放的视频，这样可以确保演示文稿中的动画、旁白和多媒体内容顺畅播放，即使观看者的计算机没有安装 PowerPoint 也能观看。演示文稿转换为视频的具体操作步骤如下：

（1）在图 6-111 所示的界面中，点击“创建视频”，如图 6-114 所示，在右侧的下拉列表中分别设置输出视频的质量和视频中是否包含计时和旁白，如图 6-115 和图 6-116 所示。

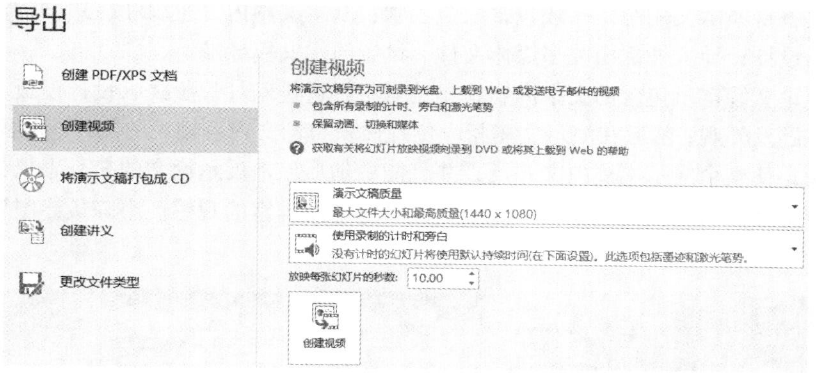

图 6-114　创建视频对话框

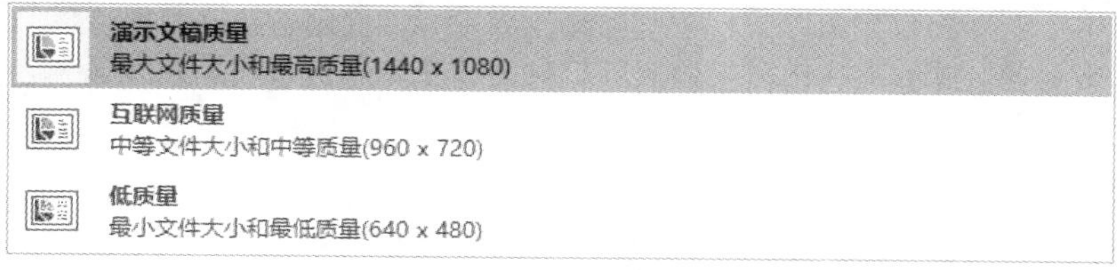

图 6-115　视频质量设置列表框

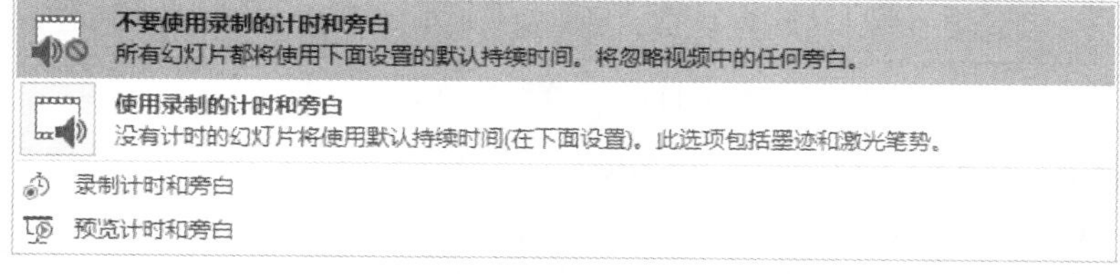

图 6-116　是否使用计时和旁白列表框

（2）每张幻灯片的放映时间默认设置为 5 秒，可以根据需要进行调整。

（3）单击“创建视频”按钮，弹出“另存为”对话框，设置好文件名和保存位置，然后单击“保存”按钮。创建视频需要较长时间，这取决于视频长度和演示文稿的复杂度。

6.8 项 目 案 例

小陈是一名本科生，即将参加毕业论文答辩。他的本科毕业论文已经通过审核，完全符合本科毕业论文的相关要求，现在需要一份精心设计的毕业论文答辩演讲稿。毕业论文答辩演讲稿是每一位参加答辩学生必备的演示文稿，是为专家讲解、展示论文内容的最佳表现方式。在演示文稿设计过程中，最重要的是演示文稿内容的组织。在制作过程中，首先要能展示出论文所要表达的基本思想，其次要尽量图文并茂；在演示文稿的主题版式上，则要尽量大方简洁，在此基础上还可以添加一些动画设计以增强答辩过程的生动性与说明效果。

6.8.1 项目分析

毕业论文答辩演示文稿制作一般包含三个步骤：基本文本内容组织和格式设置；演示文稿外观主题及动画设计；导入外部相关多媒体文件、设置演示文稿导航。

首先组织论文答辩所包含的文本内容及相关素材，通过幻灯片版式、设计模板、背景等设置演示文稿的主题及外观；然后在演示文稿相应位置插入与论文内容相关的图片、声音、Excel 图表文件和超链接，使整个演示文稿图文并茂，并且能更加形象地展示论文的核心思想；最后通过添加动画效果和幻灯片切换设置，使幻灯片放映时具有生动丰富的观感。小陈最终制作出的演示文稿效果如图 6-117 所示。

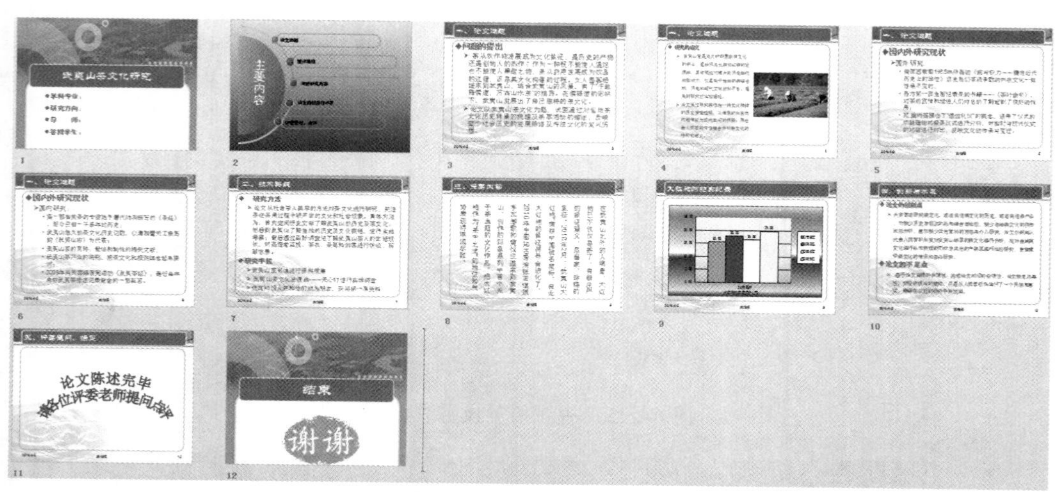

图 6-117　论文答辩效果图

在制作过程中，将项目分解为三大功能模块，逐一解决：

- 文档格式设置：新建演示文稿，设计演示文稿模板，确定设计主题。
- 填充版面内容：包括文本、图片、声音，并设置相关格式。
- 为幻灯片设置导航：包括超链接、动作按钮等。
- 个性化设置：包括演示文稿动画、切换等设置。

6.8.2　项目实现过程

1. 新建文件

新建 PowerPoint 2016 文档

使用“论文答辩稿.ppt”为文件名保存在 D 盘个人文件夹（要求自定义文件夹，文件夹名为“学号+姓名”）。

2. 修改幻灯片大小

单击“设计”选项卡“自定义”组中的“幻灯片大小”下拉按钮，在弹出的下拉列表框中选择“标准（4:3）”。

3. 插入新幻灯片

新建 12 张幻灯片，将第 1 张和最后一张幻灯片版式设置为“标题幻灯片”；第 2 张幻灯片版式设置为“空白”；第 4 张幻灯片版式设置为“标题与两栏内容”；第 8 张幻灯片版式设置为“标题和竖排文字”；其余幻灯片版式设置为“标题和文本”。

4. 幻灯片母版的“母片”设计

（1）首先插入整体背景图片（素材文件中“bg_all.jpg”），调整图片大小与幻灯片大小一致，默认情况下，插入的图片位于当前最顶层，图片会将幻灯片母版的占位符全部覆盖，如图 6–118 所示。设计中需要将背景图片置于底层，选中图片，右击，在弹出的快捷菜单中选择“置于底层”→“置于底层”命令，设置效果如图 6–119 所示。

图 6–118　插入背景图片效果

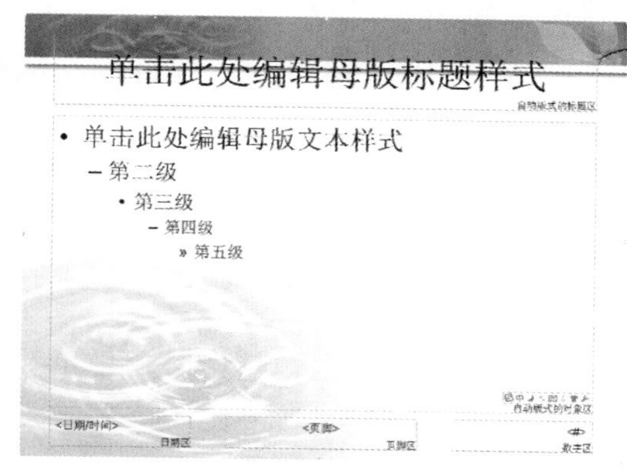

图 6–119　背景图片置于底层效果

（2）调整标题与正文占位符的大小与位置，选中标题或正文占位符，右击，在弹出的快捷菜单中选择“大小和位置”命令，弹出“设置形状格式”窗格，分别展开“大小”和“位置”，按照图 6–120 所示，设置标题占位符的大小及位置，按照图 6–121 所示，设置正文占位符的大小及位置。

（3）设置标题及正文文本格式：选择标题占位符，将标题文本设置为“华文行楷、32、白色”；选择正文占位符，设置字体颜色为 RGB(51,153,102)，将一级标题的项目符号设置为“◆”，二级标题的项目符号设置为“➢”，三到五级项目符号为默认（也可以自行设定，本项目只用到一、二级），字体格式和大小为默认，将各级标题均设置为“1.5 倍行距”。

（4）为标题及正文添加边框修饰线条，插入一个“填充颜色为绿色、边框颜色为白色、边框粗细为 3 磅”的圆角矩形，调整其大小与位置，使其大小与标题占位符大小一致，位置与标题占位符重叠，并将标题占位符的叠放次序置于顶层。

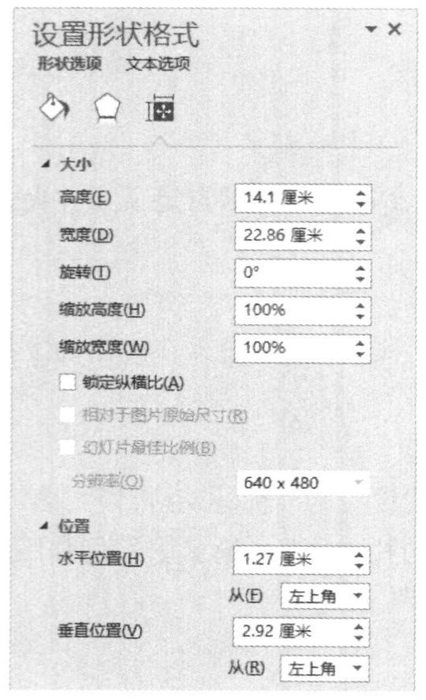

图 6-120　标题占位符格式设置

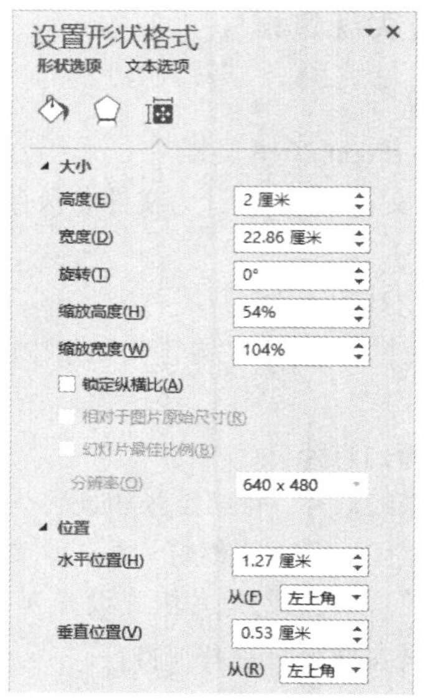

图 6-121　正文占位符格式设置

（5）同样步骤，插入一个无填充颜色，边框颜色为“绿色，个性 6，淡色 40%”、边框粗细为“2.25 磅”的圆角矩形，调整其大小与位置，使其大小与正文占位符大小一致，位置与正文占位符重叠，并将正文占位符的叠放次序置于顶层。设置完毕的效果如图 6-122 所示。

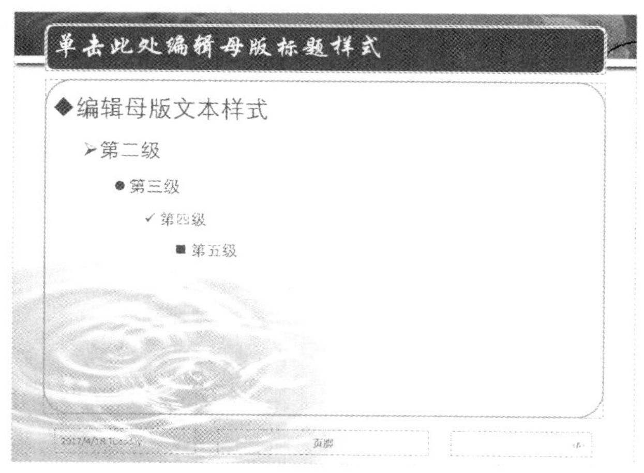

图 6-122　母版“母片”效果图

（6）最后删除日期区占位符，并将页脚区占位符和数字区占位符统一下移，使其下边缘对齐模板页的下边缘，拖动其位于模板页的左侧（右侧区域将放置导航按钮），效果如图 6-123 所示。

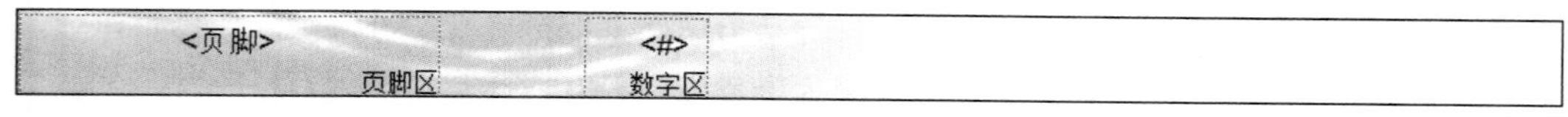

图 6-123　母版底部效果

5．幻灯片标题版式的母版设计

幻灯片母版的“母片”设置完毕之后，幻灯片所有版式的母版均继承其风格，在此必须要单独设置标题版式的母版。

（1）首先插入整体标题页的背景图片（素材文件中“bg_title.jpg”），调整图片大小与幻灯片一致，同时将背景图片置于底层。

（2）设置文本：将主标题占位区的文本设置为“华文隶书、44、白色”的字体，并居中显示；将副标题占位符区的文本设置为“黑体、28 号、颜色为 RGB（51,153,102）”，并设置为左对齐、添加圆角实心项目符号。

（3）为主标题设置边框修饰线，插入一个“填充颜色为海绿、边框颜色为白色、边框粗细为 3 磅”的圆角矩形，调整其大小与位置，使其大小与主标题占位符大小一致，位置与主标题占位符重叠，并将主标题占位符的叠放次序置于顶层。

（4）删除页脚区域内容：标题幻灯片一般不显示页脚内容，直接将日期区占位符、页脚区占位符和数字区占位符全部删除。

设置完毕的效果如图 6–124 所示。

图 6–124　标题版式幻灯片母版效果图

关闭幻灯片母版视图，切换到幻灯片浏览视图，所有幻灯片的格式统一为母版样式，如图 6–125 所示。

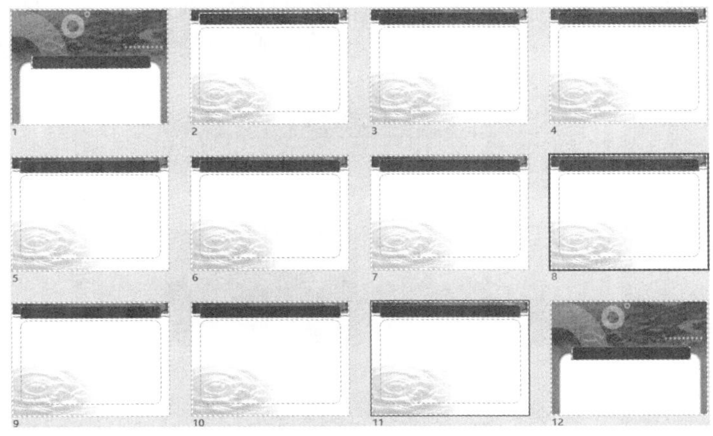

图 6–125　母版效果图

6. 填充文档内容

（1）为第 1 张幻灯片添加主标题和副标题：主标题内容为“武夷山茶文化研究”，副标题内容为论文相关信息，并将副标题内容设置为“1.5 倍行距”，效果如图 6-126（a）所示。

（2）利用 SmartArt 图为第 2 张幻灯片插入幻灯片目录结构，效果如图 6-126（b）所示。

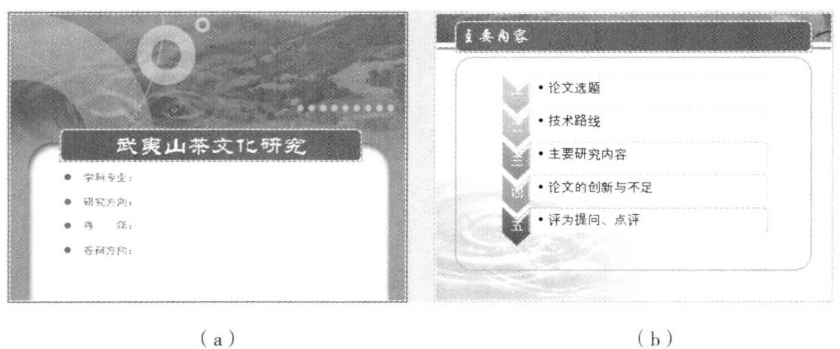

（a）　　　　　　　　　　　　（b）

图 6-126　第 1、2 张幻灯片效果图

（3）按照项目效果图为第 3、5、6、7、8、10 张幻灯片插入文本内容，根据需要，适当调整字体大小，显示效果如图 6-127 所示。

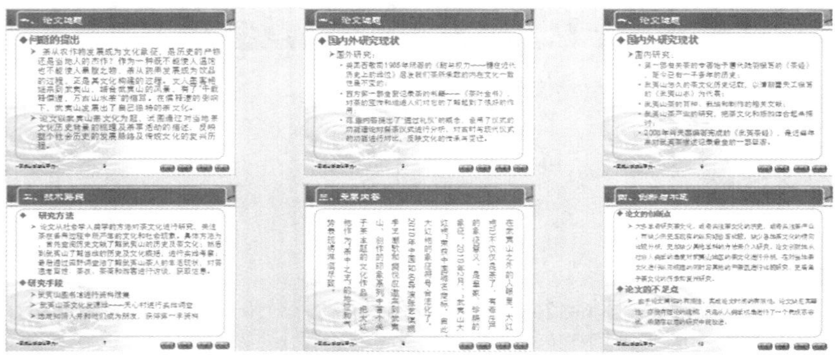

图 6-127　第 3、5、6、7、8、10 张幻灯片效果图

（4）为第 4 张幻灯片添加文本内容及图片：参照项目效果在左侧文本区域添加文本内容，在右侧内容区单击按钮，把图片“采茶.jpg”图片插入幻灯片中，效果如图 6-128 所示。

图 6-128　第 4 张幻灯片效果图

（5）为第 9 张幻灯片设置图表：插入一个类型为簇状柱形图的图表，数据来源为“大红袍拍卖纪录.xls”，要求数据标签包含值，图表的布局为“布局 3”，效果如图 6-129 所示。

（6）为第 11 张幻灯片插入艺术字：切换到“插入”选项卡，插入艺术字，艺术字内容为：“论文陈述完毕 请各位评委老师提问点评”（两行显示），填充和轮廓的颜色均设置为“绿色”。设置完毕，幻灯片效果如图 6-130 所示。

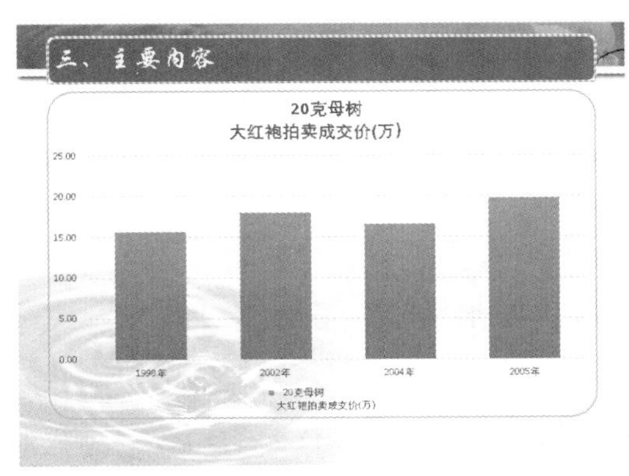

图 6-129　第 9 张幻灯片图表效果图

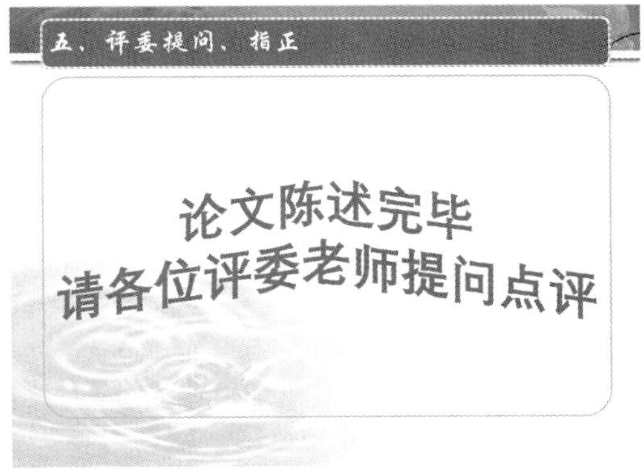

图 6-130　第 11 张幻灯片效果图

（7）为第 12 张幻灯片插入图片：插入素材文件夹下“Thankyou.png”图片，调整其大小为原来的 78%，调整其位置，使其居中，如图 6-131（a）所示；插入一个与图片大小一致的椭圆，使其刚好覆盖图片，设置其填充色为“绿色”，效果如图 6-131（b）所示；右击绘制的椭圆，在弹出的快捷菜单中选择“置于底层”→“下移一层”命令，使其作为图片的底层背景，效果如图 6-131（c）所示。

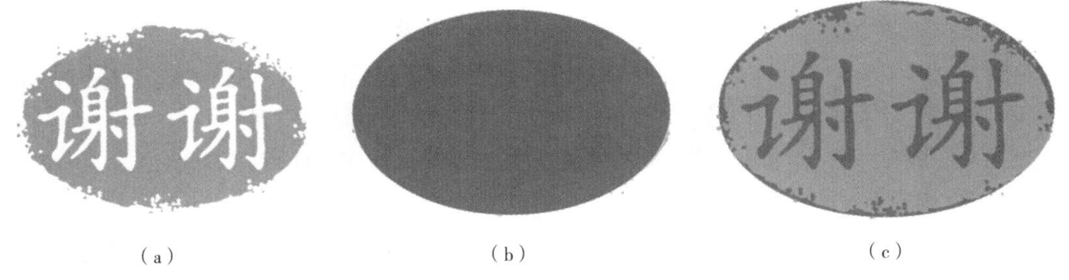

（a）　（b）　（c）

图 6-131　第 12 张幻灯片图片效果

（8）为幻灯片设置背景音乐：选择第 1 张幻灯片，将实验素材文件夹中“bgmusic.mp3”文件作为幻灯片的背景音乐，设置为幻灯片播放过程中循环播放。

（9）为幻灯片设置页眉页脚：演示文稿中也提供了页眉页脚设置的功能，其意义与 Word 文稿基本一致，可以将一些要在每张幻灯片上显示的内容，通过页眉页脚来设置，如页码、日期、提示信息等。

选择“插入”选项卡，单击“文本”组的“页眉和页脚”按钮，按照图 6-132 所示进行设置。

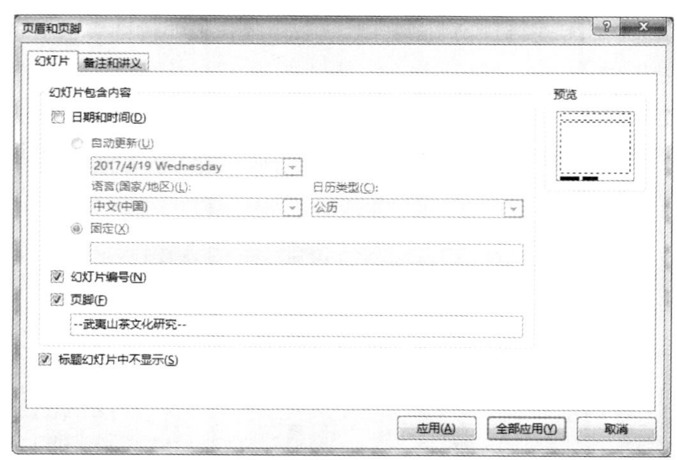

图 6-132 “页眉和页脚”对话框

7. 设置导航

为第 2 张幻灯片设置超链接，根据内容，分别将“论文选题”、“技术路线”、“主要研究内容”、“论文的创新与不足”和“评委提问、点评”五项内容分别超链接到第 3 张、第 7 张、第 8 张、第 10 张和第 11 张幻灯片。

为第 3 ~ 11 张幻灯片设置导航，要求有“上一页、下一页、首页和尾页”导航的功能。

切换到母版视图模式，并选择“标题与内容”母版，插入素材文件中的四张图片：first.png、previous.png、next.png、last.png。调整其大小和位置，使其显示效果如图 6-133 所示。

图 6-133 导航图片效果

分别为“首页”、“上一页”、“下一页”和“末页”四张导航图片设置动作，分别为：“第一张幻灯片”、“上一张幻灯片”、“下一张幻灯片”和“最后一张幻灯片”。

依次对“两栏内容”母版、“标题与竖排文本”母版做同样的设置。

8. 个性化设置

动画设置：为第 4 张幻灯片添加自定义动画，效果为：标题文字以自右侧、按字母、中速飞入；图片以中速、“中央向上下展开”方向、“劈裂”方式进入幻灯片；正文内容按整批、水平、快速百叶窗效果，且要求图片与正文动画同步播放。

幻灯片切换：将第 6 张幻灯片的切换方式设置为“顺时针回旋，4 根轮辐”“中速”；将剩余幻灯片的切换效果设置为“随机”，幻灯片的切换方式设置为：鼠标单击或每隔 15 秒自动换页。

课 后 练 习

1. 武夷山简介幻灯片的制作：

小李是武夷学院旅游系的一名学生，有几个外地的朋友想来武夷山旅游，他们希望在来之前能对武夷山有一个系统形象的了解。小李想到通过制作一个关于武夷山简介的幻灯片来实现。一个内容丰富、美观大方的幻灯片可以很好地向外地的朋友介绍武夷山的概况，展示武夷山的风采。最终制作出的幻灯片简图如图 6-134 所示。

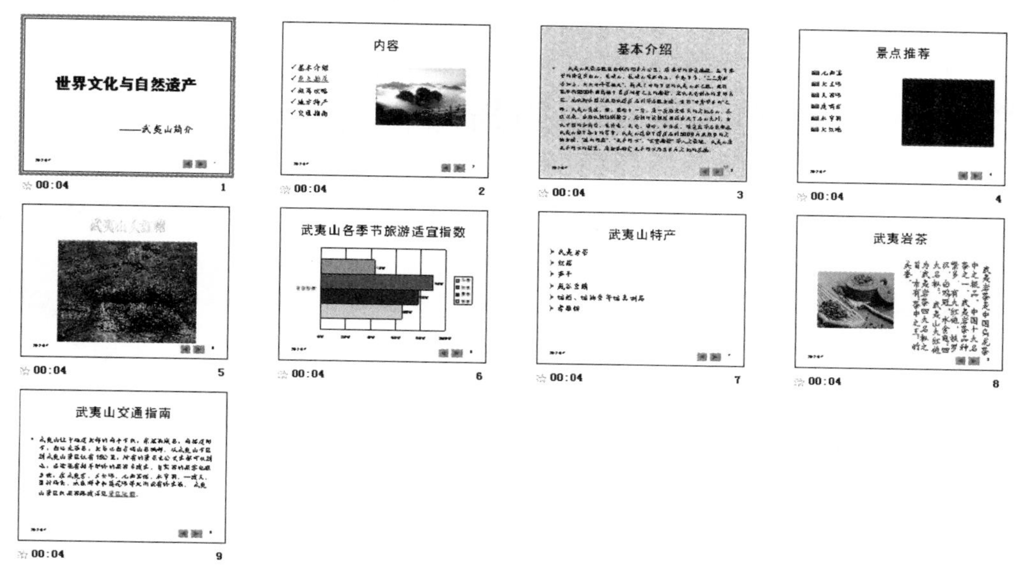

图 6-134 武夷山简介幻灯片效果图

任务要求如下：

（1）第 1 张幻灯片采用“标题幻灯片”版式，标题为“世界文化与自然遗产”，文字居中，黑体，54 磅字，加粗；副标题为“——武夷山简介”，楷体，36 磅字。

（2）第 2 张幻灯片为“标题、文本与剪贴画”，标题为黑体，48 磅字，居中；文本内容为楷体，28 磅字，并添加相应的项目符号和编号；添加“武夷山云海图”剪贴画；并为文本“景点推荐”设置超级链接，放映时单击鼠标链接到第四张幻灯片上。

（3）第 3 张幻灯片采用“标题和文本”版式，内容为“武夷山简介”文档，将背景设置为“花束”纹理的填充效果；并在右下角插入声音文件“醉在武夷山.mp3”，选择自动播放。

（4）第 4 张幻灯片采用“标题、文本与内容”版式，为文本添加如图 6-134 所示项目符号和编号，所用项目符号为“武夷山 Logo”图片，并在内容处插入视频文件 WYS.avi，选择自动播放。

（5）第 5 张幻灯片采用“只有标题”版式，标题为艺术字，宋体，44 号字，选择第三行第 1 列样式，形状为“两端远”；并插入图片“武夷山大红袍.jpg”。

（6）第 6 张幻灯片采用“标题和图表”版式，导入 Excel 工作簿武夷山旅游攻略.xls 的“适宜指数”工作表，建立簇状条形图，数据标签包含值。

（7）第 7 张幻灯片采用“标题和文本”版式，文本添加项目符号，并将项目符号设置为蓝色，90%字高；为标题添加自定义动画，单击时，标题以“水平”“快速”“百叶窗”方式进入幻灯片。

（8）第 8 张幻灯片采用“标题和竖排文字”版式，插入图片“武夷岩茶.jpg”，将图片尺寸大小改为原来的 1.8 倍；并为幻灯片设置“典雅”动画方案。

（9）第 9 张幻灯片采用“标题和文本”幻灯片，添加相应的标题和文本；并为文本“景区地图”设置超链接，放映时单击鼠标打开图片“武夷山景区地图.jpg”。

（10）将所有幻灯片的切换方式设置为“扇形展开”、“中速”、每隔5秒自动换页。

（11）在幻灯片中插入自动更新的日期和时间，对幻灯片进行编号，并添加前进和后退的动作按钮，在母版中进行相关设置，如图6-135所示。

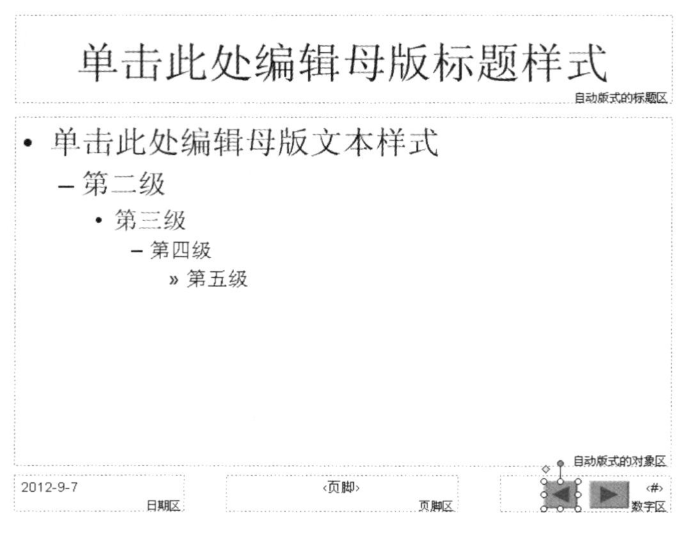

图6-135 母版设置

（12）保存退出。

2. 根据给定的素材，打开“高等院校简介.ppt”文档，按任务要求，制作如图6-136所示效果的幻灯片。

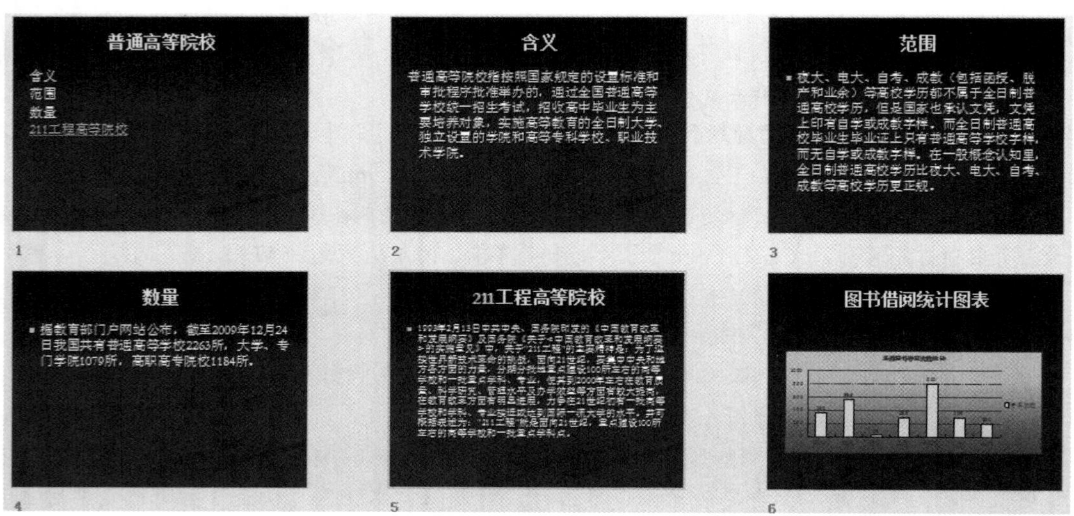

图6-136 效果图

任务要求如下：

（1）将所有幻灯片应用设计模板Stream.pot，并为第1张幻灯片的文本“211工程高等院校”

设置超链接，放映时单击链接到第 5 张幻灯片上。

（2）在幻灯片母版中设置：使放映时每隔 2 秒以中速、“横向棋盘式”自动切换每张幻灯片。

（3）为第 4 张幻灯片设置动画效果，将标题动画效果设置为：中速、左侧、按字母、飞入；将正文内容动画效果设置为：慢速、左右向中央收缩、霹雳。

（4）在文稿末尾添加一张版式为“标题和图表”的幻灯片（成为第 6 张幻灯片），在标题框中输入：图书借阅统计图表，在图表框中导入 Excel 工作簿“图书借阅.xls”的“借阅统计”工作表，选择 A2:B8 区域数据建立三维簇状柱形图图表，图表的其他设置均取默认值。

3. 根据给定的素材，打开“海峡西岸经济区.ppt”文档，按任务要求，制作如图 6-137 所示效果的幻灯片

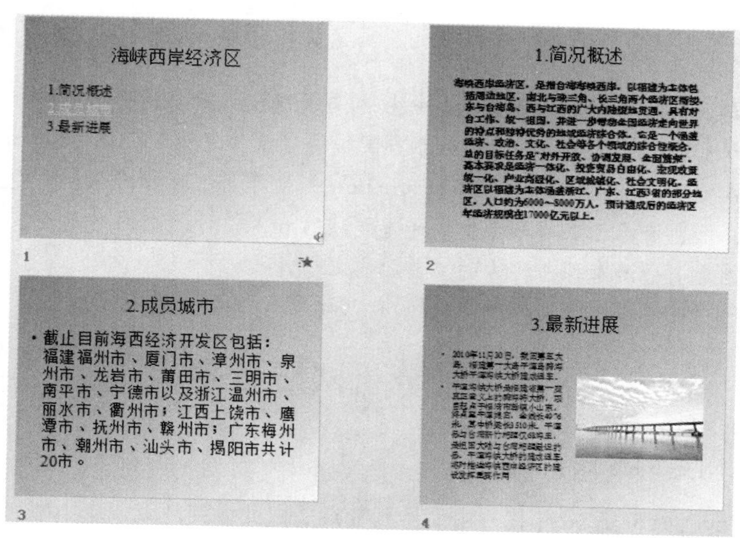

图 6-137 效果图

（1）将所有幻灯片的背景设置为颜色为“预设：雨后初晴”、低温样式为“斜上”的填充效果，并在第 1 张幻灯片的“成员城市”文本上设置超链接，使在放映时单击链接到第 3 张幻灯片。

（2）将第 4 张幻灯片的版式改为“标题、文本与内容”，并在内容框中插入“PTDQ.jpg”图片文件，图片大小为默认。

（3）为第 4 张幻灯片设置动画效果，将标题动画效果设置为：中速、内、菱形；将正文动画效果设置为：中速、扇形展开；将图片动画效果设置为：非常快、跨越、棋盘。并且要求正文与图片动画效果同时进行。

（4）将第 1 张幻灯片的切换方式设置为“水平百叶窗”慢速展开，并在右下角插入声音文件“bgmusic.mid”，并将其设置为背景音乐（播放幻灯片过程中循环播放背景音乐，直到退出放映）。

第7章

计算机网络与安全

计算机网络（Computer Network）是计算机技术与通信技术结合的产物，是信息交换和资源共享的技术基础。为迎接信息社会的挑战，世界各国纷纷建设信息高速公路（Information Highway）、国家信息基础设施（National Information Infrastructure）等计划，其目的就是构建信息社会的重要物质和技术基础。信息资源已成为社会发展的重要战略资源。计算机网络是国家信息基础建设重要的组成部分，也是一个国家综合实力的重要标志之一。

本章将简要介绍计算机网络基础知识、Internet 应用和网络安全技术等

7.1 计算机网络概述

7.1.1 计算机网络的形成与发展

计算机网络始于 20 世纪 60 年代，由简单到复杂、由低级到高级，从小型局域网到全球性的广域网，现已成为信息社会的基础，被广泛应用于社会各个领域。计算机网络的发展大致经历了以下 4 个阶段。

1. 诞生阶段——面向终端的单主机互联系统

20 世纪 60 年代初，计算机非常庞大和昂贵。为了共享资源，实现信息采集和处理，相对便宜的远程终端利用通信线路和中央计算机连接起来，形成了面向终端的以单计算机为中心的联机系统，如图 7-1 所示。从严格意义上来说，该阶段的网络并不是真正的计算机网络，因为其终端无独立数据处理的功能。

2. 形成阶段——多主机互联系统

从 20 世纪 60 年代中期到 70 年代中期，随着计算机技术和通信技术的进步，将多台单计算机相互连接起来，形成了计算机——计算机的网络，实现了广域范围内的资源共享，如图 7-2 所示。此阶段的网络中，各个计算机系统是独立的，彼此借助通信设备和通线线路连接起来交换信息，形成了计算机网络的基本概念。

3. 互联互通阶段——体系结构标准化网络

经过前期的发展，人们对网络的技术、方法和理论的研究日趋成熟，各大计算机公司制定了自己的网络技术标准（如 IBM 公司的系统网络体系结构 SNA 标准，DEC 公司的数字网络体系结构 DNA 标准等），最终促成了国际标准的制定。国际标准化组织（ISO）开放系统互连分技术委

员会于 1981 年提出了著名的"开放系统互连参考模型(OSI/RM)"，使得各种计算机能够在世界范围内互连成网，成为研究和制订新一代计算机网络标准的基础。

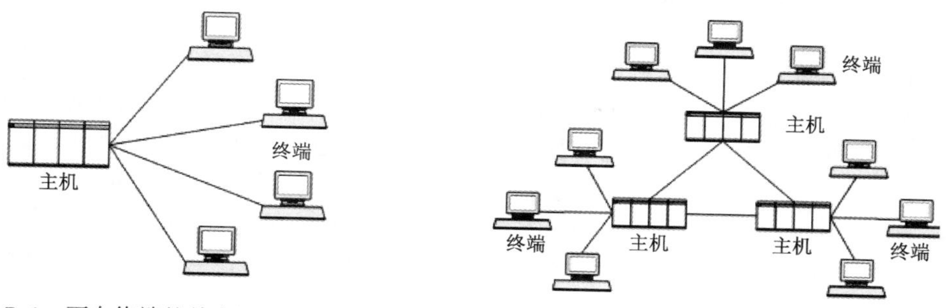

图 7-1　面向终端的单主机互联系统

图 7-2　多主机互联系统

4. 高速发展阶段——Internet 蓬勃发展

20 世纪 90 年代至今，由于局域网技术发展成熟，出现了光纤及高速网络技术，整个网络就像一个对用户透明的大的计算机系统，发展成为以 Internet 为代表的互联网。

Internet 是当前世界最大的、开放的、由众多网络互连而成的计算机网络。1969 年，Internet 的前身 ARPANET 诞生，1994 年后，Internet 进入商业化阶段，除原有的学术网络应用外，政府部门、商业企业和个人广泛应用 Internet，全世界绝大部分国家纷纷接入 Internet，这种迅猛发展进程反映了 Internet 的日益成熟。

7.1.2　计算机网络的定义与构成

计算机网络是指地理位置不同且具有独立功能的多台计算机及其外部设备，通过通信设备（如路由器、交换机）和通信线路（有线或无线）连接起来，在网络操作系统、网络管理软件和网络通信协议的管理协调下，实现资源共享和信息传递的计算机系统。

从逻辑功能上看，计算机网络由通信子网和资源子网组成（如图 7-3 所示）。由通信处理机、通信线路和其他通信设备构成的通信子网实现了数据的传输；由主机、与主机相连的终端及其他外设、各种软件资源和信息资源构成的资源子网负责数据处理，为网络用户提供数据服务。

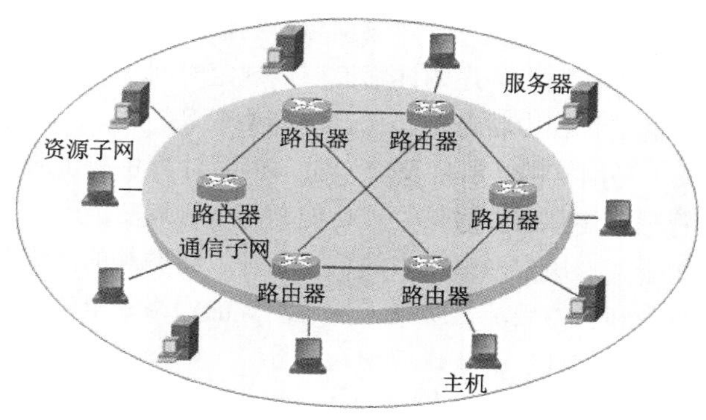

图 7-3　计算机网络的构成

从资源构成上看，计算机网络由网络硬件和网络软件构成。

1. 网络硬件

网络硬件包括网络互连设备、实现数据传输和处理的硬件，如网络互连设备，联网部件、传输介质、服务器及客户机等。

常用的网络互连设备包括网桥、交换机、路由器和网关。根据网络互连的不同层次，使用不同的网络互连设备，这些设备构成了网络的中间节点，实现不同网络节点间数据的存储和转发。

联网部件主要包括网卡或网络适配器、调制解调器、连接器、收发器等。例如，通过局域网接入 Internet 必须使用网卡，通过电话线接入 Internet 必须使用调制解调器（Modem）。

传输介质是指通信网络中发送方和接收方之间的物理通路，分为有线传输介质（如图 7-4 所示为双绞线、同轴电缆、光纤示意图）和无线传输介质（如微波、无线电、红外线）两种。

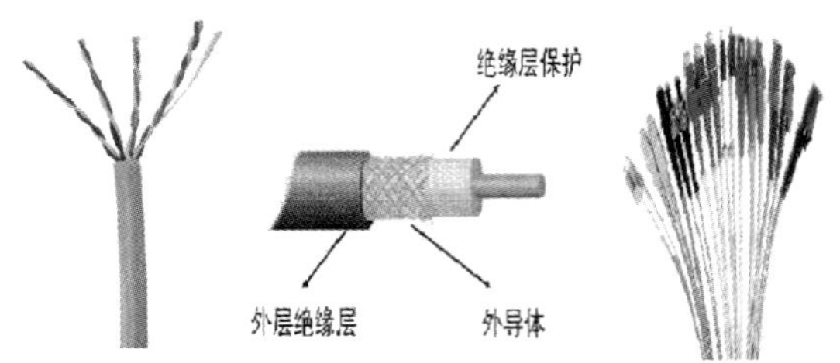

图 7-4　双绞线、同轴电缆、光纤示意图

服务器是为客户端（网络用户）提供各种服务的高性能计算机。根据其用途不同，可以分为 WWW 服务器、邮件服务器、文件传输服务器等。

客户机是指网络用户方联网终端，可以是工作站、个人计算机、手机、物联网终端或其他智能终端设备等。

2. 网络软件

网络软件包括网络协议、网络操作系统和网络应用软件等。

网络协议是指为计算机网络中进行数据交换而建立的规则、标准或约定的集合。其在整个计算机网络中处于极其重要的地位，由语义、语法和时序三个要素组成。

语义，规定了通信双方彼此“讲什么”，即需要发出何种控制信息，完成何种动作以及做出何种响应。

语法，规定通信双方彼此“如何讲”，即数据与控制信息的结构或格式，信号电平等。

同步，也称时序，是对事件发生顺序的详细说明，规定时间执行的顺序，先讲什么，后讲什么，讲话的速度等，确定通信过程中状态的变化、应答关系等。

网络操作系统（NOS）是网络的心脏和灵魂，是向网络计算机提供服务的特殊的操作系统。它至少应具有网上资源管理功能、数据通信管理功能和网络管理功能。

网络应用软件包括用于实现用户网络接入的认证管理、计费等的网络管理软件；用于保证网络系统不受恶意代码、行为和病毒破坏，实现入侵检测等的网络安全软件；为网络用户提供服务的网络应用软件，如即时通信软件、数据库应用系统等。

7.1.3　计算机网络的功能

1. 数据通信

数据通信是计算机网络基本的功能，可实现不同地理位置的计算机与终端、计算机与计算机之间的数据传输。用户可以通过计算机网络进行即时通信、传送电子邮件、发布新闻消息和进行电子商务活动。

2. 资源共享

资源共享包括网络中硬件、软件和数据资源的共享，这是计算机网络最主要和最有吸引力的功能。可以在全网范围内提供对处理资源、存储资源、输入输出资源等昂贵设备的共享，使用户节省投资，也便于集中管理和均衡分担负荷；允许互联网上的用户远程访问各类大型数据库，如各种在线资源、在线视频分享等。

3. 提高计算机的可靠性和可用性

提高可靠性表现在计算机网络中的各计算机可以通过网络彼此互为后备，一旦某台计算机出现故障，故障机的任务就可由其他计算机代为处理，避免了单机无后备机情况下，某机出现故障导致系统瘫痪的现象，大大提高了系统可靠性。提高计算机可用性是指当网络中某台计算机负担过重时，网络可将新的任务转交给网络中较空闲的计算机完成，这样就能均衡各计算机的负载，提高了每台计算机的可用性。

4. 负载均衡与分布式处理

计算机网络中对于大型复杂的任务，可通过一定的算法将任务交给不同的计算机处理，达到均衡使用网络资源，实现分布式处理的目的。

5. 综合信息服务

计算机网络可以向全社会提供各种经济信息、科研情报、商业信息和咨询服务，如 Internet 中的 www 就是如此。

7.1.4 计算机网络的分类

计算机网络类型繁多，从不同角度有不同的分类方法。常见的分类方法有以下几种。

1. 按地理覆盖范围分类

根据网络通信涉及的地理范围，可以分为局域网、城域网和广域网。

局域网（Local Area Network，LAN）是指地理范围在几米至十几千米内的计算机及外部设备通过通信线路相连的网络。它是最常见、应用最广的一种网络，特点是覆盖范围有限、传输速率高、用户数少、配置容易，通常是由一个单位组建。目前常见的局域网主要有以太网（Ethernet）和无线局域网（WLAN）。

城域网（Metropolitan Area Network，MAN）是指城市地区网络，连接距离通常在 10~100 km。MAN 与 LAN 相比扩展的距离更长，连接的计算机数量更多，在地理范围上可以说是 LAN 网络的延伸。在一个大型城市或都市地区，一个 MAN 网络通常连接着多个 LAN。

广域网（Wide Area Network，WAN）也称远程网，一般是在不同城市之间的 LAN 或者 MAN 网络互联，地理范围可从几百千米到几千千米。它利用公用分组交换网、卫星通信网或无线分组交换网，将分布在不同地区的计算机系统互连起来，达到资源共享的目的。与局域网相比，广域网的主要特点是覆盖范围大、传输速率低、传输误码率较高。

2. 按网络拓扑结构分类

网络拓扑结构是指网络中计算机（节点）的连接方式，它对整个网络的功能、可靠性与费用等方面都有很大影响，它既是对整个网络系统结构的把握又是网络连接的具体实现指南。网络拓扑结构主要有星状结构、环状结构、总线结构、网状结构和树状结构等，如图 7–5 所示。

广域网因为结构复杂，数据传输延迟和误码率较高，多将两种或几种网络拓扑结构混合起来构成复合型网络。复合型拓扑结构的网络兼有不同拓扑结构网络的优点，适合大规模的复杂网络。

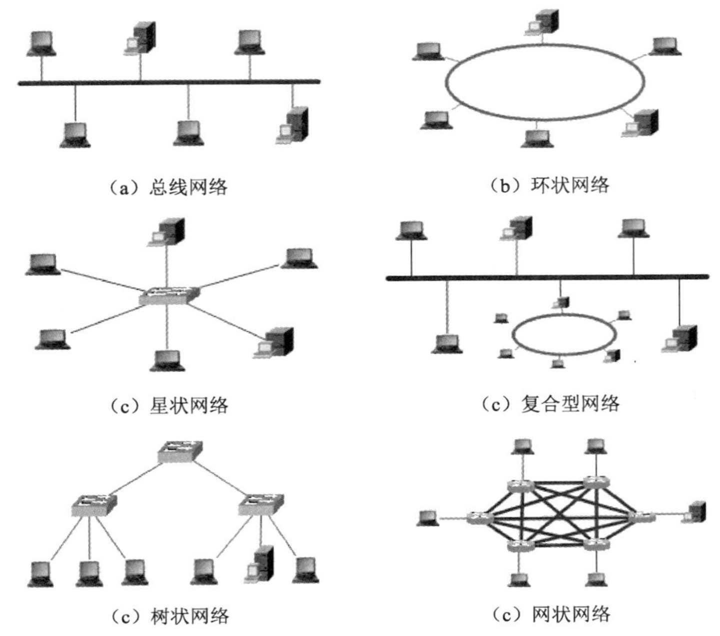

图 7–5　网络拓扑结构

3. 按照工作模式分类

按照网络的工作模式，可分为对等网络和客户机/服务器网络。对等网络中所有的计算机享有平等的权利，没有控制网络的独立计算机，彼此互相提供服务。它的构建成本较低、易于互联，适用于家庭或小型办公网络。例如，计算机 A 的用户将打印机设置为共享资源，当计算机 B 共享了该打印机后，打印机会出现在计算机 B 的可用打印机列表中，B 用户可以直接打印文档，就像该打印机直接连接在 B 计算机上一样。

客户机/服务器网络中，服务器为其他设备提供服务，客户机则通过访问服务器来获取不同服务。这种模式也称为 C/S 模式（Client/Serve，客户端/服务器）或者 B/S 模式（Browser/Server，浏览器/服务器模式）。

4. 按传输介质分类

按照传输介质可分为有线网络和无线网络两类。

7.1.5　数据交换技术

网络中的两个设备之间直接进行通信是较少见的，通常都需要经过通信子网的中间节点转发数据，数据交换技术就是用来解决两台计算机通过通信子网实现数据交换的技术。常用的数据交换技术主要有线路交换、报文交换和分组交换。

1. 线路交换

线路交换与电话交换方式类似。两个网络节点在进行数据交换前，必须建立起专用的通信信道，也就是在节点间建立起一个实际的物理线路连接，然后在这条通路上实现信息传输。在通信过程中，该物理连接仅为此次通信专用，不得被其他节点使用，在两个节点数据传输完成之后释放该连接。

2. 报文交换

线路交换用在传输实时交互式信息的场合，但在数据通信中，终端系统之间交换数据往往是随机和突发的，如果使用线路交换，就会带来信道容量和有效时间的浪费，即使双方在通信过程中有很多空闲时间，其他用户也不能利用。这时采用线路交换并不合适。

在报文交换方式中，两个节点之间无须建立专用线路。当发送方有数据块要发送时，它把数据块作为一个整体（称为报文）交给交换节点。交换节点可先把传输的报文存储起来，等到信道空闲时，再根据报文的目的地址，选择一条合适的信道把信息转发给下一节点，如果下一节点仍为交换节点，则仍存储信息并继续往目标节点方向转发。在每一个交换节点都设置缓冲存储器，到达的报文先送入相应的缓冲区中暂存，然后择机再转发出去。所以报文交换技术是一种存储转发技术。

报文是由被传递的数据、源地址、目的地址和其他控制信息组成的数据块。报文的基本结构如图 7–6 所示。

起始标志	信息开始	源节点	目的节点	控制信息	报文编号	……正文……	报文结束	误码检测
		信息头					信息尾	

图 7–6 网络报文

3. 分组交换

分组交换是目前最普遍使用的数据交换方式，其类似报文交换，都是按存储转发原理传送数据，两者的差别是数据传输单位不同。分组结构如图 7–7 所示。

分组交换将报文划分为一定长度的分组，以分组为单位进行存储转发，这样既继承了报文交换方式电路利用率高的优点，又克服了其时延较大的缺点。为了准确地传送到对方，每个组都打上标识（源地址，目的地址和分组编号等），许多不同的数据分组在物理线路上以动态共享和复用方式进行传输。为了能够充分利用资源，当数据分组传送到交换机时，会暂存在交换机的存储器中，然后根据当前线路的忙闲程度，交换机会动态分配合适的物理线路，继续数据分组的传输，直到传送到目的地。到达目地之后的数据分组再重新组合起来形成报文。

分组头	信息源地址	目的站地址	控制信息	控制编号	分组编号	最末一个信息分组标志	正文	误码检测

图 7–7 网络分组

7.1.6 计算机网络体系结构

计算机网络体系结构是指计算机网络层次模型和各层协议的集合，体现了计算机网络中所采用的网络协议是如何设计的，即网络协议如何分层以及每层完成哪些功能。

1. 分层模型

为了减少网络协议设计的复杂性，网络设计者并不是设计一个单一、巨大的协议来为所有形式的通信规定完整的细节，而是采用把通信问题划分为许多个小问题，然后为每个小问题设计一个单独的协议方法，使得每个协议的设计、分析、编码和测试都比较容易。

分层模型是一种用于开发网络协议的设计方法。采用在协议中划分层次的方法，把要实现的功能划分为若干层次，较高层次建立在较低层次基础上，同时又为更高层次提供必要的服务功能，这样分层的好处在于：高层次只要调用低层次提供的功能，而无需了解低层次的技术细节；只要保证接口不变，低层次功能的具体实现方法变更不会影响较高一层所执行的功能。

采用这一思想最著名的网络体系结构模型有国际标准化组织 ISO（International Standards Organization）提出的 OSI/RM（Open System Interconnection/Reference Model，开放系统互联参考模型）与 Internet 中使用的 TCP/IP（Transmission Control Protocol/Internet Protocol）参考模型。

2. OSI/RM 参考模型

OSI 参考模型是国际标准化组织 ISO 于 1981 年制定的标准，是一个定义异构计算机连接标准的框架结构。

OSI 参考模型的 7 层结构如图 7-8 所示，其 7 层的功能分别如下。

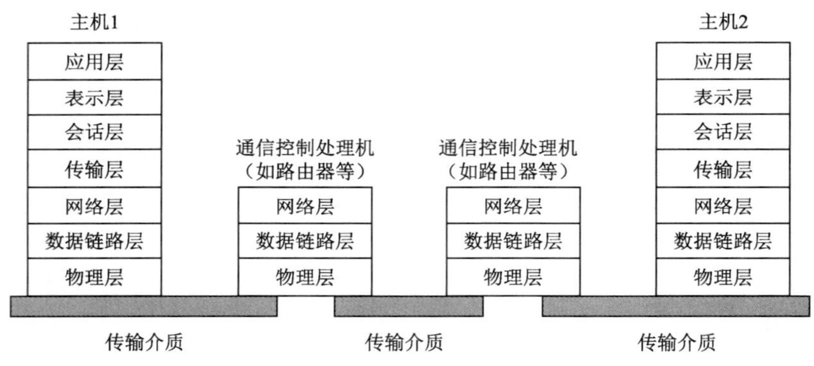

图 7-8　OSI/RM 参考模型

1）物理层（Physical Layer）

它是 OSI/RM 的最底层，是整个开放系统的基础，利用物理传输介质为数据链路层提供物理连接。主要任务是在通信线路上传输二进制数据的电信号，按照传输介质的电气或机械特性的不同，传送不同格式的数据，传送数据的单位为 bit。

2）数据链路层（Data Link Layer）

数据链路层在物理层传送的二进制数据基础上，负责建立相邻节点之间的数据链路，提供节点与节点之间可靠的数据传输。传送数据的单位为帧（Frame）。

3）网络层（Net Work Layer）

网络层的主要功能是控制通信子网内的寻径、流量、差错、顺序和进出路由等，即负责节点与节点之间的路径选择，让数据从物理连接的一端传送到另一端，负责点到点之间通信联系的建立、维护和结束。它是 OSI 参考模型中最复杂的一层。

4）传输层（Transport Layer）

传输层负责提供两节点之间数据的传送，其目的是向用户提供可靠的端到端服务，透明地传送报文，它向高层屏蔽了下层数据通信的细节，是网络体系结构中最关键的一层。

5）会话层（Session Layer）

会话是指两个用户进程之间的一次完整通信。会话层负责控制每一个节点究竟什么时间可以传送与接收数据，为不同用户提供建立会话并对会话进行有效管理。

6）表示层（Presentation Layer）

表示层主要用于处理两个通信系统中信息的表示方式，完成字符和数据格式的转换，对数据进行加密和解密、压缩和恢复等操作。

7）应用层（Application Layer）

应用层是 OSI 参考模型的最高层。它与用户直接联系，负责网络中应用程序与网络操作系统之间的联系，包括建立与结束使用者之间的联系，监督并管理相互连接起来的应用系统以及所使用的资源。如为用户提供各种服务，包括电子邮件、文件传输、网络管理等，但不包含应用程序本身。

在 OSI 网络体系结构中，除了物理层之外，网络中数据的实际传输方向是垂直的。数据由用户发送进程给应用层，向下经表示层、会话层等到达物理层，再经传输媒体传到接收端，由接收端物理层接收，向上经数据链路层等到达应用层，再由用户获取。数据在由发送进程交给应用层时，由应用层加上该层有关控制和识别信息，再向下传送，这一过程一直重复到物理层。在接收端信息向上传递时，各层的有关控制和识别信息被逐层剥去，最后数据被送到接收进程。

3. TCP/IP 参考模型

OSI 参考模型概念清楚，理论较为完整，但它复杂且不实用。TCP/IP 参考模型已被广泛应用且运行稳定，是一种既成事实的工业标准。TCP/IP 来自 Internet 的研究和应用实践，采用了四层体系结构，从上到下依次是应用层、传输层、网际层和网络接口层，如图 7–9 所示。

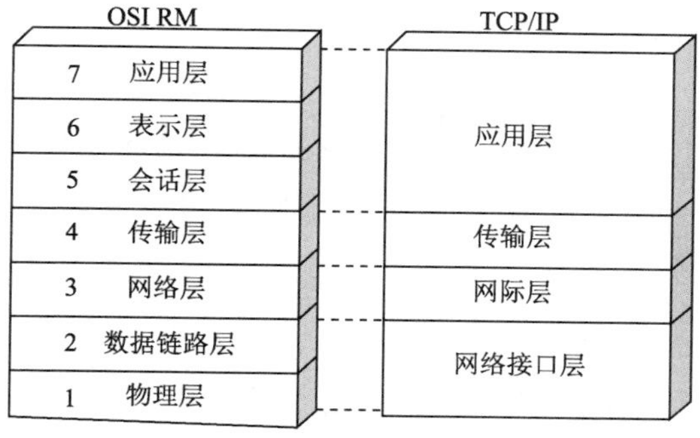

图 7–9　TCP/IP 与 OSI 参考模型

1）网络接口层

实际上 TCP/IP 参考模型没有真正描述这一层的实现，只是要求能够提供给其上层，即网际层一个访问接口，以便在其上传递 IP 分组。由于这一层次未被定义，所以其具体的实现方法将随着网络类型的不同而不同。

2）网际层

网际层是整个 TCP/IP 协议栈的核心，其功能是把分组发往目标网络或主机。它定义了分组格式和 IP 协议等。

3）传输层

传输层的功能是使源端主机和目标端主机上的对等实体可以进行会话，它定义了两种服务质量不同的协议，即传输控制协议 TCP（Transmission Control Protocol）和用户数据报协议 UDP（User Datagram Protocol）。

4）应用层

应用层位于 TCP/IP 协议族的最上层，相当于 OSI 参考模型的应用层、表示层和会话层的综合。它为用户的各种网络应用开发了许多网络应用程序，面向不同的网络应用引入了不同的应用层协议，例如：文件传输协议（File Transfer Protocol，FTP）、简单邮件传输协议（Simple Mail Transfer Protocol，SMTP）、简单网络管理协议（Simple Network Management Protocol，SNMP）和超文本传输协议（Hyper Text Transfer Protocol，HTTP）等。

7.2 Internet 及其应用

Internet 的发明是人类文明史上的一个重要里程碑事件。各大在线教育平台面向学生群体推出各类免费直播课程，方便学生学习，用户规模迅速增长。中国互联网络信息中心（CNNIC）发布的第 47 次《中国互联网络发展状况统计报告》显示，截至 2020 年 12 月，中国网民规模达 9.89 亿，互联网普及率达到 70.4%。在线教育、在线医疗用户规模分别为 3.42 亿、2.15 亿，占网民整体的 34.6%、21.7%。未来，互联网将在促进经济复苏、保障社会运行等方面进一步发挥重要作用。

7.2.1 IP 地址

在 Internet 上，每一台计算机都有一个身份识别号码，就是 IP 地址。TCP/IP 协议 IPv4 规定 IP 地址长 32 位二进制位，为方便使用，按每八位一组分为 4 个字节，每个字节对应一个 0~255 的十进制整数，数之间用点号分隔，称为点分十进制，如将 11010011 01010000 11110011 00111111 记为 211.80.243.63。

说明

IPv6 是 IETF（The Internet Engineering Task Force，国际互联网工程任务组）设计的，用于取代现行版本 IP 协议（IPv4）的下一代 IP 协议，其 IP 地址占 16 个字节 128 位二进制位，具有非常充分的地址空间。

1. IP 地址格式

为了便于寻址以及层次化构造网络，IP 地址采用分层结构，每个 IP 地址包括两个标识码（ID），即网络 ID 和主机 ID。同一个物理网络上的所有主机都使用同一个网络 ID，网络上的一个主机（包括网络上工作站，服务器和路由器等）都有一个主机 ID 与其对应。

IP 地址的结构使人们可以在 Internet 上很方便地寻址，先按 IP 地址中的网络地址找到 Internet 中的一个物理网络，再按主机地址定位到这个网络中的一台主机。Internet 委员会定义了 5 种 IP 地址类型以适合不同容量的网络，即 A、B、C、D 和 E 五类，如图 7-10 所示。

A 类：一个 A 类 IP 地址由 1 字节的网络地址和 3 字节的主机地址组成，网络地址的最高位必须是“0”，可用的 A 类网络数有 126 个，每个网络最多能容纳 $2^{24}-2$ 台主机。

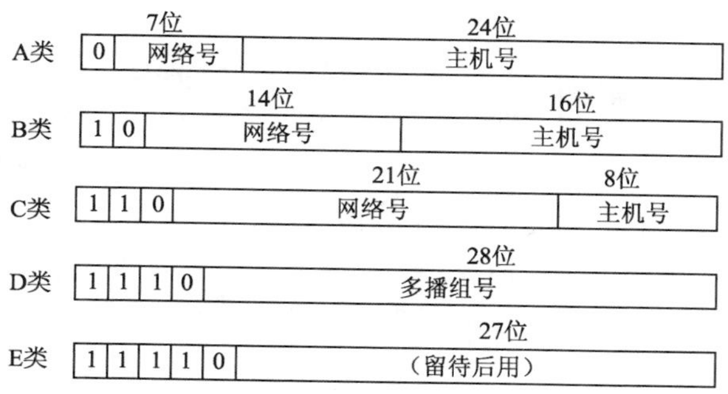

图 7-10 五类 IP 地址结构

B 类：一个 B 类 IP 地址由 2 个字节的网络地址和 2 个字节的主机地址组成，网络地址的最高位必须是“10”，可用的 B 类网络数有 $2^{14}-2$ 个，每个网络最多能容纳 $2^{16}-2$ 台主机。

C 类：一个 C 类 IP 地址由 3 字节的网络地址和 1 字节的主机地址组成，网络地址的最高位必须是“110”，可用的 C 类网络数可达 $2^{21}-2$ 个，每个网络最多能容纳 254 台主机。

D 类：D 类 IP 地址第一个字节以“1110”开始，它是一个专门保留的地址，并不指向特定的网络。目前这一类地址被用在多点广播（Multicast）中。

E 类 IP 地址：以“11110”开始，为将来使用保留。

由于 IP 地址资源紧张，为此在 A、B、C 三类 IP 地址中，各保留了 3 个区域作为私有地址。私有 IP 地址不能在 Internet 上使用，但可重复地使用在各个局域网内。其地址范围如下：

A 类私有地址段：10.0.0.0 ~ 10.255.255.255

B 类私有地址段：172.16.0.0 ~ 172.31.255.255

C 类私有地址段：192.168.0.0 ~ 192.168.255.255

2．子网掩码（Subnet Mask）

为了区分 IP 地址中的网络 ID 和主机 ID，判断两个 IP 地址是否属于同一个网络，就产生了子网掩码的概念。子网掩码用来屏蔽 IP 地址的一部分，从 IP 地址中分离出网络 ID 和主机 ID。

子网掩码也是由 4 个十进制数组成，数值中间用“.”分隔，如 255.255.255.0。若将它写成二进制的形式为：11111111.11111111.11111111.00000000，其中为“1”的位分离出网络 ID，为“0”的位分离出主机 ID，也就是通过将 IP 地址与子网掩码进行“与”逻辑操作，得出网络号。A 类地址的默认子网掩码为：255.0.0.0；B 类地址的默认子网掩码为：255.255.0.0；C 类地址的默认子网掩码为：255.255.255.0。如 211.80.243.63 是 C 类 IP 地址，默认子网掩码是 255.255.255.0，分别转化为二进制进行“与”运算，得出网络号是 211.80.243.0。

子网掩码的另一个作用是用来划分子网。在实际应用中，经常遇到网络号不够用的问题，需要把某类网络划分出多个子网，采用的方法是利用主机号的一些二进制位来标识子网。如 C 类地址的第四个字节（主机号）中分出三位作为网络号，就可以在该网络中划分出 6 个子网（全 0 和全 1 的子网号不用），子网掩码为 255.255.255.224（即 11111111.11111111.11111111.11100000），主机地址中只剩下 5 位用于标识主机，每个子网最多容纳 30 台主机。

3．默认网关（Default Gateway）

不在同一个子网的终端之间传送数据时，需要用到网关。网关是一个网络通向其他网络的 IP 地址。比如有网络 A 和网络 B，网络 A 的 IP 地址范围为“192.168.1.1~192. 168.1.254”，子网掩码为 255.255.255.0，网络 B 的 IP 地址范围为“192.168.2.1~192.168.2.254”，子网掩码为 255.255.255.0，在没有路由器的情况下，这两个网络之间是不能进行 TCP/IP 通信的。即使是两个网络连接在同一台交换机上，TCP/IP 协议也会根据子网掩码（255.255.255.0）判定两个网络中的主机处在不同的网络里。而要实现这两个网络之间的通信，则必须通过网关。如果网络 A 中的主机发现数据包的目的主机不在本地网络，就把数据包转发给它自己的网关，再由网关转发给网络 B 的网关，网络 B 的网关再转发给网络 B 的某个主机。网络 B 向网络 A 转发数据包的过程也是如此。只有设置好网关的 IP 地址，TCP/IP 协议才能实现不同网络之间的相互通信。

4. IP 地址设置方法

计算机等终端设备，只有设置好了正确的 IP 地址、子网掩码、默认网关才能对外通信。打开计算机本地连接的属性界面可以进行相关设置。具体设置信息需要询问网络管理员或者配置为自动获取，如图 7-11 所示。

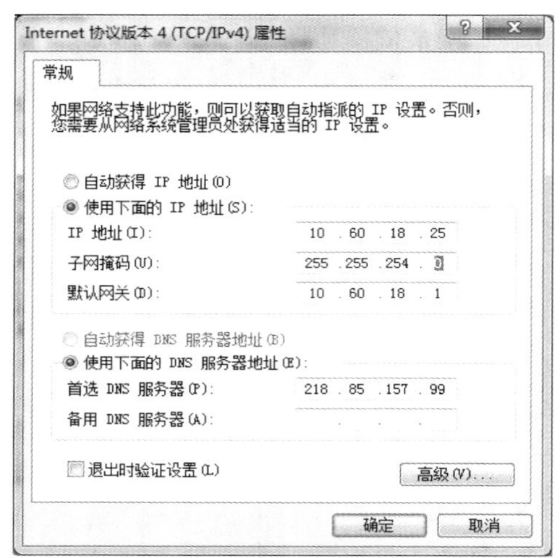

图 7-11　IP 地址设置

7.2.2 域名系统

由于数字形式的 IP 地址难以记忆和理解，为此引入一种字符型的主机命名机制——域名系统（Domain Name System），用来表示对应主机的 IP 地址。

1）域名结构

域名系统主要由域名空间的划分、域名管理和地址转换 3 部分组成，域名空间结构如图 7-12 所示。

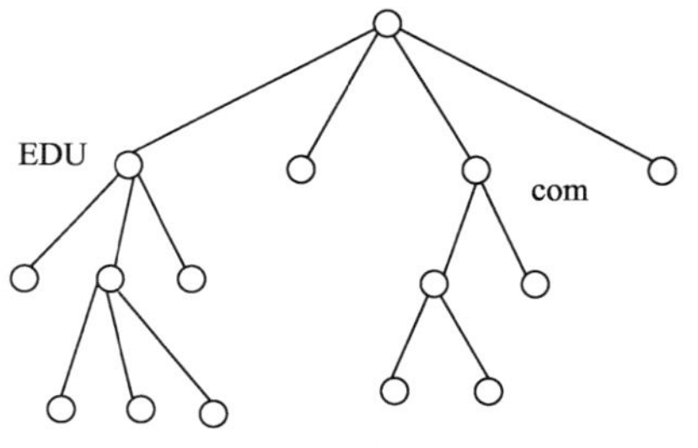

图 7-12　域名空间结构

TCP/IP 采用分层结构方法命名域名，使整个域名空间形如一个倒立的分层树形结构，树上每个节点都有一个名字。一台主机的名字就是该树形结构从树叶到树根路径上各个节点名字的一个序列，如图 7-1 所示。

域名的写法类似于点分十进制的 IP 地址写法，用点号将各级子域名分隔开来，域的层次次序由右到左（即由高到低或由大到小），分别称为顶级域名、二级域名、三级域名等。典型的域名结构为：主机名.单位名.机构名.国家名。

例如，域名 www.wuyiu.edu.cn 表示中国（cn）教育机构（edu）武夷学院（wuyiu）校园网上的一台主机（www）。

Internet 上几乎在每一子域都设有域名服务器，服务器中包含有该子域的全体域名和对应 IP 地址信息。Internet 中每台主机上都有地址转换请求程序，负责域名与 IP 地址之间的转换。域名与 IP 地址的转换工作称为域名解析，整个过程是自动进行的。有了域名系统 DNS，凡域名空间中有定义的域名都可以有效地转换成 IP 地址，反之，IP 地址也可转换成域名。因此，用户可以等价地使用域名或 IP 地址。

2）顶级域名

为了保证域名系统的通用性，Internet 规定了一些正式的通用标准，分为区域名和类型名两类。区域名用两个字母表示世界各国和地区，如表 7-1 所示。

表 7-1　以国家或地区区分的域名

域　名	含　义	域　名	含　义	域　名	含　义
au	澳大利亚	gb	英国	nz	新西兰
br	巴西	in	印度	pt	葡萄牙
ca	加拿大	jp	日本	se	瑞典
cn	中国	kr	韩国	sg	新加坡
de	德国	lu	卢森堡	us	美国
es	西班牙	my	马来西亚		
fr	法国	nl	荷兰		

类型名共有 14 个，部分类型名如表 7-2 所示。

表 7-2　部分类型名

域　名	意　义	域　名	意　义	域　名	意　义
com	商业类	edu	教育类	gov	政府部门
int	国际机构	mil	军事类	net	网络机构
firm	公司企业	info	信息服务	nom	个人
stor	销售单位	web	与 WWW 有关单位		

在域名中，除了美国的国家域名代码 us 可缺省外，其他国家或地区的主机若要按区域型申请登记域名，则顶级域名必须先采用该国家或地区的域名代码后再申请二级域名。按类型名登记域名的主机，其地址通常源自美国（俗称国际域名，由美国商业部授权的国际域名及 IP 地址分配机构 ICANN 负责注册和管理）。例如，cernet.edu.cn 表示一个在中国登记的域名，而 163.com 表示该网络的域名是在美国登记注册的，但网络的物理位置在中国。

3）中国互联网络的域名体系

中国互联网络的顶级域名为 cn。二级域名共 40 个，分为类别域名和行政区域名两类，其中类别域名共 6 个，如表 7-3 所示。行政区域名 34 个，对应我国的各省级行政区，采用两个字符的汉语拼音表示。例如，bj 表示北京市，sh 表示上海市，fj 表示福建省等。

表 7-3 中国互联网络二级类别域名

域 名	意 义	域 名	意 义	域 名	意 义
ac	科研机构	edu	教育机构	net	网络机构
com	商业机构	gov	政府部门	org	非赢利性组织

中国互联网络信息中心 CNNIC 作为我国的顶级域名 cn 的注册管理机构，负责 cn 域名根服务器的运行。

由于域名不能重复，又有一定的标识作用，所以它像商标一样具有价值。域名是唯一的，同时它又遵循先注册先拥有的原则。如果企业的域名被抢注，将会给企业形象带来潜在的巨大威胁，造成企业无形资产的损失。

7.2.3 Internet 接入

接入网（Access Network，AN）为用户提供接入服务，它是骨干网络到用户终端之间的所有设备。接入技术就是接入网所采用的传输技术。

Internet 接入技术主要有 ADSL 接入、光纤接入、有线电视接入和无线接入。这些接入技术都可以使一台计算机接入到 Internet 中，若要使用一个账号使一批计算机接入 Internet，则需要采用共享接入方式。

1. ADSL 接入

非对称式数字用户线路（ADSL）是一种利用电话线和公用电话网，通过专用 ADSL Modem 接入 Internet 的技术。它通过采用先进的复用技术和调制技术，使得高速的数字信息和电话语音信息在一对电话线的不同频段上同时传输，为用户提供宽带接入的同时，维持用户原有的电话业务及质量不变，是家庭上网的主要接入方式。

2. 光纤接入

光纤接入（FTTH，光纤到家）是一种以光纤为主要传输媒介的接入技术。用户通过光纤 Modem 连接到光网络，再通过 ISP 的骨干网出口连接到 Internet，是一种宽带的 Internet 接入方式。其主要特点是：带宽高、抗干扰性能好、安装方便。

3. 有线电视接入

有线电视接入是一种利用有线电视网接入到 Internet 的技术。它通过 Cable Modem（线缆调制解调器）连接有线电视网，进而连接到 Internet，也是一种宽带的 Internet 接入方式。它具有带宽上限高（其接入使用的是带宽为 860 MHz 的同轴电缆），上网、模拟节目、数字点播兼顾，三者互不干扰等优点。

4. 无线接入

无线接入技术是指通过无线介质将用户终端与网络节点连接起来，以实现用户与网络间的信息传递。在通信网中，无线接入系统的定位是本地通信网的一部分，是本地有线通信网的延伸、补充和临时应急系统。

在一些校园、机场、饭店等公共场所内，由电信公司或单位统一部署了无线接入点（Access Point，AP），建立起无线局域网 WLAN，并接入 Internet，如图 7-13 所示。如果用户的笔记本计算机配备了无线上网卡，就可以在 WLAN 覆盖范围内加入 WLAN，通过无线方式接入 Internet。具有 Wi-Fi 功能的移动设备（如手机），也能利用 WLAN 接入 Internet。

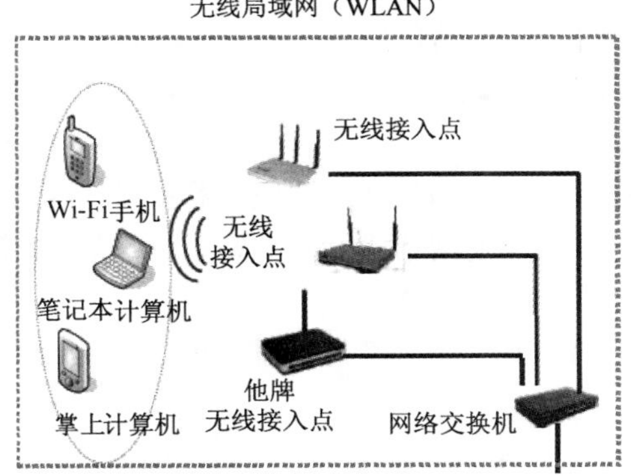

图 7-13　无线接入示意图

5. 共享接入

共享接入是指要使一批计算机接入 Internet，且只使用一个账号的接入方式。常见的共享接入是先利用路由器接入到 Internet，而其他计算机或设备只要连接到路由器上就能上网了，如图 7-14 所示。

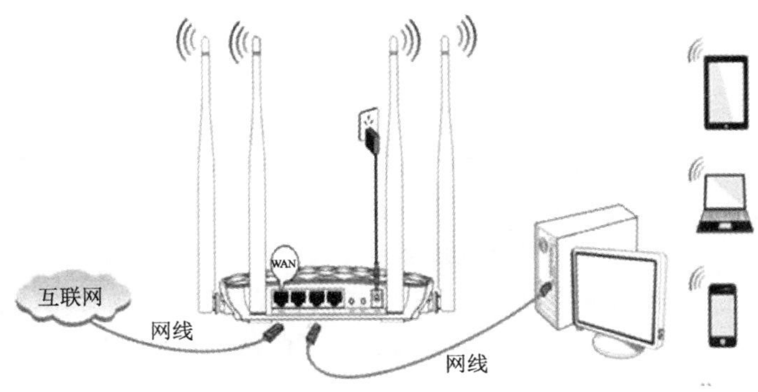

图 7-14　共享接入示意图

路由器上一般有 WAN 接口和 LAN 接口两种连接口，其中 WAN 端口连接 Internet，LAN 商品连接内部局域网。WAN 端口的 IP 地址一般是 Internet 上的公有 IP 地址，而 LAN 端口的 IP 地址一般使用私有 IP 地址。

随着技术的发展，家庭无线路由器开始普及，这些路由器除了路由功能外还具有无线 AP 功能，因此既可通过双绞线连接，也可通过无线连接，非常方便。

7.2.4　Internet 常用应用

1. WWW 服务

WWW（World Wide Web，万维网）是一种基于超文本和 HTTP 的、全球性的、动态交互的、跨平台的分布式图形信息系统，是 Internet 上应用最为广泛的一种服务。它为浏览者在 Internet 上查找和浏览信息提供了图形化、易于访问的直观界面。

1）网页和 web 站点

网页：在浏览器中显示的页面，用于展示 Internet 中的信息。

网站：是若干相关网页的集合，网站包括一个主页和若干个子页面，主页就是一个 Web 站点的首页，是网站的门户，通过主页可以打开网站的其他网页。

2）超文本传输协议

超文本传输协议（HTTP）是一个专门为 WWW 服务器和浏览器之间交换数据而设计的网络协议，其通过统一资源定位器（URL）使浏览器与各 WWW 服务器的资源建立链接关系，并通过客户机与服务器彼此互发信息的方式进行工作。

超链接是指从文本、图形或图像映射到其他网页或网页本身特定位置的指针。

3）统一资源定位器

为使客户端能找到位于整个 Internet 范围的某个信息资源，WWW 系统使用“统一资源定位器（URL）”规范。URL 由 4 部分组成：资源类型、存放资源的主机域名、端口号、资源文件名，如图 7–15 所示。

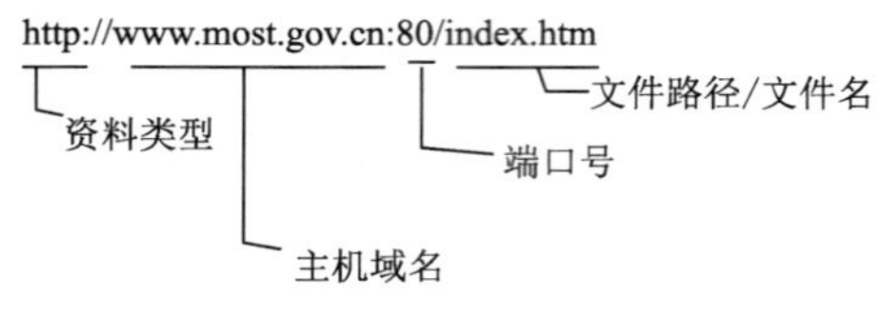

图 7–15　URL 组成

说明

（1）资源类型：表示客户机和服务器执行的传输协议，如 HTTP、HTTPS 等，若是使用默认的 HTTP 传输协议，资源类型可以省略，否则不能省略。

（2）主机域名：提供此服务的计算机域名。

（3）端口号：是一种特定服务的软件标识，用数字表示。一台拥有 IP 地址的主机可以提供许多服务，如 Web 服务、FTP 服务等，主机通过“IP 地址+端口号”区分不同的服务。某一特定服务的端口号通常是默认的，如 WWW 服务使用 80 端口，FTP 服务使用 21 端口，一般可以省略；但若某一特定服务使用非默认端口，则必须指出其端口号。

（4）文件路径/文件名：网页在 Web 服务器中的位置和文件名，若省略表示将定位于 Web 站点的主页。

4）信息浏览

在 WWW 上需要使用浏览器来浏览网页，常用的浏览器软件有 Internet Explorer、火狐 Firefox，谷歌 Chrome 等。浏览信息时，只要在浏览器的地址栏中输入相应的 URL 即可。

浏览网页时，可以用不同方式保存整个网页，或保存其中的部分文本、图形图像等内容。保存当前网页，可以选择“文件”→“另存为”命令，弹出“保存网页”对话框，指定目标文件的存放位置、文件名和保存类型即可。其中保存类型有以下几种：

（1）网页，全部：保存整个网页，包括页面结构、图片、文本和超链接信息等，页面中的嵌入文件被保存到一个和网页文件同名的文件夹中。

（2）Web 档案，单一文件：将整个网页的图片和文字封装在一个.mht 文件中。

（3）网页，仅 HTML：仅保存当前页的提示信息，如标题、所用文字编码、页面框架等信息。

（4）文本文件：只保存当前页的文本。

如果要保存页面中的图像或动画，可右击要保存的对象，在弹出的快捷菜单中选择相应的命令。

2. 搜索引擎

搜索引擎是用来搜索网上资源，提供所需信息的工具。它通过分类查询方式或主题查询方式获取特定的信息，当用户查找某个关键词时，所有的页面内容中包含了该关键词的网页都将作为搜索结果被展示出来。在经过复杂的算法排序后，将结果按照与搜索关键词的相关性依次排列，呈现给用户的是到达这些网页的超链接。常见搜索引擎如表 7–4 所示。

表 7–4　常见搜索引擎

搜索引擎名称	URL 地址	说　明
百度	http://www.baidu.com	全球最大的中文搜索引擎
Google	http://www.google.cn	全球最大的搜索引擎
搜狗	http://www.sogou.com	搜狐公司推出的全球首个第三代互动式中文搜索引擎
SOSO	http://www.soso.com	QQ 推出的独立搜索网站
必应	http://cn.bing.com	微软公司的搜索引擎

各搜索引擎的能力和偏好不同，所搜索到的网页也不尽相同，排序算法也各不相同。使用不同搜索引擎的重要原因，就是因为它们能分别搜索到不同的网页。

下面以百度为例介绍搜索引擎的基本使用方法。

人们使用百度网页搜索最简单、最直接的方式就是在搜索框中直接输入“关键词”，再按【Enter】键或单击“百度一下”按钮，即可找出包含“关键词”的结果链接。然而为使我们能够更精确地找到所需信息，需要掌握一些常用的搜索技巧或操作方法以事半功倍。

（1）“和”搜索：“关键词 1”+“空格”+“关键词 2”。比如在搜索框中输入“武夷山 肉桂”（见图 7–16），那么搜索出来的结果既有“武夷山”又有“肉桂”。

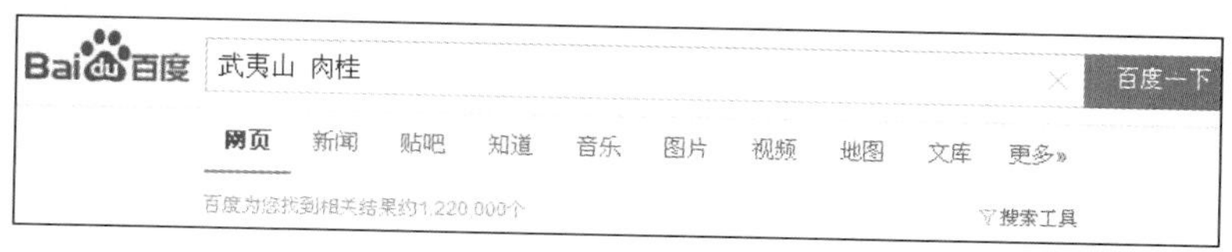

图 7–16　“和”搜索

（2）“或”搜索：“关键词 1”+“|”+“关键词 2”。比如在搜索框中输入“武夷山|肉桂”，那么搜索出来的结果或者包含“武夷山”或者包含“肉桂”。

（3）不含某个词搜索：“关键词 1”+“空格”+“ – 不想包含的关键词 2”。比如搜索包含“武夷山”而不包含“肉桂”的结果，那就在搜索框中输入“武夷山　– 肉桂”即可。

（4）关键词不拆分搜索：在关键词外加双引号“”。比如搜索包含“武夷山肉桂”这个完整关键词的结果，那就在搜索框中输入““武夷山肉桂””，如图 7–17 所示。

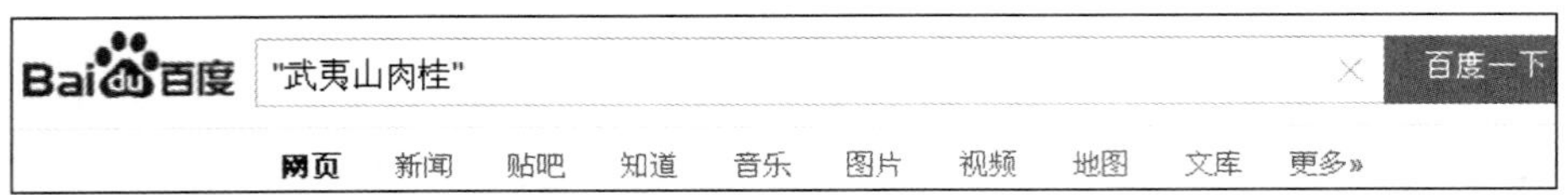

图 7-17　完整关键词搜索

（5）指定格式的文档搜索：“关键词”+“空格”+“filetype:” +文件格式 pdf/doc/xls/ppt。比如搜索包含“肉桂”的 PPT 文档，那就在搜索框输入“肉桂 filetype:ppt”，如图 7-18 所示。

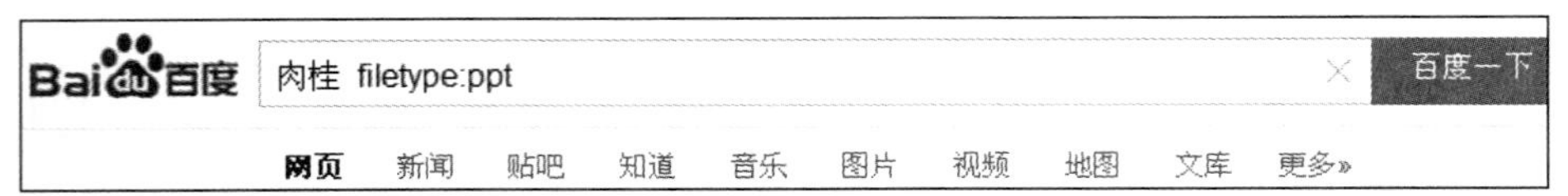

图 7-18　指定格式文档搜索

（6）标题搜索：“intitle:”+“关键词”。比如要求搜索结果所有的标题中都包含“武夷山”这个关键词，那就在百度搜索框输入“intitle:武夷山”。

（7）在指定网站搜索：“关键词”+“空格”+“site:” +“网站 url”。比如要在武夷学院网站 www.wuyiu.edu.cn 中搜索包含“武夷山”的结果，那就在百度搜索框输入“武夷山 site:www.wuyiu.edu.cn”，如图 7-19 所示。

图 7-19　在指定网站搜索

根据需要，以上多种探索技巧可以结合使用，搜索完后还可单击搜索工具（见图 7-20），再进一步细化搜索结果；也可以在搜索页右上角单击“设置”→“高级搜索”（见图 7-21）进入“高级搜索”设置（见图 7-22），通过高级搜索方式，以找到更为准确的信息。

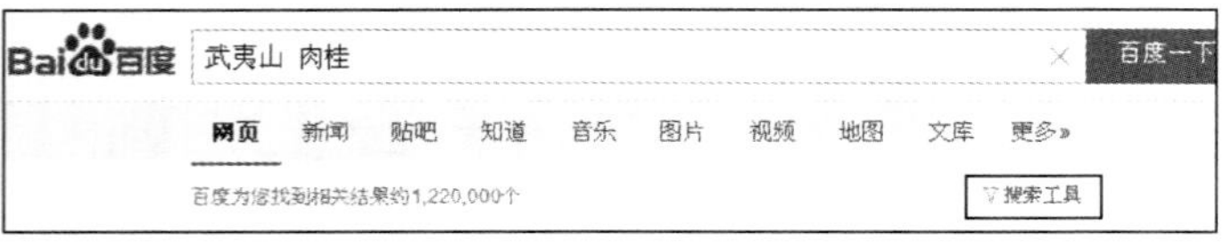

图 7-20　搜索工具

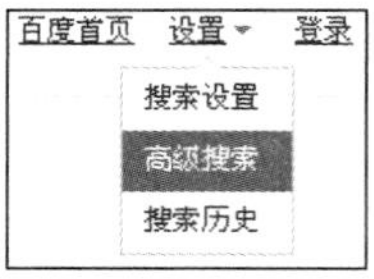

百度首页　设置　登录
搜索设置
高级搜索
搜索历史

图 7-21　高级搜索

搜索结果：包含以下全部的关键词
包含以下的完整关键词：
包含以下任意一个关键词
不包括以下关键词
时间：限定要搜索的网页的时间是　全部时间
文档格式：搜索网页格式是　所有网页和文件
关键词位置：查询关键词位于　网页的任何地方　仅网页的标题中　仅在网页的URL中
站内搜索：限定要搜索指定的网站是　例如：baidu.com
高级搜索

图 7-22　高级搜索设置界面

百度除了提供网页搜索外，还提供其他多种搜索服务，如图 7-23 所示。

图 7-23　百度搜索服务

3. 电子邮件

电子邮件（E-mail）是 Internet 提供的一项基本服务，是一种应用计算机网络进行信息传递的现代化通信手段。它采用简单邮件传输协议 SMTP，不仅可以传输文本，还可以通过附件的形式来传送各种文件。

每个电子邮箱都有唯一的邮件地址，邮件地址的形式为“邮箱名@邮箱所在的主机域名”，例如，jsjjc@wuyiu.edu.cn，邮箱所有的主机是 wuyiu.edu.cn。

4. 即时通信

即时通信（Instant Message，IM）是 Internet 提供的一种能够即时发送和接收信息的服务。现在即时通信不再是一个单纯的聊天工具，它已经发展成集交流、资讯、娱乐、搜索、电子商务、办公协作和企业客户服务等为一体的综合化信息平台。随着移动互联网的发展，即时通信也向移动化发展，用户可以通过手机收发信息。

常用的即时通信服务有腾讯的 QQ 和微信、新浪的 UC、微软的 MSN 和 Skype。

5. 云盘

云盘是互联网存储工具，是互联网云技术的产物，它通过互联网为企业和个人提供信息的存储、读取和下载等服务。云盘相对于传统的实体磁盘来说更方便，用户不需要把存储重要资料的实体磁盘带在身上，却一样可以通过互联网轻松地从云端读取自己所存储的信息。云盘具有安全稳定、海量存储、友好共享等特点。

比较知名的云盘服务有百度云盘、金山快盘等。

6. 云笔记

云笔记是一款跨平台的简单快速的个人记事备忘工具，通过登录云笔记网站可在浏览器上直接编辑管理个人记事，实现与移动客户端的高效协同操作。

常见的云笔记有：有道云笔记、Evernote、麦库记事、wiz 笔记等。

7. 电子商务

电子商务（Electronic Commerce，EC）是指利用计算机和网络进行的新型商务活动。它作为一种新型的商务方式，将生产企业、流通企业、消费者和政府带入了一个网络经济、数字化生存的新天地。它可让人们不再受时空限制，以一种非常简捷的方式完成过去较为复杂的商务活动。

电子商务有多种分类方式，根据交易对象的不同，可以分为多种形式，最常见的有以下 3 种。

B2B（Business to Business），交易双方是企业对企业，如阿里巴巴。

B2C（Business to Customer），交易双方是企业与消费者，如天猫商城、京东商城，这是人们最熟悉的一种商务类型。

C2C（Customer to Customer），交易双方是消费者与消费者，如淘宝网、eBay 及众多的二手交易网等。

电子商务的发展对于一个公司而言，不仅仅意味着一个商业机会，还意味着一个全新的全球性的网络驱动经济的诞生。据中国电子商务研究中心监测数据显示，2021 年中国电子商务市场交易规模达 37.21 万亿元。

8. 互联网支付

当支付遇到互联网，一场革命自然不可避免，各种在线支付方式已成为人们日常消费的主要支付方式。

互联网支付是指以金融电子化网络为基础，以商用电子化工具和各类交易卡为媒介，采用现代计算机技术和通信技术作为手段，通过计算机网络特别是 Internet，以电子信息传递形式来实现流通和支付。它是 Internet 电子商务的核心，按支付方式分类有网络银行直接支付、第三方支付平台；按支付终端分类有移动支付、电脑支付等。

网银作为最早被接受的互联网支付方式，由用户向网上银行发出申请，将银行卡里的钱直接划拨到商家名下的账户，直接完成交易。可以说是将传统的“一手交钱一手交货”式的交易模式完全照搬到互联网上，图 7-24 展示了中国农业银行的网银平台。

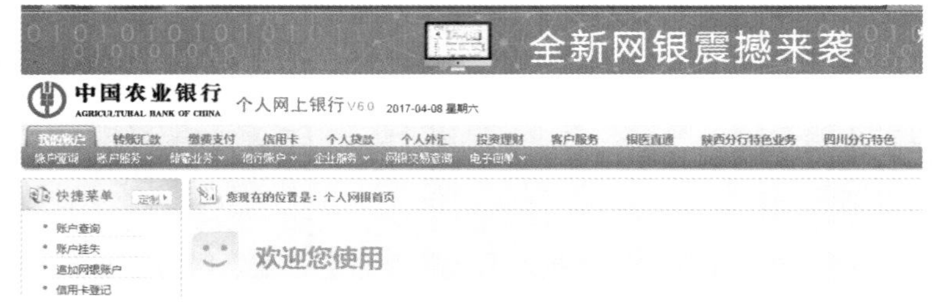

图 7-24 中国农业银行网银平台

第三方支付是指具备一定实力和信誉保障的独立机构，采用与各大银行签约的方式，提供与银行支付结算系统接口的交易支付平台的网络支付模式，如图 7-25 所示。在第三方支付模式中，买方选购商品后，使用第三方平台提供的账户进行货款支付（支付给第三方），由第三方通知卖家货款到账、要求发货；买方收到货物，检验货物，并进行确认后，通知第三方付款；第三方再将款项转至卖家账户。因此买卖双方均需在第三方支付平台上拥有唯一识别标识，即账号。第三方支付能够对买卖双方的交易进行足够的安全保障，常见的第三方支付工具有支付宝、快钱、微信支付等。

移动支付就是允许用户使用其移动终端（通常是手机）对所消费的商品或服务进行账务支付的一种服务方式，如图 7-26 所示。目前移动支付业务主要是由移动运营商、移动应用服务提供商（MASP）和金融机构共同推出。手机支付分为近场支付和远程支付两种，近场支付是指将手机作为 IC 卡承载平台以及与 POS 机通信工具从而进行支付，远程支付仅仅把手机作为支付用的简单信息通道，通过 Web、SMS、语音等方式进行支付。

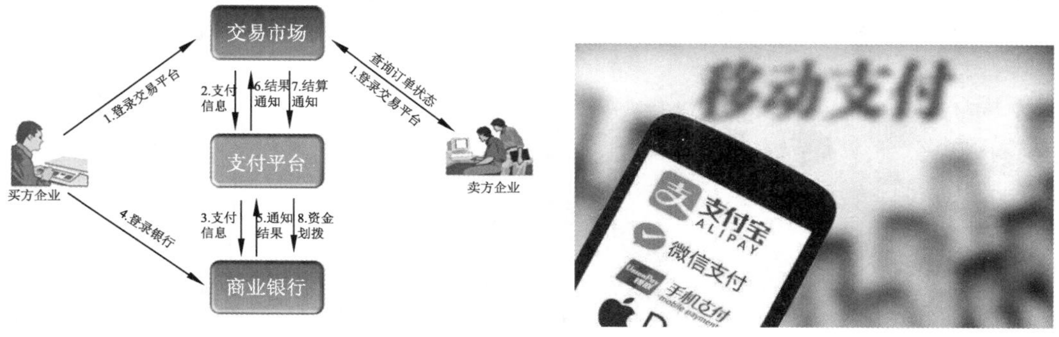

图 7-25　第三方支付示意图　　　　图 7-26　移动支付

中国互联网信息中心发布的《中国互联网发展状况统计报告》显示，截至 2020 年 12 月我国网上支付用户达到 8.54 亿。网络支付通过聚合供应链服务，辅助商户精准推送信息，助力我国中小企业数字化转型，推动数字经济发展；移动支付与普惠金融深度融合，通过普及化应用缩小我国东西部和城乡差距，促使数字红利普惠大众，提升金融服务可得性。2020 年，央行数字货币已在深圳、苏州等多个试点城市开展数字人民币红包测试，取得阶段性成果。未来，数字货币将进一步优化功能，覆盖更多消费场景，为网民提供更多数字化生活便利。

9. 短视频

截至 2020 年 12 月，我国网络视频用户规模达 9.27 亿，较 2020 年 3 月增长 7 633 万，占网民整体的 93.7%。其中短视频用户规模为 8.73 亿，占网民整体的 88.3%。近年来，匠心精制的制作理念逐渐得到了网络视频行业的认可和落实，节目质量大幅提升。在优质内容的支撑下，视频网站开始尝试优化商业模式，并通过各种方式鼓励产出优质短视频内容，提升短视频内容占比，增加用户黏性。短视频平台则通过推出与平台更为匹配的“微剧”“微综艺”来试水，再逐渐进入长视频领域。2020 年，短视频应用在海外市场蓬勃发展，同时也面临一定政策风险。

7.2.5　互联网新技术

1. 云计算

云计算就是让用户通过互联网，随时随地快速方便地使用其提供的各种资源服务，类似于使用水、电、煤等公共资源一样（按需付费），用户只需要一个能够上网的终端，无须关心数据存储在哪朵“云”上，也无须关心哪朵“云”来完成计算，就可以在任何时间、任何地点，快速地使用云端的资源。

云计算提供的服务包括基础设施即服务（IaaS）、平台即服务（PaaS）和软件即服务(SaaS)，如云存储属于 IaaS 服务，云操作系统属于 PaaS 服务，企业邮箱、网站托管等属于 SaaS 服务。

2. 物联网

物联网（Internet of Things）是通过射频识别（RFID)、红外感应器、全球定位系统、激光扫描器等信息传感设备，按照约定的协议，把任何物品与互联网连接起来，进行信息交换和通信，以实现智能化识别、定位、跟踪、监控和管理的一种网络，是互联网的延伸与扩展。

物联网实现的关键技术主要包括 RFID 技术、传感技术、嵌入式技术和位置服务技术等，其主要应用领域包括智能家居（如图 7-27 所示）、智能交通、智能医疗、智能物流、智能监测、食品溯源、敌情侦查和情报搜集等。

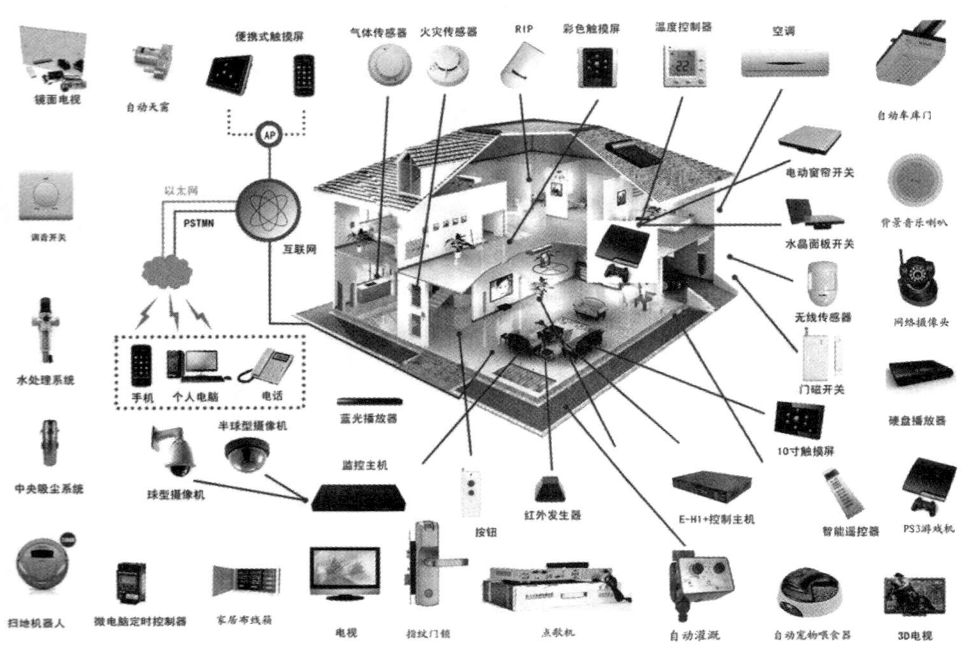

图 7-27 智能家居

3. 大数据

大数据（Big Data）是指无法在一定时间范围内用常规软件工具进行捕捉、管理和处理的数据集合，是需要新处理模式，具有更强的决策力、洞察发现力和流程优化能力的海量、高增长率和多样化的信息资产。它具有海量的数据规模、快速的数据流转、多样的数据类型和价值密度低四大特征。

大数据技术的战略意义不在于掌握庞大的数据信息，而在于提高对数据的“加工能力”，通过“加工”实现数据的“增值”。适用于大数据的技术，包括大规模并行处理（MPP）数据库、数据挖掘、分布式文件系统、分布式数据库、云计算平台、互联网和可扩展的存储系统等。

4.“互联网+”

通俗来讲，“互联网+”就是“互联网+各个传统行业”，但这并不是简单的两者相加，而是利用信息通信技术以及互联网平台，让互联网与传统行业进行深度融合，创造新的发展生态。它代表一种新的社会形态，即充分发挥互联网在社会资源配置中的优化和集成作用，将互联网的创新成果深度融合于经济、社会各域之中，提升全社会的创新力和生产力，形成更广泛的以互联网为基础设施和实现工具的经济发展新形态。跨界融合是“互联网+”的基本特征。

“互联网+”在工业、农业、金融、商贸、交通、旅游、医疗、教育、政务等社会生活的各个方面都已经有广泛的应用案例，人们生活方式、工作方式、组织方式、社会形态正在发生深刻变革。“互联网+”不仅仅是互联网移动了、泛在了、应用于某个传统行业了，更加入了无所不在的计算、数据、知识，造就了无所不在的创新，推动了知识社会以用户创新、开放创新、大众创新、协同创新为特点的创新 2.0，改变了我们的生产、工作、生活方式，也引领了创新驱动发展的“新常态”。

5．数字政府

国家大力推进数字政府建设，切实提升群众与企业的满意度、幸福感和获得感。截至 2020 年 12 月，我国互联网政务服务用户规模达 8.43 亿，占网民整体的 85.3%。数据显示，我国电子政务发展指数为 0.794 8，排名从 2018 年的第 65 位提升至第 45 位，取得历史新高，达到全球电子政务发展“非常高”的水平，其中在线服务指数由全球第 34 位跃升至第 9 位，迈入全球领先行列。各类政府机构积极推进政务服务线上化，服务种类及人次均有显著提升；各地区各级政府“一网通办”“异地可办”“跨区通办”渐成趋势，“掌上办”“指尖办”逐步成为政务服务标配，营商环境不断优化。

6．其他

2020 年，我国在量子科技、区块链、人工智能等前沿技术领域不断取得突破，应用成果丰硕。在量子科技领域，习近平同志指出，“要充分认识推动量子科技发展的重要性和紧迫性，加强量子科技发展战略谋划和系统布局，把握大趋势，下好先手棋”。量子科技政策布局和配套扶持力度不断加强，技术标准化研究快速发展，研发与应用逐渐深入。在区块链领域，政策支撑不断强化，技术研发不断创新，产业规模与企业数量快速增长，实践应用取得实际进展。在人工智能领域，多样化应用推动技术层产业步入快速增长期，产业智能化升级带动应用层产业发展势头强劲。

7.3 网 络 安 全

网络安全是指网络系统的硬件、软件及其系统中的数据受到保护，不因偶然的或者恶意的原因而遭受破坏、更改、泄露，系统连续可靠正常地运行，网络服务不中断。从用户个人来说，用户希望个人的网络信息是安全的、访问网络的途径是畅通的、网络上的信息是真实的、交易行为是有安全保障的；从网络运行和管理者角度来说，希望对本地网络信息的访问、读写等操作受到保护和控制，避免出现病毒、非法访问、非法存取、拒绝服务和网络资源非法占用和非法控制等威胁，制止和防御网络黑客的攻击。对安全保密部门来说，他们希望对非法的、有害的或涉及国家机密的信息进行过滤和防堵，避免机要信息泄露，避免对社会产生危害，对国家造成巨大损失。网络安全包含网络设备安全、网络信息安全和网络软件安全，从广义来说，凡是涉及网络上信息的保密性、完整性、可用性、真实性和可控性的相关技术和理论都是网络安全的研究领域。

最常见的网络安全问题是网络病毒的破坏，黑客攻击、信息窃取、假冒用户身份也是常见的网络安全问题。

7.3.1 计算机病毒

1．计算机病毒的定义及特点

概括来讲计算机病毒就是具有破坏作用的程序或一组计算机指令。在《中华人民共和国计算机信息系统安全保护条例》中的定义是：计算机病毒是指编制或在计算机程序中插入的破坏计算机功能或者数据，影响计算机使用并且能够自我复制的一组计算机指令或者程序代码。

计算机病毒与一般计算机程序相比，具有以下几个主要特点：

（1）破坏性：其破坏性通常表现为占用系统资源、破坏程序或数据、影响系统运行、网络服务中断甚至整个系统瘫痪乃至硬件损坏等。

（2）传染性：计算机病毒一般都具有自我复制功能，并能将自身不断复制到其他文件内，达到不断扩散的目的，尤其在网络时代，更是通过 Internet 中网页的浏览和电子邮件的收发而迅速传播。

（3）隐蔽性：计算机病毒通过将自身附加在其他可执行的程序体内，或者隐藏在磁盘中较隐蔽处，或者将自己改名为系统文件名，不通过专门的查杀毒软件，一般很难发现它们。

（4）可触发性：计算机病毒是指计算机的硬盘上有病毒程序存在，虽然计算机上存在病毒，但只要病毒程序不被执行，病毒就不会起作用，也就是说用户可以“与毒共舞”。当用户启动计算机，或打开感染了病毒的程序或文件，或点击恶意网页，或病毒的其他触发条件满足时（不同的病毒其触发机制也不相同），病毒代码才会被执行。一旦病毒程序被执行，病毒就会进入到活动状态（一般驻留在内存中，多数情况下在任务管理器的进程页中可以找到相应的病毒进程），然后病毒开始伺机传染与破坏，如复制病毒代码至其他文件或磁盘、U 盘等，或通过网络传播到其他计算机，破坏用户的数据，占用系统的资源，窃取用户的机密信息等，如图 7-28 所示。

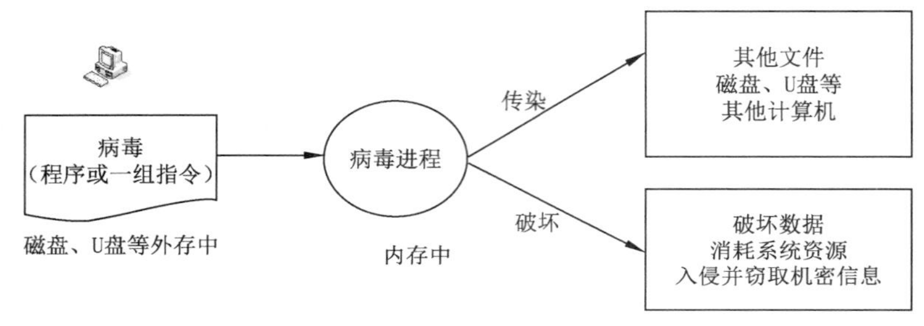

图 7-28　病毒的触发

2. 计算机病毒的分类

早期计算机病毒攻击的主要对象是单机环境下的计算机系统，一般通过软盘或光盘来传播，病毒程序大都寄生在文件内，随着反病毒技术的不断发展，查毒和杀毒技术日益成熟，这些传统单机病毒已经相对少见了。随着网络的出现和 Internet 的迅速普及，计算机病毒也呈现出新的特点。在网络环境下病毒主要通过计算机网络来传播，病毒程序一般利用了操作系统中存在的漏洞，通过电子邮件附件或恶意网页浏览等方式来传播，其破坏性和危害性都非常大。根据网络病毒破坏性质的不同，一般将其分为蠕虫病毒和木马病毒两大类。

（1）蠕虫病毒。蠕虫是一种通过网络（利用系统漏洞，通过电子邮件、在线聊天或局域网中的文件共享等途径）进行传播的恶性病毒，其实质是一种计算机程序，通过网络连接不断传播自身的副本（或蠕虫的某些部分）到其他计算机，这样不仅消耗了大量的本机资源，而且占用了大量的网络带宽，导致网络堵塞而使网络服务被拒绝，最终造成整个网络系统的瘫痪。

（2）木马病毒。特洛伊木马（Trojan Horse）原指古希腊士兵藏在木马内进入敌方城市从而攻占城市的故事。木马病毒实质上也是一段计算机程序，它由客户端（一般由黑客控制）和服务器端（隐藏在感染了木马的用户计算机上）两部分组成，服务器端的木马程序会在用户计算机上打开一个或多个端口与客户端进行通信，这样黑客就可以窃取用户计算机上的账号和密码等机密信息，甚至可以远程控制用户的计算机，如建立或删除文件、修改注册表、更改系统配置等。

木马病毒一般通过电子邮件、即时通信工具（如 QQ 和 MSN 等）和恶意网页等方式进行，多数都是利用了操作系统中存在的漏洞。

3. 网络病毒的防治

远离病毒的关键是做好预防工作，要在思想上予以足够的重视，采取“预防为主、防治结合”的方针。

预防网络病毒首先必须了解网络病毒进入计算机的途径，然后想办法切断这些入侵的途径以提高网络系统的安全性。下面是常见的病毒入侵途径及相应的预防措施。

通过安装插件程序：用户浏览网页的过程中经常会被提示安装某个插件程序，有些木马病毒就是隐藏在这些插件程序中，如果用户不清楚插件程序的来源就应该禁止其安装。

通过浏览恶意网页：由于恶意网页中嵌入了恶意代码或病毒，用户在不知情的情况下浏览这样的恶意网页就会感染上病毒，所以不要随意浏览那些具有诱惑性的恶意站点。另外可以安装 360 安全卫士和 Windows 清理助手等工具软件来清除那些恶意软件，修复被更改的浏览器地址。

通过在线聊天：如“MSN 病毒”就是利用 MSN 向所有在线好友发送病毒文件，一旦中毒就有可能导致用户数据泄密。对于通过聊天软件发送来的任何文件，都要经过确认后再运行，不要随意单击聊天软件发来的超链接。

通过邮件附件：通常是利用各种欺骗手段诱惑用户单击的方式进行传播，如“爱虫病毒”，邮件主题为“I LOVE YOU”，并包含一个附件，一旦打开这个附件，系统就会自动向通信薄中的所有联系人发送这个病毒的复制文件，造成网络系统严重拥塞甚至瘫痪。防范此类病毒首先要提高自己的安全意识，不要轻易打开带有附件的电子邮件。其次要安装杀毒软件并启用“邮件发送监控”和“邮件接收监控”功能，提高对邮件类病毒的防护能力。

通过局域网的文件共享：关闭局域网下不必要的文件夹共享功能，防止病毒通过局域网进行传播。

以上传播方式大都利用了操作系统或软件中存在的安全漏洞，所以应该定期更新操作系统，安装系统的补丁程序，也可以用一些杀毒软件进行系统的“漏洞扫描”，并进行相应的安全设置，以提高计算机和网络系统的安全性。

一旦怀疑计算机感染了病毒，可利用一些反病毒公司提供的“免费在线查毒”功能、杀毒软件尽快确认计算机系统是否感染了病毒，如有病毒可采用杀毒软件、病毒专杀工具或手动清除病毒等方式将清除。

说明

（1）若内存中已经存在病毒进程，杀毒软件一般无法清除这样的病毒。由于这些病毒是在计算机启动时就自动被执行了，所以应打开任务管理器进程页，首先终止病毒进程，然后再进行杀毒。但是有些病毒进程即使被终止了，它还会不断地自动创建，这种情况下就必须通过其他工具软件将病毒进程彻底杀死再杀毒，如超级兔子魔法设置、wsyscheck 等免费的系统检测维护工具软件。

（2）由于病毒的防治技术总是滞后于病毒的制作，所以并不是所有病毒都能得以马上清除，如果杀毒软件暂时还不能清除该病毒，一般会将该病毒文件隔离起来，以后升级病毒库时将提醒用户是否继续该病毒的清除。

（3）杀毒软件是针对所有病毒的，体积大、运行时间长，一般病毒库的更新滞后于病毒的发现；专杀工具是针对某种特殊病毒的，体积小、运行时间短，一般在某个新病毒发现时抢先发布，以便尽快控制病毒蔓延。

7.3.2 网络安全技术

1. 防火墙

网络安全系统中的防火墙是位于计算机与外部网络之间或内部网络与外部网络之间的一道安全屏障，其实质就是一个软件或者是软件与硬件设备的组合。

防火墙的主要功能包括：用于监控进出内部网络或计算机的信息，保护内部网络或计算机的信息不被非授权访问、非法窃取或破坏，过滤不安全的服务，提高企业内部网的安全，并记录了内部网络或计算机与外部网络进行通信的安全日志（如通信发生的时间和允许通过的数据包和被过滤掉的数据包信息等），还可限制内部网络用户访问某些特殊站点，防止内部网络的重要数据外泄等。

防火墙可分为个人防火墙或企业级防火墙，其中企业级防火墙功能较为复杂。

在 Windows 操作系统中自带了一个 Windows 防火墙，用来阻止未授权用户通过 Internet 或网络访问用户计算机，从而帮助保护用户的计算机。表 7-5 列出了 Windows 防火墙的功能能做到的防范和不能做到的防范。

表 7-5　Windows 防火墙的功能

能做到	不能做到
阻止计算机病毒和蠕虫到达用户的计算机	检测计算机是否感染了病毒或清除已有病毒
请求用户的允许，以阻止或取消阻止某些连接请求	阻止用户打开带有危险附件的电子邮件
创建安全日志，记录对计算机的成功连接尝试和不成功的连接尝试	阻止垃圾邮件或未经请求的电子邮件

2. 入侵检测

IDS 是英文“Intrusion Detection Systems”的缩写，中文意思是“入侵检测系统”。它依照一定的安全策略，通过软、硬件，对网络、系统的运行状况进行监视，尽可能发现各种攻击企图、攻击行为或者攻击结果，以保证网络系统资源的机密性、完整性和可用性。做一个形象的比喻：假如防火墙是一幢大楼的门锁，那么 IDS 就是这幢大楼里的监视系统。一旦小偷爬窗进入大楼，或内部人员有越界行为，只有实时监视系统才能发现情况并发出警告。入侵检测是防火墙的合理补充，帮助系统对付网络攻击，扩展了系统管理员的安全管理能力（包括安全审计、监视、进攻识别和响应），提高了信息安全基础结构的完整性。

对一个成功的入侵检测系统来讲，它不但可使系统管理员时刻了解网络系统（包括程序、文件和硬件设备等）的任何变更，还能给网络安全策略的制订提供指南。

3. 加密技术

网络通信双方用于通信的信息和数据称为明文；明文通过加密后得到的信息和数据称为密文；数据加密的基本思想就是发送方使用某种信息变换规则（即加密算法）将明文伪装成外人难以识别的密文再经由网络发送出去，接收方解密后获得通信数据，如图 7-29 所示。由明文转换为密文的过程称为加密，反之，将密文运用解密算法恢复成明文的过程称为解密。信息传递过程中，就算第三方窃取了传送中的数据也是密文。

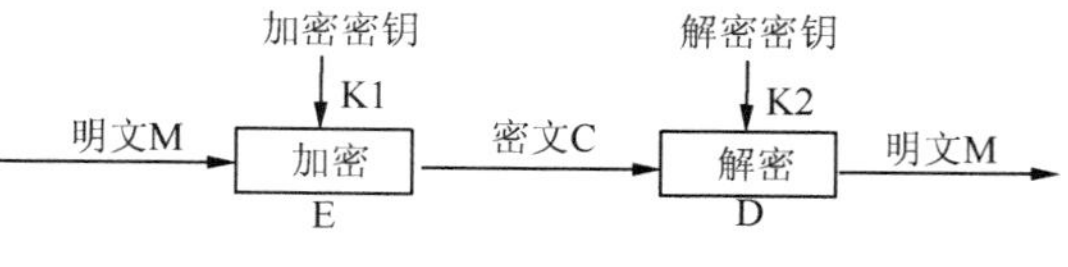

图 7-29　加密解密过程

密钥是一组由数字、字母或特殊符号组成的字符串，是加密解密过程中重要的参数。密钥分为加密密钥和解密密钥，因加密体系的不同，加密密钥和解密密钥可能相同。对于相同的加密算

法，密钥位数越多，破译难度越大，安全性也就越好

4．VPN

虚拟专用网络的功能是在公用网络上建立专用网络，进行加密通信。在企业网络中有广泛应用。VPN 网关通过对数据包的加密和数据包目标地址的转换实现远程访问。让外地员工访问到内网资源，利用 VPN 的解决方法就是在内网中架设一台 VPN 服务器。外地员工在当地连上互联网后，通过互联网连接 VPN 服务器，然后通过 VPN 服务器进入企业内网，如图 7-30 所示。为了保证数据安全，VPN 服务器和客户机之间的通讯数据都进行了加密处理。有了数据加密，就可以认为数据是在一条专用的数据链路上进行安全传输，就如同专门架设了一个专用网络一样，但实际上 VPN 使用的是互联网上的公用链路，因此 VPN 称为虚拟专用网络，其实质上就是利用加密技术在公网上封装出一个数据通信隧道。有了 VPN 技术，用户无论是在外地出差还是在家中办公，只要能上互联网就能利用 VPN 访问内网资源，这就是 VPN 在企业中应用得如此广泛的原因。

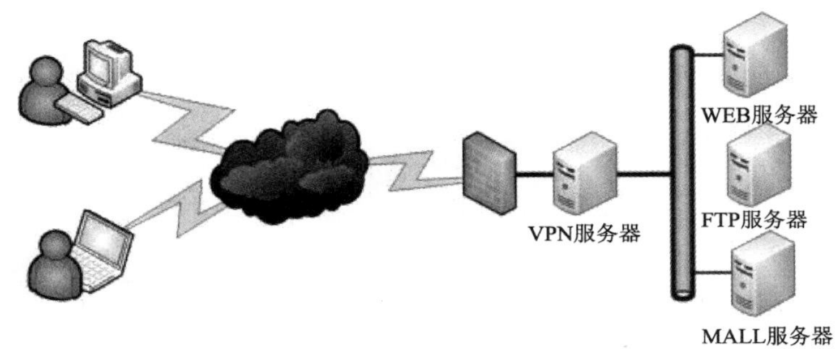

图 7-30　VPN 访问内网资源示意图

5．数字签名

数字签名（电子签章）是一种类似写在纸上的普通物理签名，是一种使用加密技术实现鉴别数字信息的方法。数字签名的作用是在信息传输过程中，接收方能够对第三方（仲裁者）证明其接收的信息是真实的，并保证发送源的真实性；同时，保证发送方不能否认自己发出信息的行为，接收方也不能否认曾经收到信息的行为，如图 7-31 所示。

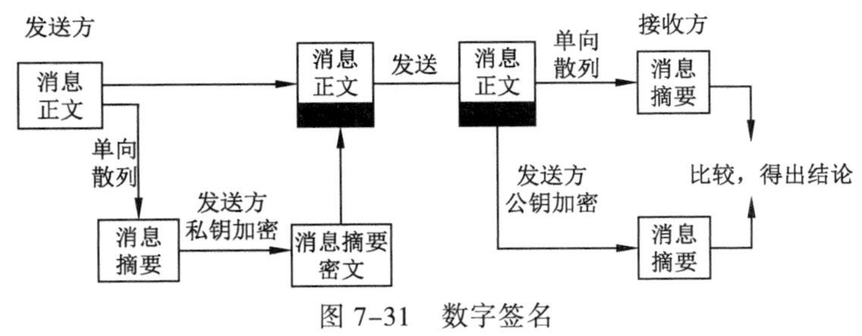

图 7-31　数字签名

6．互联网金融安全技术

在互联网金融活动的实际操作过程中，为了保护用户的密码安全和资金安全，常用到软键盘、动态口令及 USB Key 等多种安全技术。

1）软键盘技术

所谓软键盘（Soft Keyboard，如图 7-32 所示）不是所使用电脑的物理键盘，而是通过软件

模拟的键盘，存在于“屏幕”上，通过鼠标单击来输入字符。使用其目的是防止本地计算机可能存在的木马程序恶意记录键盘输入的密码，一般在银行的网站要求输入账号和密码的地方容易看到。

图 7-32　软键盘

2）动态口令

动态口令是根据特定算法生成的不可预测的随机数字组合，每个口令只能在限定时间内使用一次。由于它使用便捷且与平台无关，动态口令技术已成为身份认证技术的主流，目前被广泛使用在网银、网游和电子商务等领域。

3）USBKey

USB Key 也称 U 盾，是一种 USB 接口的硬件设备，如图 7-33 所示是一款华夏盾的外形。它内置单片机或智能卡芯片，有一定的存储空间，可以存储用户的私钥以及数字证书，利用 USB Key 内置的公钥算法实现对用户身份的认证，是大多数国内银行采用的客户端解决方案。

图 7-33　USB Key

4）密码验证

网络或 APP 账户登录密码、支付密码、指纹识别、手势密码、刷脸登陆是常用的密码保护机制。

课 后 练 习

一、选择题

1. 广域网的英文缩写为（　　）。

   A. LAN　　B. WAN　　C. ISDN　　D. MAN

2. DNS 是指（　　）。

   A. 域名服务器　　B. 发信服务器　　C. 收信服务器　　D. 邮箱服务器

3. TCP/IP 协议 IPv4 规定的 IP 地址由一组（　　）的二进制数字组成。

   A. 8 位　　B. 16 位　　C. 32 位　　D. 64 位

4. 关于防火墙作用与局限性的叙述，错误的是（　　）。

   A. 防火墙可以限制外部对内部网络的访问

   B. 防火墙可以有效记录网络上的访问活动

   C. 防火墙可以阻止来自内部的攻击

   D. 防火墙会降低网络性能

5. 在同一幢办公楼连接的计算机网络是（　　）。

A. 互联网　B. 局域网　C. 城域网　D. 广域网

6. 调制解调器（Modem）的功能是实现（　　）。

A. 模拟信号与数字信号的相互转换

B. 数字信号转换成模拟信号

C. 模拟信号转换成数字信号

D. 数字信号放大

7. 目前 Internet 普遍采用的数据传输方式是（　　）。

A. 电路交换　B. 电话交换　C. 分组交换　D. 报文交换

8. 20 世纪 80 年代，国际标准化组织 ISO 颁布了（　　），促进了网络互连的发展。

A. TCP/IP　B. OSI/RM　C. FTP　D. SMTP

9. 与广域网相比，关于局域网特点的描述错误的是（　　）。

A. 用户操作方便　B. 较低的误码率

C. 较小的地理范围　D. 覆盖范围在几千米之内

10. 以下不属于 OSI 参考模型 7 个层次的是（　　）。

A. 会话层　B. 数据链路层　C. 用户层　D. 应用层

11. 在网络互连中，实现网络层互连的设备是（　　）。

A. 中继器　B. 路由器　C. 网关　D. 网桥

12. IP 是 TCP/IP 体系中的（　　）协议。

A. 网络接口层　B. 网络层　C. 传输层　D. 应用层

13. 下列传输速率快、抗干扰性能最好的有线传输介质是（　　）。

A. 双绞线　B. 同轴电缆　C. 光纤　D. 微波

14. 网卡是构成网络的基本部件，网卡一方面连接局域网中的计算机，另一方面连接局域网中的（　　）。

A. 服务器　B. 工作站　C. 主机　D. 传输介质

15. Internet Explorer 是（　　）。

A. 拨号软件　B. Web 浏览器　C. HTML 解释器　D. Web 页编辑器

16. Internet 上的 www 服务基于（　　）协议。

A. HTTP　B. FTP　C. SMTP　D. TOP3

17. 计算机网络最突出的优点是（　　）

A. 运算速度快　B. 存储容量大　C. 运算容量大　D. 可以实现资源共享

18. 网络类型按通信范围分为（　　）。

A. 局域网、以太网、广域网　B. 局域网、城域网、广域网

C. 电缆网、城域网、广域网　D. 中继网、城域网、广域网

19. 下列关于 Windows 共享文件夹的说法中，正确的是（　　）。

A. 在任何时候在文件菜单中可找到共享命令

B. 设置成共享的文件夹的图标无变化

C. 设置成共享的文件夹的图标下有一个箭头

D. 设置成共享的文件夹的图标下有一个上托的手掌

20. 交流双方为了实现交流而设计的规则称为（　　）。

A. 体系结构 B. 协议 C. 网络拓扑 D. 模型

21. 电子信箱地址的格式是（ ）。

A. 用户名@主机域名 B. 主机名@用户名

C. 用户名.主机域名 D. 主机域名.用户名

22. 从网址 www.wuyiu.edu.cn 可以看出它是中国的一个（ ）站点。

A. 商业部门 B. 政府部门 C. 教育部门 D. 科技部门

23. 下列 IP 中属于 C 类地址的是（ ）。

A. 125.54.21.3 B. 193.66.31.4 C. 129.57.57.96 D. 240.37.59.62

24. 使用浏览器访问 Internet 上的 Web 站点时，看到的第一个画面称为（ ）。

A. 主页 B. WEB 页 C. 文件 D. 图像

25. HTML 的中文名是（ ）。

A. WWW 编程语言 B. Internet 编程语言

C. 超文本标记语言 D. 主页制作语言

26. 计算机病毒的实质是一种（ ）。

A. 脚本语言 B. 生物病毒 C. ASCII 码 D. 计算机程序

27. 计算机病毒不具有以下（ ）特点。

A. 破坏性 B. 传染性 C. 免疫性 D. 潜伏性

28. 网络病毒主要通过（ ）途径传播。

A. 电子邮件 B. 软盘 C. 光盘 D. Word 文档

29. 感染（ ）以后，用户的计算机有可能被别人控制。

A. 文件型病毒 B. 蠕虫病毒 C. 引导型病毒 D. 木马病毒

30. 防火墙的功能不包括（ ）。

A. 记录内部网络或计算机与外部网络进行通信的安全日志

B. 监控进出内部网络或计算机的信息，保护其不被非授权访问、非法窃取或破坏。

C. 可以限制内部网络用户访问某些特殊站点，防止内部网络的重要数据外泄

D. 完全防止传送已被病毒感染的文件

31. 关于如何防范针对邮件的攻击，下列说法中错误的是（ ）。

A. 拒绝垃圾邮件

B. 不随意单击邮件中的超链接

C. 不轻易打开来历不明的邮件

D. 拒绝国外邮件

32. 下列关于计算机病毒认识不正确的是（ ）。

A. 计算机病毒是一种人为的破坏性程序

B. 计算机被病毒感染后，只要用杀毒软件就能清除全部的病毒

C. 计算机病毒能破坏引导系统和硬盘数据

D. 计算机病毒也能通过下载文件或电子邮件传播

33. 在因特网上，一台计算机可以作为另一台主机的远程终端，使用该主机的资源，该项服务称为（ ）。

A. Telnet B. BBS C. FTP D. WWW

34. 下列不属于 Internet 应用的是（　　）。

A. E-mail　　B. FTP　　C. WWW　　D. LAN

35. 用户在浏览网页时，可以通过（　　）进行跳转。

A. 鼠标　　B. 导航文字或图标　　C. 多媒体　　D. 超链接

36. 在计算机网络中，通常把提供并管理共享资源的计算机称为（　　）。

A. 服务器　　B. 工作站　　C. 网关　　D. 网桥

37. 无线网络与有线网络最大的不同点在于（　　）。

A. 作用不同　　B. 传输媒介不同　　C. 用户类型不同　　D. 费用不同

38. 下列关于 E-mail 叙述中，正确的是（　　）。

A. 在发送电子邮件时，对方的计算机必须打开

B. 电子邮件是直接发送到对方的计算机

C. 每台计算机只能有一个 E-mail 账号

D. 电子邮件中可能带有计算机病毒

二、实践操作题

1. 通过搜索引擎查找以下单位网址。

- 中华人民共和国教育部：________________。
- 中国科学院：________________。
- 北京大学：________________。

2. 用搜索引擎检索关键字为既含有“武夷山”又含有“茶叶”的网页信息；查找并下载第 47 次《中国互联网络发展状况统计报告》；通过上传图片查找该图片相关信息。

3. 利用电子地图查找北京天安门广场至清华大学南门的公共交通线路，结果如图 7–34 所示。

图 7–34　公共交通线路

4. 访问武夷学院数字图书馆。

（1）在 CNKI 数据库中，找到 2006 年在《计算机工程》杂志第二期发表的“视频点播系统的设计与实现”论文，以 CAJ 格式下载并保存到用户个人目录中。

（2）查找书名包含“数据挖掘”的所有馆藏中文图书清单，并以“图书清单.doc”保存到用户个人目录中。

5. 电子邮件。

（1）申请免费邮箱。

可以通过下列网站申请免费邮箱：网易（www.163.com）、新浪（www.sina.com.cn）、雅虎(www.yahoo.cn)、搜狐(www.sohu.com)。

（2）发送电子邮件到指定邮箱。

要求：有标题、有附件（保存在用户个人目录中的某一文件），并将邮件抄送给另一位同学。

6. 练习使用 Windows 操作系统自带防火墙的设置。

（操作提示：选择“开始”→“控制面板”命令，打开“控制面板”窗口，单击“Windows 防火墙”超链接。）

7. 使用 ping 命令检查连通性。

（1）使用 ipconfig/all 观察本地网络设置。

（2）ping 127.0.0.1，检查本地 TCP/IP 协议有无设置好。

（3）ping 本机地址，检查本机的 IP 地址是否设置有误。

（4）ping 本网网关，检查本机与本地网络连接是否正常。

（5）ping 远程 IP 地址，检查本网或本机与外部的连接是否正常。

8. 举例说明一种互联网新业态、新技术或者新应用。